GAODENG SHUXUE

高等数学

主　编　汪学骞　郭红财

副主编　董冉冉　陈　亮

新形态
教材

高等教育出版社·北京

内容提要

本书是在适应国家教育教学改革的要求下,结合高等院校的教学需求变化,根据编者多年的教学实践经验和研究成果编写而成的.

本书共有11章,主要内容包括函数、极限与连续,导数与微分,导数的应用,不定积分,定积分,空间解析几何,多元函数微积分,常微分方程,级数与拉普拉斯变换,线性代数和概率论初步.

为了方便教学,本书配套了丰富的教学资源.其中部分资源可以通过扫描书中二维码获取.教师可以通过封底的联系方式获取更多资源.

本书可作为高等职业院校和应用型本科"高等数学"课程的教材,也可供相关人员参考.

图书在版编目(CIP)数据

高等数学/汪学骞,郭红财主编.—北京:高等教育出版社,2020.1
ISBN 978 - 7 - 04 - 052694 - 3

Ⅰ.①高… Ⅱ.①汪…②郭… Ⅲ.①高等数学-高等职业教育-教材 Ⅳ.①O13

中国版本图书馆CIP数据核字(2019)第190051号

| 策划编辑 | 张尕琳 | 责任编辑 | 张尕琳 万宝春 | 封面设计 | 张文豪 | 责任印制 | 高忠富 |

出版发行	高等教育出版社	网　址	http://www.hep.edu.cn
社　址	北京市西城区德外大街4号		http://www.hep.com.cn
邮政编码	100120		http://www.hep.com.cn/shanghai
印　刷	上海师范大学印刷厂	网上订购	http://www.hepmall.com.cn
开　本	787mm×1092mm　1/16		http://www.hepmall.com
印　张	18.75		http://www.hepmall.cn
字　数	388千字	版　次	2020年1月第1版
购书热线	010 - 58581118	印　次	2020年1月第1次印刷
咨询电话	400 - 810-0598	定　价	38.00元

本书如有缺页、倒页、脱页等质量问题,请到所购图书销售部门联系调换
版权所有　侵权必究
物 料 号　52694-00

前　　言

　　本书是在适应国家教育教学改革的要求下,结合高等院校的教学需求变化,根据编者多年的教学实践经验和研究成果编写而成的.

　　本书主要特点如下:

　　1. 本书针对高等院校学生的实际情况,在编写过程中确保语言简练、淡化理论、突出实用,略去了一些传统高等数学教材中较为复杂的定理、公式等的推导和证明,但对必要的基本理论、基本方法和基本技能阐释尽可能详细具体、深入浅出.

　　2. 本书在教学内容的选取上充分考虑高等院校不同专业的教学需求.除了基本的导数、微分和积分外,本书主要内容还包括空间解析几何、多元函数微积分、常微分方程、级数与拉普拉斯变换、线性代数和概率论初步.教师可以根据教学计划安排教学内容.

　　3. 本书在传统教材的基础上,突出教学的重难点,夯实基础,主次分明.同时,本书配套了丰富的习题和教学资源,其中部分资源可以通过扫描书中二维码获取.教师可以通过封底的联系方式获取更多资源.

　　本书由安徽扬子职业技术学院汪学骞、郭红财任主编,董冉冉、陈亮任副主编,陈曦参与了本书的编写.

　　限于编者水平有限,同时编写时间也比较仓促,因而书中难免存在不妥之处,希望广大读者批评与指正.

编　者

2019 年 11 月

目　　录

第 1 章
函数、极限与连续

在日常生活中,我们往往会同时遇到几个变量,这些变量遵循一定的规律相互依赖,这个规律反映在数学上就是变量与变量之间的函数关系.用微积分研究各类问题,必须要有极限与连续作为基础.本章将对高等数学所涉及的中学数学知识进行回顾和补充,介绍函数、极限与连续的概念及相关计算,并利用函数与极限解决简单的实际问题.

1.1 函数

一、函数的概念

定义 1.1 设某一变化过程有两个变量 x 和 y,D 是一个给定的数集,如果对于数集 D 中的任一个数 x,按照一定的对应法则 f,都有唯一确定的实数 y 与之对应,则称 y 是 x 的函数,记作

$$y = f(x),\ x \in D.$$

其中,D 称为函数的**定义域**,x 称为**自变量**,y 称为**因变量**,f 是函数的**对应法则**.

定义 1.2 如果对于确定的 $x_0 \in D$,通过对应法则 f,有唯一确定的实数 y_0 与之对应,则称 y_0 为 $y = f(x)$ 在 x_0 处的**函数值**,记作

$$y_0 = y \mid_{x=x_0} = f(x_0).$$

函数值的集合 $M = \{y \mid y = f(x),\ x \in D\}$ 称为函数的**值域**.

为了进一步理解函数的概念,作几点说明:

(1) 函数的对应法则一般用字母 f 表示,根据实际问题也可以用不同的字母来表示.

(2) 函数通常有三种表示方法:解析法、列表法、图形法.

(3) 函数的定义域是使函数表达式有意义的自变量取值的集合.求函数的定义域时,应注意如下条件:

① 分式函数的分母不能为零;

② 偶次根式的被开方式必须大于等于零;

③ 对数函数的真数必须大于零;

④ 如果函数的表达式由若干项组合而成,则它的定义域是各项定义域的公共部分;

⑤ 实际问题对变量的要求.

（4）函数的两个要素：函数的定义域和对应法则.

两个函数只有当定义域和对应法则都相同时，才是同一个函数.例如，函数 $y=\sqrt{x^3}$ 与 $y=x$ 是同一个函数；而函数 $y=\dfrac{x^2}{x}$ 与 $y=x$ 不是同一个函数（两者定义域不同）.

（5）函数的一个重要性质：单调性.

动画：
区间概念

定义 1.3 若函数 $f(x)$ 在区间 I 内有定义，如果对于区间 I 内的任意 x_1、x_2（不妨设 $x_1<x_2$），都有 $f(x_1)<f(x_2)$，则称函数 $f(x)$ 在区间 I 内**单调增加**；如果始终有 $f(x_1)>f(x_2)$，则称函数 $f(x)$ 在区间 I 内**单调减少**，此时把区间 I 称为**单调区间**，把函数 $f(x)$ 称为**单调函数**.例如，函数 $y=x^2$ 在区间 $[0,+\infty)$ 内单调增加，在区间 $(-\infty,0]$ 内单调减少，而在区间 $(-\infty,+\infty)$ 内既非单调增加，也非单调减少，故函数在区间 $(-\infty,+\infty)$ 内是非单调函数.

例 1 判断下列各组函数是否是同一个函数？

（1）$y=\sqrt{x^2}$ 与 $y=|x|$；（2）$f(x)=\lg x^2$ 与 $g(x)=2\lg x$.

解 （1）$y=\sqrt{x^2}$ 与 $y=|x|$ 是同一个函数，因为定义域和对应法则相同.

（2）$f(x)=\lg x^2$ 与 $g(x)=2\lg x$ 不是同一个函数，因为定义域不同.

例 2 试确定函数 $y=\sqrt{1-x^2}+\dfrac{6}{\lg(1-x)}$ 的定义域.

解 要使函数 y 有意义，则需 $\begin{cases}1-x^2\geqslant 0,\\1-x>0,\\\lg(1-x)\neq 0,\end{cases}$ 即 $\begin{cases}-1\leqslant x\leqslant 1,\\x<1,\\x\neq 0.\end{cases}$

于是所求函数的定义域：$D=[-1,0)\bigcup(0,1)$.

例 3 已知 $f(x)=x^3+1$，求 $f(0)$、$f(a-1)$、$f\left(\dfrac{1}{x}\right)$.

解 $f(0)=0^3+1=1$.

$f(a-1)=(a-1)^3+1=a^3-3a^2+3a$.

$f\left(\dfrac{1}{x}\right)=\left(\dfrac{1}{x}\right)^3+1=\dfrac{1}{x^3}+1$.

二、分段函数

定义 1.4 在定义域内，对应自变量的不同范围，函数采用不同的表达式，这样的函数叫作**分段函数**.

例如，函数 $f(x)=\begin{cases}x^2,& x\geqslant 0,\\x,& x<0\end{cases}$ 就是一个分段函数，其图像如图 1-1 所示.

注意

（1）分段函数是用几个表达式表示一个函数，而不是表示几个函数.

（2）分段函数的定义域是各段自变量取值集合的并集，例如

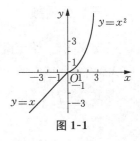

图 1-1

$$f(x)=\begin{cases}x-5, & -1<x<2, \\ 3, & x=2, \\ 3x^2+x, & 2<x<8\end{cases}$$

的定义域是集合 $\{x \mid -1<x<2\}$、$\{x \mid x=2\}$、$\{x \mid 2<x<8\}$ 的并集，所以定义域为 $(-1,8)$.

（3）分段函数需要分段求值、分段作图.

例 4　A、B 两地间的汽车运输，旅客携带行李按下列标准支付运费：不超过 10 kg 的，不收取运费；超过 10 kg 而不超过 30 kg 的，收运费 0.50 元/kg；超过 30 kg 而不超过 100 kg 的，收运费 0.80 元/kg. 试列出运输行李的运费 y 与行李的重量 x 之间的函数关系式，写出其定义域，并求出携带行李分别重 18 kg 和 60 kg 的甲、乙两旅客各应支付多少运费？

解　由于行李重量不同，运费计算方法也不同，因此必须按行李的重量 x 分段来考虑.

（1）当 $0 \leqslant x \leqslant 10$ 时，$y=0$.

（2）当 $10<x \leqslant 30$ 时，由于不超过 10 kg 的行李不收费，故单价为 0.50 元/kg 的行李重量为 $(x-10)$ kg，这时运费 $y=0.50(x-10)$.

（3）当 $30<x \leqslant 100$ 时，运费是由 y_1、y_2 两部分组成的：① 前 30 kg 在扣除 10 kg 免费后，余下的 20 kg 按 0.50 元/kg 收费，则 $y_1=0.50(30-10)$；② 超过 30 kg 而不超过 100 kg 部分的重量为 $(x-30)$ kg，这时 $y_2=0.80(x-30)$.

因此，可得如下解答：

$$y=f(x)=\begin{cases}0, & 0 \leqslant x \leqslant 10, \\ 0.50(x-10), & 10<x \leqslant 30, \\ 0.50(30-10)+0.80(x-30), & 30<x \leqslant 100.\end{cases}$$

化简为

$$f(x)=\begin{cases}0, & 0 \leqslant x \leqslant 10, \\ 0.5x-5, & 10<x \leqslant 30, \\ 0.8x-14, & 30<x \leqslant 100.\end{cases}$$

其定义域为 $D=[0,10] \bigcup (10,30] \bigcup (30,100]$，即定义域为闭区间 $[0,100]$.

当 $x=18$ 时，$f(18)=0.5 \times 18-5=4$.

当 $x=60$ 时，$f(60)=0.8 \times 60-14=34$.

所以，携带行李重 18 kg 的甲旅客应支付 4 元运费；携带行李重 60 kg 的乙旅客应支付 34 元运费.

三、反函数

定义 1.5　给定函数 $y=f(x)$，如果对于任意的 $y \in M$，通过对应法则 f 的反对应关系，都有唯一确定的实数 $x \in D$，使得 $y=f(x)$，则可把 y 当作自变量，x 当作因变量.由关系式 $y=f(x)$ 得到以 y 为自变量的新函数 $x=\varphi(y)$，叫作函数 $y=f(x)$ 的**反函数**，记为 $x=f^{-1}(y)$.

习惯上总是用 x 表示自变量，而用 y 表示因变量，因此，往往把函数 $y=f(x)$ 的反函数 $x=\varphi(y)$ 写成 $y=f^{-1}(x)$ 的形式.

例如，幂函数 $y=x^3$ 在区间 $(-\infty, +\infty)$ 内的反函数为幂函数 $y=\sqrt[3]{x}$，而定义在区间 $(-\infty, +\infty)$ 内的指数函数 $y=a^x(a>0, a \neq 1)$ 的反函数为对数函数 $y=\log_a x$，其中 $x>0$.

函数 $y=f(x)$ 与其反函数 $y=f^{-1}(x)$ 之间的关系：

(1) $y=f(x)$ 的定义域是 $y=f^{-1}(x)$ 的值域，$y=f(x)$ 的值域是 $y=f^{-1}(x)$ 的定义域；

(2) $y=f(x)$ 与 $y=f^{-1}(x)$ 的图像关于直线 $y=x$ 对称.

例 5　求下列函数的反函数，并写出反函数的定义域：

(1) $y=x^2+1 \ (x<0)$；　　　　(2) $y=10^{x-1}$.

解　(1) 移项，得 $x^2=y-1$.两边开平方，并考虑 $x<0$，得 $y=x^2+1 \ (x<0)$ 的反函数是 $x=-\sqrt{y-1}$.习惯上写成 $y=-\sqrt{x-1} \ (y<0)$，其定义域为 $D(y)=(1, +\infty)$.

(2) 等式两边取常用对数，得 $\lg y=(x-1)\lg 10$，所以 $x-1=\lg y$，即 $x=\lg y+1$，故 $y=10^{x-1}$ 的反函数为 $x=\lg y+1$，写成 $y=\lg x+1$，其定义域为 $D(y)=(0, +\infty)$.

注意　并不是所有的函数都存在反函数.例如，函数 $y=x^2+1$，$x \in \mathbf{R}$ 就不存在反函数，因为 $x=\pm\sqrt{y-1}$ 对于 $y>1$ 的任何一个值，对应的 x 值不唯一.因此，只有单调函数才存在反函数.

文本：求三角
函数的反函数

四、基本初等函数

常数函数、幂函数、指数函数、对数函数、三角函数、反三角函数通常称为**基本初等函数**，常用的基本初等函数的定义域、图像及主要性质见表 1-1.

五、复合函数

如果 $y=f(u)$ 是 u 的函数，$u=\varphi(x)$ 是 x 的函数，且与 x 对应的 u 值能使 y 有定义，则称 y 是 x 的**复合函数**，记作 $y=f[\varphi(x)]$，其中 u 叫作**中间变量**.

表 1-1

函　　数	定义域	图　　像	主要性质
常数函数 $y = C$	**R**		偶函数
幂函数 $y = x^{-1}$	$(-\infty, 0) \bigcup (0, +\infty)$		奇函数 在$(-\infty, 0)$内单调减少,在$(0, +\infty)$内单调减少
$y = \sqrt{x}$	$[0, +\infty)$		单调增加
$y = x$	**R**		奇函数 单调增加
$y = x^2$	**R**		偶函数 在$(-\infty, 0]$内单调减少,在$[0, +\infty)$内单调增加
$y = x^3$	**R**		奇函数 单调增加

函　数	定义域	图　像	主要性质
指数函数 $y=a^x$ $(a>1)$	$\mathbf{R}$	$y=a^x\,(a>1)$	单调增加
$y=a^x$ $(0<a<1)$	$\mathbf{R}$	$y=a^x$ $(0<a<1)$	单调减少
对数函数 $y=\log_a x$ $(a>1)$	$(0,+\infty)$	$y=\log_a x$ $(a>1)$	单调增加
$y=\log_a x$ $(0<a<1)$	$(0,+\infty)$	$y=\log_a x$ $(0<a<1)$	单调减少
三角函数 $y=\sin x$	$\mathbf{R}$	$y=\sin x$	奇函数 周期函数 周期为 2π
$y=\cos x$	$\mathbf{R}$	$y=\cos x$	偶函数 周期函数 周期为 2π
$y=\tan x$	$\left\{x\;\middle|\;x\neq k\pi+\dfrac{\pi}{2},\;k\in\mathbf{Z}\right\}$	$y=\tan x$	奇函数 周期函数 周期为 π

文本：对数的真数为何大于零？

文本：三角函数补充

续　表

函　数	定义域	图　像	主要性质
$y = \arcsin x$	$[-1, 1]$		奇函数 单调增加
$y = \arccos x$	$[-1, 1]$		单调减少
$y = \arctan x$	**R**		奇函数 单调增加

（反三角函数）

　　注意　并不是任意两个函数都能复合,只有当里层函数 $u = \varphi(x)$ 的值域与外层函数 $y = f(u)$ 的定义域的交集非空时才能复合.例如,$y = \ln u$ 与 $u = -x^2$ 就不能复合,因为 $y = \ln u$ 的定义域为 $(0, +\infty)$,$u = -x^2$ 的值域为 $(-\infty, 0]$,由于 $(0, +\infty) \bigcap (-\infty, 0]$ 为空集,函数 $y = \ln(-x^2)$ 无意义.

微视频:初等
函数的分解

　　利用复合函数的概念,可以把一个较复杂的函数分解成若干个简单函数,一般分解到每个简单函数都是基本初等函数,或由基本初等函数经过有限次四则运算而成的函数.

　　例 8　指出下列复合函数的复合过程:

（1）$y = \sin^2 x$;　　　　　　　　　　（2）$y = \cos\sqrt{x+1}$.

　　解　（1）$y = \sin^2 x$ 是由 $y = u^2$ 和 $u = \sin x$ 复合而成的.

文本:分段函数
不是初等函数吗?

　　（2）$y = \cos\sqrt{x+1}$ 是由 $y = \cos u$,$u = \sqrt{v}$ 和 $v = x+1$ 复合而成的.

六、初等函数

　　由基本初等函数经过有限次四则运算和有限次复合,并能用一个表达式表示的函数称为**初等函数**.

文本:经济学
中常用的函数

　　例如,$y = \sin^2 x + \ln 2x - 2^x$,$y = \ln[\sin(x-2)]$ 等都是初等函数.

习 题 1.1

1. 用区间表示下列不等式中 x 的取值范围.

(1) $|x+1|>3$;

(2) $|x-3|\leqslant 4$.

2. 求下列函数的定义域.

(1) $y=\sqrt{x^2-4}$;

(2) $y=\dfrac{1}{x+3}$;

(3) $y=\lg(4x+1)$;

(4) $y=\dfrac{2}{x^2+1}$;

(5) $y=\sqrt{\ln(2-x)}$;

(6) $y=\arccos(x-5)$.

3. 设 $f(x)=x^2-6x+5$,求 $f(0)$、$f(-x)$、$f(x+1)$.

4. 设 $g(t^3+1)=t^3-9$,求 $g(t^2)$、$[g(t)]^2$.

5. 判断下列各组函数是否是同一个函数.

(1) $f(x)=\dfrac{x^2}{x}$,$g(x)=x$;

(2) $f(x)=\sqrt{x^2}$,$g(x)=x$;

(3) $f(x)=(\sqrt{x})^2$,$g(x)=x$;

(4) $f(x)=1$,$g(x)=\sin^2 x+\cos^2 x$;

(5) $f(x)=\dfrac{|x|}{x}$,$g(x)=1$.

6. 将下列复合函数分解成简单函数.

(1) $y=3^{\cos x}$;

(2) $y=a\sqrt[3]{1-x}$;

(3) $y=\sqrt{\ln x^2}$;

(4) $y=\sin[\tan(x^2+1)]$;

(5) $y=(1-\ln x)^4$;

(6) $y=2^{\arcsin\sqrt{1-x^2}}$;

(7) $y=\lg^2(\sqrt{x-3})$;

(8) $y=e^{-\sin^2\frac{1}{x}}$.

1.2 极限

一、数列的极限

在我国古代,很早以前就有了极限思想的萌芽,战国时期的哲学家庄周在其所著的《庄子·天下篇》中提到:"一尺之棰,日取其半,万世不竭."这句话的意思是:一根一尺长的木棒,每天都截去原来的一半,这样的过程可以无限地进行下去.

事实上,每天截去一半后剩下木棒的长度构成一个无穷数列

$$\frac{1}{2},\ \frac{1}{2^2},\ \frac{1}{2^3},\ \cdots,\ \frac{1}{2^n},\cdots.$$

随着时间的推移,剩下木棒的长度越来越短,显然,当天数 n 无限增大时,木棒的长度将无限变小,也就是说 $\frac{1}{2^n}$ 的值越来越接近于 0,这时,可以说数列 $\left\{\frac{1}{2^n}\right\}$ 的极限是 0.

一般地,有如下定义.

定义 1.6 对于无穷数列 y_1,y_2,$\cdots$,y_n,$\cdots$,如果存在一个常数 A,当 n 无限增大时,y_n 无限趋近于 A,则称当 $n \to \infty$ 时,数列 $\{y_n\}$ 以 A 为**极限**,或称数列 $\{y_n\}$ **收敛**于 A,记作

$$\lim_{n\to\infty} y_n = A \ \text{或} \ y_n \to A (n \to \infty).$$

如果不存在这样的常数 A,则称该数列的极限不存在,或称该数列是**发散**的.

例 1 作图并观察无穷数列

$$\frac{1}{2}, \frac{2}{3}, \frac{3}{4}, \cdots, \frac{n}{n+1}, \cdots$$

的变化趋势,并写出其极限.

解 数列 $y_n = \frac{n}{n+1}$ 可看成是以自然数 n 为自变量的函数,可以作出其图像,如图 1-2 所示.

从图中可以看出,当 n 无限增大时,y_n 越来越接近于 $y_n = 1$ 这条直线.这时,就说数列 $\left\{\frac{n}{n+1}\right\}$ 以 1 为极限,即 $\lim\limits_{n\to\infty} \frac{n}{n+1} = 1$.

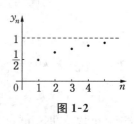

图 1-2

例 2 讨论下列数列当 n 无穷增大时的变化趋势,说明其极限是否存在.

(1) 3,6,9,$\cdots$,$3n$,$\cdots$.   (2) $y_n = \left\{\frac{1}{2}[1+(-1)^n]\right\}$.

解 (1) 该数列随着 n 的无限增大,$y_n = 3n$ 也无限增大,它不趋近于某个常数,故当 $n \to \infty$ 时,数列 $\{3n\}$ 发散.

(2) 该数列的前四项为 0,1,0,1,$\cdots$,当 n 无限增大时,y_n 总是相间取值 0 与 1,它不趋近于某一个常数,故当 $n \to \infty$ 时,数列 $\left\{\frac{1}{2}[1+(-1)^n]\right\}$ 的极限不存在.

二、函数的极限

1. 当 $x \to \infty$ 时,函数 $f(x)$ 的极限

观察函数 $y = \frac{1}{x}$ 的图像(图 1-3).

从图 1-3 中容易发现,无论当 $x > 0$ 且 x 无限增大(记作 $x \to +\infty$),还是当 $x < 0$ 且 $|x|$ 无限增大(记作 $x \to -\infty$),函数 y 均无限接近于 0.此时称该函数当 $x \to \infty$ 时的极限为 0,记作 $\lim\limits_{x\to\infty} y = 0$ 或 $\lim\limits_{x\to\infty} f(x) = 0$.

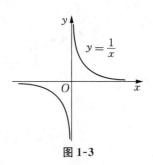

图 1-3

一般地,有如下定义:

定义 1.7   如果当 $x \to \infty$ 时, $f(x)$ 无限接近于常数 A ,则称当 $x \to \infty$ 时 $f(x)$ 的**极限**为 A ,记作

$$\lim_{x \to \infty} f(x) = A.$$

否则,则称 $f(x)$ 的极限不存在.

定义 1.8   当 $x \to +\infty$ (或 $x \to -\infty$)时, $f(x)$ 无限接近常数 A ,则称当 $x \to +\infty$ (或 $x \to -\infty$)时 $f(x)$ 的极限为 A ,记作

$$\lim_{x \to +\infty} f(x) = A \left[\text{或} \lim_{x \to -\infty} f(x) = A \right].$$

从图 1-3 可以观察到, $\lim\limits_{x \to -\infty} \dfrac{1}{x} = \lim\limits_{x \to +\infty} \dfrac{1}{x} = 0.$

观察常用的基本初等函数的图像还可得到以下结论:

$$\lim_{x \to \infty} C = C(C \text{ 为常数}), \qquad \lim_{x \to -\infty} 2^x = 0, \qquad \lim_{x \to +\infty} \left(\frac{1}{3} \right)^x = 0.$$

极限 $\lim\limits_{x \to \infty} f(x) = A$ 的充分必要条件是 $\lim\limits_{x \to -\infty} f(x)$ 和 $\lim\limits_{x \to +\infty} f(x)$ 存在且都等于 A .

由图 1-4 知, $\lim\limits_{x \to -\infty} \mathrm{e}^x = 0$,而当 $x \to +\infty$ 时, $y = \mathrm{e}^x$ 不接近于某个常数,即 $\lim\limits_{x \to +\infty} \mathrm{e}^x$ 不存在,所以 $\lim\limits_{x \to -\infty} \mathrm{e}^x \neq \lim\limits_{x \to +\infty} \mathrm{e}^x$,故 $\lim\limits_{x \to \infty} \mathrm{e}^x$ 不存在.

2. 当 $x \to x_0$ 时,函数 $f(x)$ 的极限

观察函数 $y = x + 1$ 与 $f(x) = \dfrac{x^2 - 1}{x - 1} (x \neq 1)$ 的图像

图 1-4

(图 1-5), $f(x) = \dfrac{x^2 - 1}{x - 1}$ 是直线 $y = x + 1$ 上除去点 $(1, 2)$ 以外的部分,当 x 从 $x_0 = 1$ 的左边或右边越来越接近于 $x = 1$ (记作 $x \to 1$,此时 $x \neq 1$)时, y 与 $f(x)$ 的值都越来越接近

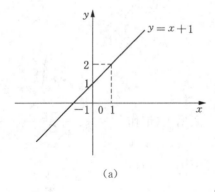

(a)

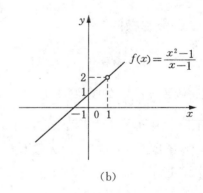

(b)

图 1-5

于 2,分别记作 $\lim\limits_{x \to 1}(x+1)=2$ 与 $\lim\limits_{x \to 1}\dfrac{x^2-1}{x-1}=2$.

一般地,有如下定义:

定义 1.9　如果当 $x \to x_0$ 时,$f(x)$ 无限接近于常数 A,则称当 $x \to x_0$ 时 $f(x)$ 的**极限**为 A,记作

$$\lim_{x \to x_0} f(x)=A.$$

若 x 是从左侧趋于 x_0(记作 $x \to x_0^-$)时 $f(x)$ 无限接近于常数 A,则称当 $x \to x_0^-$ 时 $f(x)$ 的**左极限**为 A,记作 $\lim\limits_{x \to x_0^-} f(x)=A$;若 x 是从右侧趋于 x_0(记作 $x \to x_0^+$)时 $f(x)$ 无限接近于常数 A,则称当 $x \to x_0^+$ 时 $f(x)$ 的**右极限**为 A,记作 $\lim\limits_{x \to x_0^+} f(x)=A$.

说明:从以上例子可以看出,虽然函数 $f(x)=\dfrac{x^2-1}{x-1}$ 在点 $x=1$ 处无定义,但当 $x \to 1$ 时 极限依然存在,即当 $x \to 1$ 时函数是否有极限与 $f(1)$ 是否存在无关,并且有

$$\lim_{x \to 1}\frac{x^2-1}{x-1}=\lim_{x \to 1}(x+1)=2.$$

观察常用的基本初等函数的图像可以得到以下结论:

$$\lim_{x \to x_0} C=C(C \text{ 为常数}), \qquad \lim_{x \to x_0} x=x_0, \qquad \lim_{x \to x_0} x^2=x_0^2.$$

极限 $\lim\limits_{x \to x_0} f(x)=A$ 的充分必要条件是 $\lim\limits_{x \to x_0^-} f(x)$ 和 $\lim\limits_{x \to x_0^+} f(x)$ 存在且都等于 A.

例如,函数 $f(x)=\dfrac{|x|}{x}$,当 $x \to 0$ 时,左极限 $\lim\limits_{x \to 0^-} \dfrac{|x|}{x}=\lim\limits_{x \to 0^-}\dfrac{-x}{x}=-1$,右极限 $\lim\limits_{x \to 0^+}\dfrac{|x|}{x}=\lim\limits_{x \to 0^+}\dfrac{x}{x}=1$,虽然左、右极限都存在,但两者不相等,因此,$x \to 0$ 时,$f(x)$ 的极限不存在,即 $\lim\limits_{x \to 0} f(x)$ 不存在.

三、无穷小与无穷大

如果当 $x \to x_0$(或 $x \to \infty$)时,函数的极限为零,即 $\lim\limits_{x \to x_0} f(x)=0$[或 $\lim\limits_{x \to \infty} f(x)=0$],则称 $f(x)$ 为当 $x \to x_0$(或 $x \to \infty$)时的无穷小.

如果当 $x \to x_0$(或 $x \to \infty$)时,函数的极限为 ∞,即 $\lim\limits_{x \to x_0} f(x)=\infty$[或 $\lim\limits_{x \to \infty} f(x)=\infty$],则称 $f(x)$ 为当 $x \to x_0$(或 $x \to \infty$)时的无穷大.

例如 $\lim\limits_{x \to \infty}\dfrac{1}{x}=0$,即 $f(x)=\dfrac{1}{x}$ 为当 $x \to \infty$ 时的无穷小;$\lim\limits_{x \to 0}\dfrac{1}{x}=\infty$,即 $f(x)=\dfrac{1}{x}$ 为当 $x \to 0$ 时的无穷大.

文本:无穷小
的性质与比较

注意　（1）某个函数是无穷大或无穷小,一定要指出 x 的变化过程.

（2）无穷大"∞"不是一个数,而是一个符号;无穷小是表示以 0 为极限的函数,常数中只有 0 才可视作无穷小.

无穷大与无穷小具有下列性质:

定理 1.1　在自变量的同一变化过程中,

（1）有限个无穷小的和、差、积仍是无穷小.

（2）有界函数与无穷小的乘积仍是无穷小.

（3）如果函数 $f(x)$ 为无穷大,则 $\dfrac{1}{f(x)}$ 为无穷小;

（4）如果函数 $f(x)$ 为无穷小,且 $f(x) \neq 0$,则 $\dfrac{1}{f(x)}$ 为无穷大.

例 3　求下列函数 $f(x)$ 当 $x \to 0$ 时的左极限与右极限,并说明当 $x \to 0$ 时,$f(x)$ 的极限是否存在.

$$(1)\ f(x)=\begin{cases}-x, & x<0,\\ x, & x\geqslant 0;\end{cases} \qquad (2)\ f(x)=\begin{cases}1, & x<0,\\ 0, & x=0,\\ -1, & x>0.\end{cases}$$

解　（1）作出函数图像,如图 1-6 所示.

$$\lim_{x \to 0^-} f(x) = \lim_{x \to 0^-}(-x) = 0,\ \lim_{x \to 0^+} f(x) = \lim_{x \to 0^+} x = 0.$$

因为 $\lim\limits_{x \to 0^-} f(x) = \lim\limits_{x \to 0^+} f(x) = 0$,所以 $\lim\limits_{x \to 0} f(x) = 0$.

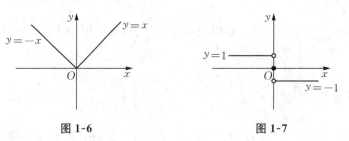

图 1-6　　　　　　　　图 1-7

（2）作出函数图像,如图 1-7 所示.

$$\lim_{x \to 0^-} f(x) = \lim_{x \to 0^-} 1 = 1, \qquad \lim_{x \to 0^+} f(x) = \lim_{x \to 0^+}(-1) = -1.$$

因为 $\lim\limits_{x \to 0^-} f(x) \neq \lim\limits_{x \to 0^+} f(x)$,所以 $\lim\limits_{x \to 0} f(x)$ 不存在.

习　题　1.2

1. 利用基本初等函数的图像求下列极限:

(1) $\lim\limits_{x \to 1} \sqrt{x}$;

(2) $\lim\limits_{x \to \frac{\pi}{2}} \sin x$;

(3) $\lim\limits_{x \to 1} \ln x$;

(4) $\lim\limits_{x \to -\infty} e^x$.

2. 求下列函数 $f(x)$ 当 $x \to 0$ 时的左极限与右极限,并说明当 $x \to 0$ 时,$f(x)$ 的极限是否存在.

(1) $f(x) = \begin{cases} 1-x, & x < 0, \\ x+1, & x \geqslant 0; \end{cases}$

(2) $f(x) = \begin{cases} -2, & x < 0, \\ 0, & x = 0, \\ 2, & x > 0. \end{cases}$

3. 分析函数变化趋势,写出下列函数的极限.

(1) $\lim\limits_{x \to 3}(x^2 + 1)$;

(2) $\lim\limits_{x \to 1}\left(\dfrac{1}{x}\right)$;

(3) $\lim\limits_{x \to \frac{\pi}{6}} \sin x$;

(4) $\lim\limits_{x \to 0} \cos x$;

(5) $\lim\limits_{x \to 2} 2^x$;

(6) $\lim\limits_{x \to 1} \ln x$.

4. 设 $f(x) = \begin{cases} \dfrac{1}{x+1}, & x \leqslant 0, \\ 3^x, & x > 0, \end{cases}$ 求 $\lim\limits_{x \to 0} f(x)$.

5. 设 $f(x) = \begin{cases} 3x+2, & x \leqslant 0, \\ x^2+1, & 0 < x \leqslant 1, \\ \dfrac{2}{x}, & x > 1, \end{cases}$ 分别求 $x \to 0$、$x \to 1$、$x \to 2$ 时 $f(x)$ 的极限.

1.3 极限的运算

一、极限的四则运算

1. 极限的四则运算法则

定理 1.2 在自变量的同一变化过程中,若 $f(x)$、$g(x)$ 的极限存在,设 $\lim f(x) = A$,$\lim g(x) = B$,则有以下关系:

(1) $\lim[f(x) \pm g(x)] = \lim f(x) \pm \lim g(x) = A \pm B$.

(2) $\lim[f(x) \cdot g(x)] = \lim f(x) \cdot \lim g(x) = AB$.

(3) $\lim \dfrac{f(x)}{g(x)} = \dfrac{\lim f(x)}{\lim g(x)} = \dfrac{A}{B} (B \neq 0)$.

推论 1 若 $\lim[f(x) - A] = 0$,则 $\lim f(x) = A$.

推论 2 若 $\lim f(x) = A$,C 是常数,则 $\lim Cf(x) = CA$.

推论 3 若 $\lim f(x) = A$,n 是正整数,则 $\lim[f(x)]^n = [\lim f(x)]^n = A^n$.

以上"lim"没有标明自变量的变化过程,实际上是指对 $x \to a$ 及 $x \to \infty$ 都成立,以后不再说明.

运用上述运算法则,对于多项式函数 $P(x) = a_0 x^n + a_1 x^{n-1} + \cdots + a_n$,有

$$\begin{aligned}
\lim_{x \to a} P(x) &= \lim_{x \to a}(a_0 x^n + a_1 x^{n-1} + \cdots + a_n) \\
&= a_0 (\lim_{x \to a} x)^n + a_1 (\lim_{x \to a} x)^{n-1} + \cdots + a_n \\
&= P(a).
\end{aligned}$$

设有多项式 $P(x)$ 及 $Q(x)$,则

$$\lim_{x \to a} P(x) = P(a),\ \lim_{x \to a} Q(x) = Q(a).$$

如果 $Q(a) \neq 0$,对于有理分式函数(即两个多项式之商)$\dfrac{P(x)}{Q(x)}$,则有以下结论:

$$\lim_{x \to a} \frac{P(x)}{Q(x)} = \frac{\lim\limits_{x \to a} P(x)}{\lim\limits_{x \to a} Q(x)} = \frac{P(a)}{Q(a)} [Q(a) \neq 0].$$

2. 几种求极限的常用方法

(1) 对于多项式函数及分母 $Q(a) \neq 0$ 的有理分式函数,求 $x \to a$ 的极限时直接用 a 代替函数中的 x 即可.

例 1　求极限 $\lim\limits_{x \to 2} \dfrac{x+2}{x^3 - x + 1}$.

解　$\lim\limits_{x \to 2} \dfrac{x+2}{x^3 - x + 1} = \dfrac{2+2}{2^3 - 2 + 1} = \dfrac{4}{7}$.

此类型的极限式可简记为"$\dfrac{A}{B}$"型($B \neq 0$),用"**代值法**"解之.

(2) 利用无穷大、无穷小的倒数关系求极限.

例 2　求极限 $\lim\limits_{x \to 1} \dfrac{x^2 + 1}{x - 1}$.

解　因为 $\lim\limits_{x \to 1} \dfrac{x-1}{x^2 + 1} = 0$,所以 $\lim\limits_{x \to 1} \dfrac{x^2 + 1}{x - 1} = \infty$.

此类型的极限式可简记为"$\dfrac{A}{0}$"型($A \neq 0$),用"**倒数法**"解之.

(3) 利用消去零因子的方法求极限.

例 3　求极限 $\lim\limits_{x \to 3} \dfrac{x^2 - x - 6}{x - 3}$.

解　$\lim\limits_{x \to 3} \dfrac{x^2 - x - 6}{x - 3} = \lim\limits_{x \to 3} \dfrac{(x-3)(x+2)}{x - 3} = \lim\limits_{x \to 3}(x + 2) = 3 + 2 = 5$.

例 4　求极限 $\lim\limits_{x \to 0} \dfrac{\sqrt{x+4}-2}{x}$.

解　$\lim\limits_{x \to 0} \dfrac{\sqrt{x+4}-2}{x} = \lim\limits_{x \to 0} \dfrac{(x+4)-4}{x(\sqrt{x+4}+2)} = \lim\limits_{x \to 0} \dfrac{1}{\sqrt{x+4}+2} = \dfrac{1}{\sqrt{0+4}+2} = \dfrac{1}{4}$.

此类型极限式可简记为 "$\dfrac{0}{0}$" 型,用 "**去零因式法**" 解之.

(4) 利用无穷小的性质 "有界函数与无穷小的乘积是无穷小" 求极限.

例 5　求极限 $\lim\limits_{x \to \infty} \dfrac{1}{x^2} \sin x$.

解　显然 $\lim\limits_{x \to \infty} \sin x$ 不存在,但 $\sin x$ 是有界函数,即 $|\sin x| \leqslant 1$,且当 $x \to \infty$ 时,$\dfrac{1}{x^2}$ 是无穷小,所以 $\lim\limits_{x \to \infty} \dfrac{1}{x^2} \sin x = 0$.

此类型极限式可简记为 "$0 \cdot M$" 型,用 "**无穷小的性质**" 解之.

(5) 利用转化成无穷小的方法求极限.

例 6　求极限 $\lim\limits_{x \to \infty} \dfrac{3x^2 + 4x - 2}{5x^3 + 1}$.

解　$\lim\limits_{x \to \infty} \dfrac{3x^2 + 4x - 2}{5x^3 + 1} = \lim\limits_{x \to \infty} \dfrac{\dfrac{3}{x} + \dfrac{4}{x^2} - \dfrac{2}{x^3}}{5 + \dfrac{1}{x^3}} = \dfrac{0}{5} = 0$.

此类型极限式可简记为 "$\dfrac{\infty}{\infty}$" 型,计算时先用式子中 x 的最高次幂同除分子、分母,分出若干个无穷小后,再求极限.此方法可称为 "**无穷小的分出法**".

对于有理分式函数的 "$\dfrac{\infty}{\infty}$" 型有以下结论:

$$\lim\limits_{x \to \infty} \dfrac{a_0 x^m + a_1 x^{m-1} + \cdots + a_m}{b_0 x^n + b_1 x^{n-1} + \cdots + b_n} = \begin{cases} \dfrac{a_0}{b_0}, & n = m, \\ 0, & n > m, \\ \infty, & n < m, \end{cases}$$

其中,$a_0 \neq 0$,$b_0 \neq 0$,m、n 为非负整数.

例如,$\lim\limits_{x \to \infty} \dfrac{x^2 + 2x + 3}{x^3 + 1} = 0$,$\lim\limits_{x \to \infty} \dfrac{x^2 + 2x + 3}{x^2 + 1} = 1$,$\lim\limits_{x \to \infty} \dfrac{x^3 + 2x + 3}{x^2 + 1} = \infty$.

例 7　求极限 $\lim\limits_{x \to \infty} \dfrac{(3x+1)^{20}(2x-1)^{30}}{(5x-2)^{50}}$.

解　$\lim\limits_{x \to \infty} \dfrac{(3x+1)^{20}(2x-1)^{30}}{(5x-2)^{50}} = \lim\limits_{x \to \infty} \dfrac{\dfrac{(3x+1)^{20}}{x^{20}} \dfrac{(2x-1)^{30}}{x^{30}}}{\dfrac{(5x-2)^{50}}{x^{50}}}$

$$= \lim_{x \to \infty} \frac{\left(3 + \dfrac{1}{x}\right)^{20} \left(2 - \dfrac{1}{x}\right)^{30}}{\left(5 - \dfrac{2}{x}\right)^{50}} = \frac{3^{20} \times 2^{30}}{5^{50}}.$$

例 8　求极限 $\lim\limits_{x \to \infty} \dfrac{\sqrt{x^2 + 3}}{\sqrt[3]{2x^3 - 1}}$.

解　$\lim\limits_{x \to \infty} \dfrac{\sqrt{x^2 + 3}}{\sqrt[3]{2x^3 - 1}} = \lim\limits_{x \to \infty} \dfrac{\dfrac{\sqrt{x^2 + 3}}{x}}{\dfrac{\sqrt[3]{2x^3 - 1}}{x}} = \lim\limits_{x \to \infty} \dfrac{\sqrt{1 + \dfrac{3}{x^2}}}{\sqrt[3]{2 - \dfrac{1}{x^3}}} = \dfrac{1}{\sqrt[3]{2}}.$

(6) 对于两个式子之差为"$\infty - \infty$"型的极限,可以先转化为一个分式,再求极限.

例 9　求极限 $\lim\limits_{x \to 1} \left(\dfrac{1}{1 - x} - \dfrac{2}{1 - x^2}\right)$.

解　$\lim\limits_{x \to 1} \left(\dfrac{1}{1 - x} - \dfrac{2}{1 - x^2}\right) = \lim\limits_{x \to 1} \dfrac{1 + x - 2}{1 - x^2} = -\lim\limits_{x \to 1} \dfrac{1}{1 + x} = -\dfrac{1}{2}.$

*(7) 利用数列求前 n 项和公式后求极限.

例 10　求极限 $\lim\limits_{n \to \infty} \left(\dfrac{1}{n^2} + \dfrac{2}{n^2} + \dfrac{3}{n^2} + \cdots + \dfrac{n - 1}{n^2}\right)$.

分析: 对于此题,不能对每一项先求极限再相加,即

$$\lim_{n \to \infty} \left(\dfrac{1}{n^2} + \dfrac{2}{n^2} + \dfrac{3}{n^2} + \cdots + \dfrac{n - 1}{n^2}\right) \neq$$

$$\lim_{n \to \infty} \dfrac{1}{n^2} + \lim_{n \to \infty} \dfrac{2}{n^2} + \lim_{n \to \infty} \dfrac{3}{n^2} + \cdots + \lim_{n \to \infty} \dfrac{n - 1}{n^2} = 0.$$

因为当 $n \to \infty$ 时,项数也将趋于无穷大,它不是有限项和的求极限问题.

解　原式 $= \lim\limits_{n \to \infty} \dfrac{1}{n^2} [1 + 2 + \cdots + (n - 1)] = \lim\limits_{n \to \infty} \dfrac{1}{n^2} \dfrac{(n - 1)n}{2} = \dfrac{1}{2}.$

例 11　求极限 $\lim\limits_{n \to \infty} \left(\dfrac{1}{2} + \dfrac{1}{2^2} + \dfrac{1}{2^3} + \cdots + \dfrac{1}{2^n}\right)$.

解　利用等比数列的求前 n 项和公式 $S_n = \dfrac{a_1(1 - q^n)}{1 - q}$, 有

$$\lim_{n \to \infty} \left(\dfrac{1}{2} + \dfrac{1}{2^2} + \dfrac{1}{2^3} + \cdots + \dfrac{1}{2^n}\right) = \lim_{n \to \infty} \dfrac{1}{2} \dfrac{1 - \left(\dfrac{1}{2}\right)^n}{1 - \dfrac{1}{2}} = 1.$$

注意　当自变量 $x \to x_0$(或者 $x \to \infty$)时,函数极限可能呈"$\dfrac{0}{0}$""$\dfrac{\infty}{\infty}$""$\infty - \infty$""$0 \cdot$

∞""1^{∞}""0^0""∞^0"等 7 种形式.对于不同的函数,这 7 种形式的极限或者存在,或者不存

在,情况不定,因此称其为**未定式(或不定式)**.

二、夹逼定理

下面介绍极限存在的一个判别准则,即夹逼定理.

*   **定理 1.3(夹逼定理)** 假设数列 $\{x_n\}$、$\{y_n\}$、$\{z_n\}$ 满足条件:

(1) $y_n \leqslant x_n \leqslant z_n$;

(2) $\lim\limits_{n \to \infty} y_n = a$,$\lim\limits_{n \to \infty} z_n = a$.

则数列 $\{x_n\}$ 的极限也存在,且 $\lim\limits_{n \to \infty} x_n = a$.

类似地,对函数极限有以下定理:

*   **定理 1.4** 若函数 $f(x)$、$g(x)$、$h(x)$ 在点 a 的某去心邻域内满足条件:

(1) $g(x) \leqslant f(x) \leqslant h(x)$;

(2) $\lim\limits_{x \to a} g(x) = A$,$\lim\limits_{x \to a} h(x) = A$.

则 $\lim\limits_{x \to a} f(x)$ 也存在,且 $\lim\limits_{x \to a} f(x) = A$.

三、两个重要极限

1. $\lim\limits_{x \to 0} \dfrac{\sin x}{x} = 1$

*   **证明** 如图 1-8 所示,在直角三角形 OAB 中,设
$\angle AOB = x \left(\text{先假定 } 0 < x < \dfrac{\pi}{2} \right)$、底边长 $|OA| = 1$,
以 OA 为半径作扇形 OAC,则 $\triangle OAC$、扇形 OAC、
$\triangle OAB$ 的面积的大小关系为

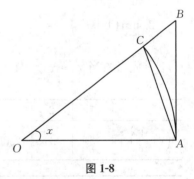

图 1-8

$\dfrac{1}{2} \sin x < \dfrac{1}{2} x < \dfrac{1}{2} \tan x$,因此 $1 < \dfrac{x}{\sin x} < \dfrac{1}{\cos x}$,

即 $\cos x < \dfrac{\sin x}{x} < 1$.

用 $-x$ 替换 x,上式仍然成立,即对满足 $-\dfrac{\pi}{2} < x < 0$ 的 x 也成立.

因为 $0 < |\cos x - 1| = 1 - \cos x = 2\sin^2 \dfrac{x}{2} < 2\left(\dfrac{x}{2}\right)^2 = \dfrac{x^2}{2} \to 0 (x \to 0)$,故 $\lim\limits_{x \to 0}(\cos x - 1) = 0$,即 $\lim\limits_{x \to 0} \cos x = 1$. 由定理 1.4 得极限

$$\lim_{x \to 0} \frac{\sin x}{x} = 1.$$

此极限的类型为"$\dfrac{0}{0}$"型,其结构是"正弦弧度与分母为相同的无穷小",符合以上条

件,其极限结果为 1.

例 12 求极限 $\lim\limits_{x \to 0} \dfrac{\sin 3x^2}{x^2}$.

解 令 $u = 3x^2$,则 $u \to 0 (x \to 0)$,所以

$$\lim_{x \to 0} \frac{\sin 3x^2}{x^2} = 3\lim_{x \to 0} \frac{\sin 3x^2}{3x^2} = 3\lim_{u \to 0} \frac{\sin u}{u} = 3 \times 1 = 3.$$

(熟练以后,令 $u = 3x^2$ 的过程可以省略).

例 13 求极限 $\lim\limits_{x \to 0} \dfrac{\tan x}{x}$.

解 $\lim\limits_{x \to 0} \dfrac{\tan x}{x} = \lim\limits_{x \to 0} \left(\dfrac{\sin x}{x} \cdot \dfrac{1}{\cos x} \right) = \lim\limits_{x \to 0} \dfrac{\sin x}{x} \cdot \lim\limits_{x \to 0} \dfrac{1}{\cos x} = 1 \times 1 = 1.$

例 14 求极限 $\lim\limits_{x \to 0} \dfrac{1 - \cos x}{2x^2}$.

解 $\lim\limits_{x \to 0} \dfrac{1 - \cos x}{2x^2} = \lim\limits_{x \to 0} \dfrac{2\sin^2 \dfrac{x}{2}}{2x^2} = \lim\limits_{x \to 0} \dfrac{1}{4} \dfrac{\sin^2 \dfrac{x}{2}}{\left(\dfrac{x}{2} \right)^2} = \dfrac{1}{4} \left[\lim\limits_{x \to 0} \dfrac{\sin \dfrac{x}{2}}{\dfrac{x}{2}} \right]^2 = \dfrac{1}{4}.$

(此题用到公式 $\cos 2x = 1 - 2\sin^2 x$).

2. $\lim\limits_{x \to \infty} \left(1 + \dfrac{1}{x} \right)^x = e$

首先考察当 $x \to +\infty$ 及 $x \to -\infty$ 时,函数 $\left(1 + \dfrac{1}{x} \right)^x$ 的变化趋势:

x	1	2	5	10	100	1 000	10 000	100 000	$\cdots \to +\infty$
$\left(1 + \dfrac{1}{x} \right)^x$	2	2.25	2.49	2.59	2.705	2.717	2.718	2.718 27	2.718 281 828 45$\cdots$

x	-10	-100	$-1\,000$	$-10\,000$	$-100\,000$	$\cdots \to -\infty$
$\left(1 + \dfrac{1}{x} \right)^x$	2.88	2.732	2.720	2.718 3	2.718 28	2.718 281 828 45$\cdots$

可以证明,当 $x \to \infty$ 时,$\left(1 + \dfrac{1}{x} \right)^x$ 趋于一个常数 2.718 281 828 45$\cdots$,它是一个无理数,用字母 e 来表示,即 $\lim\limits_{x \to \infty} \left(1 + \dfrac{1}{x} \right)^x = e$.

在 $\lim\limits_{x \to \infty} \left(1 + \dfrac{1}{x} \right)^x = e$ 中,令 $\dfrac{1}{x} = t$,则当 $x \to \infty$ 时,$t \to 0$,于是有

$$\lim_{t \to 0} (1 + t)^{\frac{1}{t}} = e.$$

这样就得到了此重要极限的另一种形式：

$$\lim_{x \to 0}(1+x)^{\frac{1}{x}} = \mathrm{e}.$$

下面运用这个重要极限来求一些函数的极限.

例 15 求极限 $\lim\limits_{x \to \infty}\left(1+\dfrac{3}{x}\right)^x$.

解 $\lim\limits_{x \to \infty}\left(1+\dfrac{3}{x}\right)^x = \lim\limits_{x \to \infty}\left(1+\dfrac{3}{x}\right)^{\frac{x}{3} \cdot 3}$.

令 $\dfrac{3}{x} = t$，则当 $x \to \infty$ 时，$t \to 0$，于是

$$\lim_{x \to \infty}\left(1+\frac{3}{x}\right)^x = \lim_{t \to 0}(1+t)^{\frac{1}{t} \cdot 3} = \left[\lim_{t \to 0}(1+t)^{\frac{1}{t}}\right]^3 = \mathrm{e}^3.$$

例 16 求极限 $\lim\limits_{x \to \infty}\left(1-\dfrac{2}{x}\right)^{5x+3}$.

解

$$\lim_{x \to \infty}\left(1-\frac{2}{x}\right)^{5x+3} = \lim_{x \to \infty}\left[\left(1-\frac{2}{x}\right)^{5x} \cdot \left(1-\frac{2}{x}\right)^3\right] = \lim_{x \to \infty}\left(1-\frac{2}{x}\right)^{5x} \cdot \lim_{x \to \infty}\left(1-\frac{2}{x}\right)^3$$

$$= \lim_{x \to \infty}\left(1+\frac{2}{-x}\right)^{\frac{-x}{2} \cdot (-10)} \cdot (1-0)^3 = \left[\lim_{x \to \infty}\left(1+\frac{2}{-x}\right)^{\frac{-x}{2}}\right]^{-10} = \mathrm{e}^{-10}.$$

例 17 求极限 $\lim\limits_{x \to \infty}\left(\dfrac{x+1}{x-1}\right)^{4x}$.

解 $\lim\limits_{x \to \infty}\left(\dfrac{x+1}{x-1}\right)^{4x} = \lim\limits_{x \to \infty}\left(\dfrac{1+\dfrac{1}{x}}{1-\dfrac{1}{x}}\right)^{4x} = \lim\limits_{x \to \infty}\dfrac{\left(1+\dfrac{1}{x}\right)^{4x}}{\left(1-\dfrac{1}{x}\right)^{4x}} = \dfrac{\left[\lim\limits_{x \to \infty}\left(1+\dfrac{1}{x}\right)^x\right]^4}{\left[\lim\limits_{x \to \infty}\left(1+\dfrac{1}{-x}\right)^{-x}\right]^{-4}}$

$$= \frac{\mathrm{e}^4}{\mathrm{e}^{-4}} = \mathrm{e}^8.$$

注意 第二个重要极限有两种形式，即 $\lim\limits_{x \to \infty}\left(1+\dfrac{1}{x}\right)^x = \mathrm{e}$ 或 $\lim\limits_{x \to 0}(1+x)^{\frac{1}{x}} = \mathrm{e}$，此极限常用于计算幂指函数 $f(x)^{g(x)}$ 中 1^∞ 型的部分极限.

四、无穷小的比较

在自变量的同一变化过程中，可能涉及几个无穷小，尽管它们都趋向于零，但是趋向于零的速度一般来说是不一样的.下面，通过无穷小比值的极限来比较它们趋向于零的快慢程度.

定义 1.10 设 α、β 都是 $x \to x_0$ 时的无穷小，且 α 在 x_0 的去心邻域内不为零.

(1) 如果 $\lim\limits_{x \to x_0}\dfrac{\beta}{\alpha} = 0$，则称 β 是比 α 高阶的无穷小，记为 $\beta = o(\alpha)$；

(2) 如果 $\lim\limits_{x \to x_0} \dfrac{\beta}{\alpha} = \infty$，则称 β 是比 α 低阶的无穷小；

(3) 如果 $\lim\limits_{x \to x_0} \dfrac{\beta}{\alpha} = c \neq 0$，则称 β 和 α 是同阶的无穷小；

(4) 如果 $\lim\limits_{x \to x_0} \dfrac{\beta}{\alpha} = 1$，则称 β 和 α 是等价的无穷小，记为 $\beta \sim \alpha$. 显然此时 $\alpha \sim \beta$.

例如：因为 $\lim\limits_{x \to 0} \dfrac{x^2}{x} = 0$，所以当 $x \to 0$ 时，x^2 是 x 的高阶无穷小.

因为 $\lim\limits_{x \to 0} \dfrac{x}{2x} = \dfrac{1}{2}$，所以当 $x \to 0$ 时，x 与 $2x$ 是同阶无穷小.

因为 $\lim\limits_{x \to 0} \dfrac{\sin x}{x} = 1$，所以当 $x \to 0$ 时，$\sin x$ 与 x 是等价无穷小.

当 $x \to 0$ 时，常用的等价无穷小如下：

(1) $\sin ax \sim ax$；　　　(2) $\tan bx \sim bx$；　　　(3) $1 - \cos x \sim \dfrac{1}{2}x^2$；

(4) $\ln(1+ax) \sim ax$；　(5) $\mathrm{e}^x - 1 \sim x$；　　(6) $\arctan x \sim x$；

(7) $\arcsin cx \sim cx$；　(8) $\sqrt[n]{1+x} - 1 \sim \dfrac{1}{n}x$.

定理 1.5　设 $\alpha \sim \alpha_1$，$\beta \sim \beta_1$ 且 $\lim \dfrac{\alpha_1}{\beta_1}$ 存在，则 $\lim \dfrac{\alpha}{\beta} = \lim \dfrac{\alpha_1}{\beta_1}$.

证明　因为 $\alpha \sim \alpha_1$，$\beta \sim \beta_1$，所以 $\lim \dfrac{\alpha}{\alpha_1} = 1$，$\lim \dfrac{\beta}{\beta_1} = 1$，

于是 $\lim \dfrac{\alpha}{\beta} = \lim \left(\dfrac{\alpha}{\alpha_1} \cdot \dfrac{\alpha_1}{\beta_1} \cdot \dfrac{\beta_1}{\beta} \right) = \lim \dfrac{\alpha}{\alpha_1} \cdot \lim \dfrac{\alpha_1}{\beta_1} \cdot \lim \dfrac{\beta_1}{\beta} = \lim \dfrac{\alpha_1}{\beta_1}$.

注意　遇到求两个无穷小之比的极限时，分子及分母都可以利用等价无穷小代换，使其简化后求得极限. 这也是求极限的一种方法. 但用此方法时，必须是因式相乘的形式.

例 18　求极限 $\lim\limits_{x \to 0} \dfrac{\tan 3x}{\sin 2x}$.

解　因为当 $x \to 0$ 时，$\tan 3x \sim 3x$，$\sin 2x \sim 2x$.

所以 $\lim\limits_{x \to 0} \dfrac{\tan 3x}{\sin 2x} = \lim\limits_{x \to 0} \dfrac{3x}{2x} = \dfrac{3}{2}$.

例 19　求极限 $\lim\limits_{x \to 0} \dfrac{\tan x - \sin x}{\sin^3 3x}$.

解　$\tan x - \sin x = \tan x (1 - \cos x)$.

而当 $x \to 0$ 时，$\sin 3x \sim 3x$，$\tan x \sim x$，$1 - \cos x = 2\sin^2 \dfrac{x}{2} \sim 2\left(\dfrac{x}{2} \right)^2 = \dfrac{1}{2}x^2$，

于是 $\tan x - \sin x = \tan x (1 - \cos x) \sim \dfrac{1}{2}x^3$，

故 $\lim\limits_{x\to 0}\dfrac{\tan x-\sin x}{\sin^3 3x}=\lim\limits_{x\to 0}\dfrac{\frac{1}{2}x^3}{(3x)^3}=\dfrac{1}{54}.$

注意　错误解法：当 $x\to 0$ 时 $\sin x\sim x$，$\sin 3x\sim 3x$，$\tan x\sim x$，所以

$$\lim\limits_{x\to 0}\dfrac{\tan x-\sin x}{\sin^3 3x}=\lim\limits_{x\to 0}\dfrac{x-x}{(3x)^3}=0.$$

错误原因是作无穷小等价代换时，分别代换了分子中的两项.而定理 1.5 必须在因式相乘的形式下才能对各因式作代换.

习　题　1.3

1. 求下列函数的极限.

(1) $\lim\limits_{x\to 2}\dfrac{x^4-3x-8}{2x^3-x^2+1}$;

(2) $\lim\limits_{x\to 0}\left(1-\dfrac{2}{x-3}\right)$;

(3) $\lim\limits_{x\to 1}\dfrac{x^2+x}{x^2-1}$;

(4) $\lim\limits_{x\to 2}\dfrac{2x^3+3x}{x-2}$;

(5) $\lim\limits_{x\to 4}\dfrac{x^2-6x+8}{x^2-5x+4}$;

(6) $\lim\limits_{x\to 0}\dfrac{x}{\sqrt{1+x}-1}$;

(7) $\lim\limits_{x\to 3}\sqrt{\dfrac{x-3}{x^2-9}}$;

(8) $\lim\limits_{x\to 1}\dfrac{x^2-1}{2x^2-x-1}$;

(9) $\lim\limits_{x\to 0}\dfrac{(1+x)^2-1}{4x^2-x}$;

(10) $\lim\limits_{x\to\infty}\dfrac{x+\sin x}{x}$;

(11) $\lim\limits_{x\to\infty}\dfrac{1}{x}(\sin x+\cos x)$;

(12) $\lim\limits_{x\to\infty}\dfrac{2x^2-x}{x^3+3}$;

(13) $\lim\limits_{x\to\infty}\dfrac{4x^3+5x^2-2}{2x^3-6x+3}$;

(14) $\lim\limits_{n\to+\infty}\left(\dfrac{1}{n^2}+\dfrac{2}{n^2}+\cdots+\dfrac{n}{n^2}\right)$;

(15) $\lim\limits_{x\to 1}\left(\dfrac{1}{1-x}-\dfrac{x^2+2x}{1-x^3}\right)$;

(16) $\lim\limits_{x\to 1}\left(\dfrac{1}{x-1}-\dfrac{3}{x^2-1}\right)$.

2. 求下列函数的极限.

(1) $\lim\limits_{x\to 0}\dfrac{\sin\frac{x}{3}}{x}$;

(2) $\lim\limits_{x\to 0}\dfrac{\sin mx}{\sin nx}\,(n\neq 0)$;

(3) $\lim\limits_{x\to 0}\dfrac{x}{2x+\sin x}$;

(4) $\lim\limits_{x\to\infty}x\sin\dfrac{5}{x}$;

(5) $\lim\limits_{x\to\infty}x\sin\dfrac{1}{x}$;

(6) $\lim\limits_{x\to 0}(1+2x)^{\frac{2}{x}}$;

(7) $\lim\limits_{x\to\infty}\left(1-\dfrac{2}{x}\right)^{\frac{x}{2}}$;

(8) $\lim\limits_{x\to\infty}\left(\dfrac{x-1}{x+1}\right)^{x}$;

(9) $\lim\limits_{x \to \infty}\left(1 - \dfrac{3}{x}\right)^{\frac{x}{3}-2}$;　　　　　(10) $\lim\limits_{x \to +\infty}\left(1 - \dfrac{1}{x}\right)^{\sqrt{x}}$.

*3. 求下列函数的极限.

(1) $\lim\limits_{x \to 0}\dfrac{\tan x}{\arctan x}$;　　　　　(2) $\lim\limits_{x \to 0}\dfrac{\sqrt{1 + x^2} - 1}{1 - \cos x}$.

1.4　连续

在现实生活中,存在许多连续变化着的量,如水位的涨落、气温的升降、植物的生长、金属丝受热长度的改变等都随时间的改变而发生连续变化,这种现象反映在函数关系上就是函数的连续性.

函数 $f(x) = x^2$ 与函数 $f(x) = \begin{cases} x+1, & x < 0, \\ x^2, & x \geqslant 0 \end{cases}$ 的图像分别如图 1-9 和图 1-10 所示.

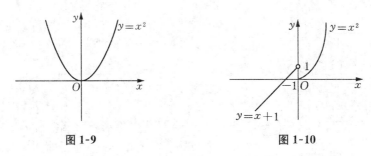

图 1-9　　　　　　　　　　图 1-10

观察图像可以发现,函数 $f(x) = x^2$ 的曲线在点 $x = 0$ 处是连着的,而函数 $f(x) = \begin{cases} x+1, & x < 0, \\ x^2, & x \geqslant 0 \end{cases}$ 的曲线在点 $x = 0$ 处是断开的,函数曲线连着还是断开体现了函数的重要性质——连续性.

定义 1.10 若 $f(x)$ 在点 x_0 及其近旁有定义,且 $\lim\limits_{x \to x_0} f(x) = f(x_0)$,则称 $f(x)$ 在点 x_0 处**连续**.

根据定义,函数 $f(x)$ 在点 x_0 处连续,应满足以下三个条件:

(1) $f(x)$ 在点 x_0 处及其近旁有意义;

(2) $\lim\limits_{x \to x_0} f(x)$ 存在;

(3) $\lim\limits_{x \to x_0} f(x) = f(x_0)$.

以上三个条件中若有一条不满足,函数 $f(x)$ 在点 $x = x_0$ 处就不连续.我们称不连续的点为函数 $f(x)$ 的间断点.

例 1 判断函数 $f(x) = |x| = \begin{cases} -x, & x < 0, \\ x, & x \geqslant 0 \end{cases}$ 在点 $x = 0$ 处的连续性.

解 因为 $f(x)$ 在点 $x=0$ 处有定义,且 $f(0)=0$,由于

$$\lim_{x \to 0^-} f(x) = \lim_{x \to 0^-} (-x) = 0, \ \lim_{x \to 0^+} f(x) = \lim_{x \to 0^+} x = 0,$$

故有
$$\lim_{x \to 0} f(x) = 0 = f(0).$$

所以 $f(x)$ 在点 $x=0$ 处是连续的.

从图 1-11 可以看出,函数 $f(x)$ 的图像在点 $x=0$ 处显然是连续的.

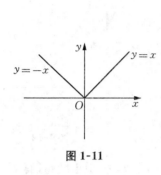
图 1-11

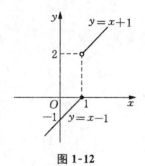
图 1-12

例 2 讨论函数 $f(x) = \begin{cases} x-1, & x < 1, \\ 0, & x = 1, \\ x+1, & x > 1 \end{cases}$ 在点 $x=1$ 处的连续性.

解 因为 $f(1)=0$,由于

$$\lim_{x \to 1^-} f(x) = \lim_{x \to 1^-} (x-1) = \lim_{x \to 1^-} x - \lim_{x \to 1^-} 1 = 0,$$
$$\lim_{x \to 1^+} f(x) = \lim_{x \to 1^+} (x+1) = \lim_{x \to 1^+} x + \lim_{x \to 1^+} 1 = 2,$$

故有
$$\lim_{x \to 1^-} f(x) \neq \lim_{x \to 1^+} f(x).$$

所以 $f(x)$ 在点 $x=0$ 处不连续,即 $x=0$ 是 $f(x)$ 的间断点.

从图 1-12 可以看出,函数 $f(x)$ 的图像在点 $x=1$ 处是断开的.

1. 函数在闭区间 $[a,b]$ 上连续

若 $f(x)$ 在开区间 (a,b) 内每一点都连续,则称 $f(x)$ 在开区间 (a,b) 内连续.

若 $f(x)$ 在开区间 (a,b) 内连续,且有 $\lim_{x \to a^+} f(x) = f(a)$ 和 $\lim_{x \to b^-} f(x) = f(b)$,则称 $f(x)$ 在闭区间 $[a,b]$ 上连续.

2. 连续函数的运算法则

(1) 有限个连续函数的和、差、积、商(分母不为零)也是连续函数.

(2) 有限个连续函数的复合函数也是连续函数.

(3) 单调增加(减少)的连续函数的反函数也是单调增加(减少)的连续函数.

应用连续函数的运算法则可以得到:初等函数在其定义域内均是连续的.即初等函数的连续区间等价于定义区间,初等函数在定义域内的点的极限值就等于函数值.

3. 闭区间上连续函数的性质

动画:最值性

（1）**最值性**:若 $f(x)$ 在闭区间 $[a,b]$ 上连续,则必存在最大值 M 和最小值 m.

（2）**介值性**:若 $f(x)$ 在闭区间 $[a,b]$ 上连续,且在这个区间的端点值 $f(a)$、$f(b)$ 不同,则对介于 $f(a)$ 与 $f(b)$ 之间的任意实数 C,至少存在一个点 $\xi \in (a,b)$,使 $f(\xi)=C$,如图 1-13 所示.

动画:介值性

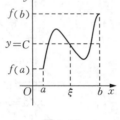

图 1-13

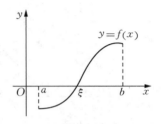

图 1-14

动画:零点
存在性

（3）**零点存在性**:若 $f(x)$ 在闭区间 $[a,b]$ 上连续,且有 $f(a) \cdot f(b) < 0$,则方程 $f(x)=0$ 在 (a,b) 内至少有一个实根,如图 1-14 所示.

例 3　已知函数 $f(x)=\begin{cases} x^2, & x<0, \\ x+1, & x \geqslant 0, \end{cases}$　试求 $f(x)$ 的连续区间.

解　因为 $\lim\limits_{x \to 0^-} f(x) = \lim\limits_{x \to 0^-} x^2 = 0$,$\lim\limits_{x \to 0^+} f(x) = \lim\limits_{x \to 0^+} (x+1) = 1$,所以 $\lim\limits_{x \to 0} f(x)$ 不存在,函数 $f(x)$ 在点 $x=0$ 处间断.而除点 $x=0$ 以外,每段都是初等函数且都有定义,从而都是连续的.因此,函数 $f(x)$ 的连续区间是 $(-\infty,0) \bigcup (0,+\infty)$.

例 4　求 $\lim\limits_{x \to \frac{\pi}{2}} e^{\sin x}$.

解　因为 $f(x)=e^{\sin x}$ 为初等函数,其定义域为 $(-\infty,+\infty)$,$f(x)$ 在点 $x=\dfrac{\pi}{2}$ 处连续,所以

$$\lim_{x \to \frac{\pi}{2}} e^{\sin x} = f\left(\frac{\pi}{2}\right) = e.$$

例 5　证明方程 $x^3 - 2x^2 + 0.256 = 0$ 在 $(0,1)$ 内至少有一个实根.

证明　设 $f(x)=x^3 - 2x^2 + 0.256$,显然 $f(x)$ 在 $[0,1]$ 上连续,且

$$f(0)=0.256,\quad f(1)=-0.744,$$

即

$$f(0) \cdot f(1) < 0.$$

由零点存在性可知,$f(x)$ 在 $(0,1)$ 内至少有一个实根.

习 题 1.4

1. 判断函数 $f(x) = \begin{cases} 1-x, & x < 0, \\ x+1, & x \geqslant 0 \end{cases}$ 在点 $x = 0$ 处的连续性.

2. 已知函数 $f(x) = \begin{cases} x, & x < 0, \\ x^2+1, & x \geqslant 0, \end{cases}$ 试求 $f(x)$ 的连续区间.

3. 求下列极限.

(1) $\lim\limits_{x \to \frac{1}{2}} x^2 \sin 2x$;   (2) $\lim\limits_{x \to 1} \dfrac{e^{2x} - 1}{x}$.

4. 证明方程 $x^5 - 3x + 1 = 0$ 在 1 与 2 之间至少存在一个实根.

复习与思考 1

一、填空题

1. 函数 $f(x) = \dfrac{2}{4-x^2} + \sqrt{x-1}$ 的定义域是 _____.

2. 若 $f(x) = x^2 - 5x + 4$,则函数 $f(x+1) = $ _____.

3. 已知 $f(x-1) = x(x-1)$,则函数 $f(x) = $ _____.

4. 函数 $f(x) = \dfrac{1-x^2}{\cos x}$ 的图像关于 _____ 对称.

5. 复合函数 $y = \ln(\sin x^3)$ 的复合过程是 _____.

6. 已知 $y = \sqrt{u}$,$u = 2 + v^2$,$v = \cos x$,则 $y = f(x) = $ _____.

7. 设 $f(x) = \begin{cases} x^2+1, & x \leqslant 1, \\ \dfrac{2}{x}, & x > 1, \end{cases}$ 则 $\lim\limits_{x \to 1} f(x) = $ _____ ,$\lim\limits_{x \to 2} f(x) = $ _____.

8. 已知 $f(x) = \dfrac{1}{x^2 - 6x + 9}$,当 $x \to$ _____ 时,$f(x)$ 为无穷大;当 $x \to$ _____ 时,$f(x)$ 为无穷小.

9. 如果 $\lim\limits_{x \to -3} \dfrac{x^2 + 2x + k}{x+3} = -4$,则常数 $k = $ _____.

10. $\lim\limits_{x \to 0} \left(\dfrac{2-x}{2} \right)^{\frac{2}{x}} = $ _____.

11. $\lim\limits_{x \to \infty} \dfrac{x^4 + 1}{2x^4 + x^2 - 2} = $ _____ ,$\lim\limits_{x \to \infty} \dfrac{x^3 + 3\,000}{3x^5 - 4x^2 - x} = $ _____.

12. $\lim\limits_{x\to\infty}\left(1+\dfrac{1}{x}\right)\left(2-\dfrac{1}{x^2}\right)=$_____.

13. 函数 $y=\sqrt{9-x^2}-\dfrac{2}{x^2+3}$ 的连续区间是_____.

14. 函数 $y=\dfrac{\ln(3-x)}{x^2-1}$ 的连续区间是_____.

15. 若函数 $f(x)=\begin{cases}\dfrac{\sin 2x}{x}, & x<0,\\[2mm] 3x^2-2x+k, & x\geqslant 0\end{cases}$ 在点 $x=0$ 处连续,则 $k=$_____.

16. 已知 $f(x)=\begin{cases}1-2x, & x<0,\\ 2, & x=0,\\ 1+2x, & x>0,\end{cases}$ 则 $\lim\limits_{x\to 0}f(x)=$_____,$\lim\limits_{x\to 2}f(x)=$_____.

17. 设 $f(x)=\dfrac{x-2}{2+x}$,当 $x\to$_____时,$f(x)$ 为无穷大,当 $x\to$_____时,$f(x)$ 为无穷小.

18. 函数 $f(x)=\dfrac{1}{\ln(x-2)}$ 的连续区间是_____.

19. 如果 $\lim\limits_{x\to 1}\dfrac{ax+b}{x-1}=2$,则 $a+b=$_____.

20. 已知 $f(x)=\sin x\cos\dfrac{1}{x}$,给 $f(0)$ 补充定义一个数值_____,则 $f(x)$ 在点 $x=0$ 处连续.

21. 函数 $y=\dfrac{\sqrt{x-3}}{(x+1)(x+2)}$ 的连续区间是_____.

22. 函数 $y=\arccos\dfrac{x^2-4}{x-2}$ 的定义域是_____.

二、单项选择题

1. 函数 $y=\sqrt{9-x^2}-\dfrac{5}{x^2-4}$ 的定义域是( ).

A. $(-3,3)$ 　　　　　　　　　　B. $[-3,-2)\bigcup(-2,2)\bigcup(2,3]$

C. $[-3,3]$ 　　　　　　　　　　D. $(-\infty,-3]\bigcup[3,+\infty)$

2. 下列函数在定义域内为单调增加函数的是( ).

A. $y=\dfrac{1}{x}$ 　　　　　　　　　　B. $y=|x|$

C. $y=\mathrm{e}^{-x}$ 　　　　　　　　　　D. $y=x^3$

3. 下列函数在定义域内为单调减少函数的是( ).

A. $y = \left(\dfrac{1}{2}\right)^x$　　　　　　　B. $y = e^x$

C. $y = \ln x$　　　　　　　　　D. $y = x^{\frac{1}{2}}$

4. 下列函数的图像关于坐标原点对称的是(　　　).

A. $y = \dfrac{1 - x^2}{\cos x}$　　　　　　　B. $y = \sin x - \cos x$

C. $y = \sin(x^2 + 1)$　　　　　　　D. $y = \dfrac{10^x - 10^{-x}}{2}$

5. 函数 $y = x^2 \cos x$ 是(　　　).

A. 偶函数　　　　　　　　　　B. 奇函数

C. 周期函数　　　　　　　　　D. 有界函数

6. 下列各组函数为同一函数的是(　　　).

A. $f(x) = \dfrac{x^2}{x}$ 与 $g(x) = x$　　　　　B. $f(x) = x^0$ 与 $g(x) = 1$

C. $f(x) = x$ 与 $g(x) = (\sqrt{x})^2$　　　　D. $f(x) = 3x^2 + 1$ 与 $g(t) = 3t^2 + 1$

7. 下列函数为基本初等函数的是(　　　).

A. $y = x^e + x$　　　　　　　　B. $y = x^{\sqrt{e}} - 1$

C. $y = x^{\sqrt{e} - 1}$　　　　　　　D. $y = \ln 3x$

8. 若 $f(x - 2) = x(3x - 5)$，则 $f(x) = ($　　　$)$.

A. $(x + 2)(3x + 1)$　　　　　　B. $(x + 2)(3x - 1)$

C. $(x - 2)(3x + 1)$　　　　　　D. $(x - 2)(3x - 11)$

9. $\lim\limits_{x \to \infty} 5^x$ 的值为(　　　).

A. 不存在　　　　B. 0　　　　　　C. 1　　　　　D. 5

10. $\lim\limits_{x \to \infty} 2^{\frac{1}{x}}$ 的值为(　　　).

A. 不存在　　　　B. 0　　　　　　C. 1　　　　　D. 2

11. 下列函数有界的是(　　　).

A. $y = \sin \dfrac{1}{x}$　　　　　　　B. $y = \dfrac{1}{x} (x > 0)$

C. $y = e^x$　　　　　　　　　D. $y = \ln x$

12. 下列函数为复合函数的是(　　　).

A. $y = \lg(-x^2)$　　　　　　　B. $y = \sqrt{-x} (x \leqslant 0)$

C. $y = \left(\dfrac{1}{e}\right)^x$　　　　　　　D. $y = x^{\sqrt{2} - 1}$

13. 下列函数为初等函数的是(　　　).

A. $y=\begin{cases}x+1, & x<1, \\ x-1, & x\geqslant 1\end{cases}$　　　　B. $y=\begin{cases}\dfrac{x^2-3}{2x-1}, & x\neq 1, \\ 2, & x=1\end{cases}$

C. $y=|\,x^2-2\,|$　　　　D. $y=\sqrt{-2-\cos x}$

14. 下列数列中没有极限的是(　　).

A. $-\dfrac{1}{2}, \dfrac{2}{3}, -\dfrac{3}{4}, \dfrac{4}{5}, -\dfrac{5}{6}, \dfrac{6}{7}, \cdots$

B. $\dfrac{1}{2}, 0, \dfrac{1}{4}, 0, \dfrac{1}{8}, 0, \cdots$

C. $1, -\dfrac{1}{3}, \dfrac{1}{2}, -\dfrac{1}{5}, \dfrac{1}{3}, -\dfrac{1}{7}, \dfrac{1}{4}, -\dfrac{1}{9}, \cdots$

D. $\dfrac{3}{2}, \dfrac{2}{3}, \dfrac{5}{4}, \dfrac{4}{5}, \dfrac{7}{6}, \dfrac{6}{7}, \cdots$

15. 函数 $f(x)$ 在点 $x=x_0$ 处有定义是 $f(x)$ 在点 $x=x_0$ 处有极限的(　　).

A. 充分但不必要条件　　　　B. 必要但不充分条件

C. 充要条件　　　　D. 既不充分也不必要条件

16. 函数 $y=\dfrac{x^2-1}{x-1}$ 在点 $x=1$ 处(　　).

A. 有定义且有极限　　　　B. 无定义且无极限

C. 无定义但有极限　　　　D. 有定义但无极限

17. $f(x)=\dfrac{|\,x\,|}{x}$，则 $\lim\limits_{x\to 0}f(x)=$(　　).

A. 0　　　　　　B. 1　　　　　　C. -1　　　　　　D. 不存在

18. 若 $\lim\limits_{x\to a}f(x)=\infty$，$\lim\limits_{x\to a}g(x)=\infty$，下列式子成立的是(　　).

A. $\lim\limits_{x\to a}[f(x)+g(x)]=\infty$　　　　B. $\lim\limits_{x\to a}[f(x)-g(x)]=0$

C. $\lim\limits_{x\to a}\dfrac{1}{f(x)+g(x)}=0$　　　　D. $\lim\limits_{x\to a}\dfrac{1}{f(x)}=0$

19. 设 $\lim\limits_{x\to 0}f(x)=\infty$，则当 $x\to 0$ 时,下列变量中必为无穷大的是(　　).

A. $xf(x)$　　　　B. $\dfrac{f(x)}{x}$　　　　C. $\dfrac{x}{f(x)}$　　　　D. $f(x)-\dfrac{1}{x}$

20. $\lim\limits_{x\to\infty}x\sin\dfrac{3}{x}=$(　　).

A. 0　　　　　　B. $\dfrac{1}{3}$　　　　　　C. 1　　　　　　D. 3

21. 函数 $y=\dfrac{x^2-4}{x^2-5x+6}$ 的间断点(　　).

A. 仅有 $x=3$　　　　B. 为 $x=2$ 或 $x=3$

C. 为 $x=2$ 和 $x=3$ 　　　　　　　　D. 为 $x=2$、$x=3$ 和 $x=-2$

22. 函数 $y=\dfrac{\sin x}{x^2-1}$ 的间断点(　　).

A. 仅有 $x=1$ 　　　　　　　　　　　B. 为 $x=1$ 和 $x=-1$

C. 为 $x=1$ 或 $x=-1$ 　　　　　　　D. 为 $x=1$、$x=-1$ 和 $x=0$

23. $\lim\limits_{x\to 0}\dfrac{\tan 2x}{x}=$(　　).

A. 0 　　　　　　B. 1 　　　　　　C. $\dfrac{1}{2}$ 　　　　　　D. 2

24. 下列函数在点 $x=0$ 处连续的是(　　).

A. $y=|x|$ 　　　　　　　　　　　　B. $y=\ln x$

C. $y=\dfrac{1}{x}$ 　　　　　　　　　　D. $y=\begin{cases}-1, & x<0,\\ 1, & x\geqslant 0\end{cases}$

25. 函数 $y=\dfrac{\ln(x-4)}{(x+2)(x+3)}$ 的连续区间是(　　).

A. $(-\infty,-3)\bigcup(-3,-2)\bigcup(-2,+\infty)$

B. $(4,+\infty)$

C. $(-\infty,-2)\bigcup(-2,+\infty)$

D. $(-\infty,-3)\bigcup(-3,+\infty)$

三、计算题

(1) $\lim\limits_{x\to 4}\dfrac{e^x+\cos(4-x)}{\sqrt{x}-3}$;

(2) $\lim\limits_{x\to\infty}\dfrac{x^4+1}{2x^4+x^2-2}$;

(3) $\lim\limits_{x\to-3}\dfrac{x^2-9}{x^2+7x+12}$;

(4) $\lim\limits_{x\to 0}\left(x\cos\dfrac{1}{2x}\right)$;

(5) $\lim\limits_{x\to 0}\dfrac{\sin 3x}{\sin 4x}$;

(6) $\lim\limits_{x\to\infty}\left(1-\dfrac{2}{x}\right)^{\frac{x}{2}-1}$;

(7) $\lim\limits_{x\to+\infty}\dfrac{\sqrt[4]{1+x^3}}{1+x}$;

(8) $\lim\limits_{x\to\pi}\dfrac{\sin x}{x-\pi}$;

(9) $\lim\limits_{x\to 0}(\sin x)\sqrt{1+\sin\dfrac{1}{x}}$;

(10) $\lim\limits_{x\to\infty}\left(\dfrac{x-1}{x}\right)^x$;

(11) $\lim\limits_{x\to 1}\left(\dfrac{1}{1-x}-\dfrac{x^2-2x}{1-x^3}\right)$;

(12) $\lim\limits_{x\to 1}\dfrac{\sin(x-1)}{x^2-1}$.

四、应用题

1. 设某商品的需求函数和供给函数分别为 $Q=b-aP(a,b>0)$ 和 $S=cP-d(c$, $d>0)$，求均衡价格.

2. 某产品固定成本为 50 000 元，每生产一台产品费用增加 2 000 元，此产品的单价为

4 000 元,求该产品达到损益平衡时的产量(提示:当收入=成本时,损益平衡).

3. 某汽车厂对其库存的某款汽车 30 辆清仓销售,其销售策略如下:购买 15 辆以下 (包括 15 辆)部分,每辆价格为 6 万元;购买量小于等于 30 辆时,其中超过 15 辆的部分, 每辆 5.6 万元,试写出汽车销售公司购买量为 x 辆的费用函数 $C(x)$.

4. 某运输公司规定货物的运价:距离在 200 km 以内,2 元/km;距离超过 200 km,超 过部分1.6 元/km.求运价 y 和距离 x 之间的函数关系.

5. 某商店购进某种塑料薄膜 2 000 m,售价 15 元/m,当卖出 1 500 m 后,商品滞销, 故降价 25% 出售,试将销售收入 R 表示为销售量 Q 的函数.

6. 某水果店销售的苹果,售价 6 元/kg.某日搞促销活动:5 kg 以上至 10 kg 的部分打 8 折,超过 10 kg 的部分 7 折优惠.(1)试写出销售收入 R 与销售量 Q 之间的函数关系; (2)某人用 75 元钱能买多少苹果?

五、证明题

证明函数 $f(x)=\begin{cases} x^2+x, & x\leqslant 1, \\ 2x^2, & x>1 \end{cases}$ 在点 $x=1$ 处连续.

第 2 章
导 数 与 微 分

导数与微分是微分学中的两个重要概念,其中导数反映函数相对于自变量变化的快慢程度,而微分则指明当自变量有微小变化时函数相应的变化.本章将通过实际问题引入导数和微分的概念,着重讨论它们的计算方法.

2.1 导数的概念

一、导数的基本概念

为了引入导数的概念,先看以下三个例子.

例 1 变速直线运动的速度.

设 $s = f(t)$ 表示某物体从某时刻开始到时刻 t 作变速直线运动所经过的路程.求物体在 $t = t_0$ 时的瞬时速度 $v(t_0)$.

当时间从 t_0 改变到 $t_0 + \Delta t$ 时,物体在 Δt 这段时间所经过的路程为

$$\Delta s = f(t_0 + \Delta t) - f(t_0).$$

于是,从时刻 t_0 到 $t_0 + \Delta t$ 这段时间内物体运动的平均速度为

$$\bar{v} = \frac{\Delta s}{\Delta t} = \frac{f(t_0 + \Delta t) - f(t_0)}{\Delta t}.$$

显然,时间间隔 Δt 越短,平均速度 $\bar{v}$ 越接近于物体在时刻 t_0 的速度,当 $\Delta t \to 0$ 时,$\bar{v}$ 就无限趋近于物体在时刻 t_0 的瞬时速度 $v(t_0)$,即

$$v(t_0) = \lim_{\Delta t \to 0} \frac{\Delta s}{\Delta t} = \lim_{\Delta t \to 0} \frac{f(t_0 + \Delta t) - f(t_0)}{\Delta t}.$$

例 2 产品总成本的变化率.

设某产品的总成本 C 是产量 q 的函数,即 $C = f(q)$.当产量由 q_0 改变到 $q_0 + \Delta q$ 时,总成本相应改变量为

$$\Delta C = f(q_0 + \Delta q) - f(q_0),$$

则

$$\frac{\Delta C}{\Delta q} = \frac{f(q_0 + \Delta q) - f(q_0)}{\Delta q}$$

表示产量由 q_0 改变到 $q_0 + \Delta q$ 时,总成本的平均变化率,当 $\Delta q \to 0$ 时,若极限

$$\lim_{\Delta q \to 0} \frac{\Delta C}{\Delta q} = \lim_{\Delta q \to 0} \frac{f(q_0 + \Delta q) - f(q_0)}{\Delta q}$$

存在,则称此极限是产量为 q_0 时总成本的变化率,在经济学中称为**边际成本**.

例 3 切线的斜率.

设曲线 C 为函数 $y = f(x)$ 的图像,$M(x_0, y_0)$ 为曲线 C 上的一点,$N(x_0 + \Delta x, y_0 + \Delta y)$ 为曲线 C 上的另一点,连接点 M 和点 N 的直线 MN 称为曲线 C 的割线,当点 N 沿曲线 C 趋近于点 M 时,如果割线 MN 绕点 M 旋转而趋近于极限位置 MT,则直线 MT 就称为曲线 C 在点 M 处的**切线**,如图 2-1 所示.

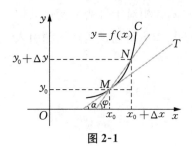

图 2-1

割线 MN 的斜率为

$$\tan \varphi = \frac{\Delta y}{\Delta x} = \frac{f(x_0 + \Delta x) - f(x_0)}{\Delta x},$$

其中 φ 是割线 MN 与 x 轴正向的夹角,如图 2-1 所示.

当点 N 沿曲线 C 趋近于点 M 时,即 $\Delta x \to 0$ 时,上式极限存在,设为 k,即

$$k = \lim_{\Delta x \to 0} \frac{\Delta y}{\Delta x} = \lim_{\Delta x \to 0} \frac{f(x_0 + \Delta x) - f(x_0)}{\Delta x}$$

存在,则此极限 k 是割线斜率的极限,也就是曲线在点 $M(x_0, y_0)$ 处切线的斜率(这里 $k = \tan \alpha$,其中 α 是切线 MT 的倾角).

动画:曲线
的切线

通过对以上三个问题的讨论可以看出,这三个问题的具体内容虽然不同,但从数学上看,解决问题的方法完全一样,都是函数的改变量与自变量的改变量之比在自变量的改变量趋近于零时的极限.我们把这类极限抽象出来就是函数的导数.

1. 函数在某一点处的导数

定义 2.1 设函数 $y = f(x)$ 在点 x_0 及其附近有定义,当自变量在点 x_0 处有改变量 Δx 时,函数 $f(x)$ 相应改变量 $\Delta y = f(x_0 + \Delta x) - f(x_0)$,若极限

$$\lim_{\Delta x \to 0} \frac{\Delta y}{\Delta x} = \lim_{\Delta x \to 0} \frac{f(x_0 + \Delta x) - f(x_0)}{\Delta x} \tag{2-1}$$

存在,则称函数 $f(x)$ 在点 x_0 处**可导**,并称此极限值为函数 $f(x)$ 在点 x_0 处的**导数**,记作

$$f'(x_0), \quad y'\big|_{x=x_0}, \quad \frac{\mathrm{d}y}{\mathrm{d}x}\bigg|_{x=x_0}, \quad \frac{\mathrm{d}f(x)}{\mathrm{d}x}\bigg|_{x=x_0}.$$

如果极限(2-1)不存在,则称函数 $f(x)$ 在点 x_0 处**不可导**.

$\dfrac{\Delta y}{\Delta x} = \dfrac{f(x_0 + \Delta x) - f(x_0)}{\Delta x}$ 反映了自变量 x 从 x_0 改变到 $x_0 + \Delta x$ 时函数 $f(x)$ 的平

均变化速率,称为**平均变化率**;导数 $f'(x_0) = \lim\limits_{\Delta x \to 0} \dfrac{\Delta y}{\Delta x}$ 就是函数在点 x_0 处的变化速率,称为函数 $f(x)$ 在点 x_0 处的**变化率**.

如果令 $\Delta x = x - x_0$,则函数 $y = f(x)$ 在点 x_0 处的导数,即式(2-1)可写成

$$f'(x_0) = \lim_{x \to x_0} \frac{f(x) - f(x_0)}{x - x_0}. \tag{2-2}$$

例 4 已知函数 $y = x^2$,用定义求 $y'|_{x=1}$.

解 当 $x = 1$ 时,设自变量的改变量为 Δx,则函数的相应改变量为

$$\Delta y = f(1 + \Delta x) - f(1) = (1 + \Delta x)^2 - 1^2 = 2\Delta x + (\Delta x)^2.$$

这时,$\dfrac{\Delta y}{\Delta x} = 2 + \Delta x$,因而

$$y'|_{x=1} = \lim_{\Delta x \to 0} \frac{\Delta y}{\Delta x} = \lim_{\Delta x \to 0} (2 + \Delta x) = 2.$$

注意 此例的求解过程也可直接写成

$$y'|_{x=1} = \lim_{x \to 1} \frac{f(x) - f(1)}{x - 1} = \lim_{x \to 1} \frac{x^2 - 1}{x - 1} = \lim_{x \to 1} (x + 1) = 2.$$

例 5 设函数 $y = f(x)$ 在点 $x = 1$ 处可导,则 $\lim\limits_{\Delta x \to 0} \dfrac{f(1 - \Delta x) - f(1)}{\Delta x} = ($　　$)$.

A. $f'(0)$ 　　　　B. $f'(1)$ 　　　　C. $-f'(1)$ 　　　　D. $-f'(x_0)$

解 因为

$$\lim_{\Delta x \to 0} \frac{f(1 - \Delta x) - f(1)}{\Delta x}$$

$$= \lim_{\Delta x \to 0} \frac{f[1 + (-\Delta x)] - f(1)}{\Delta x}$$

$$= -\lim_{\Delta x \to 0} \frac{f[1 + (-\Delta x)] - f(1)}{-\Delta x}$$

$$\xlongequal{\text{设 } h = -\Delta x} -\lim_{h \to 0} \frac{f(1 + h) - f(1)}{h}$$

$$= -f'(1).$$

故应选 C.

2. 函数的左导数和右导数

既然函数 $f(x)$ 在点 x_0 处的导数是用一个极限式定义的,而极限有左极限和右极限的情形,相应就有**左导数**和**右导数**.

若以 $f'_-(x_0)$ 和 $f'_+(x_0)$ 分别记作函数在点 x_0 处的左导数和右导数,则有如下定义:

$$f'_-(x_0) = \lim_{\Delta x \to 0^-} \frac{\Delta y}{\Delta x} = \lim_{\Delta x \to 0^-} \frac{f(x_0 + \Delta x) - f(x_0)}{\Delta x}$$

或
$$f'_-(x_0) = \lim_{x \to x_0^-} \frac{f(x) - f(x_0)}{x - x_0};$$

$$f'_+(x_0) = \lim_{\Delta x \to 0^+} \frac{\Delta y}{\Delta x} = \lim_{\Delta x \to 0^+} \frac{f(x_0 + \Delta x) - f(x_0)}{\Delta x}$$

或
$$f'_+(x_0) = \lim_{x \to x_0^+} \frac{f(x) - f(x_0)}{x - x_0}.$$

由函数极限存在的充分必要条件,函数 $f(x)$ 在点 x_0 处的导数与该点左导数、右导数的关系有如下结论:

函数 $f(x)$ 在点 x_0 处可导且 $f'(x_0) = A$ 的充分必要条件是它在点 x_0 处的左导数 $f'_-(x_0)$ 和右导数 $f'_+(x_0)$ 皆存在且都等于 A,即

$$f'(x_0) = A \Leftrightarrow f'_-(x_0) = f'_+(x_0) = A. \tag{2-3}$$

例 6　讨论函数 $f(x) = |x|$ 在 $x = 0$ 处是否可导.

解　由第一章的知识知,$f(x)$ 是分段函数,可将其化为以下形式.

$$f(x) = \begin{cases} x, & x \geqslant 0, \\ -x, & x < 0. \end{cases}$$

$x = 0$ 是其分界点,由于 $f(0) = 0$,故函数在点 $x = 0$ 处的左导数和右导数分别为

$$f'_-(0) = \lim_{x \to 0^-} \frac{f(x) - f(0)}{x - 0} = \lim_{x \to 0^-} \frac{-x - 0}{x} = -1,$$

$$f'_+(0) = \lim_{x \to 0^+} \frac{f(x) - f(0)}{x - 0} = \lim_{x \to 0^+} \frac{x - 0}{x} = 1.$$

虽然 $f'_-(0)$ 和 $f'_+(0)$ 都存在,但 $f'_-(0) \neq f'_+(0)$,所以函数 $f(x) = |x|$ 在点 $x = 0$ 处不可导.

3. 导函数

设函数 $y = f(x)$ 在开区间内有定义,如果函数在区间内每一点处都可导,则称函数 $f(x)$ 在 (a, b) 内**可导**,此时对于区间 (a, b) 内每一点 x 都有一个导数 $f'(x)$ 与之对应,所以 $f'(x)$ 在区间 (a, b) 内也是 x 的函数,这个函数称为函数 $f(x)$ 在区间 (a, b) 内的**导函数**,记作

$$f'(x), \; y', \; \frac{\mathrm{d}y}{\mathrm{d}x} \text{ 或 } \frac{\mathrm{d}f(x)}{\mathrm{d}x},$$

即
$$f'(x) = \lim_{\Delta x \to 0} \frac{f(x + \Delta x) - f(x)}{\Delta x}. \tag{2-4}$$

显然,函数在点 x_0 处的导数,正是该函数的导函数在点 x_0 处的值,即 $f'(x_0) = f'(x)|_{x = x_0}$.

导函数简称为**导数**.在求导数时,若没有指明是求在某一定点的导数,一般是指求导函数.

从导数的定义可知,例 1 至例 3 可说成是:

(1) 物体在时刻 t 的速度 $v(t)$ 是路程 s 对时间 t 的导数,即 $v(t)=s'(t)$.

(2) 总成本的变化率(边际成本)是总成本 C 对产量 q 的导数 $C'(q)$.

(3) 切线的斜率是函数 $f(x)$ 对自变量 x 的导数 $f'(x)$.

由导数的定义及公式(2-4)可将函数求导步骤概括如下:

(1) 求出对应于自变量的改变量 Δx 的函数改变量

$$\Delta y=f(x+\Delta x)-f(x);$$

(2) 求出比值

$$\frac{\Delta y}{\Delta x}=\frac{f(x+\Delta x)-f(x)}{\Delta x};$$

(3) 求 $\Delta x\to 0$ 时 $\dfrac{\Delta y}{\Delta x}$ 的极限,即

$$y'=f'(x)=\lim_{\Delta x\to 0}\frac{f(x+\Delta x)-f(x)}{\Delta x}.$$

例 7 求 $y=x^3$ 的导数 y',并求 $y'|_{x=0}$ 及 $y'|_{x=1}$.

解 对任意自变量的改变量 Δx,有 y 的相应改变量

$$\Delta y=(x+\Delta x)^3-x^3=3x^2\cdot \Delta x+3x\cdot(\Delta x)^2+(\Delta x)^3.$$

由公式(2-4),可得

$$y'=\lim_{\Delta x\to 0}\frac{(x+\Delta x)^3-x^3}{\Delta x}$$
$$=\lim_{\Delta x\to 0}[3x^2+3x\cdot \Delta x+(\Delta x)^2]=3x^2.$$

于是

$$y'|_{x=0}=3x^2|_{x=0}=0,$$
$$y'|_{x=1}=3x^2|_{x=1}=3.$$

注意 在例 7 中,函数 $y=x^3$ 的导数是 $y'=3x^2$,一般地,若 n 是正整数,可类似得到

$$(x^n)'=nx^{n-1}.$$

对于一般的幂函数 $y=x^\alpha(\alpha\in \mathbf{R}$ 且 $\alpha\neq 0)$,也有求导公式

$$(x^\alpha)'=\alpha x^{\alpha-1}\quad(\alpha\in \mathbf{R}\text{ 且 }\alpha\neq 0).$$

例 8 求下列各函数的导数.

(1) $y=x$;   (2) $y=\dfrac{1}{x}$;   (3) $y=\sqrt{x}$.

解 (1) $y'=(x)'=1\times x^{1-1}=1$.

(2) $y'=(x^{-1})'=-x^{-2}=-\dfrac{1}{x^2}$.

(3) $y' = (x^{\frac{1}{2}})' = \frac{1}{2} x^{\frac{1}{2}-1} = \frac{1}{2\sqrt{x}}$.

例 9   求下列函数的导数.

(1) $y = C$ (C 为常数)；   (2) $y = \sin x$；   (3) $y = \log_a x$ ($a > 0$, $a \neq 1$).

解   (1) $(C)' = \lim\limits_{\Delta x \to 0} \dfrac{C - C}{\Delta x} = 0$.

(2) $(\sin x)' = \lim\limits_{\Delta x \to 0} \dfrac{\sin(x + \Delta x) - \sin x}{\Delta x}$

$$= \lim\limits_{\Delta x \to 0} \frac{2\sin \dfrac{\Delta x}{2} \cos \dfrac{2x + \Delta x}{2}}{\Delta x}$$

$$= \lim\limits_{\Delta x \to 0} \cos\left(x + \frac{\Delta x}{2}\right) \frac{\sin \dfrac{\Delta x}{2}}{\dfrac{\Delta x}{2}}$$

$$= \cos x.$$

(3) $(\log_a x)' = \lim\limits_{\Delta x \to 0} \dfrac{\log_a (x + \Delta x) - \log_a x}{\Delta x}$

$$= \lim\limits_{\Delta x \to 0} \frac{\log_a \left(1 + \dfrac{\Delta x}{x}\right)}{\Delta x}$$

$$= \lim\limits_{\Delta x \to 0} \frac{\ln\left(1 + \dfrac{\Delta x}{x}\right)}{\Delta x \cdot \ln a}$$

$$= \lim\limits_{\Delta x \to 0} \frac{\dfrac{\Delta x}{x}}{\Delta x \cdot \ln a}$$

$$= \frac{1}{x \ln a}.$$

特别地,当 $a = \mathrm{e}$ 时,因为 $\ln \mathrm{e} = 1$,所以 $(\ln x)' = \dfrac{1}{x}$.

类似于例 9(2),还可求得 $(\cos x)' = -\sin x$.

为了便于查阅,我们把基本初等函数的求导结果列出如下.

(1) $(C)' = 0$;

(2) $(x^\mu)' = \mu x^{\mu-1}$;

(3) $(\sin x)' = \cos x$;

(4) $(\cos x)' = -\sin x$;

(5) $(\tan x)' = \sec^2 x$;

(6) $(\cot x)' = -\csc^2 x$;

(7) $(\sec x)' = \sec x \tan x$;

(8) $(\csc x)' = -\csc x \cot x$;

(9) $(a^x)' = a^x \ln a$；　　　　　　　(10) $(e^x)' = e^x$；

(11) $(\log_a x)' = \dfrac{1}{x \ln a}$；　　　　　(12) $(\ln x)' = \dfrac{1}{x}$.

以上结果就是常用的基本初等函数的 12 个求导公式.

二、高阶导数

一般地，函数 $y = f(x)$ 的导数 $y' = f'(x)$ 仍然是 x 的函数. 如果函数 $y' = f'(x)$ 在点 x 处可导，则把 $y' = f'(x)$ 的导数叫作函数 $y = f(x)$ 的二

微视频:高阶
导数

阶导数，记作 y'' 或 $\dfrac{d^2 y}{dx^2}$，即

$$y'' = (y')' \text{ 或 } \frac{d^2 y}{dx^2} = \frac{d}{dx}\left(\frac{dy}{dx}\right).$$

相应地，把 $y = f(x)$ 的导数 $f'(x)$ 叫作函数 $y = f(x)$ 的一阶导数.

类似地，二阶导数的导数叫作**三阶导数**，三阶导数的导数叫作**四阶导数**……一般地，$(n-1)$ 阶导数的导数叫作 n **阶导数**，分别记作

$$y''', \ y^{(4)}, \ \cdots, \ y^{(n)}$$

或

$$\frac{d^3 y}{dx^3}, \frac{d^4 y}{dx^4}, \ \cdots, \ \frac{d^n y}{dx^n}.$$

函数 $y = f(x)$ 具有 n 阶导数，也常说成函数 $f(x)$ 为 n **阶可导**. 二阶及二阶以上的导数统称**高阶导数**.

由此可见，求高阶导数就是多次接连地求导数. 所以，仍可应用前面学过的求导方法来求解高阶导数.

例 10　求函数 $y = 3x^3$ 的二阶导数.

解　$y' = 9x^2$，

　　　$y'' = 18x$.

例 11　设 $f(x) = \sin x$，求 $f''(1)$.

解　$f'(x) = \cos x$，

　　　$f''(x) = -\sin x$，

所以　　$f''(1) = -\sin 1$.

文本:求 n 阶
导数

习　题　2.1

1. 用定义法求导.

(1) $y = \cos x$，求 $y'|_{x = \frac{\pi}{4}}$；　　　　　　(2) $y = x^3$，求 $y'|_{x = 2}$.

2. 求下列曲线在给定点处的切线方程.

(1) $y = \ln x$，点 $(\mathrm{e}, 1)$；　　　　　　(2) $y = \sin x$，点 $\left(\dfrac{2}{3}\pi, \dfrac{\sqrt{3}}{2} \right)$.

2.2　导数的运算

根据函数求导的三个步骤，可以求得一些简单的基本初等函数的导数.但是，对于较复杂的函数，用这种方法求导往往很困难，甚至不可能.因此，下面介绍几个求导数的基本法则，借助这些法则及基本初等函数的求导公式，就能比较方便地求出常见函数的导数.

一、函数的和、差、积、商的求导法则

设函数 $u = u(x)$、$v = v(x)$ 都是可导函数，则 $u \pm v$、uv、$\dfrac{u}{v}(v \neq 0)$ 也都是可导函数，且有以下求导法则.

1. 和（差）的求导法则

$$(u \pm v)' = u' \pm v'.$$

2. 积的求导法则

$$(uv)' = u'v + uv'.$$

特别地，$(Cu)' = Cu'$（C 为常数）.

3. 商的求导法则

$$\left(\frac{u}{v} \right)' = \frac{u'v - uv'}{v^2} \ (v \neq 0).$$

注意

(1) $(uv)' \neq u'v'$，$\left(\dfrac{u}{v} \right)' \neq \dfrac{u'}{v'} \ (v \neq 0)$.

(2) 法则 1、2 可以推广到任意有限个可导函数的情形.例如，设函数 $u = u(x)$、$v = v(x)$、$w = w(x)$ 是可导函数，则有

$$(u + v - w)' = u' + v' - w',$$

$$(uvw)' = u'vw + uv'w + uvw'.$$

例 1　求函数 $y = x^3 + 3x^2 - \sqrt{x} - x$ 的导数.

解　$y' = (x^3)' + (3x^2)' - (\sqrt{x})' - (x)'$

$\qquad = 3x^2 + 6x - \dfrac{1}{2}x^{-\frac{1}{2}} - 1.$

例 2 求下列函数的导数：$(1) y = 2\sqrt{x}\sin x$；$(2) y = \dfrac{\cos x}{x}$.

解 $(1)\ y' = (2\sqrt{x}\sin x)' = 2[(\sqrt{x})'\sin x + \sqrt{x}(\sin x)']$

$$= 2\left(\frac{1}{2\sqrt{x}}\sin x + \sqrt{x}\cos x\right)$$

$$= \frac{1}{\sqrt{x}}\sin x + 2\sqrt{x}\cos x.$$

$(2)\ y' = \left(\dfrac{\cos x}{x}\right)' = \dfrac{x(\cos x)' - x'\cdot\cos x}{x^2}$

$$= \frac{-x\sin x - \cos x}{x^2}.$$

*二、反函数的求导法则

如果函数 $x = \varphi(y)$ 在某区间内单调、可导，且 $\varphi'(y) \neq 0$，则其反函数 $y = f(x)$ 在对应区间内也单调、可导，且

$$f'(x) = \frac{1}{\varphi'(y)} \ \text{或} \ \frac{\mathrm{d}y}{\mathrm{d}x} = \frac{1}{\dfrac{\mathrm{d}x}{\mathrm{d}y}}.$$

这个法则可简单地说成：反函数的导数等于直接函数导数的倒数 [相对反函数 $y = f(x)$，$x = \varphi(y)$ 称为直接函数].

例 3 求反正弦函数 $y = \arcsin x$ 的导数.

解 $y = \arcsin x$ 是 $x = \sin y\left(-\dfrac{\pi}{2} \leqslant y \leqslant \dfrac{\pi}{2}\right)$ 的反函数，且 $(\sin y)' = \cos y > 0$.

$$\frac{\mathrm{d}y}{\mathrm{d}x} = (\arcsin x)' = \frac{1}{(\sin y)'} = \frac{1}{\cos y} = \frac{1}{\sqrt{1 - x^2}}.$$

类似地，有

$$(\arccos x)' = -\frac{1}{\sqrt{1 - x^2}}, \ (\arctan x)' = \frac{1}{1 + x^2}, \ (\text{arccot}\, x)' = -\frac{1}{1 + x^2}.$$

三、复合函数的求导法则

设函数 $u = g(x)$ 在点 x 处可导，函数 $y = f(u)$ 在对应的点 $u = g(x)$ 处可导，则复合函数 $y = f[g(x)]$ 的导数为

$$\frac{\mathrm{d}y}{\mathrm{d}x} = \frac{\mathrm{d}y}{\mathrm{d}u} \cdot \frac{\mathrm{d}u}{\mathrm{d}x}, \frac{\mathrm{d}y}{\mathrm{d}x} = f'(u)\cdot g'(x) \ \text{或} \ y'_x = y'_u \cdot u'_x.$$

文本：复合函数
可导的条件

这个法则说明,复合函数的导数等于复合函数对中间变量的导数乘以中间变量对自变量的导数.

微视频:复合
函数的导数

例 4   求函数 $y=(2x+5)^3$ 的导数.

解 $y=(2x+5)^3$ 是由 $y=u^3$ 与 $u=2x+5$ 复合而成的,所以

$$y'=\frac{\mathrm{d}y}{\mathrm{d}u}\cdot\frac{\mathrm{d}u}{\mathrm{d}x}=3u^2\cdot2=6(2x+5)^2.$$

例 5   求 $y=\ln\sin x$ 的导数.

解 $y=\ln\sin x$ 是由 $y=\ln u$ 与 $u=\sin x$ 复合而成的,所以

$$y'=\frac{\mathrm{d}y}{\mathrm{d}u}\cdot\frac{\mathrm{d}u}{\mathrm{d}x}=\frac{1}{u}\cdot\cos x=\frac{\cos x}{\sin x}=\cot x.$$

注意   复合函数求导的关键是要分清复合函数的内外层次关系,从外向内,逐层推进求导.熟练之后,就不必写出中间变量,可以按照复合的前后次序,逐层求导,直接得出最后结果.

例 4 可以写为 $y'=\left[(2x+5)^3\right]'=3(2x+5)^2(2x+5)'=6(2x+5)^2.$

例 5 可以写为 $y'=(\ln\sin x)'=\frac{1}{\sin x}(\sin x)'=\frac{\cos x}{\sin x}=\cot x.$

例 6   求下列函数的导数:(1) $y=\sqrt{1-x^2}$;(2) $y=\mathrm{e}^{\tan x}$.

解   (1) $y'=\frac{1}{2\sqrt{1-x^2}}(1-x^2)'=\frac{1}{2\sqrt{1-x^2}}(-2x)=-\frac{x}{\sqrt{1-x^2}}.$

(2) $y'=\mathrm{e}^{\tan x}\cdot(\tan x)'=\mathrm{e}^{\tan x}\cdot\sec^2 x.$

四、隐函数的导数

用解析法表示函数关系通常有两种方式,一种是把因变量 y 直接表示为自变量 x 的函数 $y=f(x)$,如 $y=\sin x$、$y=\ln x+\sqrt{1-x^2}$ 等,这样的函数叫作**显函数**.还有一种是 y 与 x 的函数关系隐含在方程中,例如方程 $x+y^3-1=0$ 表示一个函数,因为当变量 x 在 $(-\infty,+\infty)$ 内取值时,变量 y 有确定的值与之对应.通常把由方程 $F(x,y)=0$ 所确定的 y 与 x 的函数关系称为**隐函数**.

把一个隐函数化成显函数,叫作隐函数的显化.例如从方程 $x+y^3-1=0$ 解出 $y=\sqrt[3]{1-x}$,就把隐函数化成了显函数.隐函数的显化有时是有困难的,甚至是不可能的.但在实际问题中,有时需要计算隐函数的导数,因此我们希望有一种方法,不管隐函数能否显化,都能直接由方程算出它所确定的隐函数的导数.下面通过具体例子来说明这种求导方法.

例 7   求由方程 $\mathrm{e}^y+x^2y-\mathrm{e}=0$ 所确定的隐函数 $y=y(x)$ 的导数 $\frac{\mathrm{d}y}{\mathrm{d}x}$.

解　方程两边分别对 x 求导数(注意 y 是 x 的函数),得

$$e^y \frac{\mathrm{d}y}{\mathrm{d}x} + 2xy + x^2 \frac{\mathrm{d}y}{\mathrm{d}x} = 0,$$

解得

$$\frac{\mathrm{d}y}{\mathrm{d}x} = -\frac{2xy}{x^2 + e^y}.$$

在这个结果中,分式中的 y 是由方程 $e^y + x^2 y - e = 0$ 所确定的隐函数.

隐函数求导小结:

(1) 方程两边分别对 x 求导数,注意把 y 当作复合函数求导的中间变量来看待,例如 $(\ln y)'_x = \frac{1}{y} y'$;

(2) 从求导后的方程中解出 y' 来;

(3) 隐函数求导结果中允许含有 y,但求一点的导数时,不但要把 x 值代入,还要把对应的 y 值代入.

例 8　求曲线 $e^{x+y} - xy = 1$ 在点 $x = 0$ 处的切线方程.

解　方程两边分别对 x 求导数,得

$$e^{x+y}(1 + y') - (y + xy') = 0,$$

解得

$$y' = \frac{y - e^{x+y}}{e^{x+y} - x}.$$

把 $x = 0$ 代入曲线方程,得 $y = 0$.

再把 $x = 0$、$y = 0$ 代入上式,得 $y'(0) = -1$.

于是所求的切线方程为 $y = -x$.

*五、由参数方程确定的函数的求导方法

设函数 $y = f(x)$ 由参数方程

$$\begin{cases} x = \varphi(t), \\ y = \psi(t) \end{cases} \quad t \in (\alpha, \beta) \tag{2-5}$$

所确定.由于从参数方程(2-5)消去参数 t 比较困难,可以使用类似隐函数求导那样不经显化而直接求出 y' 的方法,下面介绍不消去参数 t 而直接求出 y' 的方法.这就是参数方程求导方法.

当 $t \in (\alpha, \beta)$ 时,设 $x = \varphi(t)$,$y = \psi(t)$ 均可导,且 $\varphi'(t) \neq 0$,$t = \varphi^{-1}(x)$ 是 $x = \varphi(t)$ 的连续反函数,那么,式(2-5)可视为由 $y = \psi(t)$ 与 $t = \varphi^{-1}(x)$ 复合而成的复合函数 $y = \psi[\varphi^{-1}(x)]$,因此,由复合函数的求导方法有

$$\frac{\mathrm{d}y}{\mathrm{d}x} = \frac{\mathrm{d}y}{\mathrm{d}t} \cdot \frac{\mathrm{d}t}{\mathrm{d}x},$$

再由反函数求导法则,得

$$\frac{\mathrm{d}t}{\mathrm{d}x} = \frac{1}{\dfrac{\mathrm{d}x}{\mathrm{d}t}},$$

所以

$$\frac{\mathrm{d}y}{\mathrm{d}x} = \frac{\dfrac{\mathrm{d}y}{\mathrm{d}t}}{\dfrac{\mathrm{d}x}{\mathrm{d}t}} = \frac{\psi'(t)}{\varphi'(t)}. \tag{2-6}$$

例 9　求由参数方程

$$\begin{cases} x = a\cos t, \\ y = b\sin t \end{cases} \quad t \in (0, \pi)$$

确定的函数的导数 $\dfrac{\mathrm{d}y}{\mathrm{d}x}$.

解　应用式(2-6),得

$$\frac{\mathrm{d}y}{\mathrm{d}x} = \frac{b \cdot \cos t}{-a \cdot \sin t} = -\frac{b}{a}\cot t.$$

例 10　求由参数方程

$$\begin{cases} x = \sec t, \\ y = \tan t \end{cases}$$

确定函数 $y = f(x)$ 的曲线在 $t = \dfrac{\pi}{4}$ 处的切线方程.

解　由式(2-6)得曲线的斜率

$$k = y'\mid_{t=\frac{\pi}{4}} = \frac{\sec^2 t}{\sec t \cdot \tan t}\bigg|_{t=\frac{\pi}{4}} = \sqrt{2}.$$

又当 $t = \dfrac{\pi}{4}$ 时,$x = \sec\dfrac{\pi}{4} = \sqrt{2}$,$y = \tan\dfrac{\pi}{4} = 1$,

故所求切线方程为

$$y - 1 = \sqrt{2}(x - \sqrt{2}),$$

即

$$y = \sqrt{2}x - 1.$$

六、分段函数的求导方法

由于分段函数在分界点 $x = x_0$ 左右两侧 $f(x)$ 的表达式是不同的,因此,求分段函数的导数时,对各区间可用求导法则求导,而对分界点 x_0 处的导数 $f'(x_0)$,应利用左、右导数的定义,先求出 $f'_-(x_0)$ 与 $f'_+(x_0)$,再求得结果.

例 11　求 $f(x) = \begin{cases} \ln x, & x \geqslant 1, \\ x^2 - 1, & x < 1 \end{cases}$ 的导数.

解　先求分界点 $x=1$ 两侧的导数:

当 $x>1$ 时, $f'(x)=(\ln x)'=\dfrac{1}{x}$.

当 $x<1$ 时, $f'(x)=(x^2-1)'=2x$.

再求分界点处的导数:

$$f'_+(1)=\lim_{\Delta x\to 0^+}\frac{f(1+\Delta x)-f(1)}{\Delta x}=\lim_{\Delta x\to 0^+}\frac{\ln(1+\Delta x)}{\Delta x}$$

$$=\ln\lim_{\Delta x\to 0^+}(1+\Delta x)^{\frac{1}{\Delta x}}=\ln \mathrm{e}=1.$$

$$f'_-(1)=\lim_{\Delta x\to 0^-}\frac{f(1+\Delta x)-f(1)}{\Delta x}=\lim_{\Delta x\to 0^-}\frac{(1+\Delta x)^2-1^2}{\Delta x}$$

$$=\lim_{\Delta x\to 0^-}\frac{2\Delta x+(\Delta x)^2}{\Delta x}=2.$$

因为 $f'_-(1)\neq f'_+(1)$, 所以 $f'(1)$ 不存在, 则

$$f'(x)=\begin{cases}\dfrac{1}{x}\,, & x>1,\\[2mm] 2x\,, & x<1.\end{cases}$$

例 12　设 $f(x)=\begin{cases}\tan x\,, & 0\leqslant x<\dfrac{\pi}{2},\\[2mm] \dfrac{\sin^2 x}{x}\,, & x<0,\end{cases}$ 求 $f'(x)$.

解　当 $0<x<\dfrac{\pi}{2}$ 时, $f'(x)=(\tan x)'=\sec^2 x$;

当 $x<0$ 时, $f'(x)=\left(\dfrac{\sin^2 x}{x}\right)'=\dfrac{x\cdot\sin 2x-\sin^2 x}{x^2}$.

因为在分界点 $x=0$ 的两侧 $f(x)$ 表达式不同, 所以需要求其左、右导数,

$$f'_-(0)=\lim_{x\to 0^-}\frac{f(x)-f(0)}{x-0}=\lim_{x\to 0^-}\frac{\dfrac{\sin^2 x}{x}-0}{x-0}=\lim_{x\to 0^-}\frac{\sin^2 x}{x^2}=1,$$

$$f'_+(0)=\lim_{x\to 0^+}\frac{f(x)-f(0)}{x-0}=\lim_{x\to 0^+}\frac{\tan x}{x}=1,$$

由于 $f'_-(0)=f'_+(0)=1$, 即 $f'(0)=1$.

故 $f'(x)=\begin{cases}\sec^2 x\,, & 0<x<\dfrac{\pi}{2},\\[1mm] 1\,, & x=0,\\[1mm] \dfrac{x\cdot\sin 2x-\sin^2 x}{x^2}\,, & x<0,\end{cases}$　或 $f'(x)=\begin{cases}\sec^2 x\,, & 0\leqslant x<\dfrac{\pi}{2},\\[2mm] \dfrac{x\cdot\sin 2x-\sin^2 x}{x^2}\,, & x<0.\end{cases}$

习　题　2.2

1. 求下列函数的导数.

(1) $y = \sqrt{2}\,x + \dfrac{1}{\sqrt{2}}$；

(2) $y = \mathrm{e}^x \cos x$；

(3) $y = x^3 - \dfrac{2}{x} + 4$；

(4) $y = \dfrac{\sin x}{\cos x + 1}$；

(5) $y = x^3 (\ln x) \sin x$；

(6) $y = \sqrt{x\sqrt{x\sqrt{x}}}$．

2. 求下列函数的导数.

(1) $y = \cos(4 - 5x)$；

(2) $y = (4 - 5x + x^2)^3$；

(3) $y = \mathrm{e}^{2x+3}$；

(4) $y = f(ax + b)$；

(5) $y = \ln(\sin x)$；

(6) $y = \sin^3 x \cdot \sin 3x$；

(7) $x^2 + y^2 + 2axy = 0$；

(8) $\dfrac{x^2}{a^2} + \dfrac{y^2}{b^2} = 1$；

(9) $xy = \mathrm{e}^{x-y}$；

(10) $\ln y = xy$；

(11) $\begin{cases} x = 2\mathrm{e}^{-t}, \\ y = 3\mathrm{e}^{t}； \end{cases}$

(12) $\begin{cases} x = a(\cos t + t\sin t), \\ y = a(\sin t - t\cos t). \end{cases}$

2.3　微　　分

在实际问题中,有时需要知道当自变量取得了一个微小的增量 Δx 时,函数相应的增量 Δy 的大小.如果函数表达式比较复杂,要计算 Δy 的精确值,就会很困难.这就需要寻找一种简便的方法来近似计算 Δy,由此产生了微分学的另一个基本概念——微分.通过本节的学习,要求理解微分的概念,掌握函数微分的求法,了解导数与微分的区别和联系.

一、微分的定义

先看一个具体例子.

设有一个边长为 x 的正方形,如图 2-2 所示,其面积用 S 表示,显然,$S = x^2$.如果边长 x 取得增量 Δx,则面积 S 取得相应的增量

$$\Delta S = (x + \Delta x)^2 - x^2 = 2x\,\Delta x + (\Delta x)^2.$$

上式包括两部分,第一部分 $2x\Delta x$ 是 Δx 的线性函数,即图中阴影部分的面积(两个矩形面积之和),而第二部分为

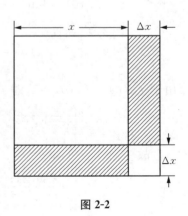

图 2-2

$(\Delta x)^2$. 显然,当 Δx 很小时,可以用第一部分 $2x\Delta x$ 近似地表示 ΔS. 忽略掉第二部分 $(\Delta x)^2$,将 $2x\Delta x$ 称为正方形面积 S 的**微分**,记作 $\mathrm{d}S = 2x\Delta x$.

定义 2.2　设 $y = f(x)$ 在点 x_0 的某邻域内有定义,当自变量在点 x_0 处有增量 Δx 时,函数增量 Δy 可以表示为

$$\Delta y = A\Delta x + \alpha\Delta x,$$

其中 A 与 Δx 无关,而 α 是当 $\Delta x \to 0$ 时的无穷小,则称函数 $y = f(x)$ 在点 x_0 处**可微**,并且将 $A\Delta x$ 称为函数 $y = f(x)$ 在点 x_0 处相对于自变量增量 Δx 的微分,记作 $\mathrm{d}y$,即

$$\mathrm{d}y = \mathrm{d}f(x) = A\Delta x.$$

上例中 $\mathrm{d}S = 2x\Delta x$ 所对应的 $A = 2x = (x^2)' = S'$,一般地,定义 2.2 中的 A 也等于函数 $f(x)$ 的导数.

定理 2.1　函数 $y = f(x)$ 在点 x 处可微的充要条件是函数 $f(x)$ 在点 x 处可导,且有 $A = f'(x)$.

对于函数在任意可导点 x 处的微分,有

$$\mathrm{d}y = f'(x)\Delta x.$$

当 $y = f(x) = x$ 时,代入上式可得 $\mathrm{d}x = (x)'\Delta x = \Delta x$.

可见自变量的微分 $\mathrm{d}x$ 等于自变量的增量 Δx,于是得到函数 $y = f(x)$ **微分的基本形式**:

$$\mathrm{d}y = f'(x)\mathrm{d}x.$$

从而有

$$f'(x) = \frac{\mathrm{d}y}{\mathrm{d}x}.$$

即函数 $y = f(x)$ 的导数 $f'(x) = \dfrac{\mathrm{d}y}{\mathrm{d}x}$,正是函数的微分 $\mathrm{d}y$ 与自变量的微分 $\mathrm{d}x$ 之商,于是函数的导数也称**微商**.

函数在某点处可导一定可微,可微也一定可导.求导数和求微分的方法统称为**微分法**.

例 1　求函数 $y = x^2$ 在 $x = 1$,$\Delta x = 0.01$ 时的增量和微分.

解　函数的增量

$$\Delta y = (x + \Delta x)^2 - x^2 = (1 + 0.01)^2 - 1^2 = 0.020\ 1.$$

而函数的微分

$$\mathrm{d}y = y'\Delta x = 2x\Delta x.$$

于是 $\mathrm{d}y\big|_{\substack{x=1 \\ \Delta x = 0.01}} = 2 \times 1 \times 0.01 = 0.02$.

当 $|\Delta x|$ 比较小时,$\mathrm{d}y \approx \Delta y$.

二、微分的基本公式与四则运算法则

由 $dy = f'(x)dx$ 可知,要求函数 $y = f(x)$ 的微分 dy,只要先求出 $f'(x)$,再乘以 dx 即可,因此微分的基本公式、运算法则与导数的基本公式、运算法则是基本一致的,只是它们的表达形式不同而已,见表 2-1 和表 2-2.

表 2-1

导数的基本公式	微分的基本公式
$(1)\ C' = 0$	$(1)\ d(C) = 0$
$(2)\ (x^a)' = ax^{a-1}$ 特别地,$(\sqrt{x})' = \dfrac{1}{2\sqrt{x}}$ $\left(\dfrac{1}{x}\right)' = -\dfrac{1}{x^2}$	$(2)\ d(x^a) = ax^{a-1}dx$ 特别地,$d(\sqrt{x}) = \dfrac{1}{2\sqrt{x}}dx$ $d\left(\dfrac{1}{x}\right) = -\dfrac{1}{x^2}dx$
$(3)\ (a^x)' = a^x \ln a$	$(3)\ d(a^x) = a^x \ln a\, dx$
$(4)\ (e^x)' = e^x$	$(4)\ d(e^x) = e^x dx$
$(5)\ (\log_a x)' = \dfrac{1}{x \ln a}$	$(5)\ d(\log_a x) = \dfrac{dx}{x \ln a}$
$(6)\ (\ln x)' = \dfrac{1}{x}$	$(6)\ d(\ln x) = \dfrac{1}{x}dx$
$(7)\ (\sin x)' = \cos x$	$(7)\ d(\sin x) = \cos x\, dx$
$(8)\ (\cos x)' = -\sin x$	$(8)\ d(\cos x) = -\sin x\, dx$
$(9)\ (\tan x)' = \dfrac{1}{\cos^2 x} = \sec^2 x$	$(9)\ d(\tan x) = \dfrac{dx}{\cos^2 x} = \sec^2 x\, dx$
$(10)\ (\cot x)' = -\dfrac{1}{\sin^2 x} = -\csc^2 x$	$(10)\ d(\cot x) = -\dfrac{dx}{\sin^2 x} = -\csc^2 x\, dx$
$(11)\ (\sec x)' = \sec x \cdot \tan x$	$(11)\ d(\sec x) = \sec x \cdot \tan x\, dx$
$(12)\ (\csc x)' = -\csc x \cdot \cot x$	$(12)\ d(\csc x) = -\csc x \cdot \cot x\, dx$
$(13)\ (\arcsin x)' = \dfrac{1}{\sqrt{1-x^2}}$	$(13)\ d(\arcsin x) = \dfrac{dx}{\sqrt{1-x^2}}$
$(14)\ (\arccos x)' = -\dfrac{1}{\sqrt{1-x^2}}$	$(14)\ d(\arccos x) = -\dfrac{dx}{\sqrt{1-x^2}}$
$(15)\ (\arctan x)' = \dfrac{1}{1+x^2}$	$(15)\ d(\arctan x) = \dfrac{dx}{1+x^2}$
$(16)\ (\text{arccot}\, x)' = -\dfrac{1}{1+x^2}$	$(16)\ d(\text{arccot}\, x) = -\dfrac{dx}{1+x^2}$

表 2-2

导数的四则运算法则	微分的四则运算法则
(1) $(u \pm v)' = u' \pm v'$	(1) $\mathrm{d}(u \pm v) = \mathrm{d}u \pm \mathrm{d}v$
(2) $(uv)' = u'v + uv'$	(2) $\mathrm{d}(uv) = v\mathrm{d}u + u\mathrm{d}v$
(3) $(Cu)' = Cu'$	(3) $\mathrm{d}(Cu) = C\mathrm{d}u$
(4) $\left(\dfrac{u}{v}\right)' = \dfrac{u'v - uv'}{v^2}$ $(v \neq 0)$	(4) $\mathrm{d}\left(\dfrac{u}{v}\right) = \dfrac{v\mathrm{d}u - u\mathrm{d}v}{v^2}$ $(v \neq 0)$

例 2 设 $y = x^3 + 3\tan x + \mathrm{e}^2$，求 $\mathrm{d}y$.

解 $\mathrm{d}y = \mathrm{d}(x^3 + 3\tan x + \mathrm{e}^2) = \mathrm{d}(x^3) + \mathrm{d}(3\tan x) + \mathrm{d}(\mathrm{e}^2)$

$= 3x^2\mathrm{d}x + 3\sec^2 x\,\mathrm{d}x = 3(x^2 + \sec^2 x)\mathrm{d}x.$

例 3 设 $y = \mathrm{e}^x \cos x$，求 $\mathrm{d}y$.

解 因为 $y' = (\mathrm{e}^x)'\cos x + \mathrm{e}^x(\cos x)' = \mathrm{e}^x\cos x - \mathrm{e}^x\sin x = \mathrm{e}^x(\cos x - \sin x)$，

所以 $\mathrm{d}y = \mathrm{e}^x(\cos x - \sin x)\mathrm{d}x.$

例 4 设 $y = \dfrac{x}{\sqrt{x^2 - 1}}$，求 $\mathrm{d}y$.

解 因为

$$y' = \left(\frac{x}{\sqrt{x^2-1}}\right)' = \frac{\sqrt{x^2-1} - \dfrac{2x^2}{2\sqrt{x^2-1}}}{x^2-1} = -(x^2-1)^{-\frac{3}{2}},$$

所以 $\mathrm{d}y = -(x^2-1)^{-\frac{3}{2}}\mathrm{d}x.$

例 5 在下列括号中填入适当的函数，使等式成立.

(1) $x^2\mathrm{d}x = \mathrm{d}(\quad)$;　　　　　(2) $\cos 3x\,\mathrm{d}x = \mathrm{d}(\quad)$.

解 (1) 因为 $\mathrm{d}\left(\dfrac{1}{3}x^3\right) = x^2\mathrm{d}x$，

所以 $x^2\mathrm{d}x = \mathrm{d}\left(\dfrac{x^3}{3}\right) = \mathrm{d}\left(\dfrac{x^3}{3} + C\right)$.

即括号内填入 $\dfrac{x^3}{3} + C$(C 为任意常数).

(2) 因为 $\mathrm{d}(\sin 3x) = (\sin 3x)'\mathrm{d}x = 3\cos 3x\,\mathrm{d}x$，

所以 $\cos 3x\,\mathrm{d}x = \dfrac{1}{3}\mathrm{d}(\sin 3x) = \mathrm{d}\left(\dfrac{\sin 3x}{3}\right) = \mathrm{d}\left(\dfrac{1}{3}\sin 3x + C\right)$.

即括号内填入 $\dfrac{1}{3}\sin 3x + C$(C 为任意常数).

三、微分形式的不变性

设函数 $y=f(u)$，根据微分的定义，当 u 是自变量时，函数 $y=f(u)$ 的微分是

$$\mathrm{d}y=f'(u)\mathrm{d}u.$$

如果 u 不是自变量，而是 x 的函数 $u=\varphi(x)$，则复合函数 $y=f[\varphi(x)]$ 的导数为 $y'=f'(u)\varphi'(x)$，于是函数 $y=f[\varphi(x)]$ 的微分为 $\mathrm{d}y=f'(u)\varphi'(x)\mathrm{d}x$，因为 $\varphi'(x)\mathrm{d}x=\mathrm{d}u$，所以 $\mathrm{d}y=f'(u)\mathrm{d}u$.

由此可见，对于 $y=f(u)$ 来说，无论 u 是自变量还是另一个变量的可微函数，都有 $\mathrm{d}y=f'(u)\mathrm{d}u$ 这一微分形式成立，这种性质称为**微分形式的不变性**.

例 6　设 $y=\sin(3x-1)$，求 $\mathrm{d}y$.

解　设 $u=3x-1$，则 $y=\sin u$.

$\mathrm{d}y=(\sin u)'\mathrm{d}u=\cos u\mathrm{d}u=\cos(3x-1)\mathrm{d}(3x-1)=3\cos(3x-1)\mathrm{d}x$.

例 7　函数 $y=\ln\sin 2x$，求 $\mathrm{d}y$.

解　$\mathrm{d}y=\mathrm{d}(\ln\sin 2x)=\dfrac{\mathrm{d}(\sin 2x)}{\sin 2x}$

$\qquad=\dfrac{\cos 2x}{\sin 2x}\mathrm{d}(2x)=2\cot 2x\,\mathrm{d}x.$

习　题　2.3

1. 已知函数 $y=x^2+2x$ 求当 $\Delta x=0.1$ 时函数的增量 Δy 和在点 $x=2$ 处的微分.

2. 将适当的函数填入括号内，使等式成立.

(1) $\mathrm{d}(\qquad)=x\mathrm{d}x$；

(2) $\mathrm{d}(\qquad)=\sin t\,\mathrm{d}t$；

(3) $\mathrm{d}(\qquad)=\cos x\,\mathrm{d}x$；

(4) $\mathrm{d}(\qquad)=\dfrac{1}{1+t}\mathrm{d}t$；

(5) $\mathrm{d}(\qquad)=\dfrac{1}{\sqrt{x}}\mathrm{d}x$；

(6) $\mathrm{d}(\qquad)=\mathrm{e}^{-t}\mathrm{d}t$.

3. 求下列函数的微分.

(1) $y=1+\sqrt{x}+\dfrac{1}{x}$；

(2) $y=\sin 5x-x^2$；

(3) $y=x\sin x$；

(4) $y=x^{\sin x}$；

(5) $y=(x^2+2x+3)^3$；

(6) $y=\ln\sqrt{1-x^2}$.

复习与思考 2

一、单项选择题

1. 设函数 $f(x)$ 是可导函数,则 $\lim\limits_{x \to 0} \dfrac{f(1)-f(1-x)}{2x} = ($ 　　$)$.

A. $f'(x)$ 　　　　　　 B. $\dfrac{1}{2}f'(1)$ 　　　　 C. $f(1)$ 　　　　 D. $f'(1)$

2. 设函数 $f(x) = x\ln x$,则 $f'''(x) = ($ 　　$)$.

A. $\ln x$ 　　　　　　 B. x 　　　　　　 C. $\dfrac{1}{x^2}$ 　　　　 D. $-\dfrac{1}{x^2}$

3. 设 $y = f(-x)$,则 $y' = ($ 　　$)$.

A. $f'(x)$ 　　　　　　　　　　 B. $-f'(x)$

C. $f'(-x)$ 　　　　　　　　　 D. $-f'(-x)$

4. 若在区间 (a,b) 内恒有 $f'(x) \equiv g'(x)$,则 $f(x)$ 与 $g(x)$ 在 (a,b) 内($ 　　$)$.

A. $f(x)-g(x) = x$ 　　　　　　 B. 相等

C. 仅相差一个常数 　　　　　　 D. 均为常数

5. 已知一个质点作变速直线运动的位移函数 $s = 3t^2 + e^{2t}$, t 为函数,则在时刻 $t = 2$ 处的速度和加速度分别是($ 　　$)$.

A. $12 + 2e^4, 6 + 4e^4$ 　　　　　　 B. $12 + 2e^4, 12 + 2e^4$

C. $6 + 4e^4, 6 + 4e^4$ 　　　　　　 D. $12 + e^4, 6 + e^4$

二、填空题

1. 设函数 $y = x^3 + \ln(1+x)$,则 $\mathrm{d}y = $ _____.

2. 设方程 $x^2 + y^2 - xy = 1$ 确定隐函数 $y = y(x)$,则 $y' = $ _____.

3. 已知 $y = ax^3$ 在点 $x = 1$ 处的切线与直线 $y = 2x - 1$ 平行,则 $a = $ _____.

4. 设函数 $f(x) = \begin{cases} \dfrac{\sin x^2}{2x}, & x \neq 0, \\ 0, & x = 0, \end{cases}$ 则 $f'(0) = $ _____.

5. 设函数 $y = x\sin x$,则 $y'' = $ _____.

三、计算题

1. $y = (x^2 - 2x + 5)^{10}$,求 y'' ;

2. $y = \dfrac{\ln\sin x}{x-1}$,求 y' ;

3. $y = 10^{6x} + x^{\frac{1}{x}}$,求 y' ;

4. 已知 $\begin{cases} x = 2e^t, \\ y = e^{-t}, \end{cases}$ 求 $\dfrac{\mathrm{d}y}{\mathrm{d}x}\Big|_{t=0}$.

四、设函数 $y = x^4 \sin x$,求 $\mathrm{d}y$.

五、若 $x + 2y - \cos y = 0$,求 $\dfrac{\mathrm{d}y}{\mathrm{d}x}$, $\dfrac{\mathrm{d}^2 y}{\mathrm{d}x^2}$.

六、设 $\begin{cases} x = 2t^2 + 1, \\ y = \sin t, \end{cases}$ 求 $\dfrac{\mathrm{d}y}{\mathrm{d}x}$.

第 3 章
导数的应用

导数的概念是从实际问题引入的,它与实际有非常密切的联系,应用也十分广泛.本章将讨论利用导数求几种特殊类型极限的方法——洛必达法则,利用导数研究函数(曲线)的性态,并介绍导数在日常生活和经济管理中的一些应用.为此,先引入导数应用的理论基础.

3.1 微分中值定理

一、罗尔定理

定理 3.1(罗尔定理) 设函数 $y = f(x)$ 满足下列三个条件:

(1) 在闭区间 $[a, b]$ 上连续,

(2) 在开区间 (a, b) 内可导,

(3) $f(a) = f(b)$,

则至少存在一点 $\xi \in (a, b)$,使 $f'(\xi) = 0$.

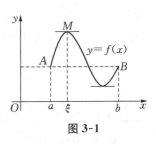

图 3-1

这个定理的几何意义如图 3-1 所示:在闭区间 $[a, b]$ 上的连续曲线 $y = f(x)$,除了端点 $x = a$ 和 $x = b$ 外,在 (a, b) 内处处有不与 x 轴垂直的切线存在,且在区间的两端点的函数值相等,那么,在曲线上至少存在一点 $M(\xi, f(\xi))[\xi \in (a, b)]$,使得过该点的切线平行于 x 轴[即 $f'(\xi) = 0$].

例1 验证函数 $f(x) = x^2 - 2x + 2$ 在区间 $[-1, 3]$ 上满足罗尔定理的条件,并求出满足罗尔定理的 ξ 值.

解 $f'(x) = 2x - 2$.

显然,函数 $f(x)$ 在闭区间 $[-1, 3]$ 上连续,在开区间 $(-1, 3)$ 上可导,且端点函数值 $f(-1) = f(3) = 5$,于是函数 $f(x)$ 在区间 $[-1, 3]$ 上满足罗尔定理的三个条件.

根据罗尔定理的结论,可得

$$f'(\xi) = 0, \text{即 } 2\xi - 2 = 0.$$

得到根 $\xi = 1$,又因为根 $\xi = 1$ 在开区间 $(-1, 3)$ 上,所以罗尔定理结论中的 $\xi = 1$.

二、拉格朗日定理

在罗尔定理中,若去掉端点函数值 $f(a)=f(b)$ 这个条件,就能得到如下结论.

定理 3.2(拉格朗日定理)　如果函数 $f(x)$ 在闭区间 $[a,b]$ 上连续,在开区间 (a,b) 上可导,则在区间 (a,b) 上至少存在一点 ξ,使 $f'(\xi)=\dfrac{f(b)-f(a)}{b-a}$.

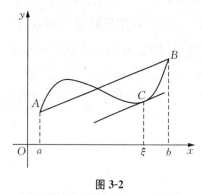

图 3-2

先看定理的几何意义,与罗尔定理相比,仅少了该函数在端点的值相等的条件.在定理的结论中,$\dfrac{f(b)-f(a)}{b-a}$ 正是弦 AB 的斜率,所以定理说明在区间 (a,b) 上至少有一点 ξ,使曲线在相应点 C 处的切线与弦 AB 平行(图 3-2).

从图 3-2 上可以看出,弦 AB 的斜率为 $\dfrac{f(b)-f(a)}{b-a}$,直线 AB 的方程为 $y-f(a)=\dfrac{f(b)-f(a)}{b-a}(x-a)$,

函数 $y=f(x)$ 由于缺少条件 $f(a)=f(b)$,显然不满足罗尔定理的条件,作一个新函数

$$\varphi(x)=f(x)-f(a)-\frac{f(b)-f(a)}{b-a}(x-a),$$

则函数 $y=\varphi(x)$ 满足罗尔定理的条件,故在区间 (a,b) 上至少存在一点 ξ,使

$$\varphi'(\xi)=f'(\xi)-\frac{f(b)-f(a)}{b-a}=0,\ 即\ f'(\xi)=\frac{f(b)-f(a)}{b-a}.$$

这就证明了拉格朗日定理结论的正确性.

例 2　验证函数 $f(x)=x^3-x$ 在 $[0,2]$ 上是否满足拉格朗日定理的条件,如满足,求出定理中的 ξ.

解　(1) 因为 $f(x)=x^3-x$ 在 $[0,2]$ 上连续,且 $f'(x)=3x^2-1$ 在 $(0,2)$ 内处处存在,即 $f(x)$ 在 $(0,2)$ 内可导. 故 $f(x)=x^3-x$ 在 $[0,2]$ 上满足拉格朗日定理的条件.

(2) 由 $f'(x)=\dfrac{f(2)-f(0)}{2-0}$,即 $3x^2-1=\dfrac{6-0}{2-0}$,得 $x^2=\dfrac{4}{3}$,所以

$$x_1=\frac{2\sqrt{3}}{3},\ x_2=-\frac{2\sqrt{3}}{3}[不在区间(0,2)内,舍去].$$

于是 $\xi=\dfrac{2\sqrt{3}}{3}$ 即为所求.

拉格朗日定理是微分学的一个基本定理,在理论上和应用上都有很重要的价值.它建立了函数在一个区间上的改变量和函数在该区间内某点处的导数之间的联系,从而有可

能利用导数去研究函数在区间上的性态.

拉格朗日定理在微分学中的应用非常广泛,下面介绍两个推论.

推论 1　若函数 $f(x)$ 在区间 (a,b) 上恒有 $f'(x)=0$,则 $f(x)$ 在区间 (a,b) 上是一个常数.

推论 2　若函数 $f(x)$ 和 $g(x)$ 在区间 (a,b) 上每一点的导数都相等,则这两个函数在该区间上至多相差一个常数.

例 3　证明恒等式:$\arcsin x + \arccos x = \dfrac{\pi}{2}(-1 \leqslant x \leqslant 1)$.

证明　设 $f(x)=\arcsin x + \arccos x$.

容易验证 $f(x)$ 在区间 $(-1,1)$ 上可导,且 $f'(x)=0$.

应用拉格朗日定理的推论 1 有 $f(x)=C$(常数),$x \in (-1,1)$.

因为 $\dfrac{1}{2} \in (-1,1)$,$f\left(\dfrac{1}{2}\right)=\dfrac{\pi}{2}$,且 $f(-1)=f(1)=\dfrac{\pi}{2}$,所以当 $x \in [-1,1]$ 时,原等式恒成立.

习　题　3.1

1. 下列函数在给定区间上是否满足罗尔定理的条件? 如满足,求出定理中的 ξ:

(1) $f(x)=2x^2-x-3$,$[-1,1.5]$;　　(2) $f(x)=\dfrac{1}{x^2+1}$,$[-2,2]$.

2. 下列函数在给定区间上是否满足拉格朗日定理的条件? 如满足,求出定理中的 ξ:

(1) $f(x)=x^3$,$[-1,2]$;　　　　　　(2) $f(x)=\ln x$,$[1,e]$;

(3) $f(x)=x^3+2x$,$[0,1]$;　　　　　(4) $f(x)=\sqrt{x}$,$[0,1]$.

3.2　洛必达法则

前面已经学习了一些求极限的方法和法则,但还有一些极限问题难以处理.例如,极限 $\lim\limits_{x \to 0}\dfrac{e^x-e^{-x}}{x}$ 是 "$\dfrac{0}{0}$" 型未定式,用前面的方法已不能奏效,需要寻求新的方法.下面介绍的洛必达法则,是求 "$\dfrac{0}{0}$" 型或 "$\dfrac{\infty}{\infty}$" 型等未定式极限的一种非常重要而且有效的方法.通过本节的学习,要求能够利用洛必达法则解决常见的未定式极限问题.

一、"$\dfrac{0}{0}$" 型未定式

定理 3.3(洛必达法则 I)　设函数 $f(x)$ 和 $g(x)$ 满足下列条件:

(1) $\lim\limits_{x \to x_0} f(x) = 0$，$\lim\limits_{x \to x_0} g(x) = 0$；

(2) 在点 x_0 的附近（x_0 点可除外）可导，且 $g'(x) \neq 0$；

(3) $\lim\limits_{x \to x_0} \dfrac{f'(x)}{g'(x)} = A$（或 ∞），

则 $\lim\limits_{x \to x_0} \dfrac{f(x)}{g(x)} = \lim\limits_{x \to x_0} \dfrac{f'(x)}{g'(x)} = A$（或 ∞）.

洛必达法则可以连续使用多次，即分子、分母分别求导后仍为“$\dfrac{0}{0}$”型未定式，这时只要满足洛必达法则的条件，便可继续使用洛必达法则.

例 1　求极限 $\lim\limits_{x \to 0} \dfrac{e^x - e^{-x}}{x}$.

解　$\lim\limits_{x \to 0} \dfrac{e^x - e^{-x}}{x} = \lim\limits_{x \to 0} \dfrac{(e^x - e^{-x})'}{x'} = \lim\limits_{x \to 0} \dfrac{e^x + e^{-x}}{1} = 2.$

例 2　求极限 $\lim\limits_{x \to -\infty} \dfrac{\ln(3e^x + 1)}{e^x}$.

解　$\lim\limits_{x \to -\infty} \dfrac{\ln(3e^x + 1)}{e^x} = \lim\limits_{x \to -\infty} \dfrac{[\ln(3e^x + 1)]'}{(e^x)'} = \lim\limits_{x \to -\infty} \dfrac{\dfrac{3e^x}{3e^x + 1}}{e^x} = \lim\limits_{x \to -\infty} \dfrac{3}{3e^x + 1} = 3.$

例 3　求极限 $\lim\limits_{x \to 0} \dfrac{1 - \cos x}{x^2}$.

解　$\lim\limits_{x \to 0} \dfrac{1 - \cos x}{x^2} = \lim\limits_{x \to 0} \dfrac{(1 - \cos x)'}{(x^2)'} = \lim\limits_{x \to 0} \dfrac{\sin x}{2x}$

$$= \lim\limits_{x \to 0} \dfrac{(\sin x)'}{(2x)'} = \lim\limits_{x \to 0} \dfrac{\cos x}{2} = \dfrac{1}{2}.$$

二、“$\dfrac{\infty}{\infty}$”型未定式

定理 3.4（洛必达法则 Ⅱ）　设函数 $f(x)$ 和 $g(x)$ 满足下列条件：

(1) $\lim\limits_{x \to x_0} f(x) = \infty$，$\lim\limits_{x \to x_0} g(x) = \infty$；

(2) 在点 x_0 的附近（x_0 点可除外）可导，且 $g'(x) \neq 0$；

(3) $\lim\limits_{x \to x_0} \dfrac{f'(x)}{g'(x)} = A$（或 ∞），

则 $\lim\limits_{x \to x_0} \dfrac{f(x)}{g(x)} = \lim\limits_{x \to x_0} \dfrac{f'(x)}{g'(x)} = A$（或 ∞）.

说明　在洛必达法则 Ⅰ 和 Ⅱ 中，如果把“$x \to x_0$”改为“$x \to \infty$”“$x \to x_0^+$”或者“$x \to x_0^-$”，那么，该法则仍然成立.

例 4　求极限 $\lim\limits_{x\to+\infty}\dfrac{x^{\mu}}{\ln x}(\mu>0)$.

解　$\lim\limits_{x\to+\infty}\dfrac{x^{\mu}}{\ln x}=\lim\limits_{x\to+\infty}\dfrac{(x^{\mu})'}{(\ln x)'}=\lim\limits_{x\to+\infty}\dfrac{\mu x^{\mu-1}}{\dfrac{1}{x}}=\mu\lim\limits_{x\to+\infty}x^{\mu}=+\infty.$

例 5　求极限 $\lim\limits_{x\to+\infty}\dfrac{x^{3}}{a^{x}}(a>1)$.

解　$\lim\limits_{x\to+\infty}\dfrac{x^{3}}{a^{x}}=\lim\limits_{x\to+\infty}\dfrac{(x^{3})'}{(a^{x})'}=\lim\limits_{x\to+\infty}\dfrac{3x^{2}}{a^{x}\ln a}=\dfrac{3}{\ln a}\lim\limits_{x\to+\infty}\dfrac{x^{2}}{a^{x}}=\dfrac{6}{(\ln a)^{2}}\lim\limits_{x\to+\infty}\dfrac{x}{a^{x}}$

$\qquad\qquad=\dfrac{6}{(\ln a)^{3}}\lim\limits_{x\to+\infty}\dfrac{1}{a^{x}}$

$\qquad\qquad=0.$

例 6　求极限 $\lim\limits_{x\to0^{+}}\dfrac{\ln\sin x}{\ln x}$.

解　$\lim\limits_{x\to0^{+}}\dfrac{\ln\sin x}{\ln x}=\lim\limits_{x\to0^{+}}\dfrac{(\ln\sin x)'}{(\ln x)'}=\lim\limits_{x\to0^{+}}\dfrac{\dfrac{\cos x}{\sin x}}{\dfrac{1}{x}}=\lim\limits_{x\to0^{+}}\dfrac{\cos x}{\dfrac{\sin x}{x}}=\dfrac{\cos0}{1}=1.$

注意　如果无法断定 $\dfrac{f'(x)}{g'(x)}$ 的极限状态,或能断定它振荡而无极限,则洛必达法则失效,此时需用别的办法判断未定式 $\dfrac{f(x)}{g(x)}$ 的极限.

例 7　求极限 $\lim\limits_{x\to\infty}\dfrac{x+\sin x}{x}$.

解　此极限是"$\dfrac{\infty}{\infty}$"型未定式,但分子、分母分别求导后得 $\lim\limits_{x\to\infty}\dfrac{1+\cos x}{1}$,此式振荡无极限,故洛必达法则失效.正确的解法是:$\lim\limits_{x\to\infty}\dfrac{x+\sin x}{x}=\lim\limits_{x\to\infty}\left(1+\dfrac{\sin x}{x}\right)=1+0=1.$

三、其他类型的未定式

洛必达法则只适用于"$\dfrac{0}{0}$"型和"$\dfrac{\infty}{\infty}$"型未定式.对于其他类型的未定式,例如"$0\cdot\infty$"型、"$\infty-\infty$"型等,可以将它们经过适当的恒等变换,使其转化为"$\dfrac{0}{0}$"型或"$\dfrac{\infty}{\infty}$"型未定式再求解.下面通过例题介绍其解法.

例 8　求极限 $\lim\limits_{x\to0^{+}}x^{2}\ln x.$　　（"$0\cdot\infty$"型未定式）

解　$\lim\limits_{x\to0^{+}}x^{2}\ln x=\lim\limits_{x\to0^{+}}\dfrac{\ln x}{\dfrac{1}{x^{2}}}$　　$\left(\text{转化为"}\dfrac{\infty}{\infty}\text{"型未定式}\right)$

$$= \lim_{x \to 0^+} \frac{(\ln x)'}{(x^{-2})'} = \lim_{x \to 0^+} \frac{\dfrac{1}{x}}{-\dfrac{2}{x^3}} = \lim_{x \to 0^+} \left(-\frac{x^2}{2} \right) = 0.$$

例 9　求极限 $\lim\limits_{x \to 0} \left(\dfrac{1}{x} - \dfrac{1}{e^x - 1} \right)$.

解　$\lim\limits_{x \to 0} \left(\dfrac{1}{x} - \dfrac{1}{e^x - 1} \right) = \lim\limits_{x \to 0} \dfrac{e^x - x - 1}{x(e^x - 1)} = \lim\limits_{x \to 0} \dfrac{(e^x - x - 1)'}{[x(e^x - 1)]'}$

$$= \lim_{x \to 0} \frac{e^x - 1}{e^x(x+1) - 1} = \lim_{x \to 0} \frac{e^x}{e^x(x+1) + e^x} = \lim_{x \to 0} \frac{1}{1+1} = \frac{1}{2}.$$

* 例 10　求极限 $\lim\limits_{x \to 0^+} x^x$.

解　$\lim\limits_{x \to 0^+} x^x = \lim\limits_{x \to 0^+} e^{\ln x^x} = \lim\limits_{x \to 0^+} e^{x \ln x} = e^{\lim\limits_{x \to 0^+} x \ln x}$. 而

$$\lim_{x \to 0^+} x \ln x = \lim_{x \to 0^+} \frac{\ln x}{\dfrac{1}{x}} = \lim_{x \to 0^+} \frac{(\ln x)'}{\left(\dfrac{1}{x} \right)'} = \lim_{x \to 0^+} \frac{\dfrac{1}{x}}{-\dfrac{1}{x^2}} = \lim_{x \to 0^+} (-x) = 0.$$

所以

$$\lim_{x \to 0^+} x^x = e^0 = 1.$$

习　题　3.2

1. 填空题.

(1) $\lim\limits_{x \to \infty} \dfrac{x^3 - 8}{x - 2} = $ ＿＿＿＿＿；

(2) $\lim\limits_{x \to 0} \dfrac{(1+x)^\mu - 1}{x} = $ ＿＿＿＿＿；

(3) $\lim\limits_{x \to \infty} \dfrac{\ln(1 + x^2)}{x} = $ ＿＿＿＿＿；

(4) $\lim\limits_{x \to a} \dfrac{\sin x - \sin a}{x - a} = $ ＿＿＿＿＿.

2. 用洛必达法则求下列各极限.

(1) $\lim\limits_{x \to +\infty} \dfrac{\ln x}{(x - 1)^2}$;

(2) $\lim\limits_{x \to 0} \dfrac{\sin 2x}{\tan 3x}$;

(3) $\lim\limits_{x \to 0} \dfrac{x - \sin x}{x^3}$;

(4) $\lim\limits_{x \to \pi^+} \dfrac{\ln(x - \pi)}{\cot x}$.

3.3　函数的单调性与极值

函数的单调性是函数的重要特性.极值则是函数的一种局部特性,它能反映函数的变化状况.而根据定义确定函数的单调区间与极值是比较困难的,下面将应用函数的导数解决这个问题.通过本节的学习,要求能够利用导数知识判断函数的单调区间与极值.

一、函数单调性的判别法

如果函数 $y = f(x)$ 在区间 $[a,b]$ 上单调增加(或单调减少),则该函数的图形在区间 $[a,b]$ 上应是一条沿 x 轴正向上升(或下降)的曲线(图 3-3、图 3-4).

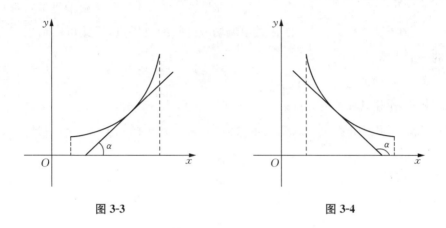

图 3-3　　　　　　　　　　　　　图 3-4

此时曲线上各点处的切线斜率为非负(或非正),即 $y' = f'(x) \geqslant 0$[或 $y' = f'(x) \leqslant 0$].可见,函数的单调性与它的导数的符号有着密切联系.

反过来,也可以利用函数导数的符号来判定函数的单调性.

定理 3.5　设函数 $y = f(x)$ 在区间 $[a,b]$ 上连续,在区间 (a,b) 上可导,那么

(1) 若 $x \in (a,b)$ 时,恒有 $f'(x) > 0$,则 $f(x)$ 在区间 $[a,b]$ 上**单调增加**,记为 ↗;

(2) 若 $x \in (a,b)$ 时,恒有 $f'(x) < 0$,则 $f(x)$ 在区间 $[a,b]$ 上**单调减少**,记为 ↘.

注意　(1) 此定理中的区间可以为任意区间(开或闭,有限或无限区间).

(2) 连续函数在给定区间内个别点处导数等于零并不影响其整体的单调性,此时判定定理仍然成立.

例 1　讨论函数 $y = \mathrm{e}^{-x}$ 的单调性.

解　因为 $y' = (\mathrm{e}^{-x})' = -\mathrm{e}^{-x} < 0$,$x \in (-\infty, +\infty)$,所以 $y = \mathrm{e}^{-x}$ 在区间 $(-\infty, +\infty)$ 上单调减少.

例 2　求函数 $y = x^3$ 的单调区间.

解　函数定义域 $D = (-\infty, +\infty)$. $y' = 3x^2 \geqslant 0$,$x \in (-\infty, +\infty)$,且等号只在点 $x = 0$ 处成立.所以 $y = x^3$ 在区间 $(-\infty, +\infty)$ 上单调增加,即 $y = x^3$ 的单调增加区间是 $(-\infty, +\infty)$.

由定理 3.5 可知,导数等于零的点可能是单调区间的分界点.比如函数 $f(x) = x^2$,显然 $x = 0$ 为函数 $f(x) = x^2$ 的单调区间的分界点,此分界点正是导数为零的点.使函数 $f(x)$ 的导数值 $f'(x) = 0$ 的点 x_0,称为**函数的驻点**.即驻点可能是函数单调增减区间的分界点.

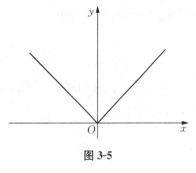

图 3-5

前面讨论过函数 $f(x) = |x|$（图 3-5），$f(x)$ 在点 $x = 0$ 处连续但不可导，即 $f'(0)$ 不存在.但从图像上可知，$x = 0$ 是 $f(x) = |x|$ 的单调增减区间的分界点.可见函数 $f(x)$ 的不可导点也有可能是函数单调增减区间的分界点.

鉴于函数 $y = f(x)$ 的驻点及不可导点都可能是函数单调增减区间的分界点，因此可以给出判定函数单调性的一般步骤：

（1）确定 $f(x)$ 的定义区间；

（2）求导，找驻点和不可导点；

（3）列表，用驻点和不可导点分割定义区间，讨论各子区间上 $f'(x)$ 的符号，从而判定函数的单调性.

例 3　求函数的单调区间：

$$f(x) = e^x - x - 1.$$

解　函数的定义域为 $(-\infty, +\infty)$.

$$f'(x) = e^x - 1.$$

令 $f'(x) = 0$，得驻点 $x = 0$.

用 $x = 0$ 将定义域 $(-\infty, +\infty)$ 分成 $(-\infty, 0)$ 和 $(0, +\infty)$ 两个子区间，并列表讨论如下：

x	$(-\infty, 0)$	$(0, +\infty)$
$f'(x)$	$-$	$+$
$f(x)$	↘	↗

由此可知，函数 $f(x)$ 在区间 $(-\infty, 0)$ 上单调减少，在区间 $(0, +\infty)$ 上单调增加.

二、函数极值的定义和判别法

函数的极值是指函数的"局部最值"，在经济分析和其他问题中，经常需要讨论函数的这一特性.为此，首先给出极值的一般定义.

1. 极值的定义

定义 3.1　设函数 $f(x)$ 在点 x_0 的某邻域内有定义，若对该邻域内任意一点 $x(x \neq x_0)$，恒有：

（1）$f(x_0) > f(x)$，则称 $f(x_0)$ 为函数 $f(x)$ 的**极大值**，称点 x_0 为 $f(x)$ 的**极大值点**；

（2）$f(x_0) < f(x)$，则称 $f(x_0)$ 为函数 $f(x)$ 的**极小值**，称点 x_0 为 $f(x)$ 的**极小值点**.

函数的极大值与极小值统称为**极值**，极大值点与极小值点统称为**极值点**.

注意　极值是一个局部性的概念，它只是与极值点邻近的所有点的函数值相比较而言的，并不意味着它在函数的整个定义区间上最大或最小.

如图 3-6 所示，函数 $f(x)$ 在点 x_1、x_4 处取得极大值 $f(x_1)$ 和 $f(x_4)$，在点 x_2、x_5 处取得极小值 $f(x_2)$ 和 $f(x_5)$.显然，$f(x_1) < f(x_5)$.而且极大值 $f(x_4)$ 并非区间 $[a, b]$ 上的最大值，极小值 $f(x_5)$ 也并非区间 $[a, b]$ 上的最小值.

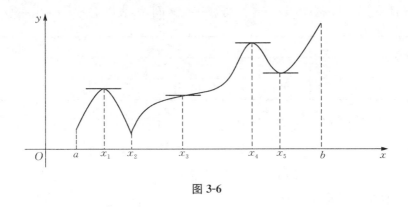

图 3-6

由图 3-6 可见，在函数的极值点处，曲线或者有水平切线，如 $f'(x_1) = 0$，$f'(x_4) = 0$，$f'(x_5) = 0$，或者切线不存在，如在点 x_2 处.

2. 极值的判别方法

定理 3.6　如果函数 $f(x)$ 在点 x_0 处有极值 $f(x_0)$，且 $f'(x_0)$ 存在，则

$$f'(x_0) = 0.$$

注意　（1）此定理只说明可导的极值点必为驻点，但驻点不一定是极值点.例如 $x = 0$ 是函数 $f(x) = x^3$ 的驻点，但 $f(x) = x^3$ 在区间 $(-\infty, +\infty)$ 上单调增加，故在驻点 $x = 0$ 处该函数并不能取得极值.

（2）不可导点也可能为极值点.

例如，函数 $f(x) = |x|$ 在点 $x = 0$ 处不可导，但在该点处取得极小值.

综上所述，极值可能在**驻点**或**不可导点**处取得.那么，如何判断一个函数的驻点或导数不存在的点是不是极值点呢？

定理 3.7（第一判定定理）　设函数 $f(x)$ 在点 x_0 的某邻域内连续且可导（在点 x_0 处可以不可导），那么

（1）如果当 $x < x_0$ 时，$f'(x) > 0$，而当 $x > x_0$ 时，$f'(x) < 0$，则 x_0 是 $f(x)$ 的**极大值点**，且 $f(x_0)$ 是 $f(x)$ 的**极大值**；

(2) 如果当 $x < x_0$ 时, $f'(x) < 0$, 而当 $x > x_0$ 时, $f'(x) > 0$, 则 x_0 是 $f(x)$ 的**极小值点**, 且 $f(x_0)$ 是 $f(x)$ 的**极小值**;

(3) 如果在 x_0 的左、右近旁处, $f'(x)$ 不变号, 即 $f'(x)$ 恒为正或恒为负, 则 $f(x)$ 在点 x_0 处**无极值**.

例 4 求函数 $f(x) = x^3 - 3x - 2$ 的极值点与极值.

解 $f(x)$ 的定义域是 $(-\infty, +\infty)$.

$$f'(x) = 3x^2 - 3 = 3(x+1)(x-1).$$

令 $f'(x) = 0$, 得驻点 $x_1 = -1$, $x_2 = 1$.

$x_1 = -1$ 和 $x_2 = 1$ 把 $(-\infty, +\infty)$ 分成三个区间, 列表讨论如下:

x	$(-\infty, -1)$	-1	$(-1, 1)$	1	$(1, +\infty)$
$f'(x)$	$+$	0	$-$	0	$+$
$f(x)$	↗	极大值 0	↘	极小值 −4	↗

从上表可见, 函数 $f(x)$ 的极大值点是 $x = -1$, 极大值是 $f(-1) = 0$; 极小值点是 $x = 1$, 极小值是 $f(1) = -4$.

例 5 求 $y = 2x - 3x^{\frac{2}{3}}$ 的增减区间及极值.

解 该函数的定义域是 $(-\infty, +\infty)$.

因为 $y' = 2 - \dfrac{2}{\sqrt[3]{x}} = \dfrac{2(\sqrt[3]{x} - 1)}{\sqrt[3]{x}}$, 令 $y' = 0$ 得驻点 $x = 1$; 又 $x = 0$ 时, y' 不存在, $x = 0$ 和 $x = 1$ 将 $(-\infty, +\infty)$ 分成三个区间, 为直观起见, 列表讨论如下:

x	$(-\infty, 0)$	0	$(0, 1)$	1	$(1, +\infty)$
y'	$+$	不存在	$-$	0	$+$
y	↗	极大值 0	↘	极小值 −1	↗

从表中可以看出, 函数 $y = 2x - 3x^{\frac{2}{3}}$ 在 $(-\infty, 0)$ 及 $(1, +\infty)$ 内单调增加, 在 $(0, 1)$ 内单调减少; 当 $x = 0$ 时, y 有极大值 0, 当 $x = 1$ 时, y 有极小值 −1.

根据以上讨论, 可归纳用第一判定定理求极值的步骤如下:

(1) 确定 $f(x)$ 的定义区间;

(2) 求导, 找驻点和不可导点;

(3) 列表, 用驻点和不可导点分割定义区间, 考察各子区间导数符号, 根据定理 3.7 确定极值;

(4) 求出函数的极值点和极值.

定理 3.8(第二判定定理) 设函数 $y = f(x)$ 在点 x_0 处存在二阶导数, 且 $f'(x_0) = 0$, 则

(1) 如果 $f''(x_0) < 0$,那么 $f(x)$ 在 x_0 处取**极大值**;

(2) 如果 $f''(x_0) > 0$,那么 $f(x)$ 在 x_0 处取**极小值**;

(3) 如果 $f''(x_0) = 0$,则不能判断 $f(x_0)$ 是否为极值(这时只能用第一判定定理判别).

例 6 求 $f(x) = x^3 - 3x^2$ 的极值.

解 $f'(x) = 3x^2 - 6x = 3x(x-2)$,令 $f'(x) = 0$,得驻点 $x_1 = 0$,$x_2 = 2$.

$f''(x) = 6x - 6 = 6(x-1)$.

因为 $f''(0) = -6 < 0$,所以当 $x = 0$ 时,$f(x)$ 有极大值 $f(0) = 0$.

因为 $f''(2) = 6 > 0$,所以当 $x = 2$ 时,$f(x)$ 有极小值 $f(2) = -4$.

说明 利用第一判定定理和第二判定定理都可以判别函数的极值点.第一判定定理应用较广泛,一般的极值问题都可以用第一判定定理判别.如果函数的二阶导数存在且不难求出,又 $f''(x_0) \neq 0$,那么利用第二判定定理判别较简便.

三、函数最值的定义和判别法

1. 最值的定义

定义 3.2 设函数 $y = f(x)$ 在区间 $[a, b]$ 上连续.如果存在 $x_0 \in [a, b]$,对于任意 $x \in [a, b] (x \neq x_0)$,恒有:

(1) $f(x_0) \geqslant f(x)$,则称 $f(x_0)$ 为 $f(x)$ 在 $[a, b]$ 上的**最大值**,称点 x_0 为 $f(x)$ 在区间 $[a, b]$ 上的**最大值点**;

(2) $f(x_0) \leqslant f(x)$,则称 $f(x_0)$ 为 $f(x)$ 在 $[a, b]$ 上的**最小值**,称点 x_0 为 $f(x)$ 在区间 $[a, b]$ 上的**最小值点**.

最大值与最小值统称为**最值**.

注意 根据定义可知,函数的最值与极值主要有以下几点区别:①极值是一个局部性概念,而最值是一个整体性概念.②极值可能有多个,而最值一般是唯一的.③极值点不可能是区间的端点,而最大值或最小值却可以在区间端点上取得.另一方面,函数的最值与极值也是有联系的,它们的联系是:如果最值在区间内部取得,则它一定是某个极大值或极小值.

2. 最值的判别法

根据以上分析,可归纳求最值的一般步骤如下:

(1) 求导,找驻点和不可导点;

(2) 求区间端点、驻点和不可导点处的函数值(求三类点的函数值);

(3) 比较上述三类点的函数值,其中最大的即为最大值,最小的即为最小值.

另外,求最值的两种特殊情况是:①若函数 $f(x)$ 在区间 $[a, b]$ 上连续且为单调函数,则最值应在两端点处取得;②若函数 $f(x)$ 在区间 $[a, b]$ 上连续,且在区间 (a, b) 上有唯一极大(小)值而无极小(大)值,则此极大(小)值就是函数 $f(x)$ 在区间 $[a, b]$ 上的最大

（小）值.

例 7   求 $f(x)=x^3+3x^2-9x+5$ 在区间 $[-4,4]$ 上的最值.

解 $f'(x)=3x^2+6x-9=3(x-1)(x+3)$.

令 $f'(x)=0$，得驻点 $x_1=1$、$x_2=-3$. 计算 $f(x)$ 在区间端点及驻点处的函数值，得

$$f(-4)=25,\ f(4)=81,\ f(1)=0,\ f(-3)=32.$$

比较以上各值可知，$f(x)$ 在区间 $[-4,4]$ 上的最大值为 $f(4)=81$，最小值为 $f(1)=0$.

例 8   求 $f(x)=(2x-5)x^{\frac{2}{3}}$ 在区间 $[-1,2]$ 上的最大值与最小值.

解 $f'(x)=2\cdot\sqrt[3]{x^2}+\dfrac{2(2x-5)}{3\sqrt[3]{x}}=\dfrac{10(x-1)}{3\sqrt[3]{x}}$.

令 $f'(x)=0$，得驻点 $x=1$；又 $x=0$ 时，$f'(x)$ 不存在.

分别计算出这两点及区间两端点对应的函数值：

$$f(1)=-3,\ f(0)=0,\ f(-1)=-7,\ f(2)=-\sqrt[3]{4}.$$

比较这些值知，$f(x)=(2x-5)x^{\frac{2}{3}}$ 在区间 $[-1,2]$ 上的最大值是 $f(0)=0$，最小值是 $f(-1)=-7$.

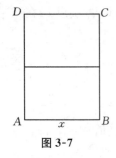

图 3-7

例 9   欲用长 6 m 的铝合金料加工一日字形窗框（图 3-7），问它的长和宽分别为多少时，窗户的面积最大？最大面积是多少？

解   如图 3-7 所示，设窗框的一边 $AB=x$，则另一边 $BC=\dfrac{1}{2}(6-3x)$，于是窗户的面积为

$$S(x)=x\cdot\dfrac{1}{2}(6-3x)=3x-\dfrac{3}{2}x^2.$$

因为窗框的长度必须为正数，即 $x>0$，且 $\dfrac{1}{2}(6-3x)>0$，得 x 的取值范围为 $(0,2)$.

$$S'(x)=3-3x.$$

令 $S'(x)=0$，得唯一驻点 $x=1$.

因为 $S''(1)=-3<0$，所以 $x=1$ 是唯一极大值点也是最大值点，这时最大面积为 $S(1)=1.5\ \text{m}^2$.

于是，窗户的宽 AB 为 1 m，长 BC 为 1.5 m 时，窗户的面积最大，最大面积为 1.5 m^2.

习 题 3.3

1. 确定下列函数的单调区间.

(1) $f(x) = x^2 - 5x + 6$;　　　　　　(2) $f(x) = x^3 - 9x^2 + 27x - 27$;

(3) $f(x) = \ln(1 + x^2)$;　　　　　　(4) $f(x) = \dfrac{\ln x}{x}$;

(5) $f(x) = x^2 - \dfrac{54}{x}$;　　　　　　(6) $f(x) = x - e^x$.

2. 求下列函数的单调区间与极值.

(1) $y = \sqrt{2 + x}$;　　　　　　(2) $y = \dfrac{x^2}{e^x}$;

(3) $y = \dfrac{(x-2)(x-3)}{x^2}$;　　　　　　(4) $y = 4x^3 - 3x^2 - 6x + 2$.

3. 求下列函数的极值.

(1) $f(x) = 2x^3 - 3x^2$;　　　　　　(2) $f(x) = 2e^x + e^{-x}$;

(3) $f(x) = 3 - \sqrt[3]{(x-2)^2}$;　　　　　　(4) $f(x) = \dfrac{2x}{1 + x^2}$.

4. 求下列函数在给定区间上的最值.

(1) $f(x) = \ln(x^2 + 1)$, $x \in [-1, 2]$;

(2) $f(x) = x - 2\sqrt{x}$, $x \in [0, 4]$.

3.4　函数曲线的凹凸性、拐点和渐近线

前面讨论的函数单调性和极值反映了函数的部分特征,但仅仅依靠这些还不能完全反映函数的性态,例如,函数 $y = x^2$ 和 $y = \sqrt{x}$ 在区间 $(0, +\infty)$ 上都是单调增加的,但它们的图形却有相当大的差别,这就需要讨论曲线弯曲方向、渐近线等问题.通过本节的学习,要求能够判定函数的凹凸性和拐点,并会求函数的水平渐近线和铅垂渐近线.

一、曲线的凹凸性与拐点

在研究函数图像的变化状况时,了解它上升和下降的规律(即单调性)是重要的,但只了解这一点是不够的,上升和下降的规律还不能完全反映图像的变化.如图 3-8 所示的函数的图像在区间 (a, b) 内始终是上升的,但却有不同的弯曲状况.可以看出,从左端点开始,曲线先向上弯曲,通过点 P 后改变了弯曲的方向,变为向下弯曲.因此,讨论函数图像时,考察它的弯曲方向以及弯曲方向改变的点是完全有必要的.从图 3-8 中还可以看出,曲线向上弯曲的弧段位于该弧段上任意一点的切线上方;而向下弯曲的弧段则位于该段上任意一点的切线下方.为此,我们给出

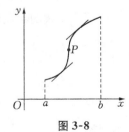

图 3-8

如下定义：

定义 3.3　如果在区间 (a,b) 内，曲线弧总位于其上任一点的切线的上（下）方，则称该曲线在 (a,b) 内是**凹（凸）**的.

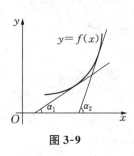

图 3-9

从图 3-9 可看出，凹的曲线弧的切线斜率 $\tan\alpha$ 随着 x 的增大而增大，也就是说，$f'(x)$ 在这个区间上是单调增加的，这时 $f''(x) > 0$. 可见，曲线的凹凸性与 $y = f(x)$ 的二阶导数有密切的联系.

定理 3.9　设函数 $y = f(x)$ 在 $[a,b]$ 上连续，在 (a,b) 内具有一阶及二阶导数.

（1）如果在 (a,b) 内 $f''(x) > 0$，则该曲线在 (a,b) 内是凹的；

（2）如果在 (a,b) 内 $f''(x) < 0$，则该曲线在 (a,b) 内是凸的.

定义 3.4　曲线凹和凸两段弧的分界点，称为曲线的**拐点**.

由定义可知，曲线在拐点处的左、右近旁的 $f''(x)$ 必异号，这表明，在拐点处 $f'(x)$ 取得极值.因此，在拐点处，$f''(x) = 0$ 或 $f''(x)$ 不存在，即拐点可能在二阶导数等于 0 的点或二阶导数不存在的点处取得.

例 1　求曲线 $y = x^4 - 2x^3 + 1$ 的凹凸区间及拐点.

解　函数的定义域是 $(-\infty, +\infty)$.

$$y' = 4x^3 - 6x^2, \quad y'' = 12x^2 - 12x = 12x(x-1).$$

令 $y'' = 0$.解方程，得 $x_1 = 0$，$x_2 = 1$. x_1 与 x_2 把定义域分成三个区间，列表讨论如下：

x	$(-\infty, 0)$	0	$(0, 1)$	1	$(1, +\infty)$
y''	$+$	0	$-$	0	$+$
y	凹（∪）	拐点$(0, 1)$	凸（∩）	拐点$(1, 0)$	凹（∪）

因此，曲线 $y = x^4 - 2x^3 + 1$ 的凹区间是 $(-\infty, 0)$ 和 $(1, +\infty)$，凸区间是 $(0, 1)$，拐点是点 $(0, 1)$ 和 $(1, 0)$.

例 2　求曲线 $y = \dfrac{9}{5}(x-2)^{\frac{5}{3}} - x^2$ 的凹凸区间及拐点.

解　函数的定义域是 $(-\infty, +\infty)$.

$$y' = 3(x-2)^{\frac{2}{3}} - 2x, \quad y'' = \frac{2}{\sqrt[3]{x-2}} - 2 = \frac{2(1 - \sqrt[3]{x-2})}{\sqrt[3]{x-2}}.$$

当 $x_1 = 3$ 时，$y'' = 0$，当 $x_2 = 2$ 时，y'' 不存在. x_1 与 x_2 把定义域分成三个区间，列表讨论如下：

x	$(-\infty, 2)$	2	$(2, 3)$	3	$(3, +\infty)$
y''	$-$	不存在	$+$	0	$-$
y	凸($\cap$)	拐点$(2, -4)$	凹($\cup$)	拐点$\left(3, -\dfrac{36}{5}\right)$	凸($\cap$)

因此,曲线的凹区间是$(2, 3)$,凸区间是$(-\infty, 2)$和$(3, +\infty)$,拐点是$(2, -4)$和$\left(3, -\dfrac{36}{5}\right)$.

二、曲线的渐近线

有些函数的定义域与值域都是有限区间,此时函数的图形局限于一定的范围之内,比如圆、椭圆等.而有些函数的定义域或值域是无限区间,此时函数的图形向无穷远处延伸,比如双曲线、抛物线等.有些向无穷远处延伸的曲线,呈现出越来越接近某一直线的趋势,对这种直线有以下定义.

定义 3.5 如果一条曲线在它无限延伸的过程中,无限接近于某一条直线,则称这条直线为该曲线的**渐近线**.

一般地,渐近线可分为水平渐近线、铅垂渐近线和斜渐近线三种,这里仅介绍水平渐近线和铅垂渐近线.

1. 水平渐近线

定义 3.6 如果曲线 $y=f(x)$ 的定义域是无限区间,且有 $\lim\limits_{x \to -\infty} f(x)=b$ 或 $\lim\limits_{x \to +\infty} f(x)=b$,则称直线 $y=b$ 为曲线 $y=f(x)$ 的**水平渐近线**,如图 3-10 所示.

例 3 求曲线 $y=\dfrac{1}{x+1}$ 的水平渐近线.

解 因为 $\lim\limits_{x \to \infty} \dfrac{1}{x+1}=0$,所以直线 $y=0$ 是曲线的水平渐近线.

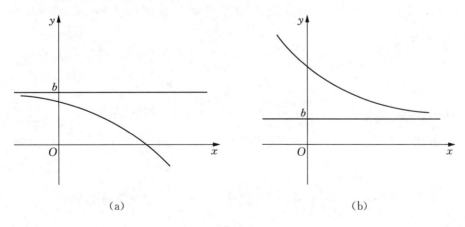

(a)   (b)

图 3-10

2. 铅垂渐近线

定义 3.7　如果曲线 $y=f(x)$ 在点 c 处有 $\lim\limits_{x \to c^-} f(x)=\infty$ 或 $\lim\limits_{x \to c^+} f(x)=\infty$，则称直线 $x=c$ 为曲线 $y=f(x)$ 的**铅垂渐近线**，如图 3-11 所示.

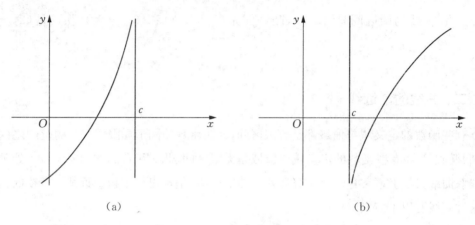

(a)　　　　　　　　　(b)

图 3-11

注意　若 $x=c$ 是曲线 $y=f(x)$ 的铅垂渐近线，则点 $x=c$ 显然不可能是函数 $y=f(x)$ 的连续点，换言之，曲线的铅垂渐近线只可能在函数的间断点或定义域的端点处产生.

例 4　求 $y=\dfrac{3}{x+5}$ 的铅垂渐近线.

解　因为函数 $y=\dfrac{3}{x+5}$ 有间断点 $x=-5$，且有 $\lim\limits_{x \to -5} \dfrac{3}{x+5}=\infty$，所以直线 $x=-5$ 是曲线 $y=\dfrac{3}{x+5}$ 的一条铅垂渐近线.

例 5　求曲线 $y=\mathrm{e}^{\frac{1}{x-1}}$ 的铅垂渐近线.

解　因为 $\lim\limits_{x \to 1^+} \mathrm{e}^{\frac{1}{x-1}}=+\infty$，所以 $y=\mathrm{e}^{\frac{1}{x-1}}$ 的铅垂渐近线为 $x=1$.

习　题　3.4

1. 填空题.

(1) 若曲线 $f(x)=x^3+ax^2-3$ 在 $x=1$ 处的点为拐点，则常数 $a=$ ＿＿＿＿＿；

(2) 曲线 $y=x^2$ 在 $(0,1)$ 内的凹凸性是 ＿＿＿＿＿，曲线 $y=\sqrt{x}$ 在 $(0,1)$ 内的凹凸性是 ＿＿＿＿＿；

(3) 曲线 $y=\dfrac{x-1}{x+1}$ 的水平渐近线方程是 ＿＿＿＿＿，铅垂渐近线方程是＿＿＿＿＿.

2. 求下列函数的凹凸区间和拐点.

(1) $y = x^3 - 3x^2 + 3x - 5$;　　　　　(2) $y = x^4 - 2x^3 + 3$;

(3) $y = x e^{-x}$;　　　　　(4) $y = x - x^{\frac{5}{3}}$.

3. 求下列曲线的水平渐近线和铅垂渐近线.

(1) $y = \dfrac{1}{x-2}$;　　　　　(2) $y = \dfrac{2x-1}{x^2 - 3x + 2}$;

(3) $y = e^{\frac{1}{x}} - 2$;　　　　　(4) $y = \dfrac{\ln x}{\sqrt{x}}$.

3.5　最优化分析

在生产实践中,常常会遇到这样一类问题,在一定条件下,怎样使"材料最省""成本最低""利润最大""库存管理费用最低"等,这类问题在数学上往往归结为求某个函数的最大或者最小值问题,也统称为**最优化问题**.本节将介绍常见的最优化问题,通过本节的学习,要求能够利用数学知识解决实践中常见的最值问题.

一、用料最省问题

用数学模型来讨论和分析实际问题,体现了数学与现实世界的相互作用.下面将以例题来阐明最经典的两种类型的最优化问题,即用料最省问题和体积最大问题,这两种问题的实质是相同的.

例 1　要做一个容积为 V 的圆柱形罐头筒,怎样设计才能使得所用材料最省?

解　显然,所用材料最省就是要罐头筒的表面积最小.设罐头筒的底半径为 r,高为 h(图 3-12),则它的侧面积为 $2\pi rh$,底面积为 πr^2,因此总表面积为

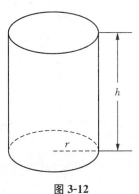

图 3-12

$$S = 2\pi r^2 + 2\pi rh.$$

由体积公式 $V = \pi r^2 h$,有 $h = \dfrac{V}{\pi r^2}$,所以

$$S = 2\pi r^2 + \frac{2V}{r},\ r \in (0, +\infty).$$

$$S' = 4\pi r - \frac{2V}{r^2} = \frac{2(2\pi r^3 - V)}{r^2}.$$

令 $S' = 0$,得 $r = \sqrt[3]{\dfrac{V}{2\pi}}$.

$$S'' = 4\pi + \frac{4V}{r^3}.$$

因为 π、V 都是正数，$r > 0$，所以 $S'' > 0$. 因此，S 在点 $r = \sqrt[3]{\dfrac{V}{2\pi}}$ 处有极小值，也就是最小值. 这时相应的高为

$$h = \frac{V}{\pi r^2} = \frac{V}{\pi \left(\sqrt[3]{\dfrac{V}{2\pi}}\right)^2} = 2\sqrt[3]{\frac{V}{2\pi}} = 2r.$$

于是得出结论：当所做罐头筒的高和底面直径相等时，所用材料最省.

例2 一块正方形纸板边长为 a，将其四角各截去一个大小相同的小正方形，再将四边折起做成一个无盖方盒，问所截小正方形边长 x 为多少时，才能使得无盖方盒容积 V 最大？

解 设所截小正方形边长为 x，从而盒底边长为 $a-2x$，如图 3-13 所示.

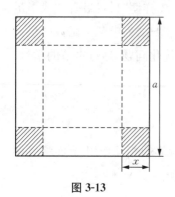

图 3-13

自变量为所截小正方形边长 x，因变量为无盖方盒容积 V. 由于盒底面积为 $(a-2x)^2$，盒高为 x，于是无盖方盒容积为

$$V = V(x) = x\,(a-2x)^2.$$

由于高 $x > 0$，且底边长 $a - 2x > 0$，得到 $0 < x < \dfrac{a}{2}$，因而函数定义域为 $\left(0, \dfrac{a}{2}\right)$.

$$\begin{aligned}
V'(x) &= (a-2x)^2 + x \cdot 2(a-2x)(a-2x)' \\
&= (a-2x)^2 - 4x(a-2x) \\
&= (a-2x)(a-6x).
\end{aligned}$$

令 $V'(x) = 0$，有根 $x_1 = \dfrac{a}{2}$ 与 $x_2 = \dfrac{a}{6}$，但由于根 $x_1 = \dfrac{a}{2}$ 不在函数定义域内，应舍去，因而得到唯一驻点 $x = \dfrac{a}{6}$.

$$V''(x) = -2(a-6x) + (a-2x)(-6) = 24x - 8a.$$

从而在驻点 $x = \dfrac{a}{6}$ 处得二阶导数值 $V''\left(\dfrac{a}{6}\right) = -4a < 0$. 于是驻点 $x = \dfrac{a}{6}$ 为唯一极大值点，也是最大值点.

即所截小正方形边长 x 为 $\dfrac{a}{6}$ 时，才能使得无盖方盒容积 V 最大.

二、成本最低问题

任何企业或经营单位开展经济活动时，都要考虑其生产（经营）成本最优化的问题，那

么如何组织生产才能使成本最低？下面通过具体例子进行讨论.

例3　某企业生产某款水杯 Q 个的总成本函数为 $C(Q)=9\,000+40Q+0.001Q^2$. 问生产这款水杯多少个时，平均成本最低？

解　由已知成本函数 $C(Q)=9\,000+40Q+0.001Q^2$，可得平均成本函数

$$\overline{C}(Q)=\frac{9\,000}{Q}+40+0.001Q(Q\in \mathbf{Z}^+).$$

所以，平均成本函数的导数为

$$\overline{C}'(Q)=-\frac{9\,000}{Q^2}+0.001.$$

令 $\overline{C}'(Q)=0$，得驻点 $Q=3\,000(Q=-3\,000$ 舍去$)$.

又 $\overline{C}''(Q)=\dfrac{18\,000}{Q^3}$，$\overline{C}''(3\,000)>0$.

所以，$Q=3\,000$ 是 $\overline{C}(Q)$ 在区间 $(0,+\infty)$ 上唯一的极值点，而且是极小值点，也就是最小值点.

于是，生产这款水杯 3\,000 个时平均成本最低.

三、利润最大问题

利润最大化与成本最小化一样，是每一个生产企业孜孜以求的目标，要实现这一目标，首先要合理确定产品的产量. 除了考虑市场的需求外，还要考虑到产品的市场价格等因素. 这就需要研究成本、收益、利润与产量之间的依赖变化关系，从而确定使得利润最大化的产量.

例4　某款电风扇产量 Q（单位：万台）与价格 P（单位：万元）之间的函数关系为 $P=85-7Q$，总成本函数关系为 $C(Q)=\dfrac{11}{2}Q^2+10Q+25$，求：产量 Q 为何值时，利润达到最大？最大利润为多少？

解　$R(Q)=Q\cdot P=Q(85-7Q)=85Q-7Q^2$. 于是

$$\begin{aligned}
L(Q)&=R(Q)-C(Q)\\
&=(85Q-7Q^2)-\left(\frac{11}{2}Q^2+10Q+25\right)\\
&=-\frac{25}{2}Q^2+75Q-25(Q>0).
\end{aligned}$$

令 $L'(Q)=-25Q+75=0$，得驻点 $Q=3$.

又 $L''(Q)=-25<0$，所以 $Q=3$ 是 $L(Q)$ 在区间 $(0,+\infty)$ 上唯一的极值点，而且是极大值点，也就是最大值点.

于是当产量 Q 为 3 万台时利润最大. 此时，最大利润为

$$L(3)=87.5\ \text{万元}.$$

四、库存管理费用最低问题

库存问题就是寻求使总费用(存储费用与订购费用之和)最小的订货批量(亦称为经济批量).

例 5 某厂生产某款铅笔,其年销售量为 100 万支,每批生产需增加订购费 1 000 元,而每支铅笔库存费为 0.05 元/年,如果年销售率是均匀的(此时商品的年平均库存量为批量的一半).试将一年的订购费与库存费之和 y(元)表示为批量 x(万支)的函数,并求出使得总费用最低的批量以及最低的总费用.

解 因为一年的总产量为 100 万支,所以一年生产的批数为 $\dfrac{100}{x}$. 于是一年的订购费为

$$1\,000 \times \frac{100}{x} = \frac{10^5}{x}(元).$$

因为年销售率是均匀的,所以年平均库存量为 $\dfrac{x}{2} \times 10\,000 = 5\,000x$(支).

于是,一年库存费为 $0.05 \times 5\,000x = 250x$(元).

故一年的订购费与库存费之和 y(元)表示为批量 x(万支)的函数为

$$y = \frac{10^5}{x} + 250x(元)(x > 0).$$

$y' = 250 - \dfrac{10^5}{x^2}$,令 $y'=0$,得 $x=20$(万支)($x=-20$ 舍去).

又 $y'' = \dfrac{2 \times 10^5}{x^3}$,故 $y''(20) = \dfrac{2 \times 10^5}{20^3} = 25 > 0$.

所以,$x=20$ 是唯一的极值点,而且是极小值点,也就是最小值点.

因此当批量 x 为 20 万支时,总费用即生产准备费与库存费之和最小,最小值为

$$y = \frac{10^5}{20} + 250 \times 20 = 10\,000(元).$$

一般解决实际问题中最优化问题的步骤是:

(1) 建立函数关系式并写出定义域;

(2) 求出驻点(舍去不符合实际意义的驻点),判断驻点处二阶导数的正负,求出极值,从而得到所求最值;

(3) 得出结论.

习 题 3.5

1. 欲用一段铁丝围出面积为 $216\ \text{m}^2$ 的一块矩形土地,并在正中间用铁丝将其隔成两

块,问这块土地的长和宽选取多大的尺寸,才能使得所用铁丝最短?

2. 某工厂生产水泥,每批产量为 Q(单位:t),总成本为 C(单位:万元),产品价格为 P(单位:万元).已知该产品需求函数为 $P(Q)=10-0.01Q$,总成本函数为 $C(Q)=100+4Q$,问每批生产多少时,利润达到最大? 最大利润为多少?

3. 已知某款钢笔的总收益函数和总成本函数分别为 $R(Q)=40Q-4Q^2$,$C(Q)=2Q^2+4Q+10$,其中,产量 Q 的单位为万支,成本、收益、利润的单位为万元.求利润最大时的产量及最大利润值.

4. 已知生产某款玩具的固定成本为 2 000 元,每个玩具的变动成本为 10 元,市场的需求规律是:当价格为 P(元)时的需求量为 $Q=100.5-0.05P$(百个).试求:

(1) 利润函数;

(2) 获得最大利润时的产量;

(3) 获得最大利润时的价格.

复习与思考 3

一、填空题

1. $f(x)=\dfrac{x^2}{1+x}$ 在区间 $\left[-\dfrac{1}{2},1\right]$ 上的最大值为_____,最小值为_____.

2. 已知函数 $f(x)$ 在点 $x=2$ 处可导,若极限 $\lim\limits_{x\to 2} f(x)=-1$,则函数值 $f(2)=$ _____.

3. 曲线 $y=\dfrac{4+x}{4-x}$ 上点 $(2,3)$ 处的切线方程为_____.

4. 设曲线 $y=2x^2+3x-26$ 上点 $M_0(x_0,y_0)$ 处的切线斜率为 15,则点 M_0 的纵坐标 $y_0=$ _____.

5. 已知函数 $f(x)=k\sin x+\dfrac{1}{3}\sin 3x$,若点 $x=\dfrac{\pi}{3}$ 是其驻点,则常数 $k=$ _____.

6. 函数 $f(x)=\ln(1+x^2)$ 在闭区间 $[1,3]$ 上的最小值等于_____.

二、单项选择题

1. 下列各式中,可用洛必达法则求极限的是( ).

A. $\lim\limits_{x\to\infty}\dfrac{x-\sin x}{x+\sin x}$

B. $\lim\limits_{x\to+\infty}\dfrac{x^3}{e^x}$

C. $\lim\limits_{x\to\infty}\dfrac{1}{x}\sin\dfrac{1}{x}$

D. $\lim\limits_{x\to 1}\dfrac{x^2-x+2}{x-1}$

2. $\lim\limits_{x\to 1}\dfrac{\ln x}{x-1}=$( ).

A. 0   B. 1   C. 无穷大   D. -1

3. 函数 $f(x) = x - \arctan x$ 在区间(　　)上单调减少.

A. $(-\infty, 0)$ B. $(0, +\infty)$

C. $(-\infty, +\infty)$ D. 无单调减区间

4. $f(x) = \dfrac{x^2}{1+x}$ 的驻点有(　　)个.

A. 0   B. 1   C. 2   D. 3

5. 函数 $y = f(x)$ 在点 $x = x_0$ 处取得极大值,则必有(　　).

A. $f'(x_0) = 0$ B. $f''(x_0) < 0$

C. $f'(x_0) = 0$ 且 $f''(x_0) < 0$ D. $f'(x_0) = 0$ 或 $f'(x_0)$ 不存在

6. 函数 $f(x) = x^3 - 12x$ 在闭区间 $[-3, 3]$ 上的最大值在点(　　)处取得.

A. $x = -3$ B. $x = 3$ C. $x = -2$ D. $x = 2$

7. 某产品总成本 C 为产量 x 的函数: $C = C(x) = a + bx^2 (a > 0, b > 0)$,则在产量为 m 水平上的边际成本值为(　　).

A. $a + bm^2$ B. bm^2 C. $\dfrac{a}{m} + bm$ D. $2bm$

8. 某商品需求量 Q 为销售价格 P 的函数: $Q = Q(P) = 15 - \dfrac{P}{4}$,则销售价格 $P = $(　　)时,才能使得商品全部销售后获得的总收益 R 最高.

A. 15   B. 30   C. 45   D. 60

9. 下列函数中,(　　)的驻点有 $x = 0$.

A. $y = x + 2x^2$ B. $y = x - \arctan x$

C. $y = x e^x$ D. $y = \dfrac{x}{\cos x}$

10. 下列极限中,(　　)不能应用洛必达法则求解.

A. $\lim\limits_{x \to 0} \dfrac{x^2 \sin \dfrac{1}{x}}{\sin x}$ B. $\lim\limits_{x \to 0} \dfrac{\sin x}{x^2}$

C. $\lim\limits_{x \to 0} \dfrac{1 - \cos x}{\sin x}$ D. $\lim\limits_{x \to 0} \dfrac{\tan x}{x}$

三、计算题

1. 利用洛必达法则求下列极限.

(1) $\lim\limits_{x \to 0} \dfrac{x}{e^x - e^{-x}}$;   (2) $\lim\limits_{x \to 1} \dfrac{x-1}{\ln x}$;

(3) $\lim\limits_{x \to 0} \dfrac{1 - \cos x}{x^2}$;   (4) $\lim\limits_{x \to \frac{\pi}{2}} \dfrac{\cos x}{x - \dfrac{\pi}{2}}$;

(5) $\lim\limits_{x \to +\infty} \dfrac{x^n}{\mathrm{e}^x}$ $(n \in \mathbf{N})$;

(6) $\lim\limits_{x \to \frac{\pi}{2}^+} \dfrac{\ln\left(x - \dfrac{\pi}{2}\right)}{\tan x}$;

(7) $\lim\limits_{x \to \frac{\pi}{2}} \dfrac{\tan 6x}{\sin 2x}$;

(8) $\lim\limits_{x \to a} \dfrac{x^m - a^m}{x^n - a^n}$;

(9) $\lim\limits_{x \to 0^+} \dfrac{\ln \sin 3x}{\ln \sin 5x}$;

(10) $\lim\limits_{x \to +\infty} \dfrac{\ln x}{x^\alpha}$ $(\alpha > 0)$.

2. 欲做一个底为正方形、容积为 $108\ \mathrm{m}^3$ 的长方体开口容器,怎样做所用材料最省?

3. 欲做一个容积为 $300\ \mathrm{m}^3$ 的无盖圆柱形蓄水池,已知池底单位造价为周围单位造价的 2 倍,问蓄水池的尺寸应该怎样设计才能使总造价最低?

4. 生产 x 单位某商品的利润是 x 的函数:

$$L(x) = 5\,000 + x - 0.000\,01 x^2.$$

问生产多少单位时获得的利润最大?

5. 某工厂生产某产品的总成本为 C 元,其中固定成本为 200 元,每多生产 1 单位产品,成本增加 10 元.该商品的需求函数为 $Q = 50 - 2P$,问 Q 为多少时,工厂的总利润 L 最大?

第 4 章
不定积分

在前面的学习中,我们讨论了如何求一个函数的导数,本章将讨论它的反问题,即求一个可导函数,使它的导函数等于已知函数.这是高等数学中的一个重要内容——不定积分.不定积分在科学、技术和经济等领域中有着广泛的应用.

4.1 不定积分的概念与基本公式

前面两章讨论的问题是:已知一个函数,求它的导数和微分.在许多实际问题中,往往需要解决与此相反的问题:已知一个函数的导数或微分,求原来的函数.

例 1 已知一曲线 $y=f(x)$ 上任意点处的切线斜率都等于 $2x$,求该曲线方程.

由导数的几何意义知,例 1 实际上就是已知 $f'(x)=2x$,求 $y=f(x)$ 的表达式.

为了解决已知一个函数的导数 $f'(x)$,求原来的函数 $f(x)$ 的问题,我们引入下面的概念.

一、原函数与不定积分的概念

1. 原函数

定义 4.1 设 $f(x)$ 是定义在某区间的已知函数,如果存在一个函数 $F(x)$,对于该区间内的所有 x,都有

$$F'(x)=f(x) \text{ 或 } \mathrm{d}F(x)=f(x)\mathrm{d}x$$

成立,则称 $F(x)$ 是 $f(x)$ 的一个**原函数**.

例如,因为 $(x^3)'=3x^2$,所以 x^3 是 $3x^2$ 的一个原函数;因为 $(\sin x)'=\cos x$,所以 $\sin x$ 是 $\cos x$ 的一个原函数,又 $(\sin x+C)'=\cos x$(C 是常数),故 $\sin x+C$ 也是 $\cos x$ 的原函数.

一般地,如果 $F(x)$ 是 $f(x)$ 的一个原函数,那么,$F(x)+C$(C 是任意常数)也是 $f(x)$ 的原函数.也就是说,一个函数的原函数(如果存在的话)有无数个;另一方面,如果 $F(x)$ 与 $g(x)$ 都是 $f(x)$ 的原函数,那么,$g(x)=F(x)+C$,因此,若 $F(x)$ 是 $f(x)$ 的一个原函数,则 $f(x)$ 的全部原函数就是 $F(x)+C$(C 是任意常数).

2. 不定积分

定义 4.2 函数 $f(x)$ 的全部原函数称为 $f(x)$ 的**不定积分**,记作 $\int f(x)\mathrm{d}x$,其中,$f(x)$ 称为**被积函数**,x 称为**积分变量**,$f(x)\mathrm{d}x$ 称为**被积表达式**,记号"$\int$"称为**积分号**.

从定义 4.2 可知,求已知函数 $f(x)$ 的不定积分,就是求出 $f(x)$ 的一个原函数 $F(x)$,再加上任意常数 C(C 称为**积分常数**),即

$$\int f(x)\mathrm{d}x = F(x) + C.$$

下面来解答例 1 提出的问题.

因为 $(x^2)' = 2x$,即 x^2 是 $2x$ 的一个原函数,所以,所求的曲线方程为

$$y = \int 2x\,\mathrm{d}x = x^2 + C.$$

例 2　求 $\int \sin x\,\mathrm{d}x$.

解　因为 $(-\cos x)' = \sin x$,所以 $\int \sin x\,\mathrm{d}x = -\cos x + C$.

例 3　求 $\int \dfrac{1}{x}\mathrm{d}x$.

分析　由于被积函数 $f(x) = \dfrac{1}{x}$ 的定义域是 $x \neq 0$ 的实数,故考虑分成 $x > 0$ 及 $x < 0$ 两种情况讨论.

解　(1) 当 $x > 0$ 时,因为 $(\ln x)' = \dfrac{1}{x}$,所以

$$\int \frac{1}{x}\mathrm{d}x = \ln x + C.$$

(2) 当 $x < 0$ 时,$-x > 0$,因为 $[\ln(-x)]' = \dfrac{1}{-x} \cdot (-1) = \dfrac{1}{x}$,所以

$$\int \frac{1}{x}\mathrm{d}x = \ln(-x) + C.$$

合并(1)(2)两种情况,得

$$\int \frac{1}{x}\mathrm{d}x = \ln|x| + C.$$

二、不定积分的几何意义

设 $F(x)$ 是函数 $f(x)$ 的一个原函数,从几何的角度看,$y = F(x)$ 表示平面上的一条曲线,称为 $f(x)$ 的一条**积分曲线**,将这条积分曲线 $F(x)$ 沿 y 轴上下平移,就可得到 $f(x)$ 的积分曲线簇 $y = F(x) + C$. 这簇积分曲线的特点是:当横坐标相同时,各条曲线的切线斜率相等,即切线互相平行,如图 4-1 所示.

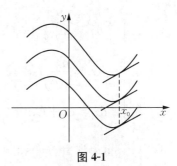

图 4-1

例 4　已知曲线经过点$(0,1)$,且其上每一点(x,y)处切线斜率为横坐标的两倍,求此曲线方程.

解　设所求的曲线方程为$y=f(x)$,由题意知$y'=2x$,

所以 $y=\displaystyle\int 2x\,\mathrm{d}x=x^2+C$.

又因为曲线过点$(0,1)$,有$1=0^2+C$,所以$C=1$.

故所求曲线方程为$y=x^2+1$.

三、不定积分的性质

性质 4.1　$\left[\displaystyle\int f(x)\mathrm{d}x\right]'=f(x)$ 或 $\mathrm{d}\displaystyle\int f(x)\mathrm{d}x=f(x)\mathrm{d}x$.

性质 4.2　$\displaystyle\int f'(x)\mathrm{d}x=f(x)+C$ 或 $\displaystyle\int \mathrm{d}f(x)=f(x)+C$.

上述两个性质表明,如果不考虑积分常数C,微分号"d"与积分号"$\displaystyle\int$"不论先后连在一起写,都恰好互相抵消.从这里可以看出,**不定积分运算与微分(求导)运算是互逆运算.**

为了计算的需要,下面给出不定积分的运算性质.

性质 4.3　$\displaystyle\int\left[f_1(x)\pm f_2(x)\pm\cdots\pm f_n(x)\right]\mathrm{d}x$

$$=\int f_1(x)\mathrm{d}x\pm\int f_2(x)\mathrm{d}x\pm\cdots\pm\int f_n(x)\mathrm{d}x.$$

性质 4.4　$\displaystyle\int kf(x)\mathrm{d}x=k\int f(x)\mathrm{d}x$ (k 是常数).

四、基本积分公式

从性质 4.1 及 4.2 可以知道,不定积分的运算与微分(求导)运算是互逆的,因此,由不定积分的概念及求导公式可以得到不定积分的基本公式.

1. $\displaystyle\int k\,\mathrm{d}x=kx+C$ (k 是常数).

2. $\displaystyle\int x^\alpha\,\mathrm{d}x=\dfrac{1}{\alpha+1}x^{\alpha+1}+C$ ($\alpha\in\mathbf{R}$ 且 $\alpha\neq-1$).

3. $\displaystyle\int\dfrac{1}{x}\,\mathrm{d}x=\ln|x|+C$.

4. $\displaystyle\int a^x\,\mathrm{d}x=\dfrac{a^x}{\ln a}+C$ ($a>0$ 且 $a\neq1$).

5. $\displaystyle\int \mathrm{e}^x\,\mathrm{d}x=\mathrm{e}^x+C$.

6. $\displaystyle\int\sin x\,\mathrm{d}x=-\cos x+C$.

7. $\displaystyle\int \cos x\,\mathrm{d}x = \sin x + C.$

8. $\displaystyle\int \sec^2 x\,\mathrm{d}x = \int \frac{1}{\cos^2 x}\,\mathrm{d}x = \tan x + C.$

9. $\displaystyle\int \csc^2 x\,\mathrm{d}x = \int \frac{1}{\sin^2 x}\,\mathrm{d}x = -\cot x + C.$

10. $\displaystyle\int \sec x \tan x\,\mathrm{d}x = \sec x + C.$

11. $\displaystyle\int \csc x \cot x\,\mathrm{d}x = -\csc x + C.$

12. $\displaystyle\int \frac{1}{\sqrt{1-x^2}}\,\mathrm{d}x = \arcsin x + C.$

13. $\displaystyle\int \frac{1}{1+x^2}\,\mathrm{d}x = \arctan x + C.$

上面公式都可以利用等式右端求导数的方法得到验证. 例如, 公式 2 的右端求导, 得

$$\left(\frac{1}{\alpha+1}x^{\alpha+1} + C\right)' = \frac{1}{\alpha+1}\cdot(\alpha+1)x^{\alpha} = x^{\alpha},$$

可见, 其结果等于该公式左端的被积函数, 故该公式成立.

利用上面 13 个基本积分公式及性质 4.3 和性质 4.4 可以进行积分的运算.

例 4　求 $\displaystyle\int (x^5 + 2\sin x)\,\mathrm{d}x.$

解　$\displaystyle\int (x^5 + 2\sin x)\,\mathrm{d}x = \int x^5\,\mathrm{d}x + 2\int \sin x\,\mathrm{d}x = \frac{1}{6}x^6 - 2\cos x + C.$

例 5　求 $\displaystyle\int (4\mathrm{e}^x - 5^x + 3\csc^2 x)\,\mathrm{d}x.$

解　$\displaystyle\int (4\mathrm{e}^x - 5^x + 3\csc^2 x)\,\mathrm{d}x = 4\int \mathrm{e}^x\,\mathrm{d}x - \int 5^x\,\mathrm{d}x + 3\int \csc^2 x\,\mathrm{d}x$

$$= 4\mathrm{e}^x - \frac{5^x}{\ln 5} - 3\cot x + C.$$

微视频: 不定积
分的概念与
基本公式

例 6　求 $\displaystyle\int x\left(\sqrt{x} - \frac{3}{x} + \frac{1}{x^2}\right)\mathrm{d}x.$

解　$\displaystyle\int x\left(\sqrt{x} - \frac{3}{x} + \frac{1}{x^2}\right)\mathrm{d}x = \int x^{\frac{3}{2}}\,\mathrm{d}x - 3\int \mathrm{d}x + \int \frac{1}{x}\,\mathrm{d}x$

$$= \frac{2}{5}x^{\frac{5}{2}} - 3x + \ln|\,x\,| + C.$$

有些题目需经过适当的恒等变换后再利用公式和性质求解.

例 7　求 $\displaystyle\int \frac{x^4}{1+x^2}\,\mathrm{d}x.$

解　$\displaystyle\int \frac{x^4}{1+x^2}\mathrm{d}x =\int \frac{(x^4-1)+1}{1+x^2}\mathrm{d}x =\int (x^2-1)\mathrm{d}x +\int \frac{1}{1+x^2}\mathrm{d}x$

$$=\frac{1}{3}x^3 -x +\arctan x +C.$$

例 8　求 $\displaystyle\int \cos^2 \frac{x}{2}\mathrm{d}x$.

解　由三角函数的半角公式,知

$$\cos^2 \frac{x}{2} =\frac{1}{2}(1+\cos x),$$

所以　　　　　$\displaystyle\int \cos^2 \frac{x}{2}\mathrm{d}x =\frac{1}{2}\int (1+\cos x)\mathrm{d}x =\frac{1}{2}x +\frac{1}{2}\sin x +C.$

练　习　4.1

1. 填空题.

(1) 函数 $f(x)=\mathrm{e}^{-x}$ 的一个原函数是 _____.

(2) 函数 x^2 的一个原函数是 _____.

(3) 设 $f(x)$ 的一个原函数是 (x^2+x),则 $f(x)=$ _____.

(4) 设 $\displaystyle\int f(x)\mathrm{d}x =\arccos x +C$,则 $f(x)=$ _____.

(5) 设 $\displaystyle\int g(x)\mathrm{d}x =2^x +C$,则 $g(x)=$ _____.

(6) 设 $f(x)=\sin 5x$,则 $\left[\displaystyle\int f(x)\mathrm{d}x\right]' =$ _____.

(7) 设 $g(x)=\cot^2 x$,则 $\displaystyle\int \mathrm{d}g(x)=$ _____.

2. 选择题.

(1) 设 $\tan x$ 是 $f(x)$ 的一个原函数,则 $f(x)=$(　　).

A. $\dfrac{1}{1+x^2}$　　　　　B. $\sec^2 x$　　　　　C. $-\sec^2 x$　　　　D. $\csc^2 x$

(2) 下列等式成立的是(　　).

A. $\mathrm{d}\displaystyle\int f(x)\mathrm{d}x =f(x)$　　　　　　　B. $\left[\displaystyle\int f(x)\mathrm{d}x\right]' =f(x)\mathrm{d}x$

C. $\dfrac{\mathrm{d}}{\mathrm{d}x}\displaystyle\int f(x)\mathrm{d}x =f(x)$　　　　　D. $\displaystyle\int f'(x)\mathrm{d}x =f(x)$

(3) 检验下列各积分的结果,正确的是(　　).

A. $\displaystyle\int x\mathrm{d}x =x^2 +C$　　　　　　　　B. $\displaystyle\int x^2\mathrm{d}x =x^3 +C$

C. $\displaystyle\int 5^x \,\mathrm{d}x = 5^x + C$　　　　　　　　　D. $\displaystyle\int \cos x \,\mathrm{d}x = \sin x + C$

3. 填空题.

(1) $\displaystyle\int x^{-4} \,\mathrm{d}x = $ _____.　　　　　　(2) $\displaystyle\int \sqrt[3]{x^2} \,\mathrm{d}x = $ _____.

(3) $\displaystyle\int (x^2 + 2^x) \,\mathrm{d}x = $ _____.　　　　(4) $\displaystyle\int \left(1 - \dfrac{2}{x}\right) \,\mathrm{d}x = $ _____.

(5) $\displaystyle\int \left(\sec^2 x - \dfrac{4}{\sqrt{1-x^2}}\right) \,\mathrm{d}x = $ _____.

4. 求下列各不定积分.

(1) $\displaystyle\int x \sqrt[3]{x} \,\mathrm{d}x$ ；　　　　　　　　(2) $\displaystyle\int (x^3 - 2x^2 + 3\cos x) \,\mathrm{d}x$ ；

(3) $\displaystyle\int (\sqrt{x} + 1)(x - 1) \,\mathrm{d}x$ ；　　　　(4) $\displaystyle\int \dfrac{(1+x)^2}{\sqrt{x}} \,\mathrm{d}x$ ；

(5) $\displaystyle\int \dfrac{x^2}{1+x^2} \,\mathrm{d}x$ ；　　　　　　(6) $\displaystyle\int \dfrac{\mathrm{e}^{2x} - 1}{\mathrm{e}^x + 1} \,\mathrm{d}x$ ；

(7) $\displaystyle\int \dfrac{\cos 2x}{\sin^2 x \cos^2 x} \,\mathrm{d}x$ ；　　　(8) $\displaystyle\int \sin^2 \dfrac{x}{2} \,\mathrm{d}x$ ；

(9) $\displaystyle\int \dfrac{1}{1 + \cos 2x} \,\mathrm{d}x$ ；　　　　(10) $\displaystyle\int 2^x \cdot 3^x \cdot 4^x \,\mathrm{d}x$.

4.2　积 分 法

利用基本积分公式和不定积分的运算性质求积分的方法,通常叫作**直接积分法**,用这种方法所能解决的积分计算是十分有限的.下面再介绍几种常用的求不定积分的方法.

一、换元积分法

我们先来探索被积函数是复合函数的积分方法.

例 1　求 $\displaystyle\int \cos 3x \,\mathrm{d}x$.

分析　由于 $\cos 3x$ 的变量 "$3x$" 与 $\mathrm{d}x$ 的变量 "x" 不同,故不能直接用基本积分公式 7 求解.为此,先进行恒等变换.

因为 $\mathrm{d}(3x) = (3x)' \,\mathrm{d}x = 3\,\mathrm{d}x$,所以 $\mathrm{d}x = \dfrac{1}{3}\mathrm{d}(3x)$.

微视频:
换元积分法

于是　　　　　　　　$\displaystyle\int \cos 3x \,\mathrm{d}x = \int \cos 3x \cdot \dfrac{1}{3}\mathrm{d}(3x) = \dfrac{1}{3}\int \cos 3x \,\mathrm{d}(3x)$ 　　　　　①

如果设 $u = 3x$,则①式变换为

$$\int \cos 3x \, dx = \frac{1}{3} \int \cos u \, du = \frac{1}{3} \sin u + C, \qquad \qquad ②$$

然后再将 $u = 3x$ 代入②式,得

$$\int \cos 3x \, dx = \frac{1}{3} \sin 3x + C.$$

由于 $\left(\frac{1}{3} \sin 3x + C\right)' = \frac{1}{3} \cdot 3\cos 3x = \cos 3x$,故上述的方法是正确的.上述这种通过换元,使所求的积分变换成可以利用基本积分公式求解的方法,就是**换元积分法**.

一般地,有不定积分的**换元积分公式**(也称为**第一类换元积分公式**):

设 $F(u)$ 是 $f(u)$ 的原函数,且 $u = \varphi(x)$ 可导,则

$$\int f[\varphi(x)]\varphi'(x) \, dx = \int f(u) \, du = F(u) + C = F[\varphi(x)] + C \qquad (4\text{-}1)$$

成立.

下面举例说明公式(4-1)的应用.

例 2　求 $\int e^{-2x} \, dx$.

解　因为 $dx = -\frac{1}{2} d(-2x)$,所以

$$\int e^{-2x} \, dx = -\frac{1}{2} \int e^{-2x} \, d(-2x) \xrightarrow{\ \text{设}\ u = -2x\ } -\frac{1}{2} \int e^u \, du$$

$$= -\frac{1}{2} e^u + C = -\frac{1}{2} e^{-2x} + C.$$

例 3　求 $\int (ax + b)^3 \, dx$.

解　因为 $dx = \frac{1}{a} d(ax + b)$,所以

$$\int (ax + b)^3 \, dx = \frac{1}{a} \int (ax + b)^3 \, d(ax + b) \xrightarrow{\ \text{设}\ u = ax + b\ } \frac{1}{a} \int u^3 \, du$$

$$= \frac{1}{4a} u^4 + C = \frac{1}{4a}(ax + b)^4 + C.$$

熟练以后,可以不必出现中间变量 u,而直接写出结果.例如,例 3 的解答可简化为

$$\int (ax + b)^3 \, dx = \frac{1}{a} \int (ax + b)^3 \, d(ax + b) = \frac{1}{4a}(ax + b)^4 + C.$$

上面 3 个例题中,为了使积分变量相同,都把 dx "凑"成所需要的微分形式,例如,例 3 中的 "dx" 凑成 "$\frac{1}{a} d(ax + b)$",因此,这种换元积分法也叫作**凑微分法**.

例 4 求 $\displaystyle\int \frac{x\,\mathrm{d}x}{x^2+1}$.

分析 因为 $\mathrm{d}(x^2+1)=(x^2+1)'\mathrm{d}x=2x\,\mathrm{d}x$，所以 $x\,\mathrm{d}x=\dfrac{1}{2}\mathrm{d}(x^2+1)$，

即 $x\,\mathrm{d}x$ 可以凑成微分 $\dfrac{1}{2}\mathrm{d}(x^2+1)$，故有如下解答.

解 $\displaystyle\int \frac{x\,\mathrm{d}x}{x^2+1}=\frac{1}{2}\int \frac{1}{x^2+1}\mathrm{d}(x^2+1)\xlongequal{\text{设}\,u=x^2+1}\frac{1}{2}\int \frac{1}{u}\mathrm{d}u$

$$=\frac{1}{2}\ln|\,u\,|+C=\frac{1}{2}\ln(x^2+1)+C.$$

例 5 求 $\displaystyle\int x\sqrt{1-x^2}\,\mathrm{d}x$.

解 因为 $x\,\mathrm{d}x=-\dfrac{1}{2}\mathrm{d}(1-x^2)$，所以

$$\int x\sqrt{1-x^2}\,\mathrm{d}x=-\frac{1}{2}\int(1-x^2)^{\frac{1}{2}}\mathrm{d}(1-x^2)=-\frac{1}{2}\cdot\frac{2}{3}(1-x^2)^{\frac{3}{2}}+C$$

$$=-\frac{1}{3}(1-x^2)^{\frac{3}{2}}+C.$$

例 6 求 $\displaystyle\int \tan x\,\mathrm{d}x$.

解 因为 $\mathrm{d}(\cos x)=(\cos x)'\mathrm{d}x=-\sin x\,\mathrm{d}x$，所以

$$\sin x\,\mathrm{d}x=-\mathrm{d}(\cos x),$$

于是 $\displaystyle\int \tan x\,\mathrm{d}x=\int \frac{\sin x\,\mathrm{d}x}{\cos x}=-\int \frac{\mathrm{d}(\cos x)}{\cos x}=-\ln|\,\cos x\,|+C,$

即 $\displaystyle\int \tan x\,\mathrm{d}x=-\ln|\,\cos x\,|+C.$ (4-2)

类似地,还可求得(请读者自己完成求解)

$$\int \cot x\,\mathrm{d}x=\ln|\,\sin x\,|+C. \tag{4-3}$$

公式(4-2)及(4-3)也可作为积分公式使用.

从上面 6 个例题可知,解答这类积分计算问题的关键是"凑微分".归纳起来,它们分别应用了下面 3 个**凑微分公式**:

1. $\mathrm{d}x=\dfrac{1}{a}\mathrm{d}(ax+b)$.

2. $x\,\mathrm{d}x=\pm\dfrac{1}{2}\mathrm{d}(b\pm x^2)$,一般地,还有 $x^n\mathrm{d}x=\dfrac{1}{n+1}\mathrm{d}(x^{n+1})$.

3. $\cos bx\,\mathrm{d}x = \dfrac{1}{b}\mathrm{d}(\sin bx)$，$\sin\dfrac{x}{b}\mathrm{d}x = -b\mathrm{d}\left(\cos\dfrac{x}{b}\right)$.

除此之外，还有下面几个常用的凑微分公式：

4. $\dfrac{1}{x}\mathrm{d}x = \mathrm{d}(\ln x)$.

5. $\dfrac{1}{x^2}\mathrm{d}x = -\mathrm{d}\left(\dfrac{1}{x}\right)$.

6. $\mathrm{e}^{ax}\mathrm{d}x = \dfrac{1}{a}\mathrm{d}(\mathrm{e}^{ax})$.

7. $\dfrac{1}{\sqrt{x}}\mathrm{d}x = 2\mathrm{d}(\sqrt{x})$.

8. $\dfrac{\mathrm{d}x}{\sqrt{1-x^2}} = \mathrm{d}(\arcsin x)$.

9. $\dfrac{\mathrm{d}x}{1+x^2} = \mathrm{d}(\arctan x)$.

上述公式都可以通过对各等式的右端求微分得到验证. 例如，对于公式 7，因为 $\mathrm{d}(\sqrt{x}) = (\sqrt{x})'\mathrm{d}x = \dfrac{1}{2\sqrt{x}}\mathrm{d}x$，所以，$\dfrac{1}{\sqrt{x}}\mathrm{d}x = 2\mathrm{d}(\sqrt{x})$ 成立.

例 7　求 $\displaystyle\int\dfrac{\ln x}{x}\mathrm{d}x$.

解　因为 $\dfrac{1}{x}\mathrm{d}x = \mathrm{d}(\ln x)$，所以

$$\int\dfrac{\ln x}{x}\mathrm{d}x = \int\ln x\,\mathrm{d}(\ln x) = \dfrac{1}{2}(\ln x)^2 + C.$$

例 8　求 $\displaystyle\int\dfrac{1}{\sqrt{x}}\mathrm{e}^{\sqrt{x}}\mathrm{d}x$.

解法 1　$\displaystyle\int\dfrac{1}{\sqrt{x}}\mathrm{e}^{\sqrt{x}}\mathrm{d}x = 2\int\mathrm{e}^{\sqrt{x}}\mathrm{d}(\sqrt{x}) = 2\mathrm{e}^{\sqrt{x}} + C.$

解法 2　设 $\sqrt{x} = t$，即 $x = t^2$，则 $\mathrm{d}x = 2t\,\mathrm{d}t$，

于是，　　　$\displaystyle\int\dfrac{1}{\sqrt{x}}\mathrm{e}^{\sqrt{x}}\mathrm{d}x = 2\int\dfrac{1}{t}\mathrm{e}^t\cdot t\,\mathrm{d}t = 2\int\mathrm{e}^t\mathrm{d}t = 2\mathrm{e}^t + C = 2\mathrm{e}^{\sqrt{x}} + C.$

在例 8 的解法 2 中，引入新变量 t，将 x 表示为 t 的连续函数 $x = \varphi(t)$，从而使积分得以求解，这种方法也是换元积分法（通常称为**第二类换元积分法**）. 一般地，有第二换元积分公式：

设 $f(x)$ 连续，$x = \varphi(t)$ 有连续的导数，且 $\varphi'(t) \neq 0$，则

$$\int f(x)\mathrm{d}x = \left\{\int f[\varphi(t)]\varphi'(t)\mathrm{d}t\right\}_{t=\varphi^{-1}(x)}, \tag{4-4}$$

其中, $t = \varphi^{-1}(x)$ 是 $x = \varphi(t)$ 的反函数.

例 9　求 $\displaystyle\int \frac{\mathrm{d}x}{\sqrt{x+1}-3}$.

解　设 $\sqrt{x+1} = t$, 即 $x = t^2 - 1$, $\mathrm{d}x = 2t\,\mathrm{d}t$.

于是
$$\int \frac{\mathrm{d}x}{\sqrt{x+1}-3} = 2\int \frac{t}{t-3}\,\mathrm{d}t = 2\int \frac{(t-3)+3}{t-3}\,\mathrm{d}t$$

$$= 2\int \mathrm{d}t + 6\int \frac{\mathrm{d}(t-3)}{t-3} = 2t + 6\ln|t-3| + C.$$

$$= 2\sqrt{x+1} + 6\ln|\sqrt{x+1}-3| + C.$$

例 10　求 $\displaystyle\int \frac{\mathrm{d}x}{\sqrt{a^2 - x^2}}$ $(a > 0)$.

解法 1　
$$\int \frac{\mathrm{d}x}{\sqrt{a^2 - x^2}} = \frac{1}{a}\int \frac{a\,\mathrm{d}\left(\dfrac{x}{a}\right)}{\sqrt{1 - \left(\dfrac{x}{a}\right)^2}} = \arcsin \frac{x}{a} + C.$$

*__解法 2__　由于根式 $\sqrt{a^2 - x^2}$ 中含有 $(a^2 - x^2)$ 形式, 为了去根号, 考虑利用同角三角函数的关系: $\sin^2 x + \cos^2 x = 1$, 可引入中间变量 t,

设 $x = a\sin t$ $\left(-\dfrac{\pi}{2} < t < \dfrac{\pi}{2}\right)$, 则 $\mathrm{d}x = a\cos t\,\mathrm{d}t$, 这时
$$a^2 - x^2 = a^2(1 - \sin^2 t) = a^2\cos^2 t,$$

于是
$$\int \frac{\mathrm{d}x}{\sqrt{a^2 - x^2}} = \int \frac{a\cos t}{a\cos t}\,\mathrm{d}t = \int \mathrm{d}t = t + C.$$

因为
$$\sin t = \frac{x}{a}, \text{且} -\frac{\pi}{2} < t < \frac{\pi}{2}, \text{所以 } t = \arcsin \frac{x}{a},$$

故
$$\int \frac{\mathrm{d}x}{\sqrt{a^2 - x^2}} = \arcsin \frac{x}{a} + C.$$

*__例 11__　求 $\displaystyle\int \frac{\mathrm{d}x}{x^2\sqrt{x^2 + 1}}$.

解　设 $x = \tan t$ $\left(-\dfrac{\pi}{2} < t < \dfrac{\pi}{2}\right)$, 则 $\mathrm{d}x = \sec^2 t\,\mathrm{d}t$, 这时
$$\sqrt{x^2 + 1} = \sqrt{\tan^2 t + 1} = \sec t,$$

于是
$$\int \frac{\mathrm{d}x}{x^2\sqrt{x^2 + 1}} = \int \frac{\sec^2 t}{\tan^2 t \cdot \sec t}\,\mathrm{d}t = \int \frac{\cos t\,\mathrm{d}t}{\sin^2 t}$$

$$= \int \frac{\mathrm{d}(\sin t)}{\sin^2 t} = -\frac{1}{\sin t} + C. \qquad ③$$

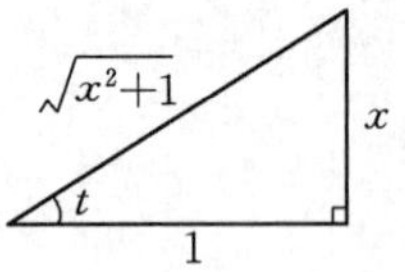

应用辅助三角形(图 4-2),已知 $\tan t = \dfrac{x}{1}$.

由图 4-2,得 $\sin t = \dfrac{x}{\sqrt{x^2+1}}$,代入式 ③,得

图 4-2

$$\int \frac{\mathrm{d}x}{x^2\sqrt{x^2+1}} = -\frac{\sqrt{x^2+1}}{x} + C.$$

* 例 12　求 $\displaystyle\int \frac{1}{x\sqrt{x^2-4}}\mathrm{d}x$.

解　设 $x = 2\sec t \left(-\dfrac{\pi}{2} < t < \dfrac{\pi}{2}\right)$,则 $\mathrm{d}x = 2\sec t \cdot \tan t\,\mathrm{d}t$,这时

$$\sqrt{x^2-4} = 2\sqrt{\sec^2 t - 1} = 2\tan t.$$

于是　$\displaystyle\int \frac{1}{x\sqrt{x^2-4}}\mathrm{d}x = \frac{1}{2}\int \frac{1}{\sec t \cdot \tan t}\sec t \cdot \tan t\,\mathrm{d}t = \frac{1}{2}\int \mathrm{d}t$

$$= \frac{1}{2}t + C = \frac{1}{2}\arccos \frac{2}{x} + C.$$

$\left(\text{因为 } \sec t = \dfrac{x}{2},\text{所以 } \cos t = \dfrac{2}{x},\text{故 } t = \arccos \dfrac{2}{x}.\right)$

二、分部积分法

虽然换元积分法应用很广,但是当被积函数是两种不同类型的函数相乘时(例如 $\int x\,\mathrm{e}^x\mathrm{d}x$,$\int \mathrm{e}^x\cos x\,\mathrm{d}x$ 等),用换元法已不能奏效.为此,我们将从两个函数乘积的微分公式,推导出另一种常用的积分方法——分部积分法.

设函数 $u = u(x)$、$v = v(x)$ 都有连续的导数,则

$$(uv)' = uv' + u'v,$$

$$uv' = (uv)' - vu'.$$

两边积分,得 $\displaystyle\int uv'\mathrm{d}x = uv - \int vu'\mathrm{d}x$,即

$$\int u\,\mathrm{d}v = uv - \int v\,\mathrm{d}u.$$

上式称为不定积分的**分部积分公式**.当积分 $\int u\,\mathrm{d}v$ 不易计算,而积分 $\int v\,\mathrm{d}u$ 较易计算时,就可以用这个公式将两者进行转换.应用分部积分公式求积分的方法,称为**分部积分法**.

例 13　求 $\displaystyle\int x\cos x\,\mathrm{d}x$.

解　令 $u=x$，$\mathrm{d}v=\cos x\,\mathrm{d}x=\mathrm{d}(\sin x)$，则 $\mathrm{d}u=\mathrm{d}x$，$v=\sin x$. 于是

$$\int x\cos x\,\mathrm{d}x=\int x\,\mathrm{d}(\sin x)=x\sin x-\int\sin x\,\mathrm{d}x=x\sin x+\cos x+C.$$

此题若令 $u=\cos x$，$\mathrm{d}v=x\,\mathrm{d}x$，则运用分部积分公式后会更复杂,根本得不出答案.

可见,适当地选择 u 和 $\mathrm{d}v$ 是运用分部积分公式的关键.选择 u 和 $\mathrm{d}v$ 的原则：**一是 $\displaystyle\int v\,\mathrm{d}u$ 要比 $\displaystyle\int u\,\mathrm{d}v$ 容易计算,二是 v 要容易求出**.根据此原则和解题经验,有以下结论：

分部积分法的步骤是："选 u、凑 v、代公式".选择 u 的口诀：反、对、幂、三、指,谁在前面谁设 u.

例如,$\displaystyle\int x\ln x\,\mathrm{d}x$ 中,被积函数是幂函数 x 与对数函数 $\ln x$ 相乘,按口诀中的顺序,对数函数排在幂函数的前面,因此设 $\ln x=u$,其余的 $x\,\mathrm{d}x=\mathrm{d}v$.

例 14　求 $\displaystyle\int x\mathrm{e}^x\,\mathrm{d}x$.

解　令 $u=x$，$\mathrm{d}v=\mathrm{e}^x\,\mathrm{d}x=\mathrm{d}(\mathrm{e}^x)$，则 $\mathrm{d}u=\mathrm{d}x$，$v=\mathrm{e}^x$. 所以

$$\int x\mathrm{e}^x\,\mathrm{d}x=\int x\,\mathrm{d}\mathrm{e}^x=x\mathrm{e}^x-\int\mathrm{e}^x\,\mathrm{d}x=x\mathrm{e}^x-\mathrm{e}^x+C.$$

解题熟练后,在分部积分公式的使用过程中,不必每次都具体写出 u 和 $\mathrm{d}v$,只要根据公式直接运算就可以了.

例 15　求 $\displaystyle\int x^2\mathrm{e}^x\,\mathrm{d}x$.

解

$$\int x^2\mathrm{e}^x\,\mathrm{d}x=\int x^2\,\mathrm{d}(\mathrm{e}^x)=x^2\mathrm{e}^x-\int\mathrm{e}^x\,\mathrm{d}(x^2)=x^2\mathrm{e}^x-2\int x\mathrm{e}^x\,\mathrm{d}x$$

$$=x^2\mathrm{e}^x-2\int x\,\mathrm{d}(\mathrm{e}^x)=x^2\mathrm{e}^x-2\left(x\mathrm{e}^x-\int\mathrm{e}^x\,\mathrm{d}x\right)$$

$$=x^2\mathrm{e}^x-2x\mathrm{e}^x+2\mathrm{e}^x+C=(x^2-2x+2)\mathrm{e}^x+C.$$

例 16　求 $\displaystyle\int\arctan x\,\mathrm{d}x$.

解

$$\int\arctan x\,\mathrm{d}x=x\arctan x-\int x\,\mathrm{d}(\arctan x)=x\arctan x-\int\frac{x}{1+x^2}\,\mathrm{d}x$$

$$=x\arctan x-\frac{1}{2}\int\frac{1}{1+x^2}\,\mathrm{d}(1+x^2)=x\arctan x-\frac{1}{2}\ln(1+x^2)+C.$$

如果被积函数只有一个函数,有时可以直接将这个函数作为公式中的 u（此时 $\mathrm{d}v=\mathrm{d}x$）,利用分部积分公式求出积分.

例 17   求 $\displaystyle\int \mathrm{e}^x \sin x \, \mathrm{d}x$.

解 $\displaystyle\int \mathrm{e}^x \sin x \, \mathrm{d}x = \int \sin x \, \mathrm{d}(\mathrm{e}^x) = \mathrm{e}^x \sin x - \int \mathrm{e}^x \, \mathrm{d}(\sin x) = \mathrm{e}^x \sin x - \int \mathrm{e}^x \cos x \, \mathrm{d}x$

$$= \mathrm{e}^x \sin x - \int \cos x \, \mathrm{d}(\mathrm{e}^x) = \mathrm{e}^x \sin x - \left[\mathrm{e}^x \cos x - \int \mathrm{e}^x \, \mathrm{d}(\cos x) \right]$$

$$= \mathrm{e}^x (\sin x - \cos x) - \int \mathrm{e}^x \sin x \, \mathrm{d}x.$$

移项, 得 $2\displaystyle\int \mathrm{e}^x \sin x \, \mathrm{d}x = \mathrm{e}^x (\sin x - \cos x) + C_1$. 故

$$\int \mathrm{e}^x \sin x \, \mathrm{d}x = \frac{1}{2} \mathrm{e}^x (\sin x - \cos x) + C.$$

对有些不定积分, 反复运用分部积分公式后, 会再次出现原来要求的积分, 此时可将原式作为未知量解方程求出来. 在连续多次使用分部积分公式时, 应始终保持选取同类函数作为 u.

练 习   4.2

1. 在下列各等式右边的空白处填入适当的常数, 使等式成立 $\left[\text{例如}, \mathrm{d}x = \dfrac{1}{2} \mathrm{d}(2x + 3) \right]$.

(1) $\mathrm{d}x = \underline{\hspace{1cm}} \mathrm{d}(1 + 3x)$;

(2) $x \, \mathrm{d}x = \underline{\hspace{1cm}} \mathrm{d}(1 - x^2)$;

(3) $\sin x \, \mathrm{d}x = \underline{\hspace{1cm}} \mathrm{d}(\cos x)$;

(4) $\dfrac{1}{x} \mathrm{d}x = \underline{\hspace{1cm}} \mathrm{d}(1 - \ln x)$;

(5) $\dfrac{1}{x^2} \mathrm{d}x = \underline{\hspace{1cm}} \mathrm{d}\left(\dfrac{1}{x} \right)$;

(6) $\mathrm{e}^{-\frac{x}{2}} \mathrm{d}x = \underline{\hspace{1cm}} \mathrm{d}(\mathrm{e}^{-\frac{x}{2}})$;

(7) $\dfrac{\mathrm{d}x}{\sqrt{x}} = \underline{\hspace{1cm}} \mathrm{d}(\sqrt{x})$;

(8) $\dfrac{\mathrm{d}x}{\sqrt{1 - x^2}} = \underline{\hspace{1cm}} \mathrm{d}(\arcsin x)$.

(9) $\dfrac{\mathrm{d}x}{1 + x^2} = \underline{\hspace{1cm}} \mathrm{d}(2\arctan x)$;

(10) $x^2 \, \mathrm{d}x = \underline{\hspace{1cm}} \mathrm{d}(x^3)$.

2. 求下列不定积分.

(1) $\displaystyle\int \mathrm{e}^{5x} \, \mathrm{d}x$;

(2) $\displaystyle\int (1 - 2x)^3 \, \mathrm{d}x$;

(3) $\displaystyle\int \sin \dfrac{2}{3} x \, \mathrm{d}x$;

(4) $\displaystyle\int \dfrac{\mathrm{d}x}{1 + 9x^2}$;

(5) $\displaystyle\int x \, \mathrm{e}^{x^2} \, \mathrm{d}x$;

(6) $\displaystyle\int \dfrac{x \, \mathrm{d}x}{1 - x^2}$;

(7) $\displaystyle\int \sin x \cos x \, \mathrm{d}x$;

(8) $\displaystyle\int \sin^3 x \, \mathrm{d}x$;

(9) $\displaystyle\int \frac{(\ln x)^2}{x}\mathrm{d}x$；

(10) $\displaystyle\int \frac{\mathrm{d}x}{x\ln x}$；

(11) $\displaystyle\int \frac{\arctan x}{1+x^2}\mathrm{d}x$；

(12) $\displaystyle\int \mathrm{e}^x \cos \mathrm{e}^x\,\mathrm{d}x$；

(13) $\displaystyle\int \frac{\sin\sqrt{t}}{\sqrt{t}}\mathrm{d}t$；

(14) $\displaystyle\int \frac{1}{x^2}\tan \frac{1}{x}\,\mathrm{d}x$；

(15) $\displaystyle\int \frac{x-1}{\sqrt{1-x^2}}\mathrm{d}x$；

(16) $\displaystyle\int \mathrm{e}^{-2x^2+\ln x}\,\mathrm{d}x$；

(17) $\displaystyle\int \frac{\mathrm{d}x}{\sqrt{x}+1}$；

(18) $\displaystyle\int x\sqrt{x+1}\,\mathrm{d}x$；

*(19) $\displaystyle\int (1-x^2)^{-\frac{3}{2}}\mathrm{d}x$；

*(20) $\displaystyle\int \frac{\mathrm{d}x}{\sqrt{(x^2+4)^3}}$；

*(21) $\displaystyle\int \frac{\sqrt{x^2-9}}{x}\mathrm{d}x$；

(22) $\displaystyle\int \frac{\mathrm{d}x}{\sqrt{x}\,(1+\sqrt[3]{x})}$．

3. 求下列不定积分.

(1) $\displaystyle\int \frac{\mathrm{d}x}{x^2-4x+5}$；

(2) $\displaystyle\int \frac{\mathrm{d}x}{x(x+1)}$；

(3) $\displaystyle\int \frac{\mathrm{d}x}{x^2+x-2}$；

(4) $\displaystyle\int \frac{\mathrm{d}x}{a^2-x^2}$；

(5) $\displaystyle\int \frac{x^2}{x-2}\mathrm{d}x$；

(6) $\displaystyle\int \frac{x^2+1}{x^2-1}\mathrm{d}x$．

复习与思考 4

一、填空题

1. 若 $\sin x^2$ 是 $f(x)$ 的一个原函数，则 $f(x)=$ ＿＿＿＿＿＿＿＿＿．

2. 若 $\displaystyle\int f(x)\mathrm{d}x = x^2\mathrm{e}^{-x}+C$，则 $f(x)=$ ＿＿＿＿＿＿＿＿＿．

3. 若 $\displaystyle\int f(x)\mathrm{d}x = \ln x + C$，则 $f'(x)=$ ＿＿＿＿＿＿＿＿＿．

4. $\left(\displaystyle\int \ln x\,\mathrm{d}x\right)' =$ ＿＿＿＿＿＿＿＿＿．

5. 若 $F(x)$ 是 $\cos 2x$ 的一个原函数，则 $\mathrm{d}F(x)=$ ＿＿＿＿＿＿＿＿＿．

6. 设 x^2 是函数 $f(x)$ 的一个原函数，则 $\displaystyle\int f'(x)\mathrm{d}x =$ ＿＿＿＿＿＿＿＿＿．

7. 经过点 $(1,0)$ 且切线斜率为 $3x^2$ 的曲线方程是＿＿＿＿＿＿＿＿＿．

8. 若 $\int f(x)\mathrm{d}x = x^2 + C$，则 $\int x f(1-x^2)\mathrm{d}x = \underline{\hspace{4cm}}$.

9. $\int 2^x \cdot 3^x \mathrm{d}x = \underline{\hspace{4cm}}$.

10. 已知某曲线在任意一点处的切线斜率等于该点横坐标的倒数，且曲线过点 $(e, 3)$，则该曲线的方程为 $\underline{\hspace{3cm}}$.

二、单项选择题

1. 如果 $\int \mathrm{d}f(x) = \int \mathrm{d}g(x)$，则下列各式不一定成立的是（   ）.

A. $f'(x) = g'(x)$ \qquad\qquad\qquad B. $f(x) = g(x)$

C. $\mathrm{d}f(x) = \mathrm{d}g(x)$ \qquad\qquad\qquad D. $\mathrm{d}\int f'(x)\mathrm{d}x = \mathrm{d}\int g'(x)\mathrm{d}x$

2. 下列函数中，不是 $f(x) = \mathrm{e}^{2x} - \mathrm{e}^{-2x}$ 的原函数的是（   ）.

A. $\dfrac{1}{2}(\mathrm{e}^x + \mathrm{e}^{-x})^2$ \qquad\qquad\qquad B. $\dfrac{1}{2}(\mathrm{e}^x - \mathrm{e}^{-x})^2$

C. $\dfrac{1}{2}(\mathrm{e}^{2x} + \mathrm{e}^{-2x})$ \qquad\qquad\qquad D. $\dfrac{1}{2}(\mathrm{e}^{2x} - \mathrm{e}^{-2x})$

3. 下列各组函数为同一函数的原函数的是（   ）.

A. $\ln x$ 与 $\ln 3x$ \qquad\qquad\qquad B. $\arcsin x$ 与 $\arccos x$

C. $\ln x$ 与 $3\ln x$ \qquad\qquad\qquad D. $\mathrm{e}^x + \mathrm{e}^{-x}$ 与 $\mathrm{e}^x - \mathrm{e}^{-x}$

4. 函数 $f(x) = \mathrm{e}^{-x}$ 的一个原函数是（   ）.

A. e^{-x} \qquad\qquad B. e^x \qquad\qquad C. $-\mathrm{e}^{-x}$ \qquad\qquad D. $-\mathrm{e}^x$

5. 下列式子中正确的是（   ）.

A. $\int 2^x \mathrm{d}x = \dfrac{2^{x+1}}{x+1} + C$ \qquad\qquad B. $\int x\sin x\,\mathrm{d}x = x\int \sin x\,\mathrm{d}x$

C. $\int x\sin x\,\mathrm{d}x = \left(\int x\,\mathrm{d}x\right)\left(\int \sin x\,\mathrm{d}x\right)$ \qquad D. $\int \sin x\,\mathrm{d}x = -\cos x + C$

6. 下列运算步骤正确的是（   ）.

A. $\int \sin^2 x\,\mathrm{d}x = \dfrac{1}{3}\sin^3 x + C$ \qquad\qquad B. $\int \sqrt[3]{x^2}\,\mathrm{d}x = \int x^{\frac{2}{3}}\,\mathrm{d}x = \dfrac{2}{3}x^{-\frac{1}{3}} + C$

C. $\int \dfrac{1}{\sqrt{x}}\mathrm{d}x = 2\sqrt{x} + C$ \qquad\qquad D. $\int \sqrt{x}\,\mathrm{d}x = \int x^{\frac{1}{2}}\,\mathrm{d}x = \dfrac{3}{2}x^{\frac{3}{2}} + C$

7. 设 $f'(x)$ 存在，则下列式子中正确的是（   ）.

A. $\int f'(x)\mathrm{d}x = f(x)$ \qquad\qquad B. $\int f'(2x)\mathrm{d}x = f(2x) + C$

C. $\dfrac{\mathrm{d}}{\mathrm{d}x}\left[\int f(x)\mathrm{d}x\right] = f(x)$ \qquad\qquad D. $\dfrac{\mathrm{d}}{\mathrm{d}x}\left[\int f(2x)\mathrm{d}x\right] = \dfrac{1}{2}f(2x)$

8. 若 $f(x) = e^{-x}$，则 $\int \dfrac{f'(\ln x)}{x} dx = ($ $)$.

A. $\dfrac{1}{x} + C$ B. $-\dfrac{1}{x} + C$ C. $\ln x + C$ D. $-\ln x + C$

9. 若 $\int f(x) dx = F(x) + C$，则 $\int \cos x f(\sin x) dx = ($ $)$.

A. $F(\sin x) + C$ B. $-F(\sin x) + C$

C. $F(\cos x) + C$ D. $-F(\cos x) + C$

10. 若 $\int f(x) dx = F(x) + C$，则下列式子中不正确的是(   ).

A. $\int f(e^x) e^x dx = F(e^x) + C$

B. $\int f(\ln x) \dfrac{1}{x} dx = F(\ln x) + C$

C. $\int f(ax + b) dx = \dfrac{1}{a} F(ax + b) + C \quad (a \neq 0)$

D. $\int f(x^n) x^{n-1} dx = F(x^n) + C \quad (n \neq 0)$

11. 下列凑微分过程正确的是(   ).

A. $\sin 2x \, dx = -d(\cos 2x)$ B. $\dfrac{dx}{1 + x^2} = d(\tan x)$

C. $\dfrac{1}{2\sqrt{x}} dx = d(\sqrt{x})$ D. $\ln x \, dx = d\left(\dfrac{1}{x}\right)$

12. 设 $\ln f(x) = \cos x$，则 $\int \dfrac{x f'(x)}{f(x)} dx = ($ $)$.

A. $x \cos x - \sin x + C$ B. $x \sin x - \cos x + C$

C. $x(\sin x + \cos x) + C$ D. $x \sin x + C$

三、计算题

(1) $\int \left(\dfrac{1}{2\sqrt{x}} - 3x^2 + \ln 2\right) dx$; (2) $\int \left(\dfrac{1}{x^2} + \sqrt{x\sqrt{x}}\right) dx$;

(3) $\int (\sqrt{u} - 1)(\sqrt{u} + 1) du$; (4) $\int (2^x - 3^x)^2 dx$;

(5) $\int \dfrac{e^{2t} - 1}{e^t + 1} dt$; (6) $\int \dfrac{1 - \sqrt{x}}{x\sqrt{x}} dx$;

(7) $\int \dfrac{x^2 - x - 6}{x - 3} dx$; (8) $\int \dfrac{1}{x^2 - 2x + 1} dx$;

(9) $\int \dfrac{2x^2}{1 + x^2} dx$; (10) $\int \dfrac{1 - x^2}{1 + x^2} dx$;

(11) $\displaystyle\int (3-2x)^5 \, \mathrm{d}x$;

(12) $\displaystyle\int \sqrt{2+3x} \, \mathrm{d}x$;

(13) $\displaystyle\int \frac{\sin\dfrac{1}{x}}{x^2} \, \mathrm{d}x$;

(14) $\displaystyle\int \frac{\mathrm{e}^x}{1+\mathrm{e}^{2x}} \, \mathrm{d}x$;

(15) $\displaystyle\int \frac{1}{x\sqrt{\ln x}} \, \mathrm{d}x$;

(16) $\displaystyle\int \frac{x}{x^2+5} \, \mathrm{d}x$;

(17) $\displaystyle\int x\sqrt{1-x^2} \, \mathrm{d}x$;

(18) $\displaystyle\int x^2 \sqrt[5]{x^3+2} \, \mathrm{d}x$;

(19) $\displaystyle\int \sin^3 x \cos x \, \mathrm{d}x$;

(20) $\displaystyle\int \sin^3 x \, \mathrm{d}x$;

(21) $\displaystyle\int \frac{\mathrm{d}x}{4+9x^2}$;

(22) $\displaystyle\int \frac{\mathrm{d}x}{\sqrt{4-9x^2}}$;

(23) $\displaystyle\int \frac{\mathrm{d}x}{4-9x^2}$;

(24) $\displaystyle\int \frac{2x+1}{x^2+x} \, \mathrm{d}x$;

(25) $\displaystyle\int x\sqrt{1+x} \, \mathrm{d}x$;

(26) $\displaystyle\int \frac{\mathrm{d}x}{\sqrt{2x-3}+1}$;

(27) $\displaystyle\int x\,\mathrm{e}^{-2x} \, \mathrm{d}x$;

(28) $\displaystyle\int x^2 \sin x \, \mathrm{d}x$;

(29) $\displaystyle\int \operatorname{arccot} x \, \mathrm{d}x$;

(30) $\displaystyle\int x^n \ln x \, \mathrm{d}x$;

(31) $\displaystyle\int \frac{\mathrm{d}x}{x^2\sqrt{x^2-9}}$;

(32) $\displaystyle\int \frac{\mathrm{d}x}{x^2\sqrt{1+x^2}}$;

(33) $\displaystyle\int \frac{1}{x^2\sqrt{1-x^2}} \, \mathrm{d}x$;

(34) $\displaystyle\int \frac{1}{\sqrt{(4+x^2)^3}} \, \mathrm{d}x$;

(35) $\displaystyle\int x f''(x) \, \mathrm{d}x$;

(36) $\displaystyle\int \big[f(x) + x f'(x) \big] \, \mathrm{d}x$;

(37) $\displaystyle\int \sin^2 x \cos^2 x \, \mathrm{d}x$;

(38) $\displaystyle\int \sin 3x \sin 5x \, \mathrm{d}x$.

第 5 章
定积分

学习完不定积分的知识后,我们可以通过已知函数的导数求其原函数.这一章则继续讨论积分学的另一个问题——求和式极限问题,也就是定积分.定积分与不定积分之间既有区别又有联系.本章从实例引出定积分的定义,并研究它的基本性质和计算方法.

5.1 定积分的概念与性质

本节将从求曲边梯形的面积和求非均匀变化的收益总量两个实例出发,引入定积分的概念及其几何意义,然后介绍定积分的性质.通过本节的学习,要求理解定积分的概念和几何意义,从而领会"化整为零""以直代曲""积零为整"等辩证思想.

一、定积分的概念

1. 引出定积分概念的实例

例 1 求曲边梯形的面积.

在直角坐标系中,由连续曲线 $y = f(x)$、直线 $x = a$、$x = b$ 及 x 轴所围成的图形,称为**曲边梯形**.如图 5-1 所示,$AabB$ 就是一个曲边梯形,其中 x 轴上的区间 $[a, b]$ 称为曲边梯形的底,$y = f(x)$ 称为曲边梯形的曲边.

下面来计算图 5-1 中的曲边梯形 $AabB$ 的面积 S.

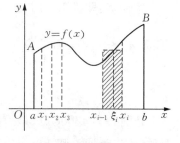

图 5-1

解 第一步:**分割** 用分点 $a = x_0 < x_1 < x_2 < \cdots < x_{n-1} < x_n = b$,将区间 $[a, b]$ 分成 n 个小区间 $[x_{i-1}, x_i](i = 1, 2, \cdots, n)$,其中第 i 个小区间的长度记为 $\Delta x_i = x_i - x_{i-1}(i = 1, 2, \cdots, n)$.过分点作 x 轴的垂线,将整个曲边梯形分成 n 个小曲边梯形.

第二步:**代替** 在每一个小区间 $[x_{i-1}, x_i]$ 上任取一点 $\xi_i(i = 1, 2, \cdots, n)$,用 $f(\xi_i)$ 为高,Δx_i 为底的小矩形面积 $f(\xi_i)\Delta x_i$ 来近似代替同底的小曲边梯形的面积 ΔS_i,即

$$\Delta S_i \approx f(\xi_i)\Delta x_i \quad (i = 1, 2, \cdots, n).$$

第三步:**求和** 用 n 个小矩形面积之和近似代替整个曲边梯形的面积 S,即

$$S = \sum_{i=1}^{n} \Delta S_i \approx \sum_{i=1}^{n} f(\xi_i)\Delta x_i.$$

第四步：取极限 用 $\Delta x = \max\limits_{1 \leqslant i \leqslant n}\{\Delta x_i\}$ 表示所有小区间中最大区间的长度，当 $\Delta x \to$ 0（此时 $n \to +\infty$）时，和式 S_n 的极限就是所求曲边梯形的面积 S，即

$$S = \lim_{\Delta x \to 0} \sum_{i=1}^{n} f(\xi_i)\Delta x_i.$$

例 2 求非均匀变化的收益总量.

一般企业的收入是随时间变化的，设收入的变化率（即边际收益）是时间 t 的连续函数 $f(t)$，求从时刻 a 到时刻 b 这段时间内的总收益.

解 **第一步：分割** 用分点 $a = t_0 < t_1 < t_2 < \cdots < t_{n-1} < t_n = b$，将时间段 $[a, b]$ 分成 n 个小区间 $[t_{i-1}, t_i](i = 1, 2, \cdots, n)$，其中第 i 个小区间的长度记为 $\Delta t_i = t_i - t_{i-1}(i = 1, 2, \cdots, n)$.

第二步：代替 在每一个小区间 $[t_{i-1}, t_i]$ 上任取一点 $\xi_i(i = 1, 2, \cdots, n)$. 其对应的收益的变化率为 $f(\xi_i)$，将时间段 $[t_{i-1}, t_i]$ 上的收益看成是均匀变化的，于是得到时间段 $[t_{i-1}, t_i]$ 上的收益 ΔR_i 的近似值，即

$$\Delta R_i \approx f(\xi_i)\Delta t_i \quad (i = 1, 2, \cdots, n).$$

第三步：求和 将 n 段时间上的收益的近似值相加，就得到在时间段 $[a, b]$ 上的总收益的近似值，即

$$R = \sum_{i=1}^{n} \Delta R_i \approx \sum_{i=1}^{n} f(\xi_i)\Delta t_i.$$

第四步：取极限 用 $\Delta t = \max\limits_{1 \leqslant i \leqslant n}\{\Delta t_i\}$ 表示所有小区间中最大区间的长度，当 $\Delta t \to 0$ 时（此时 $n \to +\infty$），和式 $\sum\limits_{i=1}^{n} f(\xi_i)\Delta t_i$ 的极限就是所求非均匀变化的总收益，即

$$R = \lim_{\Delta t \to 0} \sum_{i=1}^{n} f(\xi_i)\Delta t_i.$$

还有许多实际问题，最后都是归结为求结构相同的某一和式的极限. 撇开各种问题的具体意义，就抽象概括出了定积分的概念.

2. 定积分的定义

定义 5.1 如果函数 $f(x)$ 在区间 $[a, b]$ 上有定义，用点 $a = x_0 < x_1 < x_2 < \cdots < x_{n-1} < x_n = b$ 将区间 $[a, b]$ 任意分成 n 个小区间 $[x_{i-1}, x_i](i = 1, 2, \cdots, n)$，其长度为 $\Delta x_i = x_i - x_{i-1}$，在每个小区间 $[x_{i-1}, x_i]$ 上任取一点 $\xi_i(x_{i-1} \leqslant \xi_i \leqslant x_i)$，求和 $S_n = \sum\limits_{i=1}^{n} f(\xi_i)\Delta x_i$. 如果当 n 无限增大，且 $\Delta x \to 0(\Delta x = \max\limits_{1 \leqslant i \leqslant n}\{\Delta x_i\})$ 时，S_n 的极限存在，则称此极限为函数 $f(x)$ 在区间 $[a, b]$ 上的定积分，记为 $\int_a^b f(x)\mathrm{d}x$，即

$$\int_a^b f(x)\mathrm{d}x = \lim_{\Delta x \to 0} \sum_{i=1}^{n} f(\xi_i)\Delta x_i.$$

其中,$f(x)$ 称为**被积函数**,$f(x)\mathrm{d}x$ 称为**被积表达式**,x 称为**积分变量**,a 称为**积分下限**,b 称为**积分上限**,$[a,b]$称为**积分区间**.$\displaystyle\int_a^b f(x)\mathrm{d}x$ 读作"$f(x)$从 a 到 b 的定积分".

按定积分的定义,前面两个实例可以分别表示为

曲边梯形的面积 $S=\displaystyle\int_a^b f(x)\mathrm{d}x\quad\left[f(x)>0\right]$,其中 $f(x)$为曲边梯形的曲边.

非均匀变化的收益总量 $R=\displaystyle\int_a^b f(t)\mathrm{d}t$,其中 $f(t)$为边际收益.

注意　关于定积分的概念,有下列几点说明:

(1) $\displaystyle\int_a^b f(x)\mathrm{d}x$ 是一个特定结构的和式极限.若此极限存在,则称 $f(x)$在区间$[a,b]$上**可积**,当 $f(x)$在区间$[a,b]$上可积时,$\displaystyle\int_a^b f(x)\mathrm{d}x$ 是一个确定的值,即为常量.

(2) 决定定积分值的要素是被积函数 $f(x)$和积分区间$[a,b]$,而与积分变量用什么字母表示无关,即$\displaystyle\int_a^b f(x)\mathrm{d}x=\int_a^b f(t)\mathrm{d}t=\int_a^b f(u)\mathrm{d}u=\cdots$.

(3) 当 $a>b$ 时,$\displaystyle\int_a^b f(x)\mathrm{d}x=-\int_b^a f(x)\mathrm{d}x$,特别地,当 $a=b$ 时,$\displaystyle\int_a^a f(x)\mathrm{d}x=0$.

(4) 函数 $f(x)$在区间$[a,b]$上可积,其必要条件是 $f(x)$在区间$[a,b]$上有界;充分条件是 $f(x)$在区间$[a,b]$上连续.

二、定积分的几何意义

(1) 若在区间$[a,b]$上函数 $f(x)\geqslant 0$,则$\displaystyle\int_a^b f(x)\mathrm{d}x$ 等于以 $f(x)$为曲边、$[a,b]$为底的曲边梯形面积 S,如图 5-2 所示.

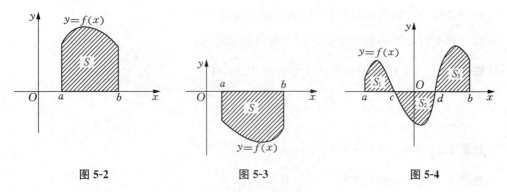

图 5-2　　　　　　　图 5-3　　　　　　　图 5-4

(2) 若在区间$[a,b]$上函数 $f(x)\leqslant 0$,则$\displaystyle\int_a^b f(x)\mathrm{d}x$ 等于以 $f(x)$为曲边、$[a,b]$为底的曲边梯形面积 S 的负数,如图 5-3 所示.

(3) 若在区间$[a,b]$上函数 $f(x)$的值有正也有负,则$\displaystyle\int_a^b |f(x)|\mathrm{d}x$ 的值等于以曲线 $f(x)$与直线 $x=a$、$x=b$ 及 x 轴所围成的几个小曲边梯形面积的和,如图 5-4 所示.

例 3 利用定积分的几何意义计算下列积分.

(1) $\int_0^1 3x \, dx$; (2) $\int_{-\pi}^{\pi} \sin x \, dx$.

解 (1) 如图 5-5a 所示，$\int_0^1 3x \, dx$ 表示直线 $y = 3x$ 与 x 轴及直线 $x = 1$ 所围成三角形的面积，其面积等于 $\dfrac{3}{2}$，所以 $\int_0^1 3x \, dx = \dfrac{3}{2}$.

(2) 如图 5-5b 所示，$\int_{-\pi}^{\pi} \sin x \, dx = -S_1 + S_2$，显然面积 S_1、S_2 相等，所以 $\int_{-\pi}^{\pi} \sin x \, dx = 0$.

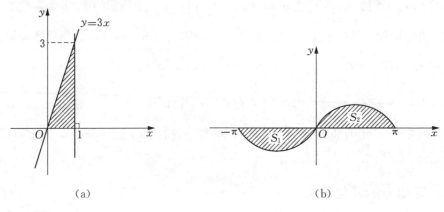

图 5-5

三、定积分的性质

根据定积分的概念，可得到定积分的如下性质.

设下面所讨论的函数在给定区间上均可积，则

性质 5.1 $\displaystyle\int_a^b \left[f_1(x) \pm f_2(x) \pm \cdots \pm f_n(x) \right] dx$

$= \displaystyle\int_a^b f_1(x) \, dx \pm \int_a^b f_2(x) \, dx \pm \cdots \pm \int_a^b f(x) \, dx$.

性质 5.2 $\displaystyle\int_a^b k f(x) \, dx = k \int_a^b f(x) \, dx$ （k 是常数）.

性质 5.3（定积分的**可加性**） 若 $c \in (a, b)$，则

$$\int_a^b f(x) \, dx = \int_a^c f(x) \, dx + \int_c^b f(x) \, dx .$$

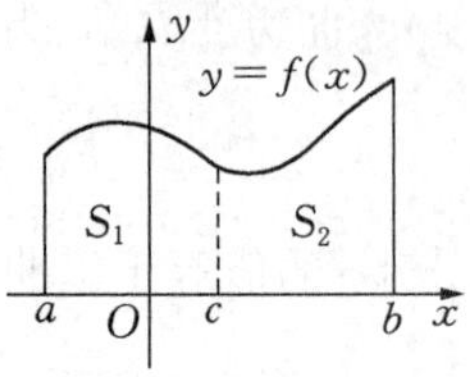

可加性的几何意义如图 5-6 所示，即曲边梯形的面积 $\displaystyle\int_a^b f(x) \, dx$ 等于 $S_1 = \displaystyle\int_a^c f(x) \, dx$ 与 $S_2 = \displaystyle\int_c^b f(x) \, dx$ 之和.

图 5-6

性质 5.4　若在 $[a,b]$ 上，$f(x)=1$，则

$$\int_a^b \mathrm{d}x = b - a.$$

这个性质的几何意义如图 5-7 所示，即定积分 $\int_a^b \mathrm{d}x$ 等于矩形 $AabB$ 的面积 $(b-a)$。

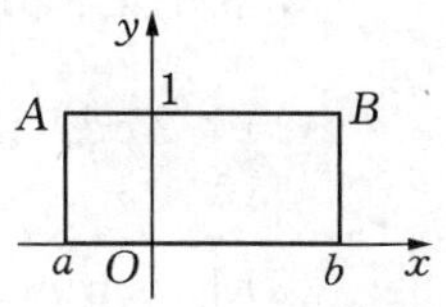

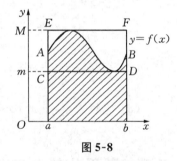

图 5-7

性质 5.5　若在 $[a,b]$ 上，$f(x) \leqslant g(x)$，则

$$\int_a^b f(x)\mathrm{d}x \leqslant \int_a^b g(x)\mathrm{d}x.$$

性质 5.6　设函数 $f(x)$ 在 $[a,b]$ 上的最大值与最小值分别为 M 与 m，则

$$m(b-a) \leqslant \int_a^b f(x)\mathrm{d}x \leqslant M(b-a).$$

这个性质说明，由被积函数在积分区间上的最大值与最小值，可以估计积分值的范围，因此，它也叫作**估值性质**。它的几何意义如图 5-8 所示，即曲边梯形 $AabB$ 的面积（图中的阴影部分）介于矩形 $CabD$ 的面积 $[m(b-a)]$ 与矩形 $EabF$ 的面积 $[M(b-a)]$ 之间。

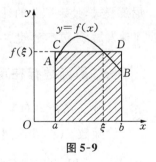

图 5-8

性质 5.7（定积分中值定理）　设函数 $f(x)$ 在 $[a,b]$ 上连续，则在该区间内至少存在一点 $\xi \in (a,b)$，使

$$\int_a^b f(x)\mathrm{d}x = f(\xi)(b-a)$$

成立。

该性质的几何意义是，对于曲边梯形 $AabB$，总有一个以 $[a,b]$ 为底、$f(\xi)$ 为高的矩形 $CabD$（图 5-9 中的阴影部分），使它们的面积相等。

例 4　比较定积分 $\int_0^{\frac{\pi}{4}} \cos x \, \mathrm{d}x$ 与 $\int_0^{\frac{\pi}{4}} \sin x \, \mathrm{d}x$ 的大小。

解　因为当 $x \in \left[0, \dfrac{\pi}{4}\right]$ 时，$\cos x \geqslant \sin x$，根据性质 5.5，得

图 5-9

$$\int_0^{\frac{\pi}{4}} \cos x \, \mathrm{d}x \geqslant \int_0^{\frac{\pi}{4}} \sin x \, \mathrm{d}x.$$

练 习 5.1

1. 利用定积分的几何意义,判断下列等式是否成立.

(1) $\int_0^1 2x \, dx = 1$；　　　　　　　　(2) $\int_0^1 \sqrt{1-x^2} \, dx = \dfrac{\pi}{4}$；

(3) $\int_{-\pi}^{\pi} \sin x \, dx = 0$；　　　　　　(4) $\int_{-\frac{\pi}{2}}^{\frac{\pi}{2}} \cos x \, dx = 2\int_0^{\frac{\pi}{2}} \cos x \, dx$.

2. 用定积分表示由曲线 $y = x^2$,直线 $x = 1$、$x = 2$ 及 $y = 0$ 所围成的平面区域的面积.

3. 用定积分表示由曲线 $y = \ln x$,直线 $x = \dfrac{1}{e}$、$x = 2$ 及 x 轴所围成的曲边梯形的面积.

4. 填空题.

(1) 设 $\int_1^b dx = -3$,则 $b = $ _____；

(2) 若 $\int_a^2 dx = \dfrac{1}{2}$,则 $a = $ _____；

(3) 比较大小：$\int_0^1 x^2 \, dx$ _____ $\int_0^1 x \, dx$，$\int_1^2 e^{x^2} \, dx$ _____ $\int_1^2 e^x \, dx$.

5.2 微积分基本定理

用定积分的定义计算定积分相当困难,到 17 世纪末,牛顿和莱布尼茨分别从不同的角度找到了定积分与不定积分的联系,建立了微积分基本定理,其核心是牛顿-莱布尼茨公式,使定积分的计算从繁琐的求和式极限中解脱出来,从而使众多研究领域得到飞速发展.通过本节的学习,要求了解原函数存在定理,掌握牛顿-莱布尼茨公式.

一、原函数存在定理

1. 变上限的定积分

设函数 $f(x)$ 在区间 $[a, b]$ 上连续,且 x 为区间 $[a, b]$ 上任意一点,则函数 $f(x)$ 在区间 $[a, x]$ 上也连续,因此,$\int_a^x f(t) \, dt$ 存在,并且它的值随 x 的变化而变化,对于 x 在区间 $[a, b]$ 上每一个确定的值,定积分 $\int_a^x f(t) \, dt$ 都有唯一确定的值与之对应,因此定积分 $\int_a^x f(t) \, dt$ 是上限 x 的函数,记为

$$P(x) = \int_a^x f(t)\mathrm{d}t,\ x \in [a, b].$$

称这个函数为**变上限的定积分**或**积分上限函数**.

2. 原函数存在定理

定理 5.1 如果函数 $f(x)$ 在区间 $[a, b]$ 上连续,则 $P(x) = \int_a^x f(t)\mathrm{d}t,\ x \in [a, b]$ 是 $f(x)$ 在区间 $[a, b]$ 上的一个原函数,即

$$P'(x) = \left[\int_a^x f(t)\mathrm{d}t\right]' = f(x).$$

* 证明 在上限 x 处取改变量 Δx,则

$$P(x + \Delta x) = \int_a^{x+\Delta x} f(t)\mathrm{d}t.$$

$$\Delta P = P(x + \Delta x) - P(x) = \int_a^{x+\Delta x} f(t)\mathrm{d}t - \int_a^x f(t)\mathrm{d}t$$

$$= \int_a^x f(t)\mathrm{d}t + \int_x^{x+\Delta x} f(t)\mathrm{d}t - \int_a^x f(t)\mathrm{d}t = \int_x^{x+\Delta x} f(t)\mathrm{d}t.$$

由定积分中值定理得

$$\Delta P = \int_x^{x+\Delta x} f(t)\mathrm{d}t = f(\xi)\Delta x\,(\xi \text{ 介于 } x \text{ 和 } x + \Delta x \text{ 之间}),$$

即 $\dfrac{\Delta P}{\Delta x} = f(\xi).$

当 $\Delta x \to 0$ 时,$\xi \to x$,且已知 $f(x)$ 在区间 $[a, b]$ 上连续,因此

$$P'(x) = \lim_{\Delta x \to 0} \frac{\Delta P}{\Delta x} = \lim_{\xi \to x} f(\xi) = f(x).$$

此定理表明连续函数 $f(x)$ 一定存在原函数 $P(x) = \int_a^x f(t)\mathrm{d}t.$

例 1 求下列函数的导数.

(1) $f(x) = \int_0^x \sqrt{t^2 + 1}\,\mathrm{d}t$;   (2) $f(x) = \int_x^2 \sqrt{t^2 + 1}\,\mathrm{d}t$;

(3) $f(x) = \int_1^{x^2} \sqrt{t^2 + 1}\,\mathrm{d}t$;   (4) $f(x) = \int_{-x}^{x^2} \mathrm{e}^t\,\mathrm{d}t.$

解 (1) $f'(x) = \left[\int_0^x \sqrt{t^2 + 1}\,\mathrm{d}t\right]' = \sqrt{x^2 + 1}.$

(2) $f'(x) = -\left[\int_2^x \sqrt{t^2 + 1}\,\mathrm{d}t\right]' = -\sqrt{x^2 + 1}.$

(3) 因为 $\int_1^{x^2} \sqrt{t^2 + 1}\,\mathrm{d}t$ 是 x 的复合函数,

所以　$\left[\displaystyle\int_1^{x^2}\sqrt{t^2+1}\,\mathrm{d}t\right]'=\sqrt{x^4+1}\,(x^2)'=2x\sqrt{x^4+1}.$

(4) $f'(x)=\left(\displaystyle\int_{-x}^0\mathrm{e}^t\mathrm{d}t+\int_0^{x^2}\mathrm{e}^t\mathrm{d}t\right)'=-\left(\displaystyle\int_0^{-x}\mathrm{e}^t\mathrm{d}t\right)'+\left(\displaystyle\int_0^{x^2}\mathrm{e}^t\mathrm{d}t\right)'$

$\qquad\qquad=-\mathrm{e}^{-x}(-x)'+\mathrm{e}^{x^2}(x^2)'=\mathrm{e}^{-x}+2x\mathrm{e}^{x^2}.$

由例 1 的(3)(4)可知，$\left[\displaystyle\int_a^{\varphi(x)}f(t)\mathrm{d}t\right]'=f[\varphi(x)]\varphi'(x).$

例 2　求极限 $\displaystyle\lim_{x\to0}\frac{\displaystyle\int_0^{2x}\sin t\,\mathrm{d}t}{x^2}.$

解　$\displaystyle\lim_{x\to0}\frac{\displaystyle\int_0^{2x}\sin t\,\mathrm{d}t}{x^2}=\lim_{x\to0}\frac{\left(\displaystyle\int_0^{2x}\sin t\,\mathrm{d}t\right)'}{(x^2)'}=\lim_{x\to0}\frac{2\sin 2x}{2x}=2\lim_{x\to0}\frac{\sin 2x}{2x}=2.$

二、牛顿-莱布尼茨公式

定理 5.2　设函数 $f(x)$ 在区间 $[a,b]$ 上连续，$F(x)$ 是 $f(x)$ 的任一原函数，则

$$\int_a^b f(x)\mathrm{d}x=F(b)-F(a).$$

***证明**　因为函数 $f(x)$ 在区间 $[a,b]$ 上连续，由原函数存在定理知 $\displaystyle\int_a^x f(t)\mathrm{d}t$ 是 $f(x)$ 的一个原函数.

又因为 $F(x)$ 也是 $f(x)$ 的一个原函数，所以 $\displaystyle\int_a^x f(t)\mathrm{d}t=F(x)+C.$

令 $x=a$，则 $\displaystyle\int_a^a f(t)\mathrm{d}t=F(a)+C=0$，所以 $C=-F(a)$，即

$$\int_a^x f(t)\mathrm{d}t=F(x)-F(a).$$

再令 $x=b$，则 $\displaystyle\int_a^b f(t)\mathrm{d}t=F(b)-F(a)$，即

$$\int_a^b f(x)\mathrm{d}x=F(b)-F(a).$$

通常用 $F(x)\,\big|_a^b$ 表示 $F(b)-F(a)$，于是

$$\int_a^b f(x)\mathrm{d}x=F(x)\,\big|_a^b=F(b)-F(a).$$

以上公式称为**牛顿-莱布尼茨公式**，它将定积分与不定积分紧密地联系在一起，如果要求函数 $f(x)$ 在区间 $[a,b]$ 上的定积分，只需求出函数 $f(x)$ 的某个原函数 $F(x)$，然后计算 $F(x)$ 在区间 $[a,b]$ 上的改变量 $F(b)-F(a)$ 即可.

例 3　求下列定积分.

(1) $\int_0^1 (x^2 - 2x + 3)\mathrm{d}x$；　　　(2) $\int_0^1 \dfrac{x^2}{1 + x^2}\mathrm{d}x$；　　　(3) $\int_{-1}^3 |\, 2 - x \,|\, \mathrm{d}x$.

解　(1) $\int_0^1 (x^2 - 2x + 3)\mathrm{d}x = \left(\dfrac{1}{3}x^3 - x^2 + 3x\right)\Big|_0^1 = 2\dfrac{1}{3}$.

(2) $\int_0^1 \dfrac{x^2}{1 + x^2}\mathrm{d}x = \int_0^1 \dfrac{(x^2 + 1) - 1}{1 + x^2}\mathrm{d}x = \int_0^1 \left(1 - \dfrac{1}{1 + x^2}\right)\mathrm{d}x$

$$= \int_0^1 \mathrm{d}x - \int_0^1 \dfrac{1}{1 + x^2}\mathrm{d}x = x\,\Big|_0^1 - (\arctan x)\,\Big|_0^1$$

$$= 1 - (\arctan 1 - \arctan 0) = 1 - \dfrac{\pi}{4}.$$

(3) 因为 $|\, 2 - x \,| = \begin{cases} 2 - x, & x \leqslant 2, \\ x - 2, & x > 2, \end{cases}$ 所以

$$\int_{-1}^3 |\, 2 - x \,|\, \mathrm{d}x = \int_{-1}^2 (2 - x)\mathrm{d}x + \int_2^3 (x - 2)\mathrm{d}x$$

$$= -\int_{-1}^2 (2 - x)\mathrm{d}(2 - x) + \int_2^3 (x - 2)\mathrm{d}(x - 2)$$

$$= -\dfrac{1}{2}(2 - x)^2\,\Big|_{-1}^2 + \dfrac{1}{2}(x - 2)^2\,\Big|_2^3 = -\dfrac{1}{2}(0 - 9) + \dfrac{1}{2}(1 - 0) = 5.$$

练 习 5.2

1. 计算下列定积分.

(1) $\int_0^3 x^3 \mathrm{d}x$；　　　　　　(2) $\int_{-1}^2 |\, 1 - x \,|\, \mathrm{d}x$；

(3) $\int_0^1 (2^x + \mathrm{e}^x)\mathrm{d}x$；　　　　(4) $\int_0^{\frac{\pi}{2}} (\sin x + \cos x)\mathrm{d}x$.

2. 设函数 $f(x) = \begin{cases} \sqrt[3]{x}, & 0 \leqslant x < 1, \\ \mathrm{e}^x, & 1 \leqslant x \leqslant 3, \end{cases}$ 求 $\int_0^3 f(x)\mathrm{d}x$.

** **3.** 求下列函数的导数.

(1) $\Phi(x) = \int_0^x t \sin t \, \mathrm{d}t$；　　　(2) $f(x) = \int_x^1 \mathrm{e}^{-t^2}\mathrm{d}t$.

5.3　定积分的换元积分法和分部积分法

除了直接利用牛顿-莱布尼茨公式计算定积分之外,计算定积分也常用到换元积分法和分部积分法.通过本节的学习,要求掌握定积分的换元积分法和分部积分法;会利用对称区间上奇(偶)函数积分的性质简化某些定积分的计算.

一、定积分的换元积分法

定理 5.3　设 $f(x)$ 在区间 $[a,b]$ 上连续,令 $x=\varphi(t)$,且 $\varphi(t)$ 在区间 $[\alpha,\beta]$ 上单调并有连续导数 $\varphi'(t)$,$\varphi(\alpha)=a$,$\varphi(\beta)=b$,则有

$$\int_a^b f(x)\,\mathrm{d}x = \int_\alpha^\beta f[\varphi(t)]\varphi'(t)\,\mathrm{d}t.$$

注意　上式称为定积分的**换元积分公式**.运用此公式求积分时应注意:**换元又换限,变量不还原**.

定积分的换元法也分为第一类换元法和第二类换元法,定积分的换元积分公式主要用于第二类换元积分,它能使运算简化.第一类换元法如果不明确写出新变量 u,就不必变换积分上、下限.

例 1　求定积分 $\displaystyle\int_0^1 x\,\mathrm{e}^{-\frac{x^2}{2}}\,\mathrm{d}x$.

解法 1　$\displaystyle\int_0^1 x\,\mathrm{e}^{-\frac{x^2}{2}}\,\mathrm{d}x = -\int_0^1 \mathrm{e}^{-\frac{x^2}{2}}\,\mathrm{d}\left(-\frac{x^2}{2}\right) = -\mathrm{e}^{-\frac{x^2}{2}}\bigg|_0^1 = 1 - \mathrm{e}^{-\frac{1}{2}}.$

*解法 2　$\displaystyle\int_0^1 x\,\mathrm{e}^{-\frac{x^2}{2}}\,\mathrm{d}x = -\int_0^1 \mathrm{e}^{-\frac{x^2}{2}}\,\mathrm{d}\left(-\frac{x^2}{2}\right).$

令 $-\dfrac{x^2}{2}=u$,则 $\mathrm{d}\left(-\dfrac{x^2}{2}\right)=\mathrm{d}u.$

且当 $x=0$ 时,$u=0$;当 $x=1$ 时,$u=-\dfrac{1}{2}$.所以

$$\int_0^1 x\,\mathrm{e}^{-\frac{x^2}{2}}\,\mathrm{d}x = -\int_0^{-\frac{1}{2}} \mathrm{e}^u\,\mathrm{d}u = \int_{-\frac{1}{2}}^0 \mathrm{e}^u\,\mathrm{d}u = \mathrm{e}^u\bigg|_{-\frac{1}{2}}^0 = 1 - \mathrm{e}^{-\frac{1}{2}}.$$

例 2　求定积分 $\displaystyle\int_0^4 \frac{\mathrm{d}x}{1+\sqrt{x}}$.

解　令 $\sqrt{x}=t$,则 $x=t^2$,$\mathrm{d}x=2t\,\mathrm{d}t$.且当 $x=0$ 时,$t=0$;当 $x=4$ 时,$t=2$.所以

$$\int_0^4 \frac{\mathrm{d}x}{1+\sqrt{x}} = \int_0^2 \frac{2t}{1+t}\,\mathrm{d}t = 2\int_0^2 \frac{t}{1+t}\,\mathrm{d}t = 2\int_0^2 \left(1-\frac{1}{1+t}\right)\mathrm{d}t$$

$$= 2\int_0^2 \mathrm{d}t - 2\int_0^2 \frac{1}{1+t}\,\mathrm{d}t = \big[2t - 2\ln(1+t)\big]\bigg|_0^2 = 4 - 2\ln 3.$$

二、定积分的分部积分法

定理 5.4　若 $u=u(x)$、$v=v(x)$ 在区间 $[a,b]$ 上有连续导数,则有

$$\int_a^b u\,\mathrm{d}v = uv\bigg|_a^b - \int_a^b v\,\mathrm{d}u.$$

上式称为定积分的**分部积分公式**.

例 3 求下列定积分.

(1) $\int_0^1 x\,e^x\,dx$;   (2) $\int_0^{e-1} \ln(1+x)\,dx$.

解 (1) $\int_0^1 x\,e^x\,dx = \int_0^1 x\,de^x = x\,e^x \Big|_0^1 - \int_0^1 e^x\,dx = e - e^x \Big|_0^1 = 1$.

(2) $\int_0^{e-1} \ln(1+x)\,dx = x\ln(1+x) \Big|_0^{e-1} - \int_0^{e-1} x\,d[\ln(1+x)]$

$$= e - 1 - \int_0^{e-1} \frac{x}{1+x}\,dx = e - 1 - \int_0^{e-1} \left(1 - \frac{1}{1+x}\right)dx$$

$$= e - 1 - \int_0^{e-1} dx + \int_0^{e-1} \frac{1}{1+x}\,dx$$

$$= e - 1 - (e - 1) + \ln(1+x) \Big|_0^{e-1}$$

$$= \ln(1+e-1) - \ln 1 = 1.$$

习 题 5.3

1. 计算下列定积分.

(1) $\int_0^1 \frac{x^2}{1+x^3}\,dx$;   (2) $\int_0^2 \frac{dt}{4+t^2}$;   (3) $\int_1^4 \frac{dx}{\sqrt{x}(1+x)}$;

(4) $\int_1^2 \frac{\sqrt{x-1}}{x}\,dx$;   (5) $\int_1^8 \frac{dx}{x+\sqrt[3]{x}}$;   (6) $\int_{-1}^1 \frac{dx}{\sqrt{5-4x}}$.

2. 计算下列定积分.

(1) $\int_0^\pi x\cos x\,dx$;   (2) $\int_0^1 x\,e^{-x}\,dx$;   (3) $\int_0^1 x\arctan x\,dx$;

(4) $\int_0^{\frac{1}{2}} \arcsin x\,dx$;   (5) $\int_1^5 \ln x\,dx$;   (6) $\int_0^1 x^2 e^x\,dx$.

3. 证明: $\int_{\frac{1}{2}}^1 \frac{dx}{1+x^2} = \int_1^2 \frac{dx}{1+x^2}$.

*4. 设 $f(x)$ 为连续函数, 证明:

(1) 如果 $f(x)$ 为偶函数, 则 $\int_0^x f(u)\,du$ 为奇函数;

(2) 如果 $f(x)$ 为奇函数, 则 $\int_0^x f(u)\,du$ 为偶函数.

5.4 广 义 积 分

前面所讨论的定积分, 其积分区间是有限的, 并且被积函数是有界的. 然而在处理实际问题时,往往会遇到无限区间上的积分和被积函数在积分区间上无界的情形.这两类积分称为**广义积分**.相对于广义积分,前面所讨论的定积分称为**常义积分**.通过本节的学习,要求了解广义积分敛散性的概念;会求一些较简单的广义积分.

一、无限区间上的广义积分

定义 5.2 设函数 $f(x)$ 在区间 $[a, +\infty)$ 上连续,任取 $b > a$,则称 $\lim\limits_{b \to +\infty} \int_a^b f(x)\mathrm{d}x$ 为 $f(x)$ 在区间 $[a, +\infty)$ 上的**广义积分**,记为 $\int_a^{+\infty} f(x)\mathrm{d}x$,即

$$\int_a^{+\infty} f(x)\mathrm{d}x = \lim\limits_{b \to +\infty} \int_a^b f(x)\mathrm{d}x.$$

当 $\lim\limits_{b \to +\infty} \int_a^b f(x)\mathrm{d}x$ 存在时,称广义积分 $\int_a^{+\infty} f(x)\mathrm{d}x$ **收敛**;否则称广义积分 $\int_a^{+\infty} f(x)\mathrm{d}x$ **发散**.

类似地可定义:

函数 $f(x)$ 在区间 $(-\infty, b]$ 上的广义积分为

$$\int_{-\infty}^b f(x)\mathrm{d}x = \lim\limits_{a \to -\infty} \int_a^b f(x)\mathrm{d}x.$$

函数 $f(x)$ 在区间 $(-\infty, +\infty)$ 上的广义积分为

$$\int_{-\infty}^{+\infty} f(x)\mathrm{d}x = \int_{-\infty}^c f(x)\mathrm{d}x + \int_c^{+\infty} f(x)\mathrm{d}x.$$

其中 c 为任意常数,当 $\int_{-\infty}^c f(x)\mathrm{d}x$ 和 $\int_c^{+\infty} f(x)\mathrm{d}x$ 都收敛时,称广义积分 $\int_{-\infty}^{+\infty} f(x)\mathrm{d}x$ 收敛;否则称 $\int_{-\infty}^{+\infty} f(x)\mathrm{d}x$ 发散.

例 1 求下列广义积分.

(1) $\int_0^{+\infty} \mathrm{e}^{-2x}\mathrm{d}x$; (2) $\int_{-\infty}^0 \sin x\,\mathrm{d}x$.

解 (1) $\int_0^{+\infty} \mathrm{e}^{-2x}\mathrm{d}x = \lim\limits_{b \to +\infty} \int_0^b \mathrm{e}^{-2x}\mathrm{d}x = -\dfrac{1}{2} \lim\limits_{b \to +\infty} \int_0^b \mathrm{e}^{-2x}\mathrm{d}(-2x)$

$$= -\frac{1}{2} \lim\limits_{b \to +\infty} \mathrm{e}^{-2x} \Big|_0^b = -\frac{1}{2} \lim\limits_{b \to +\infty} (\mathrm{e}^{-2b} - \mathrm{e}^0) = \frac{1}{2}.$$

(2) $\int_{-\infty}^0 \sin x\,\mathrm{d}x = \lim\limits_{a \to -\infty} \int_a^0 \sin x\,\mathrm{d}x = \lim\limits_{a \to -\infty} (-\cos x)\big|_a^0 = \lim\limits_{a \to -\infty} (-1 + \cos a)$.

因为 $\lim\limits_{a \to -\infty} \cos a$ 不存在,所以广义积分 $\int_{-\infty}^0 \sin x\,\mathrm{d}x$ 发散.

有时为了方便,可将极限直接写成定积分的上、下限形式.例如

$$\int_0^{+\infty} e^{-2x} dx = -\frac{1}{2} e^{-2x} \Big|_0^{+\infty} = -\frac{1}{2}(0-1) = \frac{1}{2},$$

其中 $-\frac{1}{2} e^{-2x} \Big|_0^{+\infty}$ 应理解为 $-\frac{1}{2} \lim_{b \to +\infty} e^{-2x} \Big|_0^b = -\frac{1}{2} \lim_{b \to +\infty} (e^{-2b} - e^0).$

例 2　求广义积分 $\int_{-\infty}^{+\infty} \frac{1}{1+x^2} dx.$

解　$\int_{-\infty}^{+\infty} \frac{1}{1+x^2} dx = \int_{-\infty}^0 \frac{1}{1+x^2} dx + \int_0^{+\infty} \frac{1}{1+x^2} dx$

$$= (\arctan x) \Big|_{-\infty}^0 + (\arctan x) \Big|_0^{+\infty} = -\left(-\frac{\pi}{2}\right) + \frac{\pi}{2} = \pi.$$

例 3　判断广义积分 $\int_1^{+\infty} \frac{1}{x^p} dx$ 的敛散性.

解　当 $p=1$ 时，$\int_1^{+\infty} \frac{1}{x^p} dx = \int_1^{+\infty} \frac{1}{x} dx = \ln x \Big|_1^{+\infty} = +\infty;$

当 $p \neq 1$ 时，$\int_1^{+\infty} \frac{1}{x^p} dx = \frac{x^{1-p}}{1-p} \Big|_1^{+\infty} = \begin{cases} \dfrac{1}{p-1}, & p > 1, \\ +\infty, & p < 1. \end{cases}$

所以当 $p > 1$ 时，$\int_1^{+\infty} \frac{1}{x^p} dx$ 收敛；当 $p \leqslant 1$ 时，$\int_1^{+\infty} \frac{1}{x^p} dx$ 发散.

一般地，对于 $\int_a^{+\infty} \frac{1}{x^p} dx (a > 0)$，当 $p > 1$ 时收敛，当 $p \leqslant 1$ 时发散.

二、无界函数的广义积分

定义 5.3　设函数 $f(x)$ 在区间 $(a, b]$ 上连续，当 $x \to a^+$ 时，$f(x) \to \infty$，则称 $\lim_{\varepsilon \to 0} \int_{a+\varepsilon}^b f(x) dx (\varepsilon > 0)$ 为无界函数 $f(x)$ 在区间 $[a, b]$ 上的广义积分，记为

$$\int_a^b f(x) dx = \lim_{\varepsilon \to 0} \int_{a+\varepsilon}^b f(x) dx (\varepsilon > 0).$$

如果 $\lim_{\varepsilon \to 0} \int_{a+\varepsilon}^b f(x) dx (\varepsilon > 0)$ 存在，则称广义积分 $\int_a^b f(x) dx$ 收敛，否则称广义积分 $\int_a^b f(x) dx$ 发散.

类似地可定义：

函数 $f(x)$ 在区间 $[a, b)$ 上连续，当 $x \to b^-$ 时，$f(x) \to \infty$，则 $f(x)$ 在区间 $[a, b]$ 上的广义积分为 $\int_a^b f(x) dx = \lim_{\varepsilon \to 0} \int_a^{b-\varepsilon} f(x) dx (\varepsilon > 0).$

函数 $f(x)$ 在区间 $[a, b]$ 上除 c 点外都连续，当 $x \to c$ 时，$f(x) \to \infty$，则 $f(x)$ 在区

间 $[a,b]$ 上的广义积分为 $\displaystyle\int_a^b f(x)\mathrm{d}x = \int_a^c f(x)\mathrm{d}x + \int_c^b f(x)\mathrm{d}x$.

当 $\displaystyle\int_a^c f(x)\mathrm{d}x$ 和 $\displaystyle\int_c^b f(x)\mathrm{d}x$ 都收敛时,称广义积分 $\displaystyle\int_a^b f(x)\mathrm{d}x$ 收敛,否则称广义积分 $\displaystyle\int_a^b f(x)\mathrm{d}x$ 发散.

例 4　求积分 $\displaystyle\int_0^1 \frac{\mathrm{d}x}{\sqrt{x}}$.

解　当 $x \to 0$ 时,$\dfrac{1}{\sqrt{x}} \to \infty$,由定义得

$$\int_0^1 \frac{\mathrm{d}x}{\sqrt{x}} = \lim_{\varepsilon \to 0}\int_\varepsilon^1 \frac{1}{\sqrt{x}}\mathrm{d}x = \lim_{\varepsilon \to 0}(2\sqrt{x})\Big|_\varepsilon^1 = \lim_{\varepsilon \to 0}(2 - 2\sqrt{\varepsilon}) = 2.$$

例 5　求积分 $\displaystyle\int_{-1}^1 \frac{\mathrm{d}x}{x^2}$.

解　被积函数 $\dfrac{1}{x^2}$ 在 $x \to 0$ 时无界,由定义得

$$\int_{-1}^1 \frac{\mathrm{d}x}{x^2} = \int_{-1}^0 \frac{\mathrm{d}x}{x^2} + \int_0^1 \frac{\mathrm{d}x}{x^2}.$$

因为

$$\int_{-1}^0 \frac{\mathrm{d}x}{x^2} = \lim_{\varepsilon \to 0}\int_{-1}^{-\varepsilon} \frac{\mathrm{d}x}{x^2} = \lim_{\varepsilon \to 0}\left(-\frac{1}{x}\right)\Big|_{-1}^{-\varepsilon} = +\infty,$$

所以 $\displaystyle\int_{-1}^0 \frac{\mathrm{d}x}{x^2}$ 发散,从而广义积分 $\displaystyle\int_{-1}^1 \frac{\mathrm{d}x}{x^2}$ 也发散.

根据上述内容,可以总结出求广义积分的步骤:

(1) 判断积分类型;

(2) 按定义将广义积分转化为常义积分取极限;

(3) 先求常义积分,再计算极限,确定敛散性.

习　题　5.4

计算下列广义积分.

(1) $\displaystyle\int_{-\infty}^0 \mathrm{e}^x \mathrm{d}x$；

(2) $\displaystyle\int_1^{+\infty} \frac{\mathrm{d}x}{\sqrt[3]{x}}$；

(3) $\displaystyle\int_e^{+\infty} \frac{\mathrm{d}x}{x\ln^2 x}$；

(4) $\displaystyle\int_1^{+\infty} \frac{x}{(1+x^2)^2}\mathrm{d}x$；

(5) $\displaystyle\int_1^2 \frac{\mathrm{d}x}{(x-1)^2}$；

(6) $\displaystyle\int_{-1}^1 \frac{1}{\sqrt{1-x^2}}\mathrm{d}x$.

复习与思考 5

一、填空题

1. $\left(\int_2^e \ln x \, \mathrm{d}x\right)' = $ ＿＿＿＿＿＿＿＿＿.

2. $\int_a^a \mathrm{e}^{x^2} \, \mathrm{d}x = $ ＿＿＿＿＿＿＿＿＿.

3. $\int_a^b \mathrm{d}x = $ ＿＿＿＿＿＿＿＿＿.

4. $\int_{-\pi}^{\pi} x \cos x \, \mathrm{d}x = $ ＿＿＿＿＿＿＿＿＿.

5. 如果 $f(x)$ 有连续导数, $f(b)=5$, $f(a)=2$, 则 $\int_a^b f'(x) \, \mathrm{d}x = $ ＿＿＿＿＿＿＿＿＿.

6. $\int_1^{-1} f(x) \, \mathrm{d}x = $ ＿＿＿＿＿＿ $\int_{-1}^1 f(x) \, \mathrm{d}x$.

7. 比较下列定积分的大小.

(1) $\int_0^1 x \, \mathrm{d}x$ ＿＿＿＿＿＿ $\int_0^1 x^2 \, \mathrm{d}x$;　　　　(2) $\int_1^2 x \, \mathrm{d}x$ ＿＿＿＿＿＿ $\int_1^2 x^2 \, \mathrm{d}x$;

(3) $\int_1^2 \mathrm{e}^x \, \mathrm{d}x$ ＿＿＿＿＿＿ $\int_1^2 \mathrm{e}^{x^2} \, \mathrm{d}x$;　　　(4) $\int_1^2 \ln x \, \mathrm{d}x$ ＿＿＿＿＿＿ $\int_1^2 \ln^2 x \, \mathrm{d}x$.

8. 若 $\int_0^1 (2x+k) \, \mathrm{d}x = 3$, 则 $k = $ ＿＿＿＿＿＿.

9. 由定积分的几何意义得 $\int_0^1 x \, \mathrm{d}x = $ ＿＿＿＿＿＿, $\int_{-1}^1 \sqrt{1-x^2} \, \mathrm{d}x = $ ＿＿＿＿＿＿.

二、单项选择题

1. 若函数 $f(x)$ 在区间 $[a, b]$ 上连续, 则 $\int_a^b f(x) \, \mathrm{d}x$ 是(　　).

A. $f(x)$ 的一个原函数　　　　　　　B. $f(x)$ 的全体原函数

C. 一个常数　　　　　　　　　　　　D. 任意常数

2. $\dfrac{\mathrm{d}}{\mathrm{d}x} \int_0^{\frac{1}{2}} \arcsin x \, \mathrm{d}x = $ (　　).

A. 0　　　　　　　B. $\dfrac{\pi}{6}$　　　　　　　C. $\dfrac{1}{\sqrt{1-x^2}}$　　　　　　D. $\arcsin x$

3. $\int_1^e \ln x \, \mathrm{d}x - \int_1^e \ln u \, \mathrm{d}u$ 的值(　　).

A. 小于 0　　　　　B. 等于 0　　　　　C. 大于 0　　　　　D. 不确定

4. $\int_1^e \ln x \, \mathrm{d}x \neq$ (　　).

A. $\int_1^2 \ln x \, dx + \int_2^e \ln x \, dx$ B. $\int_1^3 \ln x \, dx + \int_3^e \ln x \, dx$

C. $\int_1^2 \ln x \, dx - \int_e^2 \ln x \, dx$ D. $\int_1^2 \ln x \, dx + \int_e^2 \ln x \, dx$

5. $\int_{-3}^3 (x^3 + \sqrt[3]{x}) \, dx = ($ $).$

A. 0 B. 8

C. $\int_0^3 (x^3 + \sqrt[3]{x}) \, dx$ D. $2\int_0^3 (x^3 + \sqrt[3]{x}) \, dx$

6. 下列运算中，正确的是(   ).

A. $\int_{-1}^1 \dfrac{dx}{x^2} = \left(-\dfrac{1}{x}\right)\Big|_{-1}^1 = -2$ B. $\int_{-\frac{\pi}{2}}^{\frac{\pi}{2}} \sin x \, dx = 2\int_0^{\frac{\pi}{2}} \sin x \, dx = 2$

C. $\int_{-\frac{\pi}{2}}^{\frac{\pi}{2}} \cos x \, dx = 2\int_0^{\frac{\pi}{2}} \cos x \, dx = 2$ D. $\int_{-1}^1 \sqrt{1-x} \, dx = 2\int_0^1 \sqrt{1-x} \, dx = 2$

7. $\int_{-\pi}^{\pi} \dfrac{x^2 \sin x}{1 + x^4} \, dx = ($ $).$

A. 2π B. π C. 0 D. 1

8. $\int_3^6 f'\left(\dfrac{x}{3}\right) dx = ($ $).$

A. $f(2) - f(1)$ B. $3[f(2) - f(1)]$

C. $\dfrac{1}{3}[f(2) - f(1)]$ D. $\dfrac{1}{3}[f''(2) - f''(1)]$

9. 设函数 $f(x)$ 在区间 $[0,1]$ 上连续，令 $t = 4x$，则 $\int_0^1 f(4x) \, dx = ($ $).$

A. $\dfrac{1}{4}\int_0^1 f(t) \, dt$ B. $\dfrac{1}{4}\int_0^4 f(t) \, dt$ C. $\int_0^4 f(t) \, dt$ D. $4\int_0^4 f(t) \, dt$

10. 极限 $\lim\limits_{x \to 0} \dfrac{\displaystyle\int_0^x t \sin t \, dt}{\displaystyle\int_0^{-x} t^2 \, dt} = ($ $).$

A. -1 B. 0 C. 1 D. 2

11. 设 $f(x) = \int_0^x \sin t \, dt$，则 $f'\left(\dfrac{\pi}{2}\right) = ($ $).$

A. $\sin t$ B. $\sin x$ C. 0 D. 1

12. 下列定积分中，换元正确的是(   ).

A. $\int_{-1}^2 \dfrac{x \ln(1 + x^2)}{1 + x^2} \, dx$，令 $1 + x^2 = t$ B. $\int_0^{\pi} \dfrac{1}{1 + \sin^2 x} \, dx$，令 $x = \arcsin t$

C. $\int_{-1}^1 \sqrt{1 - x^2} \, dx$，令 $x = t$ D. $\int_0^1 x^3 \sqrt{1 - x^2} \, dx$，令 $x = \cos t$

13. 下列广义积分收敛的是(　　).

A. $\int_1^{+\infty} \sin x \, \mathrm{d}x$　　　B. $\int_1^{+\infty} \mathrm{e}^{2x} \, \mathrm{d}x$　　　C. $\int_1^{+\infty} \dfrac{1}{x^3} \, \mathrm{d}x$　　　D. $\int_1^{+\infty} \ln x \, \mathrm{d}x$

14. 下列广义积分发散的是(　　).

A. $\int_1^{+\infty} \dfrac{1}{\sqrt{x^3}} \, \mathrm{d}x$　　B. $\int_e^{+\infty} \dfrac{1}{x \ln x} \, \mathrm{d}x$　　C. $\int_e^{+\infty} \dfrac{1}{x \ln^2 x} \, \mathrm{d}x$　　D. $\int_{-\infty}^0 \mathrm{e}^x \, \mathrm{d}x$

15. 设 $y = \sin x$, $x \in \left[-\dfrac{\pi}{2}, \dfrac{\pi}{2}\right]$, 与 x 轴所围成的平面图形的面积为 S, 下列选项中不正确的是(　　).

A. $S = 2\int_0^{\frac{\pi}{2}} \sin x \, \mathrm{d}x$　　　　　　　B. $S = \int_{-\frac{\pi}{2}}^{\frac{\pi}{2}} |\sin x| \, \mathrm{d}x$

C. $S = \int_{-\frac{\pi}{2}}^{\frac{\pi}{2}} \sin x \, \mathrm{d}x$　　　　　　　　D. $S = \int_0^{\frac{\pi}{2}} \sin x \, \mathrm{d}x - \int_{-\frac{\pi}{2}}^0 \sin x \, \mathrm{d}x$

三、计算题

1. 求下列定积分.

(1) $\int_0^1 t(t-1) \, \mathrm{d}t$;

(2) $\int_{-1}^1 \dfrac{t}{1+t^2} \, \mathrm{d}t$;

(3) $\int_{-1}^1 |1-4x| \, \mathrm{d}x$;

(4) $\int_0^2 f(x) \, \mathrm{d}x$, 其中 $f(x) = \begin{cases} x^3, & 0 \leqslant x < 1, \\ x, & 1 \leqslant x \leqslant 2; \end{cases}$

(5) $\int_1^4 \dfrac{\sqrt{x-1}}{x} \, \mathrm{d}x$;

(6) $\int_0^8 \dfrac{\mathrm{d}x}{1+\sqrt[3]{x}}$;

(7) $\int_0^1 \dfrac{\sqrt{x}}{1+x} \, \mathrm{d}x$;

(8) $\int_0^9 \dfrac{\mathrm{d}x}{1+\sqrt{x}}$;

(9) $\int_0^\pi x \sin x \, \mathrm{d}x$;

(10) $\int_1^e x \ln x \, \mathrm{d}x$;

(11) $\int_0^{\frac{\pi}{2}} \mathrm{e}^{\sin x} \cos x \, \mathrm{d}x$;

(12) $\int_1^e \ln x \, \mathrm{d}x$;

(13) $\int_0^1 \dfrac{\mathrm{d}x}{(1+x^2)^{\frac{3}{2}}}$;

(14) $\int_1^2 \dfrac{\sqrt{x^2-1}}{x} \, \mathrm{d}x$;

(15) $\int_0^1 \arctan \sqrt{x} \, \mathrm{d}x$;

(16) $\int_0^3 \mathrm{e}^{\sqrt{x+1}} \, \mathrm{d}x$.

2. 已知连续函数 $f(x)$ 满足 $\int_0^{2x} f\left(\dfrac{t}{2}\right) \mathrm{d}t = \mathrm{e}^{-x} - 1$, 求 $\int_0^1 f(x) \, \mathrm{d}x$.

3. 求下列广义积分.

(1) $\int_{-\infty}^0 \dfrac{\mathrm{e}^x}{1+\mathrm{e}^x} \, \mathrm{d}x$;

(2) $\int_0^{+\infty} x \mathrm{e}^{-x} \, \mathrm{d}x$;

(3) $\int_0^1 \dfrac{x}{\sqrt{1-x^2}}\mathrm{d}x$;　　　　　　(4) $\int_0^{\pi^2} \dfrac{\cos\sqrt{x}}{\sqrt{x}}\mathrm{d}x$.

四、应用题

1. 设某商品的需求量是价格的函数，即 $Q=Q(P)$，该商品的最大需求量为 $3\,000$（即 $P=0$ 时，$Q=3\,000$），已知边际需求函数 $Q'(P)=-3\,000\ln 2\cdot\left(\dfrac{1}{2}\right)^P$，求该商品的需求函数.

2. 已知某产品总产量的变化率 $Q'(t)=80+2t-\dfrac{3}{5}t^2$（台/h），求从第 5 h 到第 10 h 的总产量.

3. 已知某地区当消费者个人收入为 r 时，消费支出 $f(r)$ 的变化率 $f'(r)=\dfrac{18}{\sqrt{r}}$，试求当个人收入从 900 元增加到 $1\,600$ 元时，消费支出会增加多少元.

4. 设生产某产品的产量为 Q 百台时，边际成本 $C'(Q)=3+Q$（万元/百台），边际收益 $R'(Q)=9-Q$（万元/百台）.

(1) 试求总利润最大时的产量；

(2) 要使产量从 100 台增加到利润最大时的产量，需要追加多少资金？

(3) 当产量从 100 台增加到利润最大的产量时，所获得的利润变化是多少？

(4) 当利润最大时再生产 100 台，利润将变化多少？

第6章
空间解析几何

近年来我国的航天事业得到迅猛发展,航天器的空间定位是航天科学中一个非常重要的问题.天文定位作为空间定位的一种,其基本问题就是通过观测天体高度求得天文船位线,近代学者根据空间解析几何的有关知识,提出了一种新的天文定位方法——空间解析几何法.其中的三星定位是利用三个天文船位圆所在平面必定相交于一点的原理来确定船位的;两星定位是利用两个天文船位圆所在平面的相交直线与球面的交点来确定船位的.

向量是将几何与代数相结合的有效工具,空间解析几何是研究空间点、线、面及其代数表示形式的主要工具.在物理、力学、工程技术、航海、天文、军事等众多的领域中有广泛应用.

本章将在平面向量与平面直角坐标系等知识的基础上,做进一步拓展.讨论空间向量、平面、空间曲面、空间直线与空间曲线的概念、方程及位置关系,并介绍几种常见的曲面、曲线,为多元函数微积分的学习及相关专业课的学习作好准备.

6.1 空间直角坐标系与空间向量

一、空间直角坐标系

通过平面直角坐标系,平面上的点与有序实数组(x,y)之间建立了一一对应关系.于是,平面上的曲线与二元方程$F(x,y)=0$相对应.例如,图 6-1 所示的抛物线与方程$y=x^2$相对应;图 6-2 所示的椭圆与方程$\dfrac{x^2}{4}+y^2=1$相对应.

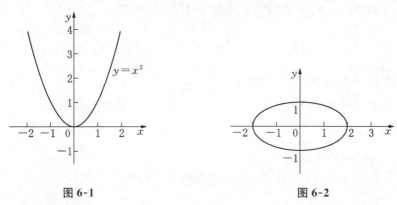

图 6-1   图 6-2

设 O 为空间的任意一点,以 O 点为原点,作相互垂直的三条数轴:x 轴、y 轴、z 轴,且它们的正方向构成右手系(图 6-3),这样的坐标系称为**空间直角坐标系**.x 轴、y 轴、z 轴分别称为**横轴、纵轴、竖轴**.每两条坐标轴所决定的平面叫作**坐标面**,分别称为 xOy 面、yOz 面和 xOz 面.三个坐标平面将空间分为八个**卦限**,如图 6-4 所示.

微视频:空间直角坐标系演示

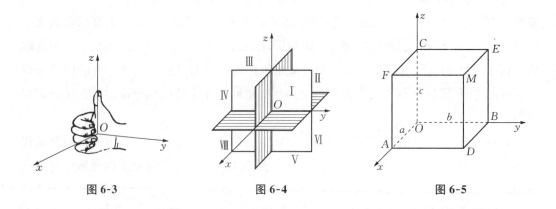

图 6-3   图 6-4   图 6-5

如图 6-5 所示,过空间任意一点 M 分别作 xOy 面、yOz 面、xOz 面的垂线,垂足分别为 D、E、F,则称点 D、E、F 分别为点 M 在 xOy 面、yOz 面、xOz 面上的**投影**.

由 MD、ME、MF 这三条两两垂直的直线,形成的三个两两垂直的平面分别与 x 轴、y 轴、z 轴交于 A、B、C 三点,称 A、B、C 三点分别为点 M 在 x、y、z **坐标轴上的投影**.

若点 A 在 x 轴上的坐标为 a,点 B 在 y 轴上的坐标为 b,点 C 在 z 轴上的坐标为 c,则点 M 与有序数组 (a,b,c) 建立了一一对应关系,称有序数组 (a,b,c) 为点 M 的**坐标**.a、b、c 分别称为点 M 的**横坐标、纵坐标、竖坐标**.

下面讨论空间任意位置点的坐标的特征.

设点 $M(x,y,z)$ 为空间任意一点,则

(1) 当点 M 为 x、y、z 坐标轴上的点时,其坐标分别为

$$(x,0,0),(0,y,0),(0,0,z);$$

(2) 当点 M 为坐标原点时,其坐标为 $(0,0,0)$;

(3) 当点 M 为坐标平面 xOy、yOz、xOz 上的点时,其坐标分别为

$$(x,y,0),(0,y,z),(x,0,z);$$

(4) 当点 M 为八个卦限内的点时,其坐标的符号特征见表 6-1.

表 **6-1**

点的坐标	Ⅰ	Ⅱ	Ⅲ	Ⅳ	Ⅴ	Ⅵ	Ⅶ	Ⅷ
	$x>0$	$x<0$	$x<0$	$x>0$	$x>0$	$x<0$	$x<0$	$x>0$
(x,y,z)	$y>0$	$y>0$	$y<0$	$y<0$	$y>0$	$y>0$	$y<0$	$y<0$
	$z>0$	$z>0$	$z>0$	$z>0$	$z<0$	$z<0$	$z<0$	$z<0$

例 1 说明下列各点在空间直角坐标系里的位置:

$$A(-3,0,0),\ B(2,3,0),\ C(0,2,0),\ D(1,-2,1),\ E(-2,3,-4).$$

解 由空间直角坐标系点的坐标特征,得:点 A 在 x 轴的负半轴上;点 B 在 xOy 坐标面上;点 C 在 y 轴正半轴上;点 D 在第四卦限;点 E 在第六卦限.

例 2 已知点 $M(1,-3,4)$,求点 M 关于三个坐标轴的对称点、关于三个坐标平面的对称点及关于原点的对称点.

解 $M(1,-3,4)$ 关于 x 轴的对称点为 $M_1(1,3,-4)$;关于 y 轴的对称点为 $M_2(-1,-3,-4)$;关于 z 轴的对称点为 $M_3(-1,3,4)$.

$M(1,-3,4)$ 关于 xOy 坐标平面的对称点为 $M_4(1,-3,-4)$;关于 xOz 坐标平面的对称点为 $M_5(1,3,4)$;关于 yOz 坐标平面的对称点为 $M_6(-1,-3,4)$.

$M(1,-3,4)$ 关于原点的对称点为 $M_7(-1,3,-4)$.

在平面直角坐标系中,点 $A(x_1,y_1)$、$B(x_2,y_2)$ 间的距离为

$$|AB|=\sqrt{(x_2-x_1)^2+(y_2-y_1)^2}.$$

点 $P_0(x_0,y_0)$ 为线段 AB 的中点,则

$$x_0=\frac{x_1+x_2}{2},\ y_0=\frac{y_1+y_2}{2}.$$

已知空间两点 $M_1(x_1,y_1,z_1)$ 和 $M_2(x_2,y_2,z_2)$,求 M_1 和 M_2 间的距离 $|M_1M_2|$.

过 M_1 和 M_2 各作 3 个分别垂直于 3 条坐标轴的平面,这 6 个平面围成一个以 M_1M_2 为对角线的长方体(图 6-6).

因为 $\triangle M_1NM_2$ 及 $\triangle M_1PN$ 都是直角三角形,故有

$$|M_1M_2|^2=|M_1N|^2+|NM_2|^2$$

$$=|M_1P|^2+|PN|^2+|NM_2|^2$$

$$=|P_1P_2|^2+|Q_1Q_2|^2+|R_1R_2|^2$$

$$=|x_2-x_1|^2+|y_2-y_1|^2+|z_2-z_1|^2,$$

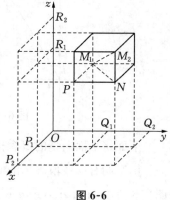

图 **6-6**

所以

$$|M_1M_2|=\sqrt{(x_2-x_1)^2+(y_2-y_1)^2+(z_2-z_1)^2}. \tag{6-1}$$

公式(6-1)称为**空间两点间的距离公式**.

特别地,空间中一点 $M(x,y,z)$ 与原点 O 的距离为

$$|OM|=\sqrt{x^2+y^2+z^2}.$$

例 3   在 x 轴上找一点 P,使它与点 $Q(4,1,2)$ 的距离为 $\sqrt{30}$.

解   因为点 P 在 x 轴上,可设其坐标为 $(x,0,0)$,由公式(6-1),得

$$\sqrt{30}=\sqrt{(4-x)^2+(1-0)^2+(2-0)^2}.$$

化简,得 $\qquad\qquad\qquad\qquad x^2-8x-9=0.$

解方程,得 $\qquad\qquad\qquad\qquad x_1=-1,\ x_2=9.$

故所求的点为 $P_1(-1,0,0)$ 和 $P_2(9,0,0)$.

二、空间向量及其坐标表示

既有大小又有方向的量,称为**向量**,平面向量用平面的一条有向线段表示.在平面直角坐标系中,设 x 轴的单位向量为 $\boldsymbol{i}$,y 轴的单位向量为 $\boldsymbol{j}$,点 $M(x,y)$ 对应向量 $\overrightarrow{OM}=x\boldsymbol{i}+y\boldsymbol{j}$(图 6-7),$x\boldsymbol{i}$、$y\boldsymbol{j}$ 分别叫作向量 $\overrightarrow{OM}$ 沿 x 轴、y 轴方向的**分向量**,并把有序实数对 (x,y) 叫作向量 $\overrightarrow{OM}$ 的坐标.起点 $A(x_1,y_1)$,终点 $B(x_2,y_2)$ 的向量 $\overrightarrow{AB}$ 的坐标为 $\overrightarrow{AB}=(x_2-x_1,y_2-y_1)$.

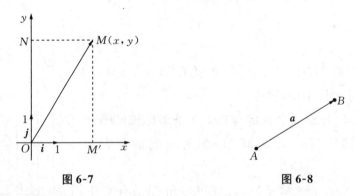

图 6-7   图 6-8

下面将平面向量的概念拓展到空间.

用空间有向线段表示的向量叫作**空间向量**.将以 A 为起点、B 为终点的有向线段,如图 6-8 所示,记作 $\overrightarrow{AB}$(或 $\boldsymbol{a}$①).有向线段的长度叫作向量的**模**,记作 $|\overrightarrow{AB}|$(或 $|\boldsymbol{a}|$),有向线段的方向表示向量的方向.

① 手写时记作 $\vec{a}$.

模等于 1 的向量称为**单位向量**,记作 e,与向量 a 同方向的单位向量通常记作 e_a,且

$$e_a = \frac{a}{|a|}.$$

模等于零的向量称为**零向量**,记作 **0** 或 $\vec{0}$.

如果一组向量用同一起点的有向线段表示后,这些有向线段在同一条直线上,那么称这组向量**共线**;否则称**不共线**.

如果一组向量用同一起点的有向线段表示后,这些有向线段在同一个平面内,那么称这组向量**共面**;否则称**不共面**.

在空间直角坐标系中,设 x 轴的单位向量为 i,y 轴的单位向量为 j,z 轴的单位向量为 k,点 $M(x,y,z)$ 对应向量 $\overrightarrow{OM} = xi + yj + zk$ (图 6-9),把 xi、yj、zk 分别叫作向量 $\overrightarrow{OM}$ 沿 x 轴、y 轴、z 轴方向的**分向量**.并把有序实数对 (x,y,z) 叫作向量 $\overrightarrow{OM}$ 的坐标,记作 $\overrightarrow{OM} = (x,y,z)$.

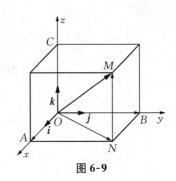

图 6-9

在空间中,起点为点 $M_1(x_1,y_1,z_1)$,终点为点 $M_2(x_2,y_2,z_2)$ 的向量的坐标为

$$\overrightarrow{M_1M_2} = (x_2 - x_1, y_2 - y_1, z_2 - z_1). \qquad (6\text{-}2)$$

因为 $|\overrightarrow{M_1M_2}| = |M_1M_2|$,所以由公式 (6-1),得

$$|\overrightarrow{M_1M_2}| = \sqrt{(x_2 - x_1)^2 + (y_2 - y_1)^2 + (z_2 - z_1)^2}. \qquad (6\text{-}3)$$

在空间中任取一点 O,作有向线段 $\overrightarrow{OA} = a$,$\overrightarrow{OB} = b$,则向量 a 与向量 b 正方向所夹最小正角,称为两向量 a 与 b 的**夹角**,记作 $\langle a,b \rangle$ (图 6-10).向量 a 与 b 的夹角 $\langle a,b \rangle$ 的范围是 $[0,\pi]$.若两个向量 a 和 b 的方向相同或相反,即 $\langle a,b \rangle = 0$ 或 π,则称**向量 a 与 b 平行**,记作 $a // b$.当 $\langle a,b \rangle = \frac{\pi}{2}$ 时,称**向量 a 与 b 垂直**,记作 $a \perp b$.

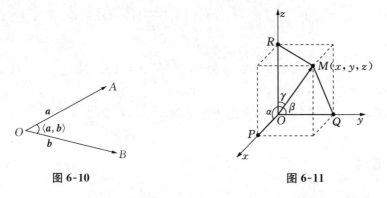

图 6-10　　　　　图 6-11

分别用 α、β、γ 表示非零向量 $\overrightarrow{OM}$ 与 x 轴、y 轴、z 轴之间的夹角,如图 6-11 所示.设

$\overrightarrow{OM}=a$，显然有 $x=|a|\cdot\cos\alpha$，$y=|a|\cdot\cos\beta$，$z=|a|\cdot\cos\gamma$.

非零向量 $\overrightarrow{OM}$ 与 x 轴、y 轴、z 轴之间的夹角 α、β、γ 称为非零向量 $\overrightarrow{OM}=a$ 的三个**方向角**；$\cos\alpha$、$\cos\beta$、$\cos\gamma$ 称为非零向量 $\overrightarrow{OM}$ 的三个**方向余弦**.设 $a=(x,y,z)$，则

$$\cos\alpha=\frac{x}{|a|}=\frac{x}{\sqrt{x^2+y^2+z^2}};\ \cos\beta=\frac{y}{|a|}=\frac{y}{\sqrt{x^2+y^2+z^2}};$$

$$\cos\gamma=\frac{z}{|a|}=\frac{z}{\sqrt{x^2+y^2+z^2}}.$$

显然

$$\cos^2\alpha+\cos^2\beta+\cos^2\gamma=1. \tag{6-4}$$

例 4 如图 6-12 所示，已知点 $M(3,4,5)$，沿 OM 方向的作用力 F 的大小为 10 N.求力 F 在 x、y、z 轴上的分力.

解 设力 F 与 x、y、z 轴正方向的夹角分别为 α、β、γ，由题意，得

$$\overrightarrow{OM}=(3,4,5),$$

则

$$|\overrightarrow{OM}|=\sqrt{3^2+4^2+5^2}=5\sqrt{2},$$

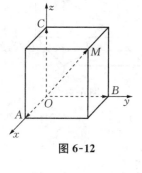

图 6-12

$$\cos\alpha=\frac{x}{|\overrightarrow{OM}|}=\frac{3}{5\sqrt{2}}=\frac{3\sqrt{2}}{10},\ \cos\beta=\frac{y}{|\overrightarrow{OM}|}=\frac{4}{5\sqrt{2}}=\frac{2\sqrt{2}}{5},$$

$$\cos\gamma=\frac{z}{|\overrightarrow{OM}|}=\frac{5}{5\sqrt{2}}=\frac{\sqrt{2}}{2},$$

所以

$$|F_x|=|F|\cos\alpha=10\times\frac{3\sqrt{2}}{10}\text{N}=3\sqrt{2}\ \text{N},$$

$$|F_y|=|F|\cos\beta=10\times\frac{2\sqrt{2}}{5}\text{N}=4\sqrt{2}\ \text{N},$$

$$|F_z|=|F|\cos\gamma=10\times\frac{\sqrt{2}}{2}\text{N}=5\sqrt{2}\ \text{N}.$$

因此，力 F 在 x、y、z 轴上的投影分别为 $3\sqrt{2}$ N、$4\sqrt{2}$ N、$5\sqrt{2}$ N.

习 题 6.1

1. 已知点 $A(2,-1,4)$，求：

（1）点 A 到原点的距离；　　　　（2）点 A 关于 y 轴的对称点；

（3）点 A 关于 yOz 平面的对称点；　　（4）点 A 到 y 轴的距离；

（5）点 A 到 yOz 平面的距离.

2. 设向量 a 与 x 轴、y 轴、z 轴之间的夹角分别为 α、β、γ，且方向余弦分别满足：$\cos\alpha=0$，$\cos\beta=1$，$\cos\gamma=0$. 判断向量 a 与坐标轴及坐标平面之间的关系.

3. 已知空间两点 $P_1(4,\sqrt{2},1)$ 与 $P_2(3,0,2)$，求向量 $\overrightarrow{P_1P_2}$ 的坐标、模、方向余弦及方向角.

6.2　空间向量的运算

一、向量的线性运算

向量的加法、减法与数乘向量运算统称为向量的**线性运算**，其运算的结果仍为向量.

平面向量线性运算的概念及法则，对于空间向量依然成立.

1. 向量的加法

（1）平行四边形法则：$a+b=c$（图 6-13）；

（2）三角形法则（图 6-14）.

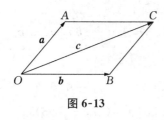

图 6-13

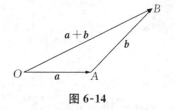

图 6-14

2. 向量的减法

三角形法则：$\overrightarrow{OA}-\overrightarrow{OB}=\overrightarrow{BA}$（图 6-15）或 $a-b=a+(-b)$（图 6-16）.

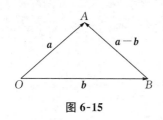

图 6-15

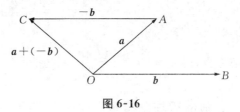

图 6-16

3. 数乘向量

实数 λ 与向量 a 的乘积仍是一个向量，记作 λa，它的模是 $|\lambda a|=|\lambda||a|$，则

（1）$\lambda>0$ 时，λa 与 a 方向一致，且 $|\lambda a|=\lambda|a|$；

(2) $\lambda < 0$ 时,λa 与 a 方向相反,且 $|\lambda a| = |\lambda||a| = -\lambda|a|$;

(3) $\lambda = 0$ 时,$\lambda a = \mathbf{0}$,且 $|\lambda a| = 0$.

由此不难得到以下结论:

$$\text{向量 } \boldsymbol{b} \text{ 与非零向量 } \boldsymbol{a} \text{ 共线} \Leftrightarrow \text{存在唯一实数 } \lambda,\text{使 } \boldsymbol{b} = \lambda \boldsymbol{a}.$$

4. 运算律

(1) 交换律:$a + b = b + a$;

(2) 结合律:$(a + b) + c = a + (b + c)$,$\lambda(\mu a) = (\lambda\mu)a$;

(3) 分配律:$(\lambda + \mu)a = \lambda a + \mu a$,$\lambda(a + b) = \lambda a + \lambda b$.

5. 用坐标表示的向量的线性运算

设向量 $a = (x_1, y_1, z_1)$,$b = (x_2, y_2, z_2)$,则

$$a \pm b = (x_1 \pm x_2, y_1 \pm y_2, z_1 \pm z_2);\tag{6-5}$$

$$\lambda a = (\lambda x_1, \lambda y_1, \lambda z_1).\tag{6-6}$$

6. 共线向量

设向量 $a = (x_1, y_1, z_1)$,$b = (x_2, y_2, z_2)$,则由 $a // b \Leftrightarrow b = \lambda a$,得

$$a // b \Leftrightarrow \frac{x_1}{x_2} = \frac{y_1}{y_2} = \frac{z_1}{z_2}.\tag{6-7}$$

例 1   设向量 $a = (3, -4, 5)$,$b = (-2, -1, 3)$,求 $a + 2b$,$3a - 4b$.

解

$$a + 2b = (3, -4, 5) + 2(-2, -1, 3) = (-1, -6, 11).$$

$$3a - 4b = 3(3, -4, 5) - 4(-2, -1, 3) = (17, -8, 3).$$

例 2   已知向量 $a = (-1, 2, m)$,$b = (2, n, -1)$,且 $a // b$,求 m、n 的值.

解   依题意,得

$$\frac{-1}{2} = \frac{2}{n} = \frac{m}{-1}.$$

解方程,得 $n = -4$,$m = \dfrac{1}{2}$.

二、数量积与向量积

1. 数量积

平面向量数量积的概念可以推广到空间向量.

一般地,设 a、b 为两个空间向量,它们的模与夹角的余弦之积称为向量 a 与 b 的**数**

量积(或点积、内积),记作 $a \cdot b$.即

$$a \cdot b = |a| |b| \cos\langle a, b \rangle. \tag{6-8}$$

对于空间向量,下面几个重要结论同样成立:

(1) $a \cdot a = |a|^2$;

(2) $\cos\langle a, b \rangle = \dfrac{a \cdot b}{|a| |b|}$;

(3) $a \perp b \Leftrightarrow a \cdot b = 0$($a$、$b$ 为非零向量).

空间向量的数量积满足以下运算律:

(1) 交换律:$a \cdot b = b \cdot a$;

(2) 结合律:$(\lambda a) \cdot b = a \cdot (\lambda b) = \lambda(a \cdot b)$;

(3) 分配律:$(a + b) \cdot c = a \cdot c + b \cdot c$.

设有两个向量 $a = (x_1, y_1, z_1)$ 与 $b = (x_2, y_2, z_2)$,则

$$a \cdot b = x_1 x_2 + y_1 y_2 + z_1 z_2. \tag{6-9}$$

并有以下重要结论:

$$a \cdot a = |a|^2 = x_1^2 + y_1^2 + z_1^2; \tag{6-10}$$

$$a \perp b \Leftrightarrow a \cdot b = 0 \Leftrightarrow x_1 x_2 + y_1 y_2 + z_1 z_2 = 0; \tag{6-11}$$

$$\cos\langle a, b \rangle = \frac{a \cdot b}{|a| |b|} = \frac{x_1 x_2 + y_1 y_2 + z_1 z_2}{\sqrt{x_1^2 + y_1^2 + z_1^2} \cdot \sqrt{x_2^2 + y_2^2 + z_2^2}}. \tag{6-12}$$

例 3　求向量 $a = \{-2, 1, 2\}$ 和 $b = \{-1, -1, 4\}$ 的夹角.

解　因为 $a \cdot b = (-2) \times (-1) + 1 \times (-1) + 2 \times 4 = 9$,

$$|a| = \sqrt{(-2)^2 + 1^2 + 2^2} = 3, \ |b| = \sqrt{(-1)^2 + (-1)^2 + 4^2} = 3\sqrt{2},$$

$$\cos\langle a, b \rangle = \frac{a \cdot b}{|a| |b|} = \frac{9}{3 \times 3\sqrt{2}} = \frac{\sqrt{2}}{2},$$

所以向量 $a = \{-2, 1, 2\}$ 和 $b = \{-1, -1, 4\}$ 的夹角 $\langle a, b \rangle = \dfrac{\pi}{4}$.

例 4　设 $|a| = 3$,$|b| = 2$,$\langle a, b \rangle = \dfrac{\pi}{3}$,求 $|a - b|$.

解

$$|a - b| = \sqrt{(a - b)^2} = \sqrt{a^2 - a \cdot b - b \cdot a + b^2} = \sqrt{|a|^2 - 2a \cdot b + |b|^2},$$

而

$$a \cdot a = |a|^2 = 9, \ b \cdot b = |b|^2 = 4, \ a \cdot b = |a| |b| \cos\langle a, b \rangle = 3,$$

所以

$$|a-b|=\sqrt{4-6+9}=\sqrt{7}.$$

2. 向量积

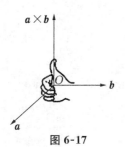

图 6-17

设 a、b 为两个向量,若向量 c 满足:

(1) $|c|=|a||b|\sin\langle a,b\rangle$;

(2) c 垂直于 a、b 所决定的平面,它的正方向符合右手法则(图 6-17).

则向量 c 称为向量 a 与 b 的**向量积**(或**叉积、外积**),记作 $a\times b$,即 $c=a\times b$.

向量积 $a\times b$ 的模 $|a\times b|$,在几何上表示以 a、b 为邻边的平行四边形的面积 $S_\square$,如图 6-18 所示,即

$$S_\square=|a\times b|.$$

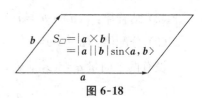

图 6-18

由定义,得

$$a\ /\!/\ b\Leftrightarrow a\times b=0. \tag{6-13}$$

向量积满足下列运算律:

(1) 反交换律: $a\times b=-b\times a$(无交换律);

(2) 结合律: $(\lambda a)\times b=\lambda(a\times b)=a\times(\lambda b)$;

(3) 分配律: $(a+b)\times c=a\times c+b\times c$.

设 $a=(x_1,y_1,z_1)$ 与 $b=(x_2,y_2,z_2)$,则

$$a\times b=(x_1 i+y_1 j+z_1 k)\times(x_2 i+y_2 j+z_2 k)$$
$$=x_1 x_2 i\times i+x_1 y_2 i\times j+x_1 z_2 i\times k+y_1 x_2 j\times i+y_1 y_2 j\times j+y_1 z_2 j\times k+$$
$$z_1 x_2 k\times i+z_1 y_2 k\times j+z_1 z_2 k\times k.$$

由于

$$i\times i=j\times j=k\times k=0,$$
$$i\times j=k,\ j\times k=i,\ k\times i=j,$$
$$j\times i=-k,\ k\times j=-i,\ i\times k=-j,$$

因此

$$a\times b=(y_1 z_2-z_1 y_2)i-(x_1 z_2-z_1 x_2)j+(x_1 y_2-y_1 x_2)k.$$

为了帮助记忆,利用二阶行列式[①],即上式可写成

---

① 二阶行列式 $\begin{vmatrix} a & b \\ c & d \end{vmatrix}=ad-bc$,具体内容会在第 10 章详细介绍.

$$a \times b = \begin{vmatrix} y_1 & z_1 \\ y_2 & z_2 \end{vmatrix} i - \begin{vmatrix} x_1 & z_1 \\ x_2 & z_2 \end{vmatrix} j + \begin{vmatrix} x_1 & y_1 \\ x_2 & y_2 \end{vmatrix} k. \tag{6-14}$$

即

$$a \times b = ((y_1 z_2 - z_1 y_2), \ -(x_1 z_2 - z_1 x_2), \ (x_1 y_2 - y_1 x_2)). \tag{6-15}$$

例 5 已知 $a = (2, 3, 1)$, $b = (-2, 1, 4)$, 求 $a \times b$.

解 $a \times b = \begin{vmatrix} 3 & 1 \\ 1 & 4 \end{vmatrix} i - \begin{vmatrix} 2 & 1 \\ -2 & 4 \end{vmatrix} j + \begin{vmatrix} 2 & 3 \\ -2 & 1 \end{vmatrix} k = 11i - 10j + 8k = (11, -10, 8)$.

例 6 已知 $|a| = 1$, $|b| = 2$, a 与 b 的夹角为 $\frac{\pi}{6}$, 求 $|(a - b) \times (a + 2b)|$.

解 由向量积的分配律, 知

$$\begin{aligned} (a - b) \times (a + 2b) &= (a - b) \times a + (a - b) \times 2b \\ &= a \times a - b \times a + 2a \times b - 2b \times b \\ &= 3a \times b, \end{aligned}$$

根据向量积模长的定义, 可以计算出

$$|(a - b) \times (a + 2b)| = 3|a \times b| = 3|a||b|\sin\langle a, b \rangle = 3 \times 2 \times \frac{1}{2} = 3.$$

习 题 6.2

1. 设向量 $a = (2, -1, 3)$, $b = (-2, -4, 1)$, 求 $2a - 3b$, $e_{(2a-3b)}$, $|a| - |b|$, $|a - b|$.

2. 已知空间三点: $A(1, 1, 1)$, $B(3, -2, -1)$, $C(2, -1, 1)$, 求

(1) $\overrightarrow{AB}$ 与 $\overrightarrow{AC}$ 的数量积；　　(2) $\overrightarrow{AB}$ 与 $\overrightarrow{AC}$ 的夹角.

3. 计算以下各组向量的数量积.

(1) $a = (1, 2, 3)$ 与 $b = (3, 2, 1)$；(2) $a = (4, -3, 4)$ 与 $b = (2, 2, 1)$.

4. 填空题.

(1) 设 $a = \{1, 5, 2\}$, $b = \{3, -1, 2\}$, 则 $2a + 3b = $ _____.

(2) 设向量 a, b 满足 $|a \times b| = 3$, 则 $|(a + b) \times (a - b)| = $ _____.

(3) 设向量 $a = \{1, 2, 1\}$ 与向量 $b = \{2, 1, k\}$ 垂直, 则 $k = $ _____.

5. 设 $a = \{3, -1, -2\}$, $b = \{1, 2, -1\}$, 求 $a \cdot b$ 及 $\langle a, b \rangle$.

6. 设 $a = \{1, 1, 1\}$, $b = \{3, -2, 1\}$, 求 $a \times b$.

7. 求同时垂直于 $a = \{2, 2, 1\}$ 和 $b = \{4, 5, 3\}$ 的单位向量.

*8. 设向量 $a = \{2, 1, 0\}$, $b = \{-1, 0, 2\}$, 求以 a, b 为邻边的平行四边形面积.

6.3　平面及其方程

一、平面的点法式方程

首先回顾2条立体几何中的相关知识:

(1) 如果直线 l 与平面 π 垂直,那么直线 l 垂直于平面 π 内的所有直线;

(2) 过直线 l 上的一个点 P,有唯一确定的一个平面 π 与直线 l 垂直.

与平面 π 垂直的非零向量 $\boldsymbol{n}$ 叫作**平面 π 的法向量**.

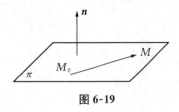

图 6-19

显然,平面的法向量不是唯一的.

在空间直角坐标系中,设平面 π 过点 $M_0(x_0, y_0, z_0)$,其法向量为 $\boldsymbol{n}=(A, B, C)$,点 $M(x, y, z)$ 为平面 π 上任意一点(图 6-19),因为向量 $\boldsymbol{n}\perp$ 平面 π,$\overrightarrow{M_0M}\subseteq$ 平面 π,所以 $\boldsymbol{n}\perp\overrightarrow{M_0M}$. 由向量垂直的充要条件知 $\boldsymbol{n}\cdot\overrightarrow{M_0M}=0$,而 $\overrightarrow{M_0M}=(x-x_0, y-y_0, z-z_0)$,因此有

$$A(x-x_0)+B(y-y_0)+C(z-z_0)=0.$$

三元一次方程

$$A(x-x_0)+B(y-y_0)+C(z-z_0)=0(A, B, C \text{ 不全为 } 0) \qquad (6\text{-}16)$$

称为**平面的点法式方程**.其中向量 $\boldsymbol{n}=(A, B, C)$ 为平面的一个法向量,点 $M_0(x_0, y_0, z_0)$ 为平面内的一个点.

例 1　已知平面过点 $M(1, -1, 2)$,其法向量为 $\boldsymbol{n}=(4, 3, -2)$,求该平面的方程.

解　由平面的点法式方程得所求平面方程为

$$4(x-1)+3(y+1)-2(z-2)=0,$$

即所求平面方程为

$$4x+3y-2z+3=0.$$

图片:例1彩图

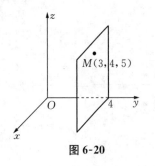

图 6-20

例 2　求过点 $M(3, 4, 5)$ 且与 y 轴垂直的平面方程(图 6-20).

解　取法向量 $\boldsymbol{n}=\boldsymbol{j}=(0, 1, 0)$,则所求平面方程为

$$0\cdot(x-3)+1\cdot(y-4)+0\cdot(z-5)=0,$$

即

$$y=4.$$

.

二、平面的一般式方程

将平面的点法式方程 $A(x-x_0)+B(y-y_0)+C(z-z_0)=0$ 化简,得

$$Ax+By+Cz+(-Ax_0-By_0-Cz_0)=0,$$

其中,$-Ax_0-By_0-Cz_0$ 为常数.设 $D=-Ax_0-By_0-Cz_0$,则

$$Ax+By+Cz+D=0(A,B,C \text{ 不全为 } 0). \tag{6-17}$$

方程(6-17) 称为**平面的一般式方程**.

不难看出,若一个平面的方程为 $Ax+By+Cz+D=0$,则它的一个法向量为

$$\boldsymbol{n}=(A,B,C).$$

例 3　求过 $A(a,0,0)$,$B(0,b,0)$,$C(0,0,c)$ 的平面方程(图 6-21).

解　设所求平面方程为 $Ax+By+Cz+D=0$,则

$$\begin{cases} Aa+D=0, \\ Bb+D=0, \\ Cc+D=0. \end{cases}$$

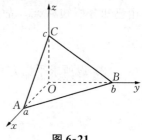

图 6-21

解方程组,得 $A=-\dfrac{D}{a}$,$B=-\dfrac{D}{b}$,$C=-\dfrac{D}{c}$,

于是所求平面方程为 $-\dfrac{D}{a}x-\dfrac{D}{b}y-\dfrac{D}{c}z+D=0.$

由于平面不过原点,故 $D\neq 0$,故所求平面方程为

$$\frac{x}{a}+\frac{y}{b}+\frac{z}{c}=1.$$

说明　方程 $\dfrac{x}{a}+\dfrac{y}{b}+\dfrac{z}{c}=1$ 反映了平面在坐标轴上的截距,称为**平面的截距式方程**.根据截距式方程很容易画出该平面的图像.

当方程 $Ax+By+Cz+D=0$ 的系数取特殊值时,分析平面的对应空间位置,发现:

当系数 $A=0$ 时,方程为 $By+Cz+D=0$,法向量为 $\boldsymbol{n}=(0,B,C)$ 垂直于 x 轴,故方程表示平行于 x 轴的平面.同样,系数 $B=0$ 时,方程表示平行于 y 轴的平面;系数 $C=0$ 时,方程表示平行于 z 轴的平面.

当系数 $D=0$ 时,方程为 $Ax+By+Cz=0$,表示经过坐标原点的平面.

当 $A=B=0$ 时,方程为 $Cz+D=0$,其法向量 $\boldsymbol{n}=(0,0,C)$ 同时垂直于 x 轴与 y 轴,故该方程表示平行于 xOy 面的平面.

例 4　指出下列平面的位置特点.

(1) $x-y+z=0$；   (2) $4y-3z=0$；

(3) $y=2$；   (4) $x-2y+1=0$.

解 (1) 方程 $x-y+z=0$ 中，$D=0$，所以方程表示过原点的平面.

(2) 方程 $4y-3z=0$ 中，$A=D=0$，所以方程表示过 x 轴和原点的平面.

(3) 方程 $y=2$ 中，$A=C=0$，所以方程表示与 xOz 坐标面平行的平面.

(4) 方程 $x-2y+1=0$ 中，$C=0$，所以方程表示平行于 z 轴的平面.

例 5 求满足下列条件的平面方程.

(1) 经过点 $M(1,-1,1)$ 和 z 轴；

(2) 经过点 $M(1,0,-1)$、$N(0,1,1)$，且平行于 y 轴.

解 (1) 设所求平面方程为 $Ax+By=0$，又该平面过点 $M(1,-1,1)$，于是有

$$A-B=0, 即 A=B,$$

所以所求平面方程为 $Ax+Ay=0.$

由已知分析知 $A\neq0$，故所求平面方程为

$$x+y=0.$$

(2) 设所求平面方程为 $Ax+Cz+D=0$，则

$$\begin{cases} A-C+D=0, \\ C+D=0. \end{cases}$$

解方程组，得 $C=-D,\ A=-2D.$

故所求平面方程为

$$-2Dx-Dz+D=0.$$

由已知分析得 $D\neq0$，因此所求平面方程为 $2x+z-1=0$.

例 6 求平面 $2x-3y+4z-12=0$ 与三个坐标平面所围成的空间立体的体积.

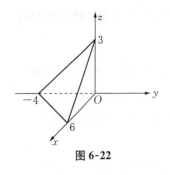

图 6-22

解 原方程可化为

$$\frac{x}{6}+\frac{y}{-4}+\frac{z}{3}=1.$$

故平面在 x、y、z 轴的截距依次为 6、-4、3(图 6-22).
故所求空间立体的体积为

$$V=\frac{1}{3}\times\frac{1}{2}\times|6|\times|-4|\times|3|=12.$$

在平面解析几何中，点 (x_0,y_0) 到直线 $Ax+By+C=0$ 的距离公式为

$$d=\frac{|Ax_0+By_0+C|}{\sqrt{A^2+B^2}}.$$

在空间解析几何中,也有类似的点 $P_0(x_0, y_0, z_0)$ 到平面 $\pi: Ax+By+Cz+D=0$ 的距离公式:

$$d=\frac{|Ax_0+By_0+Cz_0+D|}{\sqrt{A^2+B^2+C^2}}. \tag{6-18}$$

例 7　求点 $P(1, 2, 1)$ 到平面 $2x+3y-4z+1=0$ 的距离.

解　由点到平面的距离公式,得

$$d=\frac{|2\times1+3\times2-4\times1+1|}{\sqrt{2^2+3^2+(-4)^2}}=\frac{5}{29}\sqrt{29}.$$

所以点 $P(1, 2, 1)$ 到平面 $2x+3y-4z+1=0$ 的距离为 $\frac{5}{29}\sqrt{29}$.

习　题　6.3

1. 求满足下列条件的平面方程.

(1) 过原点且与向量 $\boldsymbol{n}=(1, 1, -1)$ 垂直的平面;

(2) 过点 $(1, -1, -1)$ 且与向量 $\boldsymbol{n}=(-2, 1, -1)$ 垂直的平面;

(3) 过点 $(1, -1, -1)$ 且与 x 轴垂直的平面;

(4) 过原点且与平面 $2(x-1)-3(y+2)+4(z-3)=0$ 平行的平面.

2. 求满足下列条件的平面方程.

(1) 过点 $(1, 1, -1)$ 及 x 轴的平面;

(2) 过点 $(1, 1, -1)$ 且与平面 $2x+3y-z-3=0$ 平行的平面.

3. 求点 $(1, 1, -1)$ 到平面 $2x+3y-z-3=0$ 的距离.

4. 平面 $\pi_1: 2x+3y+4z+1=0$ 与 $\pi_2: 2x-3y+4z-1=0$ 的位置关系是(　　).

A. 重合　　　　　　　　　　B. 相交且垂直

C. 平行　　　　　　　　　　D. 相交但不垂直、不重合

6.4　空间直线及其方程

一、空间直线的方程

1. 直线的一般式方程

如果两个平面有一个公共点,那么它们一定还有其他公共点,并且所有的公共点的集合是过这个点的一条直线.

空间直线可以看作是两个平面的交线,因此可以用联立两个平面方程组成的方程组

来表示空间直线.

一般地，由平面 $\pi_1: A_1x + B_1y + C_1z + D_1 = 0$ 与平面 $\pi_2: A_2x + B_2y + C_2z + D_2 = 0$ 相交而成的直线方程可以由方程组

$$\begin{cases} A_1x + B_1y + C_1z + D_1 = 0, \\ A_2x + B_2y + C_2z + D_2 = 0 \end{cases} \tag{6-19}$$

表示，方程组(6-19)称为**直线的一般式方程**.

例如：直线

$$\begin{cases} 2x + y - z + 1 = 0, \\ x - y + z - 3 = 0 \end{cases}$$

图片：直线图

表示平面 $2x + y - z + 1 = 0$ 与平面 $x - y + z - 3 = 0$ 的交线.

2. 直线的点向式方程

与直线平行(共线)的非零向量称为直线的**方向向量**.

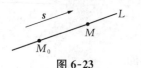

图 6-23

设已知直线 L 过点 $M_0(x_0, y_0, z_0)$，其方向向量为 $s = (m, n, p)$，$M(x, y, z)$ 为直线 L 上任意一点(图 6-23)，则

$$\overrightarrow{M_0M} /\!/ s,$$

而 $\overrightarrow{M_0M} = (x - x_0, y - y_0, z - z_0)$，于是

$$\frac{x - x_0}{m} = \frac{y - y_0}{n} = \frac{z - z_0}{p}. \tag{6-20}$$

方程(6-20)称为**直线的点向式方程**.

说明   当方程(6-20)中的个别分母为零时，相应的分子也为零.

例如，$m = 0$，$n \neq 0$，$p \neq 0$ 时，直线方程为

$$\frac{x - x_0}{0} = \frac{y - y_0}{n} = \frac{z - z_0}{p}.$$

此时该方程应理解成直线方程为

$$\begin{cases} x - x_0 = 0, \\ \dfrac{y - y_0}{n} = \dfrac{z - z_0}{p}. \end{cases}$$

再如 $m = 0$，$n = 0$，$p \neq 0$ 时，直线方程为

$$\frac{x - x_0}{0} = \frac{y - y_0}{0} = \frac{z - z_0}{p}.$$

此时该方程应理解成直线方程为

$$\begin{cases} x - x_0 = 0, \\ y - y_0 = 0. \end{cases}$$

例 1　求下列直线的方程.

(1) 过点 $A(1, 2, 3)$, $B(-1, 1, -1)$ 的直线方程;

(2) 过点 $M(0, 2, 3)$, 且与直线 $L_1 : \dfrac{x-1}{3} = \dfrac{y+1}{2} = \dfrac{z-2}{-1}$ 平行的直线方程;

(3) 过点 $P(-2, 1, 3)$, 且与平面 $\pi : 3x - 2y - z + 1 = 0$ 垂直的直线方程.

解　(1) 取方向向量 $\boldsymbol{s} = \overrightarrow{BA} = (2, 1, 4)$, 所求直线方程为

$$\frac{x-1}{2} = \frac{y-2}{1} = \frac{z-3}{4}.$$

(2) 取方向向量 $\boldsymbol{s} = (3, 2, -1)$, 所求直线方程为

$$\frac{x}{3} = \frac{y-2}{2} = \frac{z-3}{-1}.$$

(3) 因为所求直线与平面 $\pi : 3x - 2y - z + 1 = 0$ 垂直, 所以取方向向量 $\boldsymbol{s} = (3, -2, -1)$, 所求直线方程为

$$\frac{x+2}{3} = \frac{y-1}{-2} = \frac{z-3}{-1}.$$

3. 直线的参数方程

如果在方程 (6-20) 中, 令 $\dfrac{x-x_0}{m} = \dfrac{y-y_0}{n} = \dfrac{z-z_0}{p} = t$, 就得到**直线的参数方程**:

$$\begin{cases} x = x_0 + mt, \\ y = y_0 + nt, \quad (t \text{ 为参数}). \\ z = z_0 + pt \end{cases} \tag{6-21}$$

该方程表示过点 $M_0(x_0, y_0, z_0)$, 且方向向量为 $\boldsymbol{s} = (m, n, p)$ 的直线.

例 2　已知直线 $L : \begin{cases} 2x + y - z + 3 = 0, \\ 3x - 2y + z + 1 = 0. \end{cases}$

(1) 将该方程化为点向式方程和参数方程;

(2) 求该直线的一个方向向量;

(3) 求过点 $A(2, 1, 1)$ 且与 L 垂直的平面的方程.

解　(1) 从方程组

$$\begin{cases} 2x + y - z + 3 = 0, \\ 3x - 2y + z + 1 = 0 \end{cases}$$

消去 z,得

$$5x - y + 4 = 0.$$

解得

$$x = \frac{y-4}{5}.$$

从方程组

$$\begin{cases} 2x + y - z + 3 = 0, \\ 3x - 2y + z + 1 = 0 \end{cases}$$

消去 y,得

$$7x - z + 7 = 0.$$

解得

$$x = \frac{z-7}{7}.$$

于是,直线 L 的点向式方程为

$$\frac{x}{1} = \frac{y-4}{5} = \frac{z-7}{7}.$$

令 $\dfrac{x}{1} = \dfrac{y-4}{5} = \dfrac{z-7}{7} = t$,则直线的参数方程为

$$\begin{cases} x = t, \\ y = 4 + 5t, \ (t \ \text{为参数}). \\ z = 7 + 7t \end{cases}$$

(2) 由直线的点向式方程知,直线的一个方向向量为

$$\boldsymbol{s} = (1,\ 5,\ 7).$$

(3) 取 $\boldsymbol{n} = \boldsymbol{s} = (1,\ 5,\ 7)$,则所求平面方程为

$$(x-2) + 5(y-1) + 7(z-1) = 0,$$

即

$$x + 5y + 7z - 14 = 0.$$

二、直线与直线位置关系的判定

设直线 L_1 的方向向量 $\boldsymbol{s}_1 = (m_1,\ n_1,\ p_1)$,直线 L_2 的方向向量 $\boldsymbol{s}_2 = (m_2,\ n_2,\ p_2)$,则

(1) L_1 与 L_2 平行 $\Leftrightarrow \boldsymbol{s}_1 /\!/ \boldsymbol{s}_2 \Leftrightarrow \dfrac{m_1}{m_2} = \dfrac{n_1}{n_2} = \dfrac{p_1}{p_2}$,且不过同一点;

(2) L_1 与 L_2 重合 $\Leftrightarrow \dfrac{m_1}{m_2} = \dfrac{n_1}{n_2} = \dfrac{p_1}{p_2}$,且过同一点;

(3) L_1 与 L_2 垂直 $\Leftrightarrow \boldsymbol{s}_1 \perp \boldsymbol{s}_2 \Leftrightarrow m_1 m_2 + n_1 n_2 + p_1 p_2 = 0$.

例 3 判别直线 $L: \dfrac{x-1}{2} = \dfrac{y+1}{3} = \dfrac{z-2}{-1}$ 与下列各直线的位置关系.

(1) $L_1: \dfrac{x-2}{2} = \dfrac{y+2}{-1} = \dfrac{z-3}{1}$；　　　　(2) $L_2: \dfrac{x-1}{3} = \dfrac{y+1}{-2} = \dfrac{z-2}{1}$.

解 (1) 因为 $\boldsymbol{s} = (2, 3, -1)$，$\boldsymbol{s}_1 = (2, -1, 1)$，且 $2 \times 2 + 3 \times (-1) + (-1) \times 1 = 0$，所以 $L_1 \perp L$.

(2) 因为 $\boldsymbol{s} = (2, 3, -1)$，$\boldsymbol{s}_2 = (3, -2, 1)$，且 $\dfrac{2}{3} \neq \dfrac{3}{-2}$，$2 \times 3 + 3 \times (-2) + (-1) \times 1 = -1 \neq 0$.

又直线 L、L_2 都过点 $(1, -1, 2)$，所以直线 L 与直线 L_2 斜交.

三、两条直线的夹角

立体几何中曾研究过空间两条直线的夹角. 对于两条相交直线来说，其夹角是这两条直线相交所成的最小的正角；对于两条异面直线来说，其夹角是经过空间任意一点分别作与两条异面直线平行的直线的夹角. 两条直线的夹角范围是 $\left[0, \dfrac{\pi}{2}\right]$.

和立体几何类似，两直线的方向向量所夹的 $\left[0, \dfrac{\pi}{2}\right]$ 范围的角称为**两直线的夹角**.

两条直线平行或重合时其夹角规定为 0；两条直线垂直时其夹角为 $\dfrac{\pi}{2}$.

设直线 L_1 的方向向量 $\boldsymbol{s}_1 = (m_1, n_1, p_1)$，直线 L_2 的方向向量 $\boldsymbol{s}_2 = (m_2, n_2, p_2)$，$L_1$ 与 L_2 的夹角为 θ，则

$$\cos\theta = |\cos\langle \boldsymbol{s}_1, \boldsymbol{s}_2\rangle| = \frac{|\boldsymbol{s}_1 \cdot \boldsymbol{s}_2|}{|\boldsymbol{s}_1||\boldsymbol{s}_2|}$$
$$= \frac{|m_1 m_2 + n_1 n_2 + p_1 p_2|}{\sqrt{m_1^2 + n_1^2 + p_1^2} \cdot \sqrt{m_2^2 + n_2^2 + p_2^2}}. \tag{6-22}$$

例 4 求直线 $L_1: \dfrac{x+1}{2} = \dfrac{y-2}{-2} = \dfrac{z+1}{3}$ 与直线 $L_2: \dfrac{1-x}{2} = \dfrac{y+2}{1} = \dfrac{z-2}{2}$ 的夹角.

解 因为 L_2 可化为 $\dfrac{x-1}{-2} = \dfrac{y+2}{1} = \dfrac{z-2}{2}$，所以

$$\boldsymbol{s}_1 = (2, -2, 3), \quad \boldsymbol{s}_2 = (-2, 1, 2),$$

于是　　　　　$\cos\theta = \dfrac{|2 \times (-2) + (-2) \times 1 + 3 \times 2|}{\sqrt{2^2 + (-2)^2 + 3^2} \times \sqrt{(-2)^2 + 1^2 + 2^2}} = 0$.

又 $\theta \in \left[0, \dfrac{\pi}{2}\right]$，所以 $\theta = \dfrac{\pi}{2}$，即两直线的夹角为 $\dfrac{\pi}{2}$.

习 题 6.4

1. 求满足下列条件的直线方程.

(1) 过原点且与向量 $s=(1,-1,-1)$ 平行的直线;

(2) 过点 $(1,-1,1)$ 且与平面 $2x-y+z+1=0$ 垂直的直线;

(3) 过点 $(1,-1,1)$ 且与 z 轴平行的直线.

2. 求过点 $(1,-1,1)$ 且与直线 $\begin{cases} x+y-z+1=0, \\ x-y-2z-2=0 \end{cases}$ 平行的直线.

3. 求过点 $(1,-1,1)$ 且与直线 $\begin{cases} x+y-z+1=0, \\ x-y-2z-2=0 \end{cases}$ 垂直的平面.

4. 判别直线 $L:\dfrac{x-2}{3}=\dfrac{y+1}{-1}=\dfrac{z-2}{-2}$ 与下列各直线的位置关系.

(1) $L_1:\dfrac{x-1}{-6}=\dfrac{y+1}{2}=\dfrac{z-1}{4}$;

(2) $L_2:\dfrac{x-1}{2}=\dfrac{y+1}{-2}=\dfrac{z-2}{4}$;

(3) $L_3:x-2=\dfrac{y+1}{-3}=\dfrac{z-2}{2}$.

5. 求直线 $L_1:\dfrac{x-1}{1}=\dfrac{y}{-4}=\dfrac{z+3}{1}$ 与直线 $L_2:\dfrac{x}{2}=\dfrac{y+2}{-2}=\dfrac{z}{-1}$ 的夹角.

6. 求直线 $L_1:\dfrac{x-2}{-7}=\dfrac{y}{-2}=\dfrac{z+1}{8}$ 与直线 $L_2:\begin{cases} 2x-3y+z-6=0, \\ 4x-2y+3z+9=0 \end{cases}$ 的夹角.

6.5 二次曲面与空间曲线

一、常见的二次曲面及其方程

日常生活中,经常会看到一些曲面.如图 6-24 所示,其中有吃饭用的碗、卫星接收天线、太阳能灶、锅、发电厂的散热塔、国家大剧院的屋顶等.这些曲面是怎么设计出来的?它们有哪些数学特征? 这就是下面要研究的问题.

任何曲面都可以看作点的轨迹.如果空间曲面 Σ 上任意一点的坐标 (x,y,z) 都满足方程 $F(x,y,z)=0$,而满足 $F(x,y,z)=0$ 的点 (x,y,z) 都在曲面 Σ 上,则称 $F(x,y,z)=0$ 为曲面 Σ 的方程,称曲面 Σ 为方程 $F(x,y,z)=0$ 的图形.若方程是二次方程,则所表示的曲面称为二次曲面.这里主要研究几种常见的二次曲面.

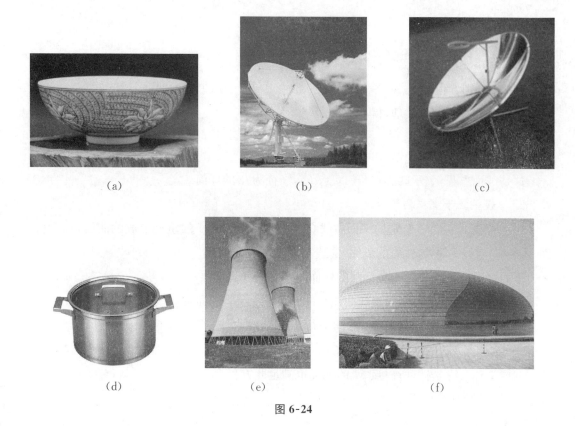

(a)　　　　(b)　　　　(c)

(d)　　　　(e)　　　　(f)

图 6-24

1. 球面

在空间中,到定点的距离为定长的点的轨迹为**球面**.其中定点称为**球心**,定长称为**半径**.

设点 $P(x_0, y_0, z_0)$ 为球心,R 为半径,$M(x, y, z)$ 为球面上任意一点(图 6-25),则由 $|MP|=R$,得

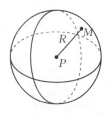

$$\sqrt{(x-x_0)^2+(y-y_0)^2+(z-z_0)^2}=R.$$

图 6-25

于是得到球面方程为

$$(x-x_0)^2+(y-y_0)^2+(z-z_0)^2=R^2. \tag{6-23}$$

特别地,当球心在原点,半径为 R 时,球面方程为

$$x^2+y^2+z^2=R^2.$$

例 1　已知点 $A(1, -2, 2)$、$B(3, -2, 4)$,求以线段 AB 为直径的球面方程.

解　球心为线段 AB 的中点,故其坐标为 $(2, -2, 3)$.半径为

$$\frac{1}{2}|AB|=\frac{1}{2}\sqrt{(3-1)^2+(-2+2)^2+(4-2)^2}=\sqrt{2}.$$

所以,球面方程为

$$(x-2)^2+(y+2)^2+(z-3)^2=2.$$

例 2　判别方程 $x^2+y^2+z^2+2x-2y-1=0$ 表示怎样的曲面?

解　将原方程配方整理,得

$$(x+1)^2+(y-1)^2+z^2=3.$$

这是球面方程,表示球心在 $(-1,1,0)$,半径为 $\sqrt{3}$ 的球面.

2. 母线平行于坐标轴的柱面

将一直线 L 沿某一给定的平面曲线 C 平行移动,直线 L 的轨迹形成的曲面,称为**柱面**.其中,动直线 L 称为柱面的**母线**,曲线 C 称为柱面的**准线**.

下面仅讨论母线平行于坐标轴的柱面.

设柱面的准线是 xOy 面上的曲线 $C:F(x,y)=0$,柱面的母线平行于 z 轴,在柱面上任取一点 $M(x,y,z)$,过点 M 作平行于 z 轴的直线,交曲线 C 于点 $M_1(x,y,0)$ (图 6-26).故点 M_1 的坐标满足方程 $F(x,y)=0$,因为方程不含变量 z,而点 M 与 M_1 有相同的横坐标与纵坐标,所以点 M 的坐标也满足此方程.因此,方程 $F(x,y)=0$ 就是母线平行于 z 轴的柱面方程.

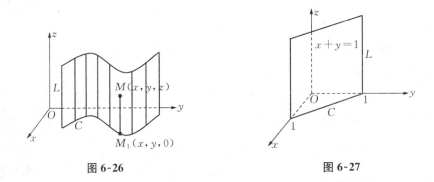

图 6-26　　　　　　　　　图 6-27

例如,方程 $x+y=1$ 表示母线平行于 z 轴,在 xOy 面上的准线为 $x+y=1$ 的柱面 (平面)方程,如图 6-27 所示.

可以看出,母线平行于 z 轴的柱面的方程中不含变量 z.

同理,不含 y 的方程 $F(x,z)=0$ 或不含 x 的方程 $F(y,z)=0$,分别表示母线平行于 y 轴或 x 轴的柱面方程.

方程 $x^2+y^2=R^2$ 表示母线平行于 z 轴,准线为 xOy 平面上的圆 $x^2+y^2=R^2$ 的柱面方程,此柱面称为**圆柱面**(图 6-28);方程 $\dfrac{z^2}{a^2}+\dfrac{y^2}{b^2}=1(a>b>0)$ 表示母线平行于 x 轴,准线为 yOz 平面上的椭圆的柱面方程,称为**椭圆柱面**(图 6-29);方程 $y=x^2$ 表示母线平行

于 z 轴,准线为 xOy 平面上的抛物线的柱面方程,称为**抛物柱面**(图 6-30).

微视频:圆柱面
演示

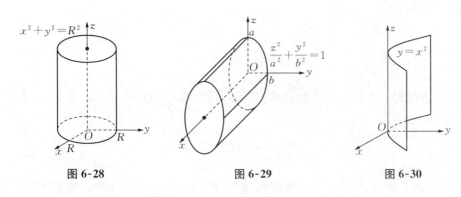

图 6-28　　　　　　　　图 6-29　　　　　　　　图 6-30

下面将几种常见柱面的方程和图像(以母线平行于 z 轴为例)列表,见表 6-2.

表 6-2

名称	圆柱面	椭圆柱面	抛物柱面	双曲柱面
准线方程	$\begin{cases} (x-h)^2 + (y-k)^2 = R^2, \\ z=0 \end{cases}$	$\begin{cases} \dfrac{x^2}{a^2} + \dfrac{y^2}{b^2} = 1, \\ z=0 \\ (a>b>0) \end{cases}$	$\begin{cases} x^2 = 2py, \\ z=0 \\ (p>0) \end{cases}$	$\begin{cases} \dfrac{x^2}{a^2} - \dfrac{y^2}{b^2} = 1, \\ z=0 \\ (a,b \in \mathbf{R}^+) \end{cases}$
柱面方程	$(x-h)^2 + (y-k)^2 = R^2$	$\dfrac{x^2}{a^2} + \dfrac{y^2}{b^2} = 1$ $(a>b>0)$	$x^2 = 2py(p>0)$	$\dfrac{x^2}{a^2} - \dfrac{y^2}{b^2} = 1$ $(a,b \in \mathbf{R}^+)$
图像				

3. 旋转曲面

平面内曲线 C 绕该平面内某定直线 L 旋转所形成的曲面,称为**旋转曲面**(图 6-31).其中,动曲线 C 称为旋转曲面的**母线**,定直线 L 称为旋转曲面的**旋转轴**.

某一个坐标平面内曲线可以用一个方程组来表示.例如 xOy 面上的曲线 $f(x,y)=0$,表示为

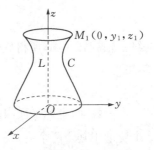

图 6-31

$$\begin{cases} f(x,y)=0, \\ z=0. \end{cases}$$

我们仅讨论以坐标轴为旋转轴的旋转曲面.

将 yOz 面上的曲线 C:

$$\begin{cases} f(y, z) = 0, \\ x = 0 \end{cases}$$

绕 z 轴旋转一周,就得到一个以 z 轴为旋转轴的旋转曲面(图 6-31).设 $M_1(0, y_1, z_1)$ 为曲线 C 上的任一点,则

$$f(y_1, z_1) = 0. \tag{6-24}$$

当曲线 C 绕 z 轴旋转时,点 M_1 绕 z 轴旋转到点 $M(x, y, z)$,这时 $z = z_1$ 保持不变,且点 M 到 z 轴的距离

$$d = \sqrt{x^2 + y^2} = |y_1|.$$

将 $z = z_1$,$y_1 = \pm\sqrt{x^2 + y^2}$ 代入方程(6-24),得到曲线 $C: f(y, z) = 0$ 绕 z 轴旋转一周形成的旋转曲面的方程为

$$f(\pm\sqrt{x^2 + y^2}, z) = 0. \tag{6-25}$$

同样可以得到,将 xOy 面上的曲线

$$\begin{cases} f(x, y) = 0, \\ z = 0 \end{cases}$$

绕 x 轴旋转一周,所得旋转曲面的方程为

$$f(x, \pm\sqrt{y^2 + z^2}) = 0. \tag{6-26}$$

将 xOz 面上的曲线

$$\begin{cases} f(x, z) = 0, \\ y = 0 \end{cases}$$

绕 z 轴旋转一周,所得旋转曲面的方程为

$$f(\pm\sqrt{x^2 + y^2}, z) = 0. \tag{6-27}$$

一般地,坐标平面内的曲线绕哪个轴旋转,曲线方程中对应的变量保持不变,而另一个变量用其余两个变量的平方和的平方根代换,即得该旋转面的方程.

例如,将半圆 $\begin{cases} y = \sqrt{R^2 - z^2}, \\ x = 0 \end{cases}$ 绕 z 轴旋转一周,所得旋转曲面为球面(图 6-32),它

的方程为

$$\pm\sqrt{x^2+y^2}=\sqrt{R^2-z^2},$$

即

$$x^2+y^2+z^2=R^2.$$

前面学过,此方程即为球面方程,它表示球心在 $O(0,0,0)$,半径为 R 的球面.

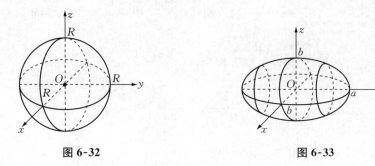

图 6-32　　　　　　　　　　　　图 6-33

同理,yOz 面上的椭圆

$$\begin{cases} \dfrac{y^2}{a^2}+\dfrac{z^2}{b^2}=1, \\ x=0 \end{cases}$$

绕 y 轴旋转一周,所得旋转曲面为**旋转椭球面**(图 6-33),其方程为

$$\frac{y^2}{a^2}+\frac{x^2}{b^2}+\frac{z^2}{b^2}=1.$$

注意　旋转椭球面不是"椭球面",因为此图形在空间中,用与 xOz 平面平行的平面去截,截得的图形是圆.椭球面是用平行于坐标面的平面去截,截得的图形都是椭圆的曲面,其方程为

$$\frac{x^2}{a^2}+\frac{y^2}{b^2}+\frac{z^2}{c^2}=1.$$

例 3　求曲线 $\begin{cases} y=x^2, \\ z=0 \end{cases}$ 绕 y 轴旋转一周,所得旋转面的方程.

解　曲线 $\begin{cases} y=x^2, \\ z=0 \end{cases}$ 是坐标平面 xOy 内的一条抛物线,绕 y 轴旋转一周,所得旋转面的方程为

$$y=(\pm\sqrt{x^2+z^2})^2,$$

即

$$y=x^2+z^2.$$

动画:旋转抛
物面演示

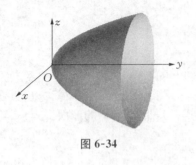

图 6-34

这个旋转曲面称为**旋转抛物面**(图 6-34).

例 4　求双曲线 $\begin{cases} \dfrac{y^2}{9} - \dfrac{z^2}{16} = 1, \\ x = 0 \end{cases}$ 绕 z 轴旋转一周,所得旋转面的方程.

解　曲线 $\begin{cases} \dfrac{y^2}{9} - \dfrac{z^2}{16} = 1, \\ x = 0 \end{cases}$ 是坐标平面 yOz 内的一条

双曲线,绕 z 轴旋转一周,所得旋转面方程为

$$\frac{(\pm\sqrt{x^2+y^2})^2}{9} - \frac{z^2}{16} = 1,$$

即

$$\frac{x^2}{9} + \frac{y^2}{9} - \frac{z^2}{16} = 1.$$

此旋转面称为**(单叶)旋转双曲面**.

下面将旋转轴为 z 轴的几种常见旋转曲面的方程和图像列表,见表 6-3.

表 6-3

名称	旋转椭球面	旋转双曲面	旋转抛物面	圆锥面
母线 方程	$\begin{cases} \dfrac{y^2}{a^2} + \dfrac{z^2}{b^2} = 1, \\ x = 0 \end{cases}$ $(a > b > 0)$	$\begin{cases} \dfrac{y^2}{a^2} - \dfrac{z^2}{b^2} = 1, \\ x = 0 \end{cases}$ $(a, b \in \mathbf{R}^+)$	$\begin{cases} y^2 = 2pz, \\ x = 0 \end{cases}$ $(p > 0)$	$\begin{cases} z = ky, \\ x = 0 \end{cases}$ $(k > 0)$
曲面 方程	$\dfrac{x^2}{a^2} + \dfrac{y^2}{a^2} + \dfrac{z^2}{b^2} = 1$ $(a > b > 0)$	$\dfrac{x^2}{a^2} + \dfrac{y^2}{a^2} - \dfrac{z^2}{b^2} = 1$ $(a, b \in \mathbf{R}^+)$	$x^2 + y^2 = 2pz$ $(p > 0)$	$z^2 = k^2(x^2 + y^2)$ $(k > 0)$
图像				

二、空间曲线的方程

与空间直线类似,空间的任一曲线可以看作空间某两个曲面的交线.即若曲线 C 是曲面 $\Sigma_1 : F_1(x, y, z) = 0$ 与曲面 $\Sigma_2 : F_2(x, y, z) = 0$ 的交线,则曲线 C 的方程为

$$\begin{cases} F_1(x, y, z) = 0, \\ F_2(x, y, z) = 0. \end{cases} \tag{6-28}$$

方程组(6-28)称为**曲线的一般方程**.

例如,用平行于 xOz 平面的平面 $y = \dfrac{1}{3}$ 截旋转椭球面 $x^2 + 2y^2 + z^2 = 1$,所得的"截痕"是圆(图 6-35),其方程为

$$\begin{cases} x^2 + z^2 = \dfrac{7}{9}, \\ y = \dfrac{1}{3}. \end{cases}$$

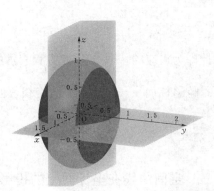

图 6-35

图片:彩图 6-35

再如,方程组 $\begin{cases} \dfrac{y^2}{9} - \dfrac{z^2}{16} = 1, \\ x = 0 \end{cases}$ 表示在 yOz 平面上的双曲线 $\dfrac{y^2}{9} - \dfrac{z^2}{16} = 1$.

而方程组 $\begin{cases} x^2 + y^2 + z^2 = 4, \\ z^2 = 6y \end{cases}$ 表示球面 $x^2 + y^2 + z^2 = 4$ 与抛物柱面 $z^2 = 6y$ 的交线.

与空间直线类似,空间曲线也常用参数方程形式表示.

设曲线 C 上的任一点 $M(x, y, z)$ 的三个坐标都可以表示成参数 t 的函数,即

$$\begin{cases} x = x(t), \\ y = y(t), \\ z = z(t). \end{cases} \tag{6-29}$$

方程(6-29)称为**曲线的参数方程**.

例如,螺旋线是由质点在圆柱面上以均匀的角速度 ω 绕 z 轴旋转,同时以均匀的线速度 v 向平行于 z 轴的方向上升的,如图 6-36 所示.

设运动开始时,质点在 $P_0(0, R, 0)$ 处,则质点的运动方程为

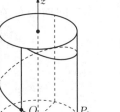

图 6-36

$$\begin{cases} x = R\sin\omega t, \\ y = R\cos\omega t, \quad (t \text{ 为参数}). \\ z = vt \end{cases}$$

这就是**螺旋线的参数方程**.

例 5　化参数方程 $\begin{cases} x = 2\sin t, \\ y = 5\cos t, \quad (t \text{ 为参数})\text{为普通方程,并说明其表示怎样的曲线.} \\ z = 4\sin t \end{cases}$

解 由 $\sin^2 t + \cos^2 t = 1$，得

$$\begin{cases} \dfrac{x^2}{4} + \dfrac{y^2}{25} = 1, \\ z = 2x. \end{cases}$$

此即为对应的普通方程.此方程表示的曲线为过 y 轴的平面 $2x - z = 0$ 与母线平行于 z 轴的椭圆柱面 $\dfrac{x^2}{4} + \dfrac{y^2}{25} = 1$ 的交线,即该曲线表示在 $z = 2x$ 平面(斜平面)上的椭圆 $\dfrac{x^2}{4} + \dfrac{y^2}{25} = 1$.

三、空间曲线在坐标面上的投影

设曲线 C 为曲面 $\Sigma_1 : F_1(x, y, z) = 0$ 与曲面 $\Sigma_2 : F_2(x, y, z) = 0$ 的交线,则曲线 C 的方程为

$$\begin{cases} F_1(x, y, z) = 0, \\ F_2(x, y, z) = 0. \end{cases} \tag{6-30}$$

由方程组(6-30)消去变量 z 后得到方程

$$F(x, y) = 0. \tag{6-31}$$

由于方程(6-31)是方程组(6-30)消去变量 z 的结果,故曲线 C 上所有点坐标中的 x 与 y 都满足方程(6-31),即曲线 C 上所有点都在方程(6-31)所表示的曲面上.

方程(6-31)中不含有变量 z,表示一个母线平行于 z 轴的柱面.这个柱面包含曲线 C 上的所有点,即这个柱面是以曲线 C 为准线,母线平行于 z 轴(即垂直于 xOy 平面)的柱面,称为曲线 C 关于 xOy 面的投影柱面,投影柱面与 xOy 面的交线叫作空间曲线 C 在 xOy 面上的投影曲线,简称投影.曲线 C 在 xOy 面的投影为

$$\begin{cases} F(x, y) = 0, \\ z = 0. \end{cases}$$

用同样的方法,可以求得曲线 C 在 yOz 面及 xOz 面的投影.

例 6 已知球面的方程 $(x-1)^2 + y^2 + (z+1)^2 = 8$.求:

(1) 球面与平面 $z = 1$ 的交线对 xOy 坐标面的投影柱面的方程;

(2) 球面与平面 $z = 1$ 的交线在 xOy 坐标面上的投影.

解 (1) 设球面与平面 $z = 1$ 的交线为 C,则其方程为

$$\begin{cases} (x-1)^2 + y^2 + (z+1)^2 = 8, \\ z = 1. \end{cases}$$

方程组中消去 z,得到交线关于 xOy 坐标面的投影柱面的方程

$$(x-1)^2 + y^2 = 4.$$

(2) 曲线 C 在 xOy 坐标面上的投影为

$$\begin{cases} (x-1)^2 + y^2 = 4, \\ z = 0. \end{cases}$$

例 7 设一个立体由上半球面 $z = \sqrt{4 - x^2 - y^2}$ 和锥面 $z = \sqrt{3(x^2+y^2)}$ 所围成,求它在 xOy 面上的投影,如图 6-37 所示.

解 半球面和锥面的交线为

$$\begin{cases} z = \sqrt{4 - x^2 - y^2}, \\ z = \sqrt{3(x^2+y^2)}. \end{cases}$$

消去方程组中的 z,得到交线的投影柱面

$$x^2 + y^2 = 1,$$

故交线在 xOy 面上的投影为

$$\begin{cases} x^2 + y^2 = 1, \\ z = 0. \end{cases}$$

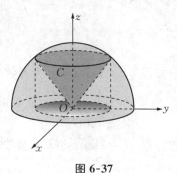

图 6-37

动画:例 7 空间
图形演示

这是 xOy 面上的圆,所以所求立体在 xOy 面上的投影是圆的内部,即 $x^2 + y^2 \leqslant 1$.

习 题 6.5

1. 指出下列方程所表示的曲面名称及其主要特征.

(1) $x^2 + y^2 + z^2 + 2x - 2y = 0$;　　　　(2) $x^2 + 2y^2 + 3z^2 - 12 = 0$;

(3) $x^2 + y^2 + 2x - 2y = 0$;　　　　　　(4) $y^2 + 3z^2 = 9$;

(5) $y^2 - 4x = 0$;　　　　　　　　　　　(6) $2x^2 - y^2 - 4 = 0$.

2. 求到点 $(1, -1, 1)$ 距离为 2 的点的轨迹.

3. 求抛物线 $\begin{cases} y = x^2, \\ z = 0 \end{cases}$ 绕 y 轴旋转一周,所得旋转面的方程并指出曲面的名称.

4. 求椭圆 $\begin{cases} \dfrac{z^2}{9} + \dfrac{y^2}{16} = 1, \\ z = 0 \end{cases}$ 绕 y 轴旋转一周,所得旋转面的方程并指出曲面的名称.

5. 求双曲线 $\begin{cases} \dfrac{x^2}{9} - \dfrac{y^2}{16} = 1, \\ z = 0 \end{cases}$ 分别绕 x、y 轴旋转一周,所得旋转面的方程并指出曲面

的名称.

6. 求直线 $\begin{cases} y = 2x, \\ z = 0 \end{cases}$ 分别绕 x、y 轴旋转一周,所得旋转面的方程并指出曲面的名称.

7. 指出下列各方程表示怎样的曲面.

(1) $x^2 + y^2 + z^2 - 2x + 4y = 0$.　　　　(2) $\dfrac{x^2}{4} + \dfrac{y^2}{9} + \dfrac{z^2}{9} = 1$.

(3) $x^2 - \dfrac{y^2}{4} + z^2 = 1$.　　　　　　(4) $x^2 + 2y^2 + 3z^2 = 1$.

(5) $z^2 = x^2 + y^2$.　　　　　　　　　(6) $z = 6 - x^2 - y^2$.

(7) $x^2 + y^2 = 9$.　　　　　　　　　(8) $y^2 - 4z = 0$.

8. 化参数方程 $\begin{cases} x = 2\sin t, \\ y = 3\cos t, \\ z = \sin t \end{cases}$ (t 为参数)为普通方程,并说明其表示怎样的曲线.

9. 化参数方程 $\begin{cases} x = 2\tan t, \\ y = 2\sec t, \\ z = 2 \end{cases}$ (t 为参数)为普通方程,并说明其表示怎样的曲线.

10. 方程组 $\begin{cases} z = x^2 + y^2, \\ z = 1, \end{cases}$ $\begin{cases} z = x^2 + y^2, \\ z = 4 \end{cases}$ 及 $\begin{cases} z = x^2 + y^2, \\ y = 4 \end{cases}$ 各表示什么曲线?

11. 方程组 $\begin{cases} z = x^2 - y^2, \\ z = 1, \end{cases}$ $\begin{cases} z = x^2 - y^2, \\ z = 4 \end{cases}$ 及 $\begin{cases} z = x^2 - y^2, \\ y = 4 \end{cases}$ 各表示什么曲线?

12. 求锥面 $z^2 = 4(x^2 + y^2)$ 与平面 $z = 1$ 交线在 xOy 坐标面上的投影.

复习与思考6

1. 设平面的方程为 $Ax + By + Cz + D = 0$. 问下列情形下的平面位置有何特点.

(1) $D = 0$;　　　　　　　　　　　(2) $A = 0$;

(3) $A = 0, D = 0$;　　　　　　　　(4) $A = 0, B = 0, D = 0$.

2. 指出下列方程各表示什么图形.

(1) $x = 0$;　　　(2) $\begin{cases} x = 0, \\ y = 0; \end{cases}$　　　(3) $\begin{cases} x = 0, \\ y = 0, \\ z = 0; \end{cases}$　　　(4) $x^2 + z^2 = 0$.

3. 问力 $\boldsymbol{F}$ 在力 $\boldsymbol{a}$ 方向上的投影分力为 $\boldsymbol{F}\cos\theta$ 吗(图 6-38)? 若不正确,请写出正确结果.

4. 因为单位向量的长度为 1,所以凡单位向量均相等,对吗?

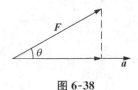

图 6-38

为什么?

5. 若 $(a-b) \cdot c = 0$,则 $b-c = \mathbf{0}$,对吗? 为什么?

6. 若 $(a-b) \cdot c = 0$,$(a-b) \times c = \mathbf{0}$,则 $a = b$,对吗?

7. 证明向量 $(a \cdot c)b - (b \cdot c)a$ 与向量 c 垂直.

8. 证明四点 $(0,0,0),(1,0,2),(0,1,3),(1,1,5)$ 在一个平面上,并求此平面的方程.

9. 求通过点 $(5,-7,4)$ 且与三个坐标轴有相等的截距的平面方程.

10. $A(0,-4,1),B(-3,-2,0),C(6,-8,3)$ 三点在一条直线上吗?

第 7 章
多元函数微积分

前面几章,我们讨论的函数都是只有一个自变量的函数,这种函数称为**一元函数**.在许多实际问题中,往往涉及多方面的因素,反映在数学上就是依赖于多个自变量的函数,即**多元函数**.本章将简要介绍多元函数的基本概念,着重讨论二元函数的微分法及其应用和二重积分的概念与计算方法.

多元函数微积分是一元函数微积分的推广,因此,学习本章时,要注意与前面章节的内容加以比较.

7.1 多元函数的基本概念

一、二元函数的定义

在很多实际问题中,经常会遇到多个变量之间的依赖关系,举例如下.

例 1 圆柱体的体积 V 和它的底半径 r、高 h 之间具有关系

$$V = \pi r^2 h.$$

这里,当 r、h 在一定范围 $(r > 0, h > 0)$ 内取定一对数值 (r, h) 时,V 就有唯一确定的值与之对应.

例 2 设 z 表示居民人均消费额,x 表示国民收入总额,y 表示总人口数,则有

$$z = k_1 k_2 \frac{x}{y}.$$

其中 k_1 是消费率(国民收入总额中用于消费所占的比例),k_2 是居民消费率(消费总额中用于居民消费所占的比例),当变量 x、$y(x > 0, y > 0)$ 每取定一对数值时,z 都有确定的值与之对应.变量 z 的变化依赖于变量 x 和变量 y.

上面两个例子的具体意义虽各不相同,但它们却有共同的性质,由这些共性就可得出以下二元函数的概念.

定义 7.1 设有变量 x, y 和 z.如果当变量 x、y 在某个范围内任意取定一对值 (x, y) 时,按某一对应法则 f,总有唯一确定的 z 值与 (x, y) 对应,则称 z 是 x、y 的**二元函数**,记为 $z = f(x, y)$ 或 $z = z(x, y)$.称 x、y 为**自变量**,z 为**因变量或函数**.自变量 x、y 的取值范围称为函数的**定义域**.

当 $(x, y) = (x_0, y_0)$ 时,对应的 z 值,记为 $f(x_0, y_0)$,称为二元函数 $z = f(x, y)$

在点 (x_0, y_0) 处的函数值.

如果对于点 $P(x, y)$,函数 $z = f(x, y)$ 有确定的值和它对应,就称函数 $z = f(x, y)$ 在点 $P(x, y)$ 处有定义.函数的定义域也就是使函数有定义的点的全体所构成的点集.因此,二元函数

$$z = f(x, y)$$

的定义域是 xOy 平面上的点集.

例 3　求函数 $z = \sqrt{4 - x^2 - y^2} + \ln(y^2 - 2x + 1)$ 的定义域.

解　要使原函数有定义,则需满足

$$\begin{cases} 4 - x^2 - y^2 \geqslant 0, \\ y^2 - 2x + 1 > 0. \end{cases}$$

故函数定义域 D(如图 7-1 阴影部分)在圆 $x^2 + y^2 = 2^2$ 的内部(包括边界)和抛物线 $y^2 + 1 = 2x$ 的左侧(不包括抛物线上的点).

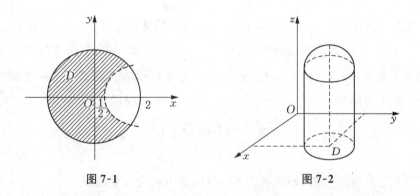

图 7-1　　　　　　　　　　图 7-2

二、二元函数的几何意义

一元函数 $y = f(x)$ 通常表示 xOy 平面上的一条曲线,对于二元函数 $z = f(x, y)$,$(x, y) \in D$,其定义域 D 是 xOy 平面上的一个区域.那么对于 D 中任意一点 $M(x, y)$,必有唯一的数 z 与其对应,从而三元有序数组 (x, y, z) 就确定了空间的一个点 $P(x, y, z)$,所有这样确定的点的集合就是函数 $z = f(x, y)$ 的图形.因此二元函数 $z = f(x, y)$ 的图像一般为空间直角坐标系中的一个曲面,而其定义域 D 恰好就是这个曲面在 xOy 坐标平面上的投影(图 7-2).

常见的二元函数:球面 $(x - x_0)^2 + (y - y_0)^2 + (z - z_0)^2 = R^2$(图 7-3a),柱面 $x^2 + y^2 = R^2$(图 7-3b), $x^2 + z^2 = R^2$, $y^2 + z^2 = R^2$,抛物面 $x = z^2 + y^2$, $y = z^2 + x^2$, $z = x^2 + y^2$(图 7-3c).

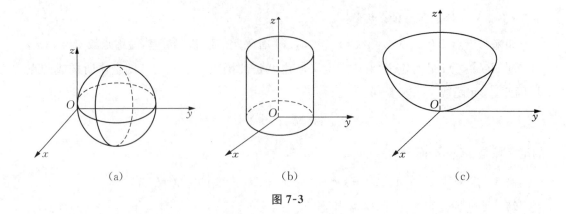

图 7-3

三、二元函数的极限与连续性

1. 二元函数的极限

与一元函数的极限概念类似,如果在 $P(x, y) \to P_0(x_0, y_0)$ 的过程中,对应的函数值 $f(x, y)$ 无限接近于一个确定的常数 A,就称 A 是函数 $f(x, y)$ 当 $(x, y) \to (x_0, y_0)$ 时的极限.

定义 7.2 设函数 $z = f(x, y)$ 在点 $P_0(x_0, y_0)$ 的某个邻域内有定义[点 $P_0(x_0, y_0)$ 可以除外],$P(x, y)$ 是该邻域内异于 $P_0(x_0, y_0)$ 的任意一点,若当 $P(x, y)$ 以任意方式无限趋近于点 $P_0(x_0, y_0)$ 时,对应的函数值 $f(x, y)$ 都无限趋近于一个确定的常数 A,则称常数 A 为函数 $f(x, y)$ 当 $(x, y) \to (x_0, y_0)$ 时的极限,记为

$$\lim_{\substack{x \to x_0 \\ y \to y_0}} f(x, y) = A \text{ 或 } f(x, y) \to A \ (x \to x_0, y \to y_0).$$

为了区别于一元函数的极限,将二元函数的极限称为**二重极限**.

注意   所谓二重极限存在,是指 $P(x, y)$ 以任何方式趋向 $P_0(x_0, y_0)$ 时,函数值都趋近于同一个值 A.

因此,如果 $P(x, y)$ 以某一特殊方式趋近于 $P_0(x_0, y_0)$ 时,即使函数无限接近于某一确定值,还不能由此断定函数的极限存在.但是,如果当 $P(x, y)$ 以不同方式趋近于 $P_0(x_0, y_0)$ 时,函数趋近于不同的值,则可以肯定此函数当 $P \to P_0$ 时的极限不存在.

例 4 设函数 $f(x, y) = \begin{cases} \dfrac{xy}{x^2 + y^2}, & x^2 + y^2 \neq 0, \\ 0, & x^2 + y^2 = 0, \end{cases}$ 求 $\lim\limits_{\substack{x \to 0 \\ y \to 0}} f(x, y)$.

解   当 $P(x, y)$ 沿直线 $y = kx$ 趋近于 $(0, 0)$ 点时,

$$\lim_{\substack{x \to 0 \\ y \to 0}} f(x, y) = \lim_{\substack{x \to 0 \\ y \to 0}} \frac{xy}{x^2 + y^2} = \lim_{\substack{x \to 0 \\ y = kx \to 0}} \frac{kx^2}{x^2 + (kx)^2} = \frac{k}{1 + k^2}.$$

显然,函数的值随着 k 的取值不同而不同,因此,$\lim\limits_{\substack{x\to 0\\y\to 0}} f(x,y)$ 不存在.

例 5　求 $\lim\limits_{\substack{x\to 0\\y\to 2}}\dfrac{\sin(xy)}{x}$.

解　$\lim\limits_{\substack{x\to 0\\y\to 2}}\dfrac{\sin(xy)}{x}=\lim\limits_{\substack{x\to 0\\y\to 2}}\left(\dfrac{\sin(xy)}{xy}\cdot y\right)=\lim\limits_{\substack{x\to 0\\y\to 2}}\dfrac{\sin(xy)}{xy}\cdot\lim\limits_{\substack{x\to 0\\y\to 2}}y=1\cdot 2=2.$

关于多元函数的极限的运算,与一元函数有类似的运算法则.

2. 二元函数的连续性

类似于一元函数在一点处连续的概念,可以得到多元函数在一点处连续的概念.

定义 7.3　设二元函数 $z=f(x,y)$ 在点 $P_0(x_0,y_0)$ 处有定义,如果

$$\lim\limits_{\substack{x\to x_0\\y\to y_0}} f(x,y)=f(x_0,y_0),$$

则称函数 $z=f(x,y)$ 在点 $P_0(x_0,y_0)$ 处**连续**.

对例 4 来讲,因 $\lim\limits_{\substack{x\to 0\\y\to 0}} f(x,y)$ 不存在,所以函数 $z=f(x,y)$ 在点 $(0,0)$ 处不连续.函数 $z=f(x,y)$ 的不连续点称为函数 $z=f(x,y)$ 的间断点.

如果函数 $f(x,y)$ 在区域 D 内的每一点都连续,则称 $f(x,y)$ 在区域 D 内连续.

以上关于二元函数的连续性的概念,可相应地推广到 n 元函数中去.

一元函数中关于连续的定理,对于多元函数依然适用.可以证明多元连续函数的和、差、积均为连续函数;在分母不为零处,连续函数的商也是连续函数;多元连续函数的复合函数也是连续函数.

与一元初等函数相似,多元初等函数是指可用一个式子表示的多元函数,这个式子是由常数及具有不同自变量的一元基本初等函数经过有限次的四则运算和复合运算所构成的.例如,$f(x,y,z)=3x^2yz^4+5y^3z^2-8xz$、$z=\sin(3x^2+y)$、$z=\ln(xy)+\cos^2(x+y)$ 等都是多元初等函数.

根据上面指出的连续函数的和、差、积、商的连续性,连续函数的复合函数的连续性,以及基本初等函数的连续性,可以得出以下结论:一切多元初等函数在其定义域内都是连续的.

例 6　求 $\lim\limits_{\substack{x\to 0\\y\to 0}}\dfrac{\sqrt{xy+1}-1}{xy}$.

解　$\lim\limits_{\substack{x\to 0\\y\to 0}}\dfrac{\sqrt{xy+1}-1}{xy}=\lim\limits_{\substack{x\to 0\\y\to 0}}\dfrac{xy+1-1}{xy(\sqrt{xy+1}+1)}=\lim\limits_{\substack{x\to 0\\y\to 0}}\dfrac{1}{\sqrt{xy+1}+1}$

$$=\dfrac{1}{\sqrt{0\cdot 0+1}+1}=\dfrac{1}{2}.$$

上述运算的最后一步用到了二元函数 $\dfrac{1}{\sqrt{xy+1}+1}$ 在点 $(0,0)$ 处的连续性.

与闭区间上一元连续函数的性质相类似,在有界闭区域上多元函数也有以下性质:

性质 7.1(有界性) 设 $z=f(P)$ 在有界闭区域 D 上连续,则 z 在 D 上必有界.

性质 7.2(最大值和最小值定理) 设 $z=f(P)$ 在有界闭区域 D 上连续,则 z 在 D 上必有最大值和最小值,即在 D 上至少有一点 P_1 及一点 P_2,使得 $f(P_1)$ 为最小值而 $f(P_2)$ 为最大值,即

$$f(P_1) \leqslant f(P) \leqslant f(P_2)(P \in D).$$

性质 7.3(介值定理) 设 $z=f(P)$ 在有界闭区域 D 上连续,则 z 必可取到介于最小值和最大值之间的任何值.

习 题 7.1

1. 求下列函数的定义域.

(1) $z=\sqrt{4-x^2}+\sqrt{y^2-1}$; 　　　　(2) $z=\sqrt{1-\dfrac{x^2}{4}-\dfrac{y^2}{9}}$;

(3) $z=\ln(x+y)+\ln y$; 　　　　(4) $z=\arcsin\dfrac{x^2+y^2}{9}$.

2. 已知 $f(x-y,xy)=x^2+y^2$,试求 $f(x,y)$.

3. 求下列函数的极限.

(1) $\lim\limits_{\substack{x\to 0\\ y\to 0}}\dfrac{1-\sqrt{xy+1}}{xy}$; 　　　　(2) $\lim\limits_{\substack{x\to 0\\ y\to 0}}\dfrac{\sin(xy)}{x}$.

7.2 偏导数与全微分

一、偏导数的概念

1. 偏导数的定义

定义 7.4 设函数 $z=f(x,y)$ 在点 (x_0,y_0) 的某邻域内有定义,固定自变量 $y=y_0$,而自变量 x 在点 x_0 处有改变量 Δx,相应地,函数有增量

$$f(x_0+\Delta x,y_0)-f(x_0,y_0).$$

如果极限

$$\lim_{\Delta x\to 0}\frac{f(x_0+\Delta x,y_0)-f(x_0,y_0)}{\Delta x}$$

存在,则称此极限值为函数 $z=f(x,y)$ 在点 (x_0,y_0) 处关于 x 的**偏导数**,记为

$$\frac{\partial z}{\partial x}\Big|_{\substack{x=x_0\\y=y_0}},\ \frac{\partial f}{\partial x}\Big|_{\substack{x=x_0\\y=y_0}},\ z'_x(x_0,\ y_0)\ 或\ f'_x(x_0,\ y_0),$$

即

$$f'_x(x_0,\ y_0)=\lim_{\Delta x\to 0}\frac{f(x_0+\Delta x,\ y_0)-f(x_0,\ y_0)}{\Delta x}.$$

类似地,函数 $z=f(x,\ y)$ 在点 $(x_0,\ y_0)$ 处关于 y 的偏导数 $f'_y(x_0,\ y_0)$ 定义为

$$f'_y(x_0,\ y_0)=\lim_{\Delta y\to 0}\frac{f(x_0,\ y_0+\Delta y)-f(x_0,\ y_0)}{\Delta y},$$

记为

$$\frac{\partial z}{\partial y}\Big|_{\substack{x=x_0\\y=y_0}},\ \frac{\partial f}{\partial y}\Big|_{\substack{x=x_0\\y=y_0}},\ z'_y(x_0,\ y_0)\ 或\ f'_y(x_0,\ y_0).$$

如果函数 $z=f(x,\ y)$ 在区域 D 内每一点 $(x,\ y)$ 处,对 x 的偏导数 $f'_x(x,\ y)$ 都存在,则对于区域 D 内每一点 $(x,\ y)$,都有一个偏导数的值与之对应,这样就得到了一个新的二元函数,称为函数 $z=f(x,\ y)$ 在区域 D 内关于自变量 x 的偏导函数,记为

$$\frac{\partial z}{\partial x},\ \frac{\partial f}{\partial x},\ z'_x,\ f'\ 或\ f'_x(x,\ y).$$

该偏导函数的定义式为

$$f'_x(x,\ y)=\lim_{\Delta x\to 0}\frac{f(x+\Delta x,\ y)-f(x,\ y)}{\Delta x}. \tag{7-1}$$

类似地,函数 $z=f(x,\ y)$ 在区域 D 内关于自变量 y 的偏导函数,记为

$$\frac{\partial z}{\partial y},\ \frac{\partial f}{\partial y},\ z'_y,\ f'\ 或\ f'_y(x,\ y).$$

该偏导函数的定义式为

$$f'_y(x,\ y)=\lim_{\Delta y\to 0}\frac{f(x,\ y+\Delta y)-f(x,\ y)}{\Delta y}. \tag{7-2}$$

由偏导数的概念可知,函数 $z=f(x,\ y)$ 在点 $(x_0,\ y_0)$ 处关于 x 的偏导数 $f'_x(x_0,\ y_0)$ 就是偏导函数 $f'_x(x,\ y)$ 在点 $(x_0,\ y_0)$ 处的函数值,而 $f'_y(x_0,\ y_0)$ 就是偏导函数 $f'_y(x,\ y)$ 在点 $(x_0,\ y_0)$ 处的函数值.以后在不至于混淆的情况下,也将偏导函数简称为偏导数.

2. 偏导数的求法

从偏导数的定义可知,求 $z=f(x,\ y)$ 的偏导数并不需要用新方法,因为这里只有一个自变量在变动,另一个自变量被看作是固定的,所以仍旧可用一元函数的微分法求解.

求 $\dfrac{\partial f}{\partial x}$ 时,只要将 y 暂时看作常量而对 x 求导数;求 $\dfrac{\partial f}{\partial y}$ 时,只要将 x 暂时看作常量而

对 y 求导数.

例 1　求 $z = x^2 + 3xy + y^2$ 在点 $(1, 2)$ 处的偏导数.

解　将 y 看作常量,得

$$\frac{\partial z}{\partial x} = 2x + 3y.$$

将 x 看作常量,得

$$\frac{\partial z}{\partial y} = 3x + 2y.$$

将 $x = 1$, $y = 2$ 代入上面结果,得到

$$\frac{\partial z}{\partial x}\bigg|_{\substack{x=1 \\ y=2}} = 2 \times 1 + 3 \times 2 = 8,$$

$$\frac{\partial z}{\partial y}\bigg|_{\substack{x=1 \\ y=2}} = 3 \times 1 + 2 \times 2 = 7.$$

例 2　求 $z = x^2 \cos(3y)$ 的偏导数.

解　$\dfrac{\partial z}{\partial x} = 2x\cos(3y)$, $\dfrac{\partial z}{\partial y} = -3x^2\sin(3y)$.

例 3　设 $z = x^y (x > 0, x \neq 1)$,求证 $\dfrac{x}{y}\dfrac{\partial z}{\partial x} + \dfrac{1}{\ln x}\dfrac{\partial z}{\partial y} = 2z$.

证明　因 $\dfrac{\partial z}{\partial x} = yx^{y-1}$, $\dfrac{\partial z}{\partial y} = x^y \ln x$,所以

$$\frac{x}{y}\frac{\partial z}{\partial x} + \frac{1}{\ln x}\frac{\partial z}{\partial y} = \frac{x}{y}yx^{y-1} + \frac{1}{\ln x}x^y \ln x = x^y + x^y = 2z.$$

推广到多元函数情况,将 $f(x_1, x_2, \cdots, x_n)$ 中所有 $x_j (j \neq k)$ 看作常量而对 x_k 求导,可得 $\dfrac{\partial f}{\partial x_k}$.

*例 4　求 $r = \sqrt{x^2 + y^2 + z^2}$ 的偏导数.

解　$\dfrac{\partial r}{\partial x} = \dfrac{2x}{2\sqrt{x^2 + y^2 + z^2}} = \dfrac{x}{r}$, $\dfrac{\partial r}{\partial y} = \dfrac{2y}{2\sqrt{x^2 + y^2 + z^2}} = \dfrac{y}{r}$,

$$\frac{\partial r}{\partial z} = \frac{2z}{2\sqrt{x^2 + y^2 + z^2}} = \frac{z}{r}.$$

注意　对于一元函数来说,$\dfrac{\mathrm{d}y}{\mathrm{d}x}$ 可以看作函数的微分 $\mathrm{d}y$ 与自变量的微分 $\mathrm{d}x$ 之商.而偏导数的记号是一个整体,其中的横线没有相除的意义.

3. 二元函数偏导数的几何意义

如图 7-4 所示,偏导数 $f'_x(x_0, y_0)$ 就是曲面被平面 $y = y_0$ 所截得的曲线在点 M_0 处

的切线 M_0T_x 对 x 轴的斜率.

偏导数 $f'_y(x_0, y_0)$ 就是曲面被平面 $x=x_0$ 所截得的曲线在点 M_0 处的切线 M_0T_y 对 y 轴的斜率.

4. 偏导数与连续的关系

如果一元函数在某点处可导,则它在该点处必定连续.但是,**多元函数即使在某点处的各个偏导数都存在,也不能保证它在该点处连续**.例如,函数

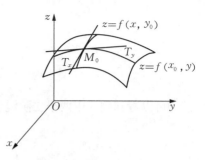

图 7-4

$$f(x, y)=\begin{cases}\dfrac{xy}{x^2+y^2}, & x^2+y^2 \neq 0, \\ 0, & x^2+y^2=0,\end{cases}$$

由于

$$\frac{\partial f}{\partial x}\bigg|_{\substack{x=0\\y=0}}=\lim_{\Delta x\to 0}\frac{f(0+\Delta x, 0)-f(0, 0)}{\Delta x}=\lim_{\Delta x\to 0}\frac{0-0}{\Delta x}=0,$$

$$\frac{\partial f}{\partial y}\bigg|_{\substack{x=0\\y=0}}=\lim_{\Delta y\to 0}\frac{f(0, 0+\Delta y)-f(0, 0)}{\Delta y}=\lim_{\Delta y\to 0}\frac{0-0}{\Delta y}=0.$$

即 $f(x, y)$ 在点 $(0, 0)$ 处两个偏导数都存在,但由 7.1 节例 4 可知,该函数在点 $(0, 0)$ 处极限不存在,故 $f(x, y)$ 在点 $(0, 0)$ 处不连续.

二、高阶偏导数

定义 7.5 设函数 $z=f(x, y)$ 在区域 D 内存在偏导数 $\dfrac{\partial z}{\partial x}$、$\dfrac{\partial z}{\partial y}$,这两个偏导数在 D 内都是 x、y 的函数.如果这两个函数的偏导数也存在,则称这两个函数的偏导数为 $z=f(x, y)$ 的二阶偏导数.按照对变量求导的次序不同而有下列四个二阶偏导数.

$$\frac{\partial}{\partial x}\left(\frac{\partial z}{\partial x}\right)=\frac{\partial^2 z}{\partial x^2}=f''_{xx}(x, y)=z''_{xx}; \qquad \frac{\partial}{\partial y}\left(\frac{\partial z}{\partial x}\right)=\frac{\partial^2 z}{\partial x \partial y}=f''_{xy}(x, y)=z''_{xy};$$

$$\frac{\partial}{\partial x}\left(\frac{\partial z}{\partial y}\right)=\frac{\partial^2 z}{\partial y \partial x}=f''_{yx}(x, y)=z''_{yx}; \qquad \frac{\partial}{\partial y}\left(\frac{\partial z}{\partial y}\right)=\frac{\partial^2 z}{\partial y^2}=f''_{yy}(x, y)=z''_{yy}.$$

如果二阶偏导数也具有偏导数,则所得偏导数称为原函数的三阶偏导数,比如 $\dfrac{\partial^3 z}{\partial x^3}=\dfrac{\partial}{\partial x}\left(\dfrac{\partial^2 z}{\partial x^2}\right)$、$\dfrac{\partial^3 z}{\partial x^2 \partial y}=\dfrac{\partial}{\partial y}\left(\dfrac{\partial^2 z}{\partial x^2}\right)$ 等.二阶及二阶以上的偏导数统称为**高阶偏导数**.

例 5 设 $z=x^3 y^2-3xy^3-xy+1$,求 $\dfrac{\partial^2 z}{\partial x^2}$、$\dfrac{\partial^2 z}{\partial x \partial y}$、$\dfrac{\partial^2 z}{\partial y \partial x}$、$\dfrac{\partial^2 z}{\partial y^2}$.

解 $\dfrac{\partial z}{\partial x}=3x^2 y^2-3y^3-y,$ \qquad $\dfrac{\partial z}{\partial y}=2x^3 y-9xy^2-x;$

$$\frac{\partial^2 z}{\partial x^2} = 6xy^2, \qquad\qquad \frac{\partial^2 z}{\partial y^2} = 2x^3 - 18xy;$$

$$\frac{\partial^2 z}{\partial x \partial y} = 6x^2 y - 9y^2 - 1, \qquad \frac{\partial^2 z}{\partial y \partial x} = 6x^2 y - 9y^2 - 1.$$

可以看到例 5 中两个二阶混合偏导数相等,即

$$\frac{\partial^2 z}{\partial x \partial y} = \frac{\partial^2 z}{\partial y \partial x}.$$

一般地,有以下结论:

定理 7.1 如果函数 $z = f(x, y)$ 的两个二阶混合偏导数

$$f''_{xy}(x, y), f''_{yx}(x, y)$$

在区域 D 内连续,则在该区域内必有

$$f''_{xy}(x, y) = f''_{yx}(x, y),$$

即两个二阶混合偏导数必相等.换言之,二阶混合偏导数在连续条件下与求偏导数的次序无关.

上述定理还可推广到更高阶的混合偏导数的情形,这里就不再一一叙述了.

三、全微分

偏导数只给出了二元函数关于一个自变量的变化率,为了进一步研究二元函数,下面来讨论二元函数随两个自变量的变化情况.

对函数 $z = f(x, y)$,如果自变量 x、y 有增量 Δx、Δy,则函数有相应增量 $f(x + \Delta x, y + \Delta y) - f(x, y)$,我们称它为函数 $z = f(x, y)$ 在点 (x, y) 处的**全增量**,记作 Δz,即

$$\Delta z = f(x + \Delta x, y + \Delta y) - f(x, y). \tag{7-3}$$

一般说来,Δz 的计算相当复杂,因此,我们考虑用 Δx、Δy 的线性函数 $A\Delta x + B\Delta y$ 近似代替 Δz,从而引出全微分的概念.

定义 7.6 如果函数 $z = f(x, y)$ 在点 (x, y) 处的全增量

$$\Delta z = f(x + \Delta x, y + \Delta y) - f(x, y)$$

可表示为

$$\Delta z = A\Delta x + B\Delta y + o(\rho),$$

其中,A、B 与 Δx、Δy 无关,$\rho = \sqrt{(\Delta x)^2 + (\Delta y)^2}$,则称函数 $z = f(x, y)$ 在点 (x, y) 处**可微**,$A\Delta x + B\Delta y$ 叫作函数 $z = f(x, y)$ 在点 (x, y) 处的**全微分**,记为 $\mathrm{d}z$ 或 $\mathrm{d}f$.即

$$\mathrm{d}z = A\Delta x + B\Delta y.$$

可以证明,若 $z = f(x, y)$ 在点 (x, y) 及其附近有连续的偏导数 $f'_x(x, y)$ 和 $f'_y(x, y)$,则该函数在点 (x, y) 处可微,且有

$$dz = f'_x(x, y)\Delta x + f'_y(x, y)\Delta y,$$

或

$$dz = f'_x(x, y)dx + f'_y(x, y)dy. \tag{7-4}$$

例 6 求 $z = \arctan \dfrac{x}{y}$ 的全微分 dz.

解 因为

$$\frac{\partial z}{\partial x} = \frac{1}{1 + \left(\dfrac{x}{y}\right)^2} \cdot \frac{1}{y} = \frac{y}{x^2 + y^2},$$

$$\frac{\partial z}{\partial y} = \frac{1}{1 + \left(\dfrac{x}{y}\right)^2} \cdot \left(\frac{-x}{y^2}\right) = -\frac{x}{x^2 + y^2},$$

所以

$$dz = \frac{\partial z}{\partial x}dx + \frac{\partial z}{\partial y}dy = \frac{1}{x^2 + y^2}(y\,dx - x\,dy).$$

下面简略介绍全微分在近似计算中的应用.

设 $z = f(x, y)$ 在点 (x, y) 处可微,那么

$$\Delta z = f'_x(x, y)\Delta x + f'_y(x, y)\Delta y + o(\rho),$$

因此,当 $|\Delta x|$、$|\Delta y|$ 很小时,有近似公式

$$\Delta z \approx f'_x(x, y)\Delta x + f'_y(x, y)\Delta y, \tag{7-5}$$

或 $$f(x + \Delta x, y + \Delta y) \approx f(x, y) + f'_x(x, y)\Delta x + f'_y(x, y)\Delta y. \tag{7-6}$$

例 7 要做一个无盖的圆柱形水槽,其内半径为 2 m,高为 4 m,厚度均为 0.01 m,约需用多少材料?

解 因为圆柱体体积为 $V = f(r, h) = \pi r^2 h$,故

$$f'_r(r, h) = 2\pi rh, \quad f'_h(r, h) = \pi r^2.$$

取 $r = 2$, $h = 4$, $\Delta r = \Delta h = 0.01$.

又因为

$$dV = f'_r(r, h)\Delta r + f'_h(r, h)\Delta h,$$

所以

$$\Delta V \approx dV = 2\pi \times 2 \times 4 \times 0.01 + \pi \times 2^2 \times 0.01 = 0.2\pi \approx 2 \times 3.14 = 0.628,$$

即需用材料约为 0.628 m³.

例 8   计算 $(10.1)^{2.03}$ 的近似值.

解   设 $z = x^y$,记 $x_0 = 10$,$\Delta x = 0.1$,$y_0 = 2$,$\Delta y = 0.03$.

因为 Δx,Δy 相对较小,所以 $\Delta z \approx \mathrm{d}z = f_x'(x_0, y_0)\mathrm{d}x + f_y'(x_0, y_0)\mathrm{d}y$.

又因为

$$f_x'(x_0, y_0) = yx^{y-1}\Big|_{\substack{x0=10\\y0=2}} = 20, \quad f_y'(x_0, y_0) = x^y \ln x\Big|_{\substack{x0=10\\y0=2}} = 100\ln 10,$$

所以

$$\Delta z \approx \mathrm{d}z = f_x'(x_0, y_0)\Delta x + f_y'(x_0, y_0)\Delta y \approx 8.908.$$

$$(10.1)^{2.03} = (10 + 0.1)^{2+0.03} \approx 10^2 + \mathrm{d}z = 108.908.$$

习 题 7.2

1. 已知函数 $z = x^2 y^2 + xy$,求 $f_x'(2,2)$,$f_y'(2,2)$.

2. 求下列函数的偏导数.

(1) $z = \mathrm{e}^x \sin(x + y)$;

(2) $z = x^4 + y^4 - 4x^2 y^2$.

3. 求下列函数的二阶偏导数.

(1) $z = x^y$;

(2) $z = x^4 + y^4 + 2x^2 y^2$.

4. 求函数 $z = x^y$ 在点 $(2,1)$ 处关于自变量的增量 $\Delta x = 0.1$、$\Delta y = 0.2$ 的全微分.

5. 求 $1.99^{3.02}$ 的近似值.

6. 求下列函数的全微分.

(1) $z = \ln\sqrt{x^2 + y^2}$;   (2) $z = \arccos(xy)$;

(3) $z = \sqrt{x^2 + y^2}$;   (4) $z = x^a y^b$.

7.3   二 重 积 分

将一元函数的积分推广到二元函数,便得到二重积分.通过本节的学习,要求理解二重积分的概念及其性质,掌握直角坐标系下二重积分的计算方法,了解极坐标下二重积分的计算方法.

一、二重积分的概念与性质

1. 曲顶柱体的体积与二重积分

设有一立体,它的底是 xOy 面上的闭区域 D,它的侧面是以 D 的边界曲线为准线而

母线平行于 z 轴的柱面，它的顶是曲面 $z=f(x,y)$，这里 $f(x,y) \geqslant 0$ 且在 D 上连续.这种立体称为**曲顶柱体** (图 7-5).下面来讨论如何计算曲顶柱体的体积.

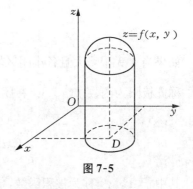

图 7-5

已经知道,平顶柱体的高是不变的,它的体积满足公式

$$\text{体积}=\text{高} \times \text{底面积}.$$

但曲顶柱体高 $f(x,y)$ 是个变量,因此它的体积不能直接用上述公式来定义和计算.但如果我们回忆到前面求曲边梯形面积的问题时,就不难想到求曲边梯形面积所采用的方法可以用来解决目前的问题.

首先,用一组曲线网将 D 分成 n 个小区域

$$\Delta\sigma_1,\ \Delta\sigma_2,\ \cdots,\ \Delta\sigma_n.$$

其中 $\Delta\sigma_i$ 表示第 i 个小闭区域,也表示它的面积.分别以这些小闭区域的边界曲线为准线,作母线平行于 z 轴的柱面,这些柱面将原来的曲顶柱体分为 n 个细条状的曲顶柱体. 在每个 $\Delta\sigma_i$ 中任取一点 (ξ_i,η_i),当小闭区域 $\Delta\sigma_i$ 很小时,$f(x,y) \approx f(\xi_i,\eta_i)$,这时以 $\Delta\sigma_i$ 为底的细条曲顶柱体可近似地看作以 $f(\xi_i,\eta_i)$ 为高的平顶柱体,于是作乘积

$$f(\xi_i,\eta_i)\Delta\sigma_i(i=1,\ 2,\ \cdots,\ n),$$

并求和

$$V \approx \sum_{i=1}^{n} f(\xi_i,\eta_i)\Delta\sigma_i.$$

该值可以认为是整个曲顶柱体体积的近似值.为求得曲顶柱体体积的精确值,将分割变得更密,只需取极限,即

$$V = \lim_{\lambda \to 0} \sum_{i=1}^{n} f(\xi_i,\eta_i)\Delta\sigma_i,$$

其中 λ 是 n 个小闭区域中的最大值.

抛开上述问题中的几何特性,一般地研究这种特定结构的和式极限,便得到以下定义:

定义 7.7　设 $f(x,y)$ 是有界闭区域 D 上的有界函数,将闭区域 D 任意分成 n 个小闭区域 $\Delta\sigma_1$、$\Delta\sigma_2$、$\cdots$、$\Delta\sigma_n$,其中 $\Delta\sigma_i$ 表示第 i 个小闭区域,也表示它的面积,在每个 $\Delta\sigma_i$ 上任取一点 (ξ_i,η_i),作乘积

$$f(\xi_i,\eta_i)\Delta\sigma_i(i=1,\ 2,\ \cdots,\ n),$$

并作和

$$\sum_{i=1}^{n} f(\xi_i, \eta_i) \Delta\sigma_i,$$

如果当 n 无限增大且各小闭区域的直径中的最大值 λ 趋近于零时,该和式的极限存在,则称此极限为函数 $f(x, y)$ 在闭区域 D 上的**二重积分**,记为 $\iint\limits_{D} f(x, y)\mathrm{d}\sigma$,即

$$\iint\limits_{D} f(x, y)\mathrm{d}\sigma = \lim_{\lambda \to 0} \sum_{i=1}^{n} f(\xi_i, \eta_i) \Delta\sigma_i.$$

其中 $f(x, y)$ 称为被积函数,$f(x, y)\mathrm{d}\sigma$ 称为**被积表达式**,$\mathrm{d}\sigma$ 称为**面积微元**,x 和 y 称为积分变量,D 称为积分区域,并称 $\sum\limits_{i=1}^{n} f(\xi_i, \eta_i)\Delta\sigma_i$ 为积分和.

二重积分 $\iint\limits_{D} |f(x, y)| \mathrm{d}\sigma$ 表示以 $f(x, y)$ 为曲顶的曲顶柱体体积.

在二重积分记号 $\iint\limits_{D} f(x, y)\mathrm{d}\sigma$ 中的面积微元 $\mathrm{d}\sigma$ 象征和式中的 $\Delta\sigma_i$. 根据定义可知二重积分的值与积分区域的分割方法无关.因此,在直角坐标系中,常用平行于 x 轴和 y 轴的直线网来分割积分区域 D,则除了包含边界点的一些小闭区域外,其余的小闭区域都是矩形闭区域.设矩形闭区域 $\Delta\sigma_i$ 的边长为 Δx_i 和 Δy_j,于是 $\Delta\sigma_i = \Delta x_i \Delta y_j$. 故在直角坐标系中,面积微元 $\mathrm{d}\sigma$ 可记为 $\mathrm{d}x\mathrm{d}y$,即 $\mathrm{d}\sigma = \mathrm{d}x\mathrm{d}y$. 进而将二重积分记为 $\iint\limits_{D} f(x, y)\mathrm{d}x\mathrm{d}y$,这里将 $\mathrm{d}x\mathrm{d}y$ 称为**直角坐标系下的面积微元**.

如果二重积分 $\iint\limits_{D} f(x, y)\mathrm{d}\sigma$ 存在,则称函数 $f(x, y)$ 在区域 D 上**可积**.可以证明,如果函数 $f(x, y)$ 在区域 D 上连续,则 $f(x, y)$ 在区域 D 上是可积的.以后都假设被积函数 $f(x, y)$ 在积分区域 D 上是连续的,所以 $f(x, y)$ 在区域 D 上的二重积分总存在.

2. 二重积分的性质

二重积分具有与定积分类似的性质,且其证明也与定积分性质的证明相似.

性质 7.4 设 C_1、C_2 为常数,则

$$\iint\limits_{D} [C_1 f(x, y) + C_2 g(x, y)]\mathrm{d}\sigma = C_1 \iint\limits_{D} f(x, y)\mathrm{d}\sigma + C_2 \iint\limits_{D} g(x, y)\mathrm{d}\sigma.$$

性质 7.5 如果闭区域 D 被有限条曲线分为有限个部分闭区域,则在 D 上的二重积分等于在各部分闭区域上的二重积分的和.例如 D 分为两个闭区域 D_1 与 D_2,则

$$\iint\limits_{D} f(x, y)\mathrm{d}\sigma = \iint\limits_{D_1} f(x, y)\mathrm{d}\sigma + \iint\limits_{D_2} f(x, y)\mathrm{d}\sigma.$$

性质 7.6 $\iint\limits_{D} 1 \cdot \mathrm{d}\sigma = \iint\limits_{D} \mathrm{d}\sigma = \sigma$($\sigma$ 为 D 的面积).

性质 7.7　如果在 D 上，$f(x, y) \leqslant g(x, y)$，则有不等式

$$\iint\limits_{D} f(x, y) \mathrm{d}\sigma \leqslant \iint\limits_{D} g(x, y) \mathrm{d}\sigma.$$

特别地，有

$$\left| \iint\limits_{D} f(x, y) \mathrm{d}\sigma \right| \leqslant \iint\limits_{D} | f(x, y) | \mathrm{d}\sigma.$$

性质 7.8　设 M、m 分别是 $f(x, y)$ 在闭区域 D 上的最大值和最小值，σ 为 D 的面积，则有

$$m\sigma \leqslant \iint\limits_{D} f(x, y) \mathrm{d}\sigma \leqslant M\sigma.$$

性质 7.9(二重积分的中值定理)　设函数 $f(x, y)$ 在闭区域 D 上连续，σ 为 D 的面积，则在 D 上至少存在一点 (ξ, η) 使得

$$\iint\limits_{D} f(x, y) \mathrm{d}\sigma = f(\xi, \eta)\sigma.$$

二、二重积分的计算方法

利用二重积分的定义来计算二重积分显然是不实际的.下面介绍二重积分的计算方法,这种方法是通过两个定积分(即**二次积分**)的计算来实现的.

1. 利用直角坐标计算二重积分

用几何直观的方法说明二重积分 $\iint\limits_{D} f(x, y) \mathrm{d}\sigma$ 的计算方法,在讨论中假设 $f(x, y) \geqslant 0$.

设积分区域 D 可以用不等式

$$\varphi_1(x) \leqslant y \leqslant \varphi_2(x), a \leqslant x \leqslant b$$

来表示(图 7-6a 和图 7-6b),其中函数 $\varphi_1(x)$、$\varphi_2(x)$ 在区间 $[a, b]$ 上连续.

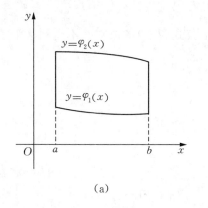

(a)

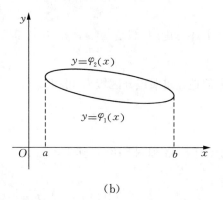

(b)

图 7-6

根据二重积分的几何意义可知，$\iint\limits_{D} f(x, y)\mathrm{d}\sigma$ 的值等于以 D 为底、以曲面 $z = f(x, y)$ 为顶的**曲顶柱体**的体积.

在区间 $[a, b]$ 上任意取定一个点 x_0，作平行于 yOz 面的平面 $x = x_0$，这个平面截曲顶柱体所得截面是一个以区间 $[\varphi_1(x_0), \varphi_2(x_0)]$ 为底，曲线 $z = f(x_0, y)$ 为曲边的曲边梯形，其面积为

$$A(x_0) = \int_{\varphi_1(x_0)}^{\varphi_2(x_0)} f(x_0, y)\mathrm{d}y.$$

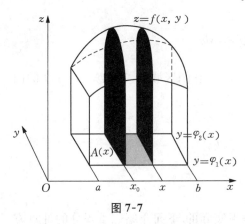

图 7-7

一般地，过区间 $[a, b]$ 上任一点 x 且平行于 yOz 面的平面截曲顶柱体所得截面的面积为

$$A(x) = \int_{\varphi_1(x)}^{\varphi_2(x)} f(x, y)\mathrm{d}y.$$

利用计算平行截面面积已知的立体体积的方法，该曲顶柱体（图 7-7）的体积

$$V = \int_a^b A(x)\mathrm{d}x = \int_a^b \left[\int_{\varphi_1(x)}^{\varphi_2(x)} f(x, y)\mathrm{d}y\right]\mathrm{d}x.$$

即 $$\iint\limits_{D} f(x, y)\mathrm{d}\sigma = \int_a^b \left[\int_{\varphi_1(x)}^{\varphi_2(x)} f(x, y)\mathrm{d}y\right]\mathrm{d}x.$$

上述积分是一个先对 y，后对 x 的二次积分，即先将 x 看作常数，$f(x, y)$ 只看作 y 的函数，对 $f(x, y)$ 计算从 $\varphi_1(x)$ 到 $\varphi_2(x)$ 的定积分，然后将所得的结果（是 x 的函数）再对 x 从 a 到 b 计算定积分.

这个先对 y，后对 x 的二次积分也常记为

$$\iint\limits_{D} f(x, y)\mathrm{d}\sigma = \int_a^b \mathrm{d}x \int_{\varphi_1(x)}^{\varphi_2(x)} f(x, y)\mathrm{d}y. \tag{7-7}$$

在上述讨论中，假定 $f(x, y) \geqslant 0$. 但实际上公式（7-7）的成立并不受到这个条件的限制.

类似地，如果积分区域 D 可以用不等式

$$\psi_1(y) \leqslant x \leqslant \psi_2(y), \ c \leqslant y \leqslant d$$

来表示（图 7-8a 和图 7-8b），其中函数 $\psi_1(y)$、$\psi_2(y)$ 在区间 $[c, d]$ 上连续，则

$$\iint\limits_{D} f(x, y)\mathrm{d}\sigma = \int_c^d \mathrm{d}y \int_{\psi_1(y)}^{\psi_2(y)} f(x, y)\mathrm{d}x. \tag{7-8}$$

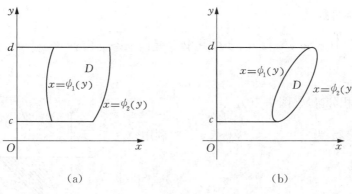

图 7-8

式(7-8)就是一个先对 x，后对 y 的二次积分.

如果积分区域 D 既可以用不等式 $\varphi_1(x) \leqslant y \leqslant \varphi_2(x)$，$a \leqslant x \leqslant b$ 来表示，也可以用不等式 $\psi_1(y) \leqslant x \leqslant \psi_2(y)$，$c \leqslant y \leqslant d$ 来表示，那么就有

$$\int_a^b \mathrm{d}x \int_{\varphi_1(x)}^{\varphi_2(x)} f(x, y)\mathrm{d}y = \int_c^d \mathrm{d}y \int_{\psi_1(y)}^{\psi_2(y)} f(x, y)\mathrm{d}x.$$

也就是说某些二重积分是可以交换积分次序的.应用公式(7-7)或(7-8)时，积分区域 D 必须满足下列条件:穿过区域 D 内部且平行于 y 轴(或 x 轴)的直线与 D 的边界交点不多于两个.如果不具备上述条件，我们可以将区域 D 进行划分，使得划分后的小区域满足该条件.

二重积分化为二次积分时，确定积分限是关键.积分限是根据区域 D 确定的，通常先画出 D 的图形，然后根据图形的特性选择运用公式(7-7)或(7-8).

例 1 计算 $\displaystyle\iint\limits_D (x^3 + 3x^2 y + y^3)\mathrm{d}x\mathrm{d}y$，其中 D 是矩形闭区域 $0 \leqslant x \leqslant 1$，$0 \leqslant y \leqslant 1$.

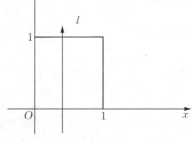

图 7-9

解 先画出积分区域 D 的图形(图 7-9).

$$\iint\limits_D (x^3 + 3x^2 y + y^3)\mathrm{d}x\mathrm{d}y = \int_0^1 \mathrm{d}x \int_0^1 (x^3 + 3x^2 y + y^3)\mathrm{d}y$$

$$= \int_0^1 \left(x^3 y + \frac{3}{2}x^2 y^2 + \frac{1}{4}y^4\right)\Big|_0^1 \mathrm{d}x$$

$$= \int_0^1 \left(x^3 + \frac{3}{2}x^2 + \frac{1}{4}\right)\mathrm{d}x = \left(\frac{1}{4}x^4 + \frac{1}{2}x^3 + \frac{1}{4}x\right)\Big|_0^1 = 1.$$

在将重积分化为二次积分时，可以先对 y 积分，再对 x 积分，也可以先对 x 积分，再对 y 积分.当积分区域为矩形域时，由于两次积分限均为常量，所以无论先对 y 积分还是先对 x 积分在计算时都很方便.但当积分区域为其他形状时，选择积分次序是否恰当将直

接影响计算的难易程度.

例 2 计算 $\iint\limits_D (x^2+y^2-x)\mathrm{d}x\mathrm{d}y$，其中 D 是由三条直线 $y=2$、$y=x$、$y=2x$ 所围成的区域.

解 画出积分区域(图 7-10).

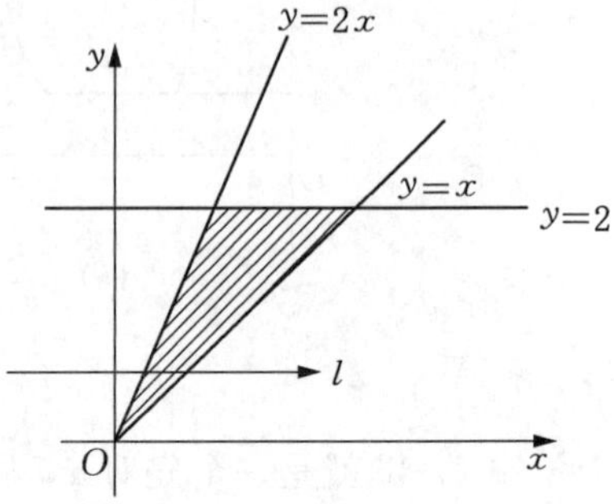

图 7-10

区域 D 可表示为 $\frac{y}{2}\leqslant x\leqslant y$，$0\leqslant y\leqslant 2$. 利用公式(7-10)，得

$$\begin{aligned}&\iint\limits_D (x^2+y^2-x)\mathrm{d}x\mathrm{d}y\\&=\int_0^2\mathrm{d}y\int_{\frac{y}{2}}^{y}(x^2+y^2-x)\mathrm{d}x\\&=\int_0^2\left(\frac{1}{3}x^3+y^2x-\frac{1}{2}x^2\right)\Bigg|_{\frac{y}{2}}^{y}\mathrm{d}y\\&=\int_0^2\left(\frac{19}{24}y^3-\frac{3}{8}y^2\right)\mathrm{d}y=\left(\frac{19}{96}y^4-\frac{1}{8}y^3\right)\Bigg|_0^2=\frac{13}{6}.\end{aligned}$$

例 3 计算二重积分 $\iint\limits_D xy\mathrm{d}\sigma$，其中 D 是由抛物线 $y^2=x$ 及 $y=x-2$ 所围成的有界闭区域.

图 7-11

解 如图 7-11 所示，区域 D 可以看成是 Y-型区域，它表示为

$$D=\{(x,y)\mid -1\leqslant y\leqslant 2,\ y^2\leqslant x\leqslant y+2\},$$

所以

$$\begin{aligned}\iint\limits_D xy\mathrm{d}\sigma&=\int_{-1}^{2}\mathrm{d}y\int_{y^2}^{y+2}xy\mathrm{d}x\\&=\int_{-1}^{2}y\cdot\frac{1}{2}x^2\Bigg|_{y^2}^{y+2}\mathrm{d}y=\frac{45}{8}.\end{aligned}$$

也可以将 D 看成是两个 X-型区域 D_1、D_2 的并集，其中

$$D_1=\{(x,y)\mid 0\leqslant x\leqslant 1,\ -\sqrt{x}\leqslant y\leqslant\sqrt{x}\},$$

$$D_2=\{(x,y)\mid 1\leqslant x\leqslant 4,\ x-2\leqslant y\leqslant\sqrt{x}\}.$$

所以积分可以写为两个二次积分的和，即

$$\iint\limits_D xy\mathrm{d}\sigma=\int_0^1\mathrm{d}x\int_{-\sqrt{x}}^{\sqrt{x}}xy\mathrm{d}y+\int_2^4\mathrm{d}x\int_{x-2}^{\sqrt{x}}xy\mathrm{d}y.$$

最后可以算出同样的结果，显然这样计算要麻烦一些.

例 4 计算二重积分 $\int_0^1\mathrm{d}y\int_y^1\frac{\sin x}{x}\mathrm{d}x$.

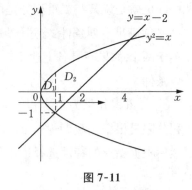

分析 因为 $\dfrac{\sin x}{x}$ 的原函数不是初等函数,积分 $\displaystyle\int_y^1 \dfrac{\sin x}{x} \mathrm{d}x$ 无法用牛顿-莱布尼茨公式算出,所以必须交换积分次序,将先对 x 的积分换为先对 y 积分.

解 如图 7-12 所示,此时积分区域 D 为 $0 \leqslant y \leqslant 1$, $y \leqslant x \leqslant 1$. 现换为先对 y 积分,则区域 D 表示为 $0 \leqslant x \leqslant 1$, $0 \leqslant y \leqslant x$, 于是

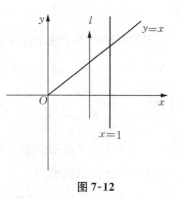

$$\int_0^1 \mathrm{d}y \int_y^1 \frac{\sin x}{x} \mathrm{d}x = \int_0^1 \mathrm{d}x \int_0^x \frac{\sin x}{x} \mathrm{d}y$$

$$= \int_0^1 \frac{\sin x}{x}(y)\Big|_0^x \mathrm{d}x$$

$$= \int_0^1 \sin x \, \mathrm{d}x = (-\cos x)\Big|_0^1$$

$$= 1 - \cos 1 .$$

图 7-12

计算二重积分时恰当地选择积分次序将简化运算.**不管用哪种次序积分,必须能求出二次积分的被积函数的原函数**.有些二重积分的求解不光要考虑到区域 D,还要兼顾被积函数.

* 2. **利用极坐标计算二重积分**

有些二重积分,积分区域 D 的边界曲线用极坐标方程来表示比较方便,且被积函数用极坐标变量 r、θ 表达比较简单.这时就可以考虑利用极坐标来计算二重积分 $\displaystyle\iint\limits_D f(x, y)\mathrm{d}\sigma$. 按二重积分的定义 $\displaystyle\iint\limits_D f(x, y)\mathrm{d}\sigma = \lim_{\lambda \to 0} \sum_{i=1}^n f(\xi_i, \eta_i)\Delta\sigma_i$.

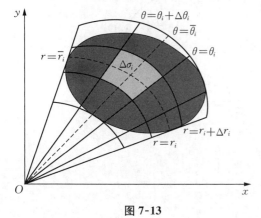

图 7-13

下面来研究这个和的极限在极坐标系中的形式.

如图 7-13 所示,以从极点 O 出发的一簇射线及以极点为中心的一簇同心圆构成的网将区域 D 分为 n 个小闭区域,小闭区域的面积为

$$\Delta\sigma_i = \frac{1}{2}(r_i + \Delta r_i)^2 \cdot \Delta\theta_i - \frac{1}{2} \cdot r_i^2 \cdot \Delta\theta_i = \frac{1}{2}(2r_i + \Delta r_i)\Delta r_i \cdot \Delta\theta_i$$

$$= \frac{r_i + (r_i + \Delta r_i)}{2} \cdot \Delta r_i \cdot \Delta\theta_i = \bar{r}_i \Delta r_i \Delta\theta_i .$$

其中 $\bar{r}_i = r_i + \dfrac{1}{2}\Delta r_i$ 表示相邻两圆弧的半径的平均值.

在 $\Delta\sigma_i$ 内取一点 $(\bar{r}_i, \bar{\theta}_i)$，设其直角坐标为 (ξ_i, η_i)，则有

$$\xi_i = \bar{r}_i \cos\bar{\theta}_i, \quad \eta_i = \bar{r}_i \sin\bar{\theta}_i.$$

于是 $\lim\limits_{\lambda\to 0}\sum\limits_{i=1}^{n} f(\xi_i, \eta_i)\Delta\sigma_i = \lim\limits_{\lambda\to 0}\sum\limits_{i=1}^{n} f(\bar{r}_i\cos\bar{\theta}_i, \bar{r}_i\sin\bar{\theta}_i)\bar{r}_i\Delta r_i\Delta\theta_i.$ 可以证明，包含边界点的那些小闭区域所对应项之和的极限为零，因此，这样的一些小区域可以略去不计.
即

$$\iint\limits_{D} f(x, y)\mathrm{d}\sigma = \iint\limits_{D} f(r\cos\theta, r\sin\theta)r\mathrm{d}r\mathrm{d}\theta.$$

该式称为**二重积分由直角坐标变量变换成极坐标变量的变换公式**，其中，$r\mathrm{d}r\mathrm{d}\theta$ 就是极坐标中的**面积元素**.

极坐标系中的二重积分，同样可以化为二次积分来计算.根据区域 D 的不同，讨论以下三种情形.

（1）积分区域 D 可表示成下述形式（图 7-14）：

$$\varphi_1(\theta) \leqslant r \leqslant \varphi_2(\theta), \quad \alpha \leqslant \theta \leqslant \beta,$$

其中函数 $\varphi_1(\theta)$、$\varphi_2(\theta)$ 在 $[\alpha, \beta]$ 上连续.

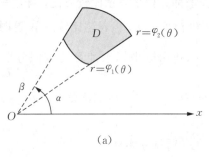

(a)　　　　　　　　　　(b)

图 7-14

则

$$\iint\limits_{D} f(r\cos\theta, r\sin\theta)r\mathrm{d}r\mathrm{d}\theta = \int_{\alpha}^{\beta}\mathrm{d}\theta\int_{\varphi_2(\theta)}^{\varphi_1(\theta)} f(r\cos\theta, r\sin\theta)r\mathrm{d}r.$$

（2）积分区域 D 如图 7-15 所示.

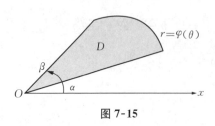

图 7-15

显然，这只是情形一的特殊形式 $\varphi_1(\theta) \equiv 0$（即极点在积分区域的边界上）.

故　　$\iint\limits_{D} f(r\cos\theta, r\sin\theta)r\mathrm{d}r\mathrm{d}\theta$

$$= \int_{\alpha}^{\beta}\mathrm{d}\theta\int_{0}^{\varphi(\theta)} f(r\cos\theta, r\sin\theta)r\mathrm{d}r.$$

（3）积分区域 D 如图 7-16 所示.

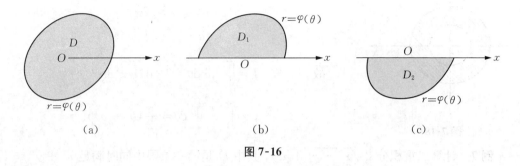

图 7-16

显然,这类区域又是情形二的一种变形（极点包围在积分区域 D 的内部）, D 可剖分成 D_1 和 D_2, 而

$$D_1: 0 \leqslant \theta \leqslant \pi, 0 \leqslant r \leqslant \varphi(\theta); \quad D_2: \pi \leqslant \theta \leqslant 2\pi, 0 \leqslant r \leqslant \varphi(\theta).$$

有以下结果

$$\iint_D f(r\cos\theta, r\sin\theta) r \mathrm{d}r \mathrm{d}\theta = \int_0^\pi \mathrm{d}\theta \int_0^{\varphi(\theta)} f(r\cos\theta, r\sin\theta) r \mathrm{d}r +$$

$$\int_\pi^{2\pi} \mathrm{d}\theta \int_0^{\varphi(\theta)} f(r\cos\theta, r\sin\theta) r \mathrm{d}r$$

$$= \int_0^{2\pi} \mathrm{d}\theta \int_0^{\varphi(\theta)} f(r\cos\theta, r\sin\theta) r \mathrm{d}r.$$

例 5　求 $I = \iint_D \sqrt{a^2 - x^2 - y^2}\, \mathrm{d}\sigma$, 其中 D 是圆域 $x^2 + y^2 \leqslant ax\,(a > 0)$.

解　如图 7-17 所示, 化为极坐标, $x = r\cos\theta$, $y = r\sin\theta$, $\mathrm{d}\sigma = r\mathrm{d}r\mathrm{d}\theta$, 代入得 D 的边界方程 $r = a\cos\theta$. 因此表示为 $-\dfrac{\pi}{2} \leqslant \theta \leqslant \dfrac{\pi}{2}$, $0 \leqslant r \leqslant a\cos\theta$.

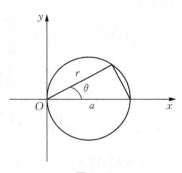

图 7-17

$$I = \iint_D \sqrt{a^2 - r^2}\, r \mathrm{d}r \mathrm{d}\theta = \int_{-\frac{\pi}{2}}^{\frac{\pi}{2}} \mathrm{d}\theta \int_0^{a\cos\theta} \sqrt{a^2 - r^2}\, r \mathrm{d}r$$

$$= \int_{-\frac{\pi}{2}}^{\frac{\pi}{2}} \left[-\frac{1}{3}(a^2 - r^2)^{\frac{3}{2}} \right] \Bigg|_0^{a\cos\theta} \mathrm{d}\theta$$

$$= \frac{2}{3} \int_0^{\frac{\pi}{2}} (a^3 - a^3 \sin^3\theta) \mathrm{d}\theta$$

$$= \frac{1}{9} a^3 (3\pi - 4).$$

本题如果用直角坐标计算就会非常困难.

例 6　求 $I = \iint_D (x^2 + y^2) \mathrm{d}\sigma$, 其中 D 是 $a^2 \leqslant x^2 + y^2 \leqslant b^2$.

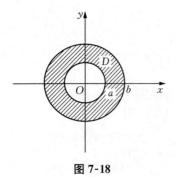

图 7-18

解 如图 7-18 所示,在极坐标下区域 D 可表示为

$$D:\begin{cases} 0 \leqslant \theta \leqslant 2\pi, \\ a \leqslant r \leqslant b. \end{cases}$$

故
$$I = \iint\limits_{D} r^3 \mathrm{d}r\mathrm{d}\theta = \int_0^{2\pi} \mathrm{d}\theta \int_a^b r^3 \mathrm{d}r.$$

$$= \int_0^{2\pi} \frac{r^4}{4} \Big|_a^b \mathrm{d}\theta = \frac{\pi}{2}(b^4 - a^4).$$

例 7 计算二重积分 $\iint\limits_{D} \sqrt{x^2 + y^2}\,\mathrm{d}x\,\mathrm{d}y$,其中 D 是第一象限中同时满足 $x^2 + y^2 \leqslant 1$ 和 $x^2 + (y-1)^2 \leqslant 1$ 的点所组成的区域.

解 积分区域 D 如图 7-19 所示,两圆 $x^2 + y^2 = 1$ 和 $x^2 + (y-1)^2 = 1$ 在第一象限的交点为 $P\left(\dfrac{\sqrt{3}}{2}, \dfrac{1}{2}\right)$,而点 P 的极坐标为 $\left(1, \dfrac{\pi}{6}\right)$,于是极径 OP 可将 D 分成 D_1 和 D_2 两部分,它们在极坐标系下表示为

$$D_1 = \left\{ (r, \theta) \,\middle|\, 0 \leqslant r \leqslant 2\sin\theta,\, 0 \leqslant \theta \leqslant \frac{\pi}{6} \right\},$$

$$D_2 = \left\{ (r, \theta) \,\middle|\, 0 \leqslant r \leqslant 1,\, \frac{\pi}{6} \leqslant \theta \leqslant \frac{\pi}{2} \right\}.$$

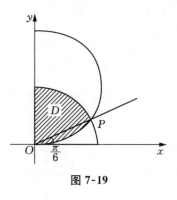

图 7-19

所以得

$$\iint\limits_{D} \sqrt{x^2 + y^2}\,\mathrm{d}x\,\mathrm{d}y = \iint\limits_{D_1} r^2 \mathrm{d}r\mathrm{d}\theta + \iint\limits_{D_2} r^2 \mathrm{d}r\mathrm{d}\theta = \int_0^{\frac{\pi}{6}} \mathrm{d}\theta \int_0^{2\sin\theta} r^2 \mathrm{d}r + \int_{\frac{\pi}{6}}^{\frac{\pi}{2}} \mathrm{d}\theta \int_0^1 r^2 \mathrm{d}r$$

$$= \frac{1}{3}\int_0^{\frac{\pi}{6}} r^3 \Big|_0^{2\sin\theta} \mathrm{d}\theta + \frac{\pi}{9} = \frac{8}{3}\int_0^{\frac{\pi}{6}} \sin^3\theta\,\mathrm{d}\theta + \frac{\pi}{9}$$

$$= \frac{\pi + 16 - 9\sqrt{3}}{9}.$$

当被积函数为 $f(x^2, y^2)$ 或积分区域为圆形、环形、扇形等情形时,利用极坐标计算二重积分较简便.

习 题 7.3

计算下列二重积分.

(1) $\iint\limits_{D} \mathrm{e}^{x+y}\mathrm{d}x\,\mathrm{d}y$,$D: 0 \leqslant x \leqslant 1,\, 1 \leqslant y \leqslant 2$;

(2) $\iint\limits_{D} xy^2 \mathrm{d}x\,\mathrm{d}y$，$D$：$1 \leqslant x \leqslant 2$，$0 \leqslant y \leqslant 2$；

(3) $\iint\limits_{D} (x^2 + y^2)\mathrm{d}x\,\mathrm{d}y$，$D$：$x^2 + y^2 \leqslant 4$；

(4) $\iint\limits_{D} \sqrt{4 - x^2 - y^2}\,\mathrm{d}x\,\mathrm{d}y$，$D$：$x^2 + y^2 \leqslant 4$，$x \geqslant 0$，$y \geqslant 0$.

复习与思考 7

1. 求下列函数的定义域.

(1) $z = \sqrt{x^2 - 1} + \sqrt{y^2 - 4}$ ；　　　　(2) $z = \sqrt{1 - \dfrac{x^2}{9} - \dfrac{y^2}{4}}$ ；

(3) $z = \ln x - \ln(x - y)$ ；　　　　(4) $z = \arccos(\dfrac{x^2}{4} + \dfrac{y^2}{9})$.

2. 已知 $f(x + y, xy) = x^2 + y^2$，试求 $f(x, y)$.

3. 求下列函数的极限.

(1) $\lim\limits_{\substack{x \to 0 \\ y \to 0}} \dfrac{xy}{x^2 + y^2}$ ；　　　　(2) $\lim\limits_{\substack{x \to 0 \\ y \to 0}} \dfrac{\cos(xy)}{x + 1}$.

4. 证明函数 $\lim\limits_{\substack{x \to 0 \\ y \to 0}} \dfrac{x + y}{y - x}$ 的极限不存在.

5. 已知函数 $z = 2x^2 y^2 - 3xy$，求 $f'_x(3, 2)$，$f'_y(3, 2)$.

6. 求下列函数的偏导数.

(1) $z = \mathrm{e}^x \sin(2x - 3y)$ ；　　　　(2) $z = 2x^2 y^2 - 3xy + y^3$.

7. 求下列函数的二阶偏导数.

(1) $z = 3x^{2y}$ ；　　　　(2) $z = x^2 y^2 - 3xy^3 + 2y^4$.

8. 求二元函数 $f(x, y) = 2x^3 y - xy^3$ 的极值.

9. 求函数 $z = x^y$ 在点 $(3, 2)$ 处关于自变量的增量 $\Delta x = 0.1$、$\Delta y = 0.2$ 的全微分.

10. 求 $2.01^{2.99}$ 的近似值.

11. 求下列函数的全微分.

(1) $z = \sqrt{x^2 + y^2}$ ；　　　　(2) $z = -3xy^3 + 2y^4$.

12. 计算下列二重积分.

(1) $\iint\limits_{D} x\,\mathrm{e}^{xy} \mathrm{d}x\,\mathrm{d}y$，$D$：$0 \leqslant x \leqslant 1$，$0 \leqslant y \leqslant 1$；

(2) $\iint\limits_{D} (x^2 + y^2)\mathrm{d}x\,\mathrm{d}y$，$D$：$0 \leqslant x^2 + y^2 \leqslant 1$.

第 8 章
常 微 分 方 程

在深入研究科学技术和经济管理中的许多问题时,经常需要寻求这些问题中有关变量的函数关系.这些函数关系往往不能直接得到,但是可以根据这些问题的某些基本原理,得到函数及其导数的关系式,然后从这样的关系式中解出所求函数,这样的关系式就是微分方程.本章将介绍微分方程的基本概念和几种常用的微分方程的解法.

8.1 微分方程的基本概念

一、引例

为了说明微分方程的有关概念,先看一个例子.

例 1 已知一曲线上任意点 (x, y) 处的切线斜率都是 $3x^2$,且曲线过点 $(0, 1)$,求该曲线方程.

解 设所求的曲线方程为 $y = f(x)$. 依题意,得

$$y' = 3x^2, \qquad ①$$

①式两边求不定积分,得

$$y = \int 3x^2 \, dx,$$

即

$$y = x^3 + C. \qquad ②$$

又因为曲线过点 $(0, 1)$,即当 $x = 0$ 时, $y = 1$,可写成

$$y(0) = 1 \text{ 或 } y \mid_{x=0} = 1, \qquad ③$$

③式代入②式,得

$$C = 1.$$

则所求的曲线方程为

$$y = x^3 + 1. \qquad ④$$

二、微分方程的定义

定义 8.1 含有未知函数及其导数或微分的方程称为**微分方程**,未知函数是一元函数的微分方程称为**常微分方程**.

微分方程中未知函数的最高阶导数(或微分)的阶数,称为**微分方程的阶**.例如,微分

方程①是一阶常微分方程.

一般地, n 阶微分方程可写成

$$F(x, y, y', y'', \cdots, y^{(n)}) = 0, \tag{8-1}$$

其中, x 为自变量, y 是未知函数.

定义 8.2 如果将某函数 $y = \varphi(x)$ 和它的导数代入微分方程,能使方程成为恒等式,则称函数 $y = \varphi(x)$ 为该微分方程的**解**.例如,函数②和④都是微分方程①的解。

定义 8.3 若微分方程的解中含有任意常数,且独立的任意常数的个数等于微分方程的阶数(如 $y = x^2 + C$),这样的解叫作微分方程的**通解**.在通解中,利用给定的条件,确定出任意常数的值的解(如 $y = x^2 + 2$)叫作微分方程的**特解**,确定通解中任意常数的条件(如 $y|_{x=1} = 3$)叫作**初始条件**.

一阶微分方程的初始条件一般记作 $y|_{x=x_0} = y_0$ 的形式,如 $y|_{x=1} = 3$. 二阶微分方程的初始条件一般记成 $y|_{x=x_0} = a$, $y'|_{x=x_0} = b$ 的形式.

例 2 求微分方程 $y'' = x - 1$ 满足初始条件 $y|_{x=1} = -\dfrac{1}{3}$, $y'|_{x=1} = \dfrac{1}{2}$ 的特解.

解 将微分方程 $y'' = x - 1$,两边积分,得

$$y' = \frac{1}{2}x^2 - x + C_1. \tag{8-2}$$

两边再一次积分,得

$$y = \frac{1}{6}x^3 - \frac{1}{2}x^2 + C_1 x + C_2. \tag{8-3}$$

将初始条件 $y|_{x=1} = -\dfrac{1}{3}$, $y'|_{x=1} = \dfrac{1}{2}$ 代入方程(8-2)和方程(8-3),得

$$\begin{cases} \dfrac{1}{6} - \dfrac{1}{2} + C_1 + C_2 = -\dfrac{1}{3}, \\ \dfrac{1}{2} - 1 + C_1 = \dfrac{1}{2}. \end{cases}$$

解方程组,得 $C_1 = 1$, $C_2 = -1$. 因此,微分方程满足初始条件的特解为

$$y = \frac{1}{6}x^3 - \frac{1}{2}x^2 + x - 1.$$

说明 $y^{(n)} = f(x)$ 型的微分方程都可以采用方程两边同时积分的手段求解.

例 3 验证下列给定的函数是否为所给微分方程的解.若是解,指出是通解还是特解(其中 C 、 C_1 、 C_2 为任意常数).

(1) $y'' + 2y' + y = 3x$, $y = 2e^{-x} + 3x - 6$;

(2) $y' = xy'' + (y'')^2$，$y = \dfrac{C_1}{2}x^2 + C_1^2 x + C_2$；

(3) $\dfrac{d^2 y}{dx^2} + 4y - 4\cos 2x = 0$，$y = x\sin 2x - C\cos 2x$；

(4) $y'' + (y')^2 - 2y' = -1$，$y = \ln x - x$.

解 (1) 由于 $y' = -2e^{-x} + 3$，$y'' = 2e^{-x}$.

代入方程左端，得 $y'' + 2y' + y = 2e^{-x} + 2(-2e^{-x} + 3) + (2e^{-x} + 3x - 6) = 3x$.

方程成为一个恒等式，所以 $y = 2e^{-x} + 3x - 6$ 是方程 $y'' + 2y' + y = 3x$ 的解.

因为所给函数中不含任意常数，所以它是方程的特解.

(2) 因为 $y' = C_1 x + C_1^2$，$y'' = C_1$.

代入方程右端，得 $xy'' + (y'')^2 = x \cdot C_1 + C_1^2 = y'$.

方程成为一个恒等式，所以 $y = \dfrac{C_1}{2}x^2 + C_1^2 x + C_2$ 是方程 $y' = xy'' + (y'')^2$ 的解.

因为所给函数中含有两个相互独立的任意常数，且方程是二阶微分方程，所以该函数是方程的通解.

(3) 由于

$$\frac{dy}{dx} = \sin 2x + 2x\cos 2x + 2C\sin 2x ,$$

$$\frac{d^2 y}{dx^2} = 4\cos 2x - 4x\sin 2x + 4C\cos 2x .$$

代入方程左端，得

$$\frac{d^2 y}{dx^2} + 4y - 4\cos 2x$$

$$= (4\cos 2x - 4x\sin 2x + 4C\cos 2x) + 4(x\sin 2x - C\cos 2x) - 4\cos 2x$$

$$= 0.$$

方程成为一个恒等式，所以 $y = x\sin 2x - C\cos 2x$ 是方程 $\dfrac{d^2 y}{dx^2} + 4y - 4\cos 2x = 0$ 的解.

因为所给函数中只含有一个任意常数，而方程是二阶微分方程，所以该函数既不是方程的通解，也不是方程的特解.

(4) 因为 $y' = \dfrac{1}{x} - 1$，$y'' = -\dfrac{1}{x^2}$.

代入方程左端，得 $y'' + (y')^2 - 2y' = -\dfrac{1}{x^2} + \left(\dfrac{1}{x} - 1\right)^2 - 2\left(\dfrac{1}{x} - 1\right) = -\dfrac{4}{x} + 3 \neq -1$.

方程不能成为恒等式，所以 $y = \ln x - x$ 不是方程 $y'' + (y')^2 - 2y' = -1$ 的解.

一般来说,求微分方程的解是比较困难的.但是形如

$$y^{(n)} = f(x)$$

的微分方程,右端是仅含有自变量 x 的已知函数,此方程可以经过 n 次积分得到通解.

练 习 8.1

1. 指出下列微分方程的阶数.

(1) $xy - \dfrac{y'}{2x} + 2 = 0$;   (2) $\dfrac{d^2 x}{dt^2} + t\left(\dfrac{dx}{dt}\right)^3 + tx = 0$;

(3) $\dfrac{d^5 y}{dx^5} - 4\dfrac{d^3 y}{dx^3} + 7\dfrac{dy}{dx} = \sin x + 2$;   (4) $yy'' + 3(x - y')y''' = 0$.

2. 验证下列给定的函数是否为所给微分方程的解.若是解,指出是通解还是特解(其中 C、C_1、C_2 为任意常数).

(1) $y'' - 2y' - 3y = 2x + 1$, $y = -\dfrac{2}{3}x + \dfrac{1}{9}$;

(2) $\dfrac{dy}{dx} = y^2 \cos x$, $y = -\dfrac{1}{\sin x + C}$;

(3) $y'' + y = x$, $y = C_1 \cos x + C_2 \sin x + x$;

(4) $y' - \dfrac{y}{x+1} = e^x(x+1)$, $y = (x+1)(e^x + 4)$.

3. 验证 $y = C_1 e^{3x} + C_2 e^{4x}$ 是微分方程 $y'' - 7y' + 12y = 0$ 的通解,并求微分方程满足初始条件 $y\,|_{x=0} = 1$、$y'\,|_{x=0} = 2$ 的特解.

4. 已知二阶微分方程 $y'' = 2x + 3$,求:

(1) 该微分方程的通解;

(2) 该微分方程满足初始条件 $y\,|_{x=1} = 3$、$y'\,|_{x=1} = 5$ 的特解.

8.2 一阶微分方程

一阶微分方程的一般形式是 $F(x, y, y') = 0$,如果 y' 可解出,则方程可写成 $y' = f(x, y)$.一阶微分方程的通解中,含有一个任意常数,为了确定这个常数,必须给定一个初始条件.

本节将介绍两种常用的一阶微分方程及其解法.

一、可分离变量的微分方程

定义 8.4 如果一阶微分方程经整理后可写成如下形式

$$\frac{\mathrm{d}y}{\mathrm{d}x} = f(x) \cdot g(y), \tag{8-4}$$

则称其为**可分离变量的微分方程**.

若 $g(y) \neq 0$，则可将方程(8-4)写成变量 x、y 分别在等式两端的形式

$$\frac{1}{g(y)}\mathrm{d}y = f(x) \cdot \mathrm{d}x. \tag{⑤}$$

将式(8-4)化为式⑤的方法称为**分离变量法**.

将式⑤两端分别积分,得

$$\int \frac{1}{g(y)}\mathrm{d}y = \int f(x)\mathrm{d}x + C.$$

例 1 求微分方程 $\dfrac{\mathrm{d}y}{\mathrm{d}x} = \dfrac{1+y^2}{1+x^2}$ 的通解.

解 分离变量,得

微视频:可分离
变量的微分方程

$$\frac{\mathrm{d}y}{1+y^2} = \frac{\mathrm{d}x}{1+x^2}.$$

两边积分,得

$$\int \frac{\mathrm{d}y}{1+y^2} = \int \frac{\mathrm{d}x}{1+x^2}.$$

则原方程的通解为

$$\arctan y = \arctan x + C \ (C \text{ 为任意常数}).$$

二、一阶线性微分方程

定义 8.5 形如

$$\frac{\mathrm{d}y}{\mathrm{d}x} + p(x)y = q(x), \ q(x) \neq 0 \tag{8-5}$$

的方程称为**一阶非齐次线性微分方程**,其中 $p(x)$ 和 $q(x)$ 为已知函数.当 $q(x) = 0$ 时,称

$$\frac{\mathrm{d}y}{\mathrm{d}x} + p(x)y = 0 \tag{8-6}$$

为**一阶齐次线性微分方程**.

1. 一阶齐次线性微分方程

我们先来求解一阶齐次线性微分方程(8-6),它也是一个可分离变量的方程.

对方程(8-6)分离变量,得

$$\frac{\mathrm{d}y}{y} = -p(x)\mathrm{d}x.$$

两边积分，得

$$\ln y = -\int p(x)\,\mathrm{d}x + \ln C = \ln \mathrm{e}^{-\int p(x)\mathrm{d}x} + \ln C = \ln C\mathrm{e}^{-\int p(x)\mathrm{d}x}.$$

于是，方程(8-6)的通解为

$$y = C\mathrm{e}^{-\int p(x)\mathrm{d}x}. \tag{8-7}$$

例 2　解微分方程：$xy' - y = 0$.

解　微分方程变形为

$$y' - \frac{1}{x}y = 0,$$

所以，$p(x) = -\dfrac{1}{x}$. 利用公式(8-7)，得

$$y = C\mathrm{e}^{-\int -\frac{1}{x}\mathrm{d}x} = C\mathrm{e}^{\ln x} = Cx.$$

故微分方程的通解为

$$y = Cx.$$

2. 一阶非齐次线性微分方程

对于一阶非齐次线性方程(8-5)，可把其对应的齐次方程(8-6)的通解(8-7)中的任意常数 C 换成待定函数 $C(x)$. 设方程(8-5)的通解是

$$y = C(x)\mathrm{e}^{-\int p(x)\mathrm{d}x}, \qquad\qquad ⑥$$

则

$$y' = C'(x)\mathrm{e}^{-\int p(x)\mathrm{d}x} - C(x)\cdot p(x)\mathrm{e}^{-\int p(x)\mathrm{d}x}. \qquad\qquad ⑦$$

将⑥和⑦代入方程(8-5)，并整理，得

$$C'(x) = q(x)\mathrm{e}^{\int p(x)\mathrm{d}x}.$$

于是

$$C(x) = \int q(x)\cdot \mathrm{e}^{\int p(x)\mathrm{d}x}\,\mathrm{d}x + C.$$

代入⑥式，得

$$y = \mathrm{e}^{-\int p(x)\cdot\mathrm{d}x}\left(\int q(x)\cdot \mathrm{e}^{\int p(x)\mathrm{d}x}\,\mathrm{d}x + C\right). \tag{8-8}$$

以上求一阶非齐次线性方程通解的方法称为**常数变易法**. 如果把通解(8-8)写成

$$y = C\mathrm{e}^{-\int p(x)\mathrm{d}x} + \mathrm{e}^{-\int p(x)\mathrm{d}x}\int q(x)\mathrm{e}^{\int p(x)\mathrm{d}x}\,\mathrm{d}x,$$

那么可以看出，y 由两项构成：第一项是对应齐次方程(8-8)的通解，第二项是在方程(8-8)中令 $C = 0$ 得到的，它是非齐次线性方程(8-5)的一个特解. 于是我们知道一阶非齐次线性方程的解的结构是它的一个特解与它对应的齐次线性方程的通解之和.

微视频：一阶线性微分方程

例 3 求方程 $\dfrac{\mathrm{d}y}{\mathrm{d}x} + y = x$ 的通解.

解 直接利用公式(8-8)，这时，

$$p(x) = 1, \, q(x) = x.$$

则其通解为

$$y = \mathrm{e}^{-\int \mathrm{d}x}\left(\int x\, \mathrm{e}^{\int \mathrm{d}x}\, \mathrm{d}x + C\right) = \mathrm{e}^{-x}\left(\int x \cdot \mathrm{e}^x\, \mathrm{d}x + C\right)$$

$$= \mathrm{e}^{-x} \cdot (x\mathrm{e}^x - \mathrm{e}^x + C) = C\mathrm{e}^{-x} + x - 1.$$

练 习 8.2

1. 求下列微分方程的通解.

(1) $3x^2 + 6x - 5yy' = 0$；

(2) $(1+y)\mathrm{d}x - (1-x)\mathrm{d}y = 0$；

(3) $y' = x\sqrt{1-y^2}$；

(4) $\dfrac{\mathrm{d}y}{\mathrm{d}x} = x\mathrm{e}^{2y+x^2}$；

*(5) $\dfrac{\mathrm{d}y}{\mathrm{d}x} = \dfrac{1}{x-y} + 1$；

(6) $y' = \dfrac{y}{x} + \mathrm{e}^{\frac{y}{x}}$.

2. 求下列初值问题的解.

(1) $\begin{cases} \dfrac{x}{1+y}\mathrm{d}x - \dfrac{y}{1+x}\mathrm{d}y = 0, \\ y\,|_{x=0} = 1; \end{cases}$

(2) $\begin{cases} \sin x\,\mathrm{d}y = 2y\cos x\,\mathrm{d}x, \\ y\,|_{x=\frac{\pi}{2}} = 2; \end{cases}$

(3) $\begin{cases} \mathrm{e}^y(1+x^2)\mathrm{d}y = 2x(1+\mathrm{e}^y)\mathrm{d}x, \\ y\,|_{x=1} = 0; \end{cases}$

(4) $\begin{cases} \dfrac{\mathrm{d}y}{\mathrm{d}x} = 2\sqrt{y}\ln x, \\ y\,|_{x=\mathrm{e}} = 1. \end{cases}$

3. 求下列微分方程的通解.

(1) $y' + \dfrac{x}{x+1}y = 0$；

(2) $y' + 2y = 4x$；

(3) $y' + \dfrac{y}{x} = \dfrac{\sin x}{x}$；

(4) $\dfrac{\mathrm{d}y}{\mathrm{d}x} = \dfrac{2y}{x+1} + (x+1)^{\frac{5}{2}}$；

(5) $(x^2-1)y' + 2xy - \cos x = 0$；

*(6) $y\ln y\,\mathrm{d}x + (x - \ln y)\mathrm{d}y = 0$.

4. 求下列微分方程满足所给初始条件的特解.

(1) $y' + 2xy = x\mathrm{e}^{-x^2}$，$y\,|_{x=0} = 1$；

(2) $x\dfrac{\mathrm{d}y}{\mathrm{d}x} - 2y = x^3\mathrm{e}^x$，$y\,|_{x=1} = 0$；

(3) $y' - y\tan x = \sec x$，$y\,|_{x=0} = 0$；

*(4) $(y^2 - 6x)\dfrac{\mathrm{d}y}{\mathrm{d}x} + 2y = 0$，$y\,|_{x=0} = 1$.

5. 设曲线上任意一点的切线斜率与该切点的横坐标的平方成正比,而与其纵坐标成反比,比例系数 $a > 0$,且曲线过点 $(0, 2)$. 求该曲线的方程.

8.3　二阶常系数线性微分方程

一、二阶常系数线性微分方程的概念

先来看下面这个例子.

例 1　设某商品的价格 P 是时间 t 的函数 $P(t)$,该商品的需求函数与供给函数分别为 $Q_D = 42 - 4P - 4P' + P''$,$Q_S = -6 + 8P$,初始条件为 $P(0) = 6$,$P'(0) = 4$,若在每一时刻市场供需都平衡,求价格函数 $P(t)$.

分析　在每一时刻市场供需都平衡,即总有 $Q_D = Q_S$ 成立.

于是有 $42 - 4P - 4P' + P'' = -6 + 8P$,即 $P'' - 4P' - 12P = -48$.

这是一个二阶线性微分方程,由于 P、P'、P'' 的系数均为常数,所以称为二阶常系数线性微分方程.求价格函数 $P(t)$ 即求初值问题 $\begin{cases} P'' - 4P' - 12P = -48, \\ P(0) = 6,\ P'(0) = 4 \end{cases}$ 的解.

这类方程应该怎样分类? 应当怎样求解? 这些都是在这一节要讨论的问题.

定义 8.6　形如

$$y'' + py' + qy = f(x) \tag{8-9}$$

的微分方程称为**二阶常系数线性微分方程**,其中 p、q 为常数,$f(x)$ 为已知函数.当 $f(x) \equiv 0$ 时,方程

$$y'' + py' + qy = 0 \tag{8-10}$$

称为**二阶常系数齐次线性微分方程**.当 $f(x)$ 不恒为零时,方程(8-10)称为**二阶常系数非齐次线性微分方程**.

关于二阶常系数线性微分方程解的结构有如下的两个结论:

结论 1　若 y_1,y_2 是方程 $y'' + py' + qy = 0$ 的两个解,则对任意两个常数 C_1、C_2,$y = C_1 y_1 + C_2 y_2$ 仍是该方程的解.

结论 2　若 y_1,y_2 是二阶线性齐次微分方程 $y'' + py' + qy = 0$ 的两个特解,且 $\dfrac{y_1}{y_2}$ 不等于常数,则 $y = C_1 y_1 + C_2 y_2$ 是该方程的通解,其中,C_1、C_2 是任意常数.

二、二阶常系数线性齐次微分方程的解

定理 8.1　若 y_1、y_2 是二阶常系数齐次线性微分方程(8-10)的两个特解,且 $\dfrac{y_1}{y_2}$ 不恒

为常数,则

$$y = C_1 y_1 + C_2 y_2$$

是方程(8-10)的通解,其中 C_1、C_2 为任意常数.

注意 $\dfrac{y_1}{y_2}$ 不恒为常数这个条件是非常重要的.一般地,对于任意两个函数 y_1、y_2,若它们的比 $\dfrac{y_1}{y_2}$ 恒为常数,则称它们是**线性相关**的,否则称它们是**线性无关**的.

方程 $r^2 + pr + q = 0$ 叫作微分方程 $y'' + py' + qy = 0$ 的**特征方程**.特征方程的根叫作**特征根**.

特征方程是关于 r 的一元二次方程.根据特征根的不同情况,可以得到微分方程 $y'' + py' + qy = 0$ 的相应通解(表 8-1).

表 8-1

特征方程 $r^2 + pr + q = 0$	特征根 r_1, r_2	方程 $y'' + py' + qy = 0$ 的通解
$p^2 - 4q > 0$	$r_1 \neq r_2$	$y = C_1 \mathrm{e}^{r_1 x} + C_2 \mathrm{e}^{r_2 x}$
$p^2 - 4q = 0$	$r_1 = r_2 = r$	$y = (C_1 + C_2 x)\mathrm{e}^{rx}$
$p^2 - 4q < 0$	$r_1 = \alpha + \mathrm{i}\beta$, $r_2 = \alpha - \mathrm{i}\beta$	$y = \mathrm{e}^{\alpha x}(C_1 \cos \beta x + C_2 \sin \beta x)$

微视频:微分方程的复数解

由此得到,解二阶常系数线性齐次微分方程 $y'' + py' + qy = 0$(其中 p, q 均为常数)的步骤为:

(1) 写出特征方程 $r^2 + pr + q = 0$;

(2) 求出特征方程的两个根 r_1, r_2;

(3) 根据表 8-1 写出方程的通解.

例 2 求微分方程 $y'' - 2y' - 3y = 0$ 的通解.

解 所给微分方程的特征方程为 $r^2 - 2r - 3 = 0$,它的根为 $r_1 = -1$, $r_2 = 3$,为两个相异实根,故所求微分方程的通解为

$$y = C_1 \mathrm{e}^{-x} + C_2 \mathrm{e}^{3x} (C_1、C_2 \text{ 为任意常数}).$$

例 3 求微分方程 $\dfrac{\mathrm{d}^2 x}{\mathrm{d}t^2} - 6\dfrac{\mathrm{d}x}{\mathrm{d}t} + 9x = 0$ 满足初始条件 $x\big|_{t=0} = 2$, $x'\big|_{t=0} = 9$ 的特解.

解 所给微分方程的特征方程为 $r^2 - 6r + 9 = 0$,它的根为 $r_1 = r_2 = 3$,为两个相等的实根,故所求微分方程的通解为

$$x = (C_1 + C_2 t)\mathrm{e}^{3t} (C_1、C_2 \text{ 为任意常数}).$$

由 $x\big|_{t=0} = (C_1 + C_2 \cdot 0)\mathrm{e}^0 = C_1 = 2$,得 $C_1 = 2$.

则 $x' = (C_2 + 6 + 3C_2 t)\mathrm{e}^{3t}$.

于是 $x'|_{t=0} = (C_2 + 6 + 3C_2 \cdot 0)\mathrm{e}^0 = C_2 + 6 = 9$，得 $C_2 = 3$.

故所求微分方程的特解为

$$x = (2 + 3t)\mathrm{e}^{3t}.$$

例 4　求微分方程 $y'' + 8y' + 17y = 0$ 的通解.

解　所给微分方程的特征方程为 $r^2 + 8r + 17 = 0$.

它的根为 $r_{1,2} = \dfrac{-8 \pm \sqrt{8^2 - 4 \times 17}}{2} = -4 \pm \mathrm{i}$，为一对共轭复根.

故所求微分方程的通解为

$$y = \mathrm{e}^{-4x}(C_1 \cos x + C_2 \sin x)(C_1 、 C_2 \text{ 为任意常数}).$$

三、二阶常系数非齐次线性微分方程

二阶常系数非齐次线性微分方程(8-9)的通解的结构满足下面定理.

定理 8.2　若 y^* 是二阶常系数非齐次线性微分方程(8-9)的一个特解，Y 是与方程 (8-9)对应的二阶常系数齐次线性微分方程(8-10)的通解，则

$$y = Y + y^*$$

是方程(8-9)的通解.

我们已经知道二阶常系数齐次线性微分方程(8-10)的通解的求法，于是求二阶常系数非齐次线性微分方程(8-9)的通解就归结为求它的一个特解的问题.下面仅就方程(8-9)右端的函数 $f(x)$ 的两种常见形式，给出用待定系数法求特解的方法.

1. $f(x) = P_m(x)\mathrm{e}^{\lambda x}$ [$P_m(x)$ 为 x 的 m 次多项式，λ 为常数]

在实际应用中，二阶常系数非齐次线性微分方程(8-9)的函数形式为 $f(x) = P_m(x)\mathrm{e}^{\lambda x}$，其中 $P_m(x)$ 为 x 的 m 次多项式，λ 为常数.下面不加证明地给出结论，见表8-2.

表 8-2

$f(x)$ 的形式	条　　件	特解 y^* 的形式
	λ 不是特征方程的根	$y^* = Q_m(x)\mathrm{e}^{\lambda x}$
$f(x) = P_m(x)\mathrm{e}^{\lambda x}$	λ 是特征方程的单根	$y^* = xQ_m(x)\mathrm{e}^{\lambda x}$
	λ 是特征方程的重根	$y^* = x^2 Q_m(x)\mathrm{e}^{\lambda x}$

其中，$Q_m(x)$ 也是 x 的 m 次多项式.

求二阶常系数非齐次线性微分方程 $y'' + py' + qy = P_m(x)\mathrm{e}^{\lambda x}$ 的通解的步骤：

(1) 求其对应的二阶常系数齐次线性微分方程 $y'' + py' + qy = 0$ 的通解 Y；

(2) 根据表8-2中的结论设出原方程的特解 y^*，代入原方程，利用待定系数法求出特解；

（3）得到所求方程的通解 $y = Y + y^*$.

例 5　求微分方程 $y'' + y = 2x^2 - 3$ 的通解.

解　所给微分方程为二阶常系数非齐次线性微分方程,先求它对应的二阶常系数齐次线性微分方程 $y'' + y = 0$ 的通解.

特征方程 $r^2 + 1 = 0$ 的根为 $r_{1,2} = \pm i$, 所以 $y'' + y = 0$ 的通解为

$$Y = C_1 \cos x + C_2 \sin x (C_1、C_2 \text{ 为任意常数}).$$

再求微分方程 $y'' + y = 2x^2 - 3$ 的一个特解.

右端 $f(x) = 2x^2 - 3$ 是 $f(x) = P_m(x) e^{\lambda x}$ 型函数,其中 $m = 2$, $\lambda = 0$.

因为 $\lambda = 0$ 不是特征方程的根,所以设 $y^* = Q_2(x) e^0 = Ax^2 + Bx + C$, 则

$$y^{*\prime} = 2Ax + B, \quad y^{*\prime\prime} = 2A.$$

将 y^*、$y^{*\prime\prime}$ 代入原方程,得 $2A + Ax^2 + Bx + C = 2x^2 - 3$.

比较两端 x 同次幂的系数,得 $\begin{cases} A = 2, \\ B = 0, \\ 2A + C = -3. \end{cases}$

解得 $A = 2$, $B = 0$, $C = -7$, 于是 $y^* = 2x^2 - 7$.

于是可得原方程的通解为

$$y = Y + y^* = C_1 \cos x + C_2 \sin x + 2x^2 - 7(C_1、C_2 \text{ 为任意常数}).$$

2. $f(x) = e^{\lambda x}(a \cos \omega x + b \sin \omega x)(\lambda、a、b、\omega \text{ 为常数})$

当二阶常系数非齐次线性微分方程（8-9）的函数形式为 $f(x) = e^{\lambda x}(a \cos \omega x + b \sin \omega x)$, 其中 $\lambda、a、b、\omega$ 为常数时,方程（8-9）的特解的形式见表 8-3.

表 8-3

$f(x)$ 的形式	条　　件	特解 y^* 的形式
$f(x) = e^{\lambda x}(a \cos \omega x + b \sin \omega x)$	$\lambda \pm i\omega$ 不是特征根	$y^* = e^{\lambda x}(A \cos \omega x + B \sin \omega x)$
	$\lambda \pm i\omega$ 是特征根	$y^* = x e^{\lambda x}(A \cos \omega x + B \sin \omega x)$

其中, A、B 是待定系数.

求二阶常系数非齐次线性微分方程 $y'' + py' + qy = e^{\lambda x}(a \cos \omega x + b \sin \omega x)$ 的通解的步骤,与求方程 $y'' + py' + qy = P_m(x) e^{\lambda x}$ 的步骤相同,只不过在设原方程的特解 y^* 时,要根据表 8-3 有不同的设法.

例 6　求微分方程 $y'' + 4y = \sin 2x$ 的特解.

解　所给微分方程为二阶常系数非齐次线性微分方程,它是 $f(x) = e^{\lambda x}(a \cos \omega x + b \sin \omega x)$ 型函数,其中 $\lambda = 0$, $a = 0$, $b = 1$, $\omega = 2$.

因为特征方程 $r^2+4=0$ 的根为 $r_{1,2}=\pm2i$，而 $\lambda\pm i\omega=\pm2i$ 正好是特征根，所以设特解

$$y^*=x e^0(A\cos 2x+B\sin 2x)=x(A\cos 2x+B\sin 2x).$$

则 $$y^*{}'=(A+2Bx)\cos 2x+(B-2Ax)\sin 2x,$$

$$y^*{}''=4(B-Ax)\cos 2x-4(A+Bx)\sin 2x.$$

将 y^*、$y^*{}''$ 代入原方程，整理得 $4B\cos 2x-4A\sin 2x=\sin 2x.$

比较两端同类项的系数，得 $A=-\dfrac{1}{4}$，$B=0.$

所以所求特解为 $y^*=-\dfrac{1}{4}x\cos 2x.$

例 7 求微分方程 $y''+2y'=e^{-x}\cos x$ 的通解.

解 所给微分方程为二阶常系数非齐次线性微分方程，其对应的齐次微分方程为 $y''+2y'=0.$ 特征方程 $r^2+2r=0$ 的根为 $r_1=0$，$r_2=-2$，所以 $y''+2y'=0$ 的通解为 $Y=C_1 e^0+C_2 e^{-2x}=C_1+C_2 e^{-2x}$（$C_1$、$C_2$ 为任意常数）.

它是 $y=e^{\lambda x}(a\cos\omega x+b\sin\omega x)$ 型函数，其中 $\lambda=-1$，$a=1$，$b=0$，$\omega=1.$

因为 $\lambda\pm\omega i=-1\pm i$ 不是特征根，所以设特解 $y^*=e^{-x}(A\cos x+B\sin x).$

则 $$y^*{}'=e^{-x}[(-A+B)\cos x+(-A-B)\sin x],$$

$$y^*{}''=e^{-x}(-2B\cos x+2A\sin x).$$

将 $y^*{}'$、$y^*{}''$ 代入原方程，整理得

$$e^{-x}(-2A\cos x-2B\sin x)=e^{-x}\cos x.$$

比较两端同类项的系数，得 $A=-\dfrac{1}{2}$，$B=0.$

于是 $$y^*=-\dfrac{1}{2}e^{-x}\cos x.$$

则所求微分方程的通解为

$$y=Y+y^*=C_1+C_2 e^{-2x}-\dfrac{1}{2}e^{-x}\cos x \ (C_1、C_2\text{ 为任意常数}).$$

练 习 8.3

1. 求下列微分方程的通解.

(1) $y''-2y'+y=0$；   (2) $3y''-2y'-8y=0$；

(3) $4\dfrac{\mathrm{d}^2 y}{\mathrm{d}x^2}+4\dfrac{\mathrm{d}y}{\mathrm{d}x}+y=0$;　　　　　　(4) $y''+2y'+5y=0$.

2. 求下列初值问题的解.

(1) $\begin{cases} y''-4y'=0, \\ y\,|_{x=0}=-1,\ y'\,|_{x=0}=2; \end{cases}$　　　　(2) $\begin{cases} y''+4y'+29y=0, \\ y\,|_{x=0}=0,\ y'\,|_{x=0}=15. \end{cases}$

3. 求下列微分方程的通解.

(1) $y''+4y=8$;　　　　　　　　　(2) $y''+3y'+2y=3x\mathrm{e}^{-x}$;

(3) $y''-8y'+16y=\mathrm{e}^{4x}$;　　　　　　(4) $y''-2y'+5y=\mathrm{e}^{x}\sin 2x$.

4. 求下列微分方程满足所给初始条件的特解.

(1) $y''-y'-2y=4x^2$, $y\,|_{x=0}=0$, $y'\,|_{x=0}=2$;

(2) $y''-2y'+2y=\sin x$, $y\,|_{x=0}=\dfrac{4}{5}$, $y'\,|_{x=0}=\dfrac{4}{5}$.

5. 由方程 $y''+9y=0$ 确定的一条曲线 $y=f(x)$ 通过点 $(\pi,-1)$, 且在该点和直线 $y+1=x-\pi$ 相切, 求这条曲线.

8.4　常微分方程的应用

例 1　某商品的需求量 Q 对价格 P 的弹性为 $-\dfrac{4P+2P^2}{Q}$, 已知当 $P=10$ 时, 需求量 $Q=460$, 求需求量 Q 与价格 P 的函数关系.

解　由题意得 $\dfrac{EQ}{EP}=\dfrac{P}{Q}\cdot\dfrac{\mathrm{d}Q}{\mathrm{d}P}=-\dfrac{4P+2P^2}{Q}$, 即 $\mathrm{d}Q=(-4-2P)\mathrm{d}P$.

两边积分, 得 $Q=-4P-P^2+C$(C 为任意常数).

当 $P=10$ 时, $Q=460$, 即 $460=-4\times10-10^2+C$, 所以 $C=600$.

故需求量 Q 与价格 P 的函数关系为 $Q=600-4P-P^2$.

例 2　假设某人以本金 p_0 进行一项投资, 投资的年利率为 r, 若以连续复利计, 试用常微分方程的方法写出 t 年末的资金总额 $p(t)$.

分析　在复利条件下, t 年末的资金总额 $p(t)=p_0\mathrm{e}^{rt}$. 但是本题要求用常微分方程的方法写出资金总额 $p=p(t)$, 而 t 时刻资金总额的变化率等于 t 时刻资金总额获取的利息, 即 $\dfrac{\mathrm{d}p}{\mathrm{d}t}=rp$. 由此可以写出微分方程及其初值问题.

解　因为 t 时刻资金总额的变化率等于 t 时刻资金总额获取的利息.

而 t 时刻资金总额的变化率为 $\dfrac{\mathrm{d}p}{\mathrm{d}t}$, t 时刻资金总额获取的利息为 rp. 所以

$$\frac{\mathrm{d}p}{\mathrm{d}t}=rp.$$

又因为当 $t=0$ 时，$p(0)=p_0$，所以问题转化为求初值问题 $\begin{cases} \dfrac{\mathrm{d}p}{\mathrm{d}t}=rp, \\ p(0)=p_0 \end{cases}$ 的解.

对微分方程 $\dfrac{\mathrm{d}p}{\mathrm{d}t}=rp$，运用分离变量法可得 $p=C\mathrm{e}^{rt}$（C 为任意常数）.

又 $p(0)=C=p_0$，所以 $p(t)=p_0\mathrm{e}^{rt}$.

例 3　假设某产品的销售量 $x(t)$ 是时间 t 的可导函数，如果商品的销售量对时间的增长速率 $\dfrac{\mathrm{d}x(t)}{\mathrm{d}t}$ 正比于销售量 $x(t)$ 与销售量接近饱和水平的程度 $[N-x(t)]$ 的乘积（N 为饱和水平，比例常数 $k>0$），且当 $t=0$ 时，$x(0)=\dfrac{1}{4}N$. 求销售量函数 $x(t)$.

解　由题意可知，销售量 $x=x(t)$ 满足 $\dfrac{\mathrm{d}x}{\mathrm{d}t}=kx(N-x)$.

分离变量得 $\dfrac{\mathrm{d}x}{x(N-x)}=k\mathrm{d}t$，变形得 $\left(\dfrac{1}{x}+\dfrac{1}{N-x}\right)\mathrm{d}x=Nk\mathrm{d}t$.

两边积分，得 $\ln\dfrac{x}{N-x}=Nkt+\ln C_1$（$C_1$ 为任意正常数）. 即

$$\frac{x}{N-x}=C_1\mathrm{e}^{Nkt}.$$

于是可得通解

$$x(t)=\frac{NC_1\mathrm{e}^{Nkt}}{C_1\mathrm{e}^{Nkt}+1}=\frac{N}{1+C\mathrm{e}^{-Nkt}}\left(\text{其中}\ C=\frac{1}{C_1}\right).$$

由 $x(0)=\dfrac{1}{4}N$ 得 $C=3$，故 $x(t)=\dfrac{N}{1+3\mathrm{e}^{-Nkt}}$.

注意　微分方程 $\dfrac{\mathrm{d}x}{\mathrm{d}t}=kx(N-x)$ 称为**逻辑斯蒂方程**，其解的曲线 $x(t)=\dfrac{N}{1+C\mathrm{e}^{-Nkt}}$ 称为**逻辑斯蒂曲线**. 在经济学中，常会遇到这样的量 $x(t)$，其增长率与 $x(t)$ 及 $N-x(t)$ 之积成正比（N 为饱和水平），也就是说它的变化规律遵循逻辑斯蒂方程，而它本身也就是逻辑斯蒂曲线的方程.

例 4　设某商品的需求函数与供给函数分别为 $Q_D=a-bP$，$Q_S=-c+dP$，其中 a、b、c、d 为正常数. 假设商品价格 P 为时间 t 的函数，已知 $P(0)=P_0$，且在任一时刻 t，价格 $P(t)$ 的变化率与这时的过剩需求量（Q_D-Q_S）成正比，比例常数 $k>0$.

（1）求市场均衡价格 $\overline{P}$；

（2）试写出价格 $P(t)$ 的表达式.

解　（1）当该商品的需求量与供给量相等即 $Q_D=Q_S$ 时，得市场均衡价格 $\overline{P}=\dfrac{a+c}{b+d}$.

(2) 价格 $P(t)$ 的变化率与这时的过剩需求量 $(Q_D - Q_S)$ 成正比,即 $\dfrac{dP}{dt} = k(Q_D - Q_S)$.

将 Q_D、Q_S 代入上式,得 $\dfrac{dP}{dt} = k(a - bP + c - dP)$. 即

$$\frac{dP}{dt} + k(b+d)P = k(a+c).$$

解一阶非齐次线性微分方程,得通解

$$P(t) = Ce^{-k(b+d)t} + \frac{a+c}{b+d}.$$

由 $P(0) = P_0$,得 $C = P_0 - \dfrac{a+c}{b+d}$.

又因为 $\bar{P} = \dfrac{a+c}{b+d}$,所以

$$P(t) = (P_0 - \bar{P})e^{-k(b+d)t} + \bar{P}.$$

注意 微分方程 $\dfrac{dP}{dt} = k(a - bP + c - dP)$ 也可以看作可分离变量的微分方程,将之

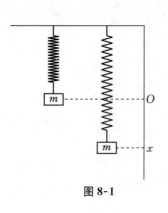

图 8-1

变形为 $\dfrac{dP}{a+c-(b+d)P} = k\,dt$,再两边积分求解.

例 5 如图 8-1 所示,垂直挂着的弹簧,下端系着一个质量为 m 的重物,弹簧被拉伸后处于平衡状态,现用力将重物向下拉,松开手后,弹簧就会上、下震动.不计阻力,求重物的位置随时间变化的函数关系.

解 设平衡位置为坐标原点 O,重物在时刻 t 离开平衡位置的距离为 x,重物所受弹簧的恢复力为 F,由力学知识可知,F 与 x 成正比,即

$$F = -kx,$$

其中 $k > 0$. 根据牛顿第二定律,得

$$F = ma = m\frac{d^2 x}{dt^2},$$

所以

$$m\frac{d^2 x}{dt^2} = -kx.$$

设 $\omega^2 = \dfrac{k}{m}$,则方程化为

$$\frac{\mathrm{d}^2 x}{\mathrm{d}t^2} + \omega^2 x = 0,$$

其中特征方程为

$$r^2 + \omega^2 = 0.$$

所以,特征根为 $r_{1,2} = \pm \mathrm{i}\omega$,故重物的位置随时间变化的函数关系,即方程通解为

$$x = C_1 \cos \omega t + C_2 \sin \omega t.$$

练 习 8.4

1. 已知某地区在一个确定的时期内,国民收入 y(亿元)和国民债务 z(亿元)都是时间 t 的函数.国民收入的增长率为 $\frac{1}{8}$,国民债务的增长率为国民收入的 $\frac{1}{25}$.若 $t = 0$ 时,国民收入为 5 亿元,国民债务为 0.2 亿元,试分别求出国民收入及国民债务与时间 t 的函数关系式.

2. 某商品的需求量 Q 对价格 P 的弹性为 $-P \ln 2$,若该商品的最大需求量为 900(即 $P = 0$ 时,$Q = 900$),求需求函数.

3. 某商品的需求量 Q 是价格 P 的函数,如果要使该商品的销售收入在价格变化的情况下保持不变,则需求量 Q 关于价格 P 的函数关系满足怎样的微分方程? 在这种情况下,该商品的需求量 Q 相对于价格 P 的弹性是多少?

4. 根据经验可知,某产品的纯利润 L 与广告支出 x 的关系为 $\dfrac{\mathrm{d}L}{\mathrm{d}x} = k(A - L)$,其中 k、A 为常数,且 $k > 0$,$A > 0$.若不做广告,即 $x = 0$ 时,纯利润为 L_0,试求纯利润 L 与广告支出 x 之间的函数关系式.

5. 已知生产某种产品的总成本 C 由可变成本与固定成本两部分构成.假设可变成本 y 是产量 x 的函数,且 y 关于 x 的变化率是 $\dfrac{x^2 + y^2}{2xy}$,固定成本为 2.已知当产量为 1 单位时,可变成本为 5.求总成本函数 $C(x)$.

复习与思考 8

一、填空题

1. 微分方程 $\left(\dfrac{\mathrm{d}y}{\mathrm{d}x}\right)^4 + \dfrac{\mathrm{d}^2 y}{\mathrm{d}x^2} + 5y^3 + 2x^5 = 0$ 为_____阶微分方程.

2. 微分方程 $y''' = 8 \sin 2x + 6$ 的通解是_____.

3. 微分方程 $\mathrm{e}^x(\mathrm{e}^y - 1)\mathrm{d}x + \mathrm{e}^y(\mathrm{e}^x + 1)\mathrm{d}y = 0$ 满足初始条件 $y\big|_{x=0} = 1$ 的特解

是 _____ .

4. 微分方程 $y' = \dfrac{y}{x} + \dfrac{x}{y}$ 的通解是 _____ .

5. 一阶线性微分方程 $xy' = y + x^3$ 的通解是 _____ ,满足初始条件 $y\,|_{x=1} = -\dfrac{1}{2}$ 的特解是 _____ .

二、单项选择题

1. 下列方程中是线性微分方程的是(   ).

A. $(y'')^2 + 5y' + 4xy = 0$ B. $3y'' + y'y = 7x^3$

C. $\dfrac{2y'''}{x^2} - 5xy'' + 4x^3 y = 7$ D. $\dfrac{y''}{y} - 4y' + \dfrac{1}{2}x^3 = 0$

2. 函数 $y = e^{-x} + x - 1$ 是微分方程 $\dfrac{\mathrm{d}y}{\mathrm{d}x} + y = x$ 的(   ).

A. 特解

B. 通解

C. 解,但既非通解也非特解   D. 不是解

3. 微分方程 $(x+1)\mathrm{d}y - \left[(x+1)^3 + 2y\right]\mathrm{d}x = 0$ 是(   ).

A. 可分离变量的微分方程   B. 一阶齐次线性微分方程

C. 一阶非齐次线性微分方程   D. 一阶非线性微分方程

4. 微分方程 $3y^{(4)} - 2(y'')^3 + 5x^2 y = 4$ 的通解中,含有相互独立的任意常数的个数是(   ).

A. 3   B. 4   C. 5   D. 6

5. 下列函数不是微分方程 $y'' + y' - 2y = 0$ 的解的是(   ).

A. $3e^{-2x}$ B. $5e^{x}$ C. $\dfrac{3}{2}e^{-2x} - \dfrac{1}{4}e^{x}$ D. $2e^{x} + 4$

6. 已知 $y^* = x e^{-x}$ 是一阶非齐次线性微分方程 $\dfrac{\mathrm{d}y}{\mathrm{d}x} + y = e^{-x}$ 的一个特解,则该微分方程的通解是(   ).

A. $y = e^{-x}(x + C)$ B. $y = Cx e^{-x}$

C. $y = e^{-x}(C - x)$ D. $y = e^{x}(x + C)$

三、计算题

1. 求下列微分方程的通解.

(1) $y'' = e^{-x} + \cos x$;   (2) $(xy^2 + x)\mathrm{d}x + (y - x^2 y)\mathrm{d}y = 0$;

(3) $x^2 \dfrac{\mathrm{d}y}{\mathrm{d}x} = xy \dfrac{\mathrm{d}y}{\mathrm{d}x} - y^2$;   (4) $y'\cos x + y\sin x = 2$.

2. 求下列初值问题的解.

$(1)\begin{cases}x^{2}\mathrm{e}^{2y}\mathrm{d}y=(x^{3}+1)\mathrm{d}x,\\ y\mid_{x=1}=0;\end{cases}$ $(2)\begin{cases}y'-\dfrac{y}{x+2}=x^{2}+2x,\\ y\mid_{x=-1}=\dfrac{3}{2}.\end{cases}$

四、应用题

1. 某商场的销售成本 y 和储存费用 z 均是时间 t 的函数.随时间 t 的增长,销售成本的变化率等于储存费用的倒数与常数 4 的和,而储存费用的变化率为储存费用的 $-\dfrac{1}{2}$ 倍.若当 $t=0$ 时,销售成本 $y=0$,储存费用 $z=8$,试分别求出销售成本及储存费用与时间 t 的函数关系式.

2. 求一曲线的方程,使这条曲线通过原点,并且它在点 (x,y) 处的切线斜率等于 $2x+y$.

3. 设弹簧的上端固定,有两个相同的重物挂于弹簧的下端,使弹簧伸长了 $2l$.现突然去掉其中的一个重物,使弹簧由静止状态开始振动,求所挂重物的运动规律.

五、证明题

证明:一阶非齐次线性微分方程 $\dfrac{\mathrm{d}y}{\mathrm{d}x}+p(x)y=q(x)$ 的通解等于对应的一阶齐次线性微分方程 $\dfrac{\mathrm{d}y}{\mathrm{d}x}+p(x)y=0$ 的通解 Y 与该非齐次方程的一个特解 y^{*} 的和.

第9章
级数与拉普拉斯变换

计算 1 除以 3 的商,得到 $\dfrac{1}{3} = 0.\dot{3} = 0.3 + 0.03 + 0.003 + \cdots$,即

$$\frac{1}{3} = \frac{3}{10} + \frac{3}{10^2} + \cdots + \frac{3}{10^n} + \cdots.$$

上式的左边是一个确切的数,右边是一个无穷项的和.

无穷级数是高等数学的基础知识之一,也是表示函数和进行数值计算的一种工具,对微积分的发展及其在各种实际问题中的应用起着重要的作用.本章主要讨论数项级数和幂级数的概念,数项级数敛散性的判别,以及将函数展开成幂级数的方法.

9.1 级 数

一、级数的概念及性质

1. 级数的定义

定义 9.1 给定数列 $\{u_n\}$,则表达式

$$u_1 + u_2 + \cdots + u_n + \cdots = \sum_{n=1}^{\infty} u_n \tag{9-1}$$

称为**无穷级数**,简称为**级数**.其中 u_n 称为该级数的**通项**或**一般项**.若级数(9-1)的每一项 u_n 都为常数,则称该级数为**(常)数项级数**.若级数(9-1)的每一项为函数 $u_n(x)$,则称 $\sum\limits_{n=1}^{\infty} u_n(x)$ 为**函数项级数**.

2. 级数的收敛与发散

我们首先讨论数项级数(9-1).应该注意,无穷多个数相加可能是一个数,也可能不是一个数.比如,$0 + 0 + \cdots + 0 + \cdots = 0$,而 $1 + 1 + \cdots + 1 + \cdots$ 则不是一个数.为此,引进级数的收敛和发散的概念.记

$$S_1 = u_1, \ S_2 = u_1 + u_2, \ \cdots, \ S_n = u_1 + u_2 + \cdots + u_n, \ \cdots,$$

称 S_n 为级数(9-1)的前 n 项**部分和**,并称数列 $\{S_n\}$ 为级数(9-1)的**部分和数列**.显然,从形式上看,级数 $u_1 + u_2 + \cdots + u_n + \cdots$ 相当于和式 $(u_1 + u_2 + \cdots + u_n)$ 中项数无限增多的情形,即相当于 $\lim\limits_{n \to \infty}(u_1 + u_2 + \cdots + u_n) = \lim\limits_{n \to \infty} S_n$,因此我们可以用数列 $\{S_n\}$ 的敛散性来定

义级数(9-1)的敛散性.

定义 9.2　若级数 $\sum\limits_{n=1}^{\infty} u_n$ 的部分和数列 $\{S_n\}$ 的极限存在,且等于 S,即

$$\lim_{n\to\infty} S_n = S,$$

则称级数 $\sum\limits_{n=1}^{\infty} u_n$ **收敛**,S 称为级数的**和**.并记为 $S=\sum\limits_{n=1}^{\infty} u_n$,这时也称该级数收敛于 S.若部

分和数列的极限不存在,就称级数 $\sum\limits_{n=1}^{\infty} u_n$ **发散**.

例 1　试讨论等比级数(也称几何级数)

$$\sum_{n=1}^{\infty} aq^n = a + aq + aq^2 + \cdots + aq^n + \cdots \quad (a \neq 0)$$

的敛散性,其中 q 称为该级数的**公比**.

解　根据等比数列的求和公式可知,当 $q \neq 1$ 时,所给级数的部分和

$$S_n = \frac{a(1-q^n)}{1-q}.$$

于是,当 $|q| < 1$ 时,因为 $q^n \to 0 (n \to \infty$ 时),所以

$$\lim_{n\to\infty} S_n = \lim_{n\to\infty} \frac{a(1-q^n)}{1-q} = \frac{a}{1-q}.$$

由定义 9.2 知,该等比级数收敛,其和 $S = \dfrac{a}{1-q}$,即

$$\sum_{n=0}^{\infty} aq^n = \frac{a}{1-q}, \quad |q| < 1.$$

当 $|q| > 1$ 时,由于 $q^n \to \infty (n \to \infty$ 时),故

$$\lim_{n\to\infty} S_n = \lim_{n\to\infty} a \cdot \frac{1-q^n}{1-q} = \infty,$$

所以该等比级数发散;

当 $q = 1$ 时,

$$S_n = na \to \infty \quad (当 n \to \infty \text{ 时}),$$

因此该等比级数发散;

当 $q = -1$ 时,

$$S_n = a - a + a - \cdots + (-1)^n a = \begin{cases} a, & 当 n \text{ 为偶数}; \\ 0, & 当 n \text{ 为奇数}. \end{cases}$$

部分和数列的极限不存在,故该等比级数发散.

综上所述可知:**等比级数 $\sum\limits_{n=1}^{\infty} aq^n$,当公比 $|q|<1$ 时收敛;当公比 $|q| \geqslant 1$ 时发散.**

例 2 级数

$$\sum_{n=1}^{\infty} \frac{1}{n} = 1 + \frac{1}{2} + \frac{1}{3} + \cdots + \frac{1}{n} + \cdots$$

称为**调和级数**,试证明其发散.

证明 考虑调和级数的部分和数列 $\{S_n\}$ 的一个系列 $\{S_{2^{k-1}}\}$:

$S_{2^0} = 1$;

$S_{2^1} = 1 + \frac{1}{2}$;

$S_{2^2} = \left(1 + \frac{1}{2}\right) + \left(\frac{1}{3} + \frac{1}{4}\right) > \left(1 + \frac{1}{2}\right) + \frac{1}{2} = 1 + \frac{2}{2}$;

$S_{2^3} = \left(1 + \frac{1}{2} + \frac{1}{3} + \frac{1}{4}\right) + \left(\frac{1}{5} + \frac{1}{6} + \frac{1}{7} + \frac{1}{8}\right) > 1 + \frac{3}{2}$;

……

由数学归纳法可证得

$$S_{2^{k-1}} \geqslant 1 + \frac{k-1}{2}, \quad k = 1, 2, \cdots.$$

而

$$\lim_{k \to +\infty} \left(1 + \frac{k-1}{2}\right) = +\infty,$$

因此 $\lim\limits_{k \to +\infty} S_{2^{k-1}}$ 不存在,从而 $\lim\limits_{n \to \infty} S_n$ 也不存在.即调和级数 $\sum\limits_{n=1}^{\infty} \frac{1}{n}$ 发散.

3. 数项级数的基本性质

根据数项级数敛散性的概念,可以得出如下的基本性质:

性质 9.1 若级数 $\sum\limits_{n=1}^{\infty} u_n$ 收敛,则 $\lim\limits_{n \to \infty} u_n = 0$.

需要特别指出的是,$\lim\limits_{n \to \infty} u_n = 0$ 仅是**级数收敛的必要条件**,绝不能仅由 $u_n \to 0$（当 $n \to \infty$ 时）就得出级数 $\sum\limits_{n=1}^{\infty} u_n$ 收敛的结论.例如,调和级数中,$u_n = \frac{1}{n} \to 0$（当 $n \to \infty$ 时）,但调和级数 $\sum\limits_{n=1}^{\infty} \frac{1}{n}$ 是发散的.

性质 9.2 若级数 $\sum\limits_{n=1}^{\infty} u_n$ 收敛,C 是任一常数,则级数 $\sum\limits_{n=1}^{\infty} Cu_n$ 也收敛,且

$$\sum_{n=1}^{\infty} Cu_n = C\sum_{n=1}^{\infty} u_n.$$

性质 9.3 若级数 $\sum_{n=1}^{\infty} u_n$ 与 $\sum_{n=1}^{\infty} v_n$ 都收敛,则 $\sum_{n=1}^{\infty}(u_n \pm v_n)$ 也收敛,且

$$\sum_{n=1}^{\infty}(u_n \pm v_n) = \sum_{n=1}^{\infty} u_n \pm \sum_{n=1}^{\infty} v_n.$$

性质 9.3 的结论可推广到有限个收敛级数的情形.

性质 9.4 在一个级数中加上(或去掉)有限个项,级数的敛散性不变.

从级数收敛的必要条件可以得出如下判定级数敛散性的方法:

若 $\lim_{n \to \infty} u_n \neq 0$,则级数 $\sum_{n=1}^{\infty} u_n$ 发散.事实上,如果 $\sum_{n=1}^{\infty} u_n$ 收敛,必有 $\lim_{n \to \infty} u_n = 0$,这与假设 $\lim_{n \to \infty} u_n \neq 0$ 相矛盾.

例 3 判别级数

$$\sum_{n=1}^{\infty} n\ln \frac{n}{n+1} = \ln\frac{1}{2} + 2\ln\frac{2}{3} + \cdots + n\ln\frac{n}{n+1} + \cdots$$

的敛散性.

解 级数的通项 $u_n = n\ln\dfrac{n}{n+1}$,当 $n \to \infty$ 时,

$$\lim_{n \to \infty} n\ln\frac{n}{n+1} = \lim_{n \to \infty} \ln\frac{1}{\left(1+\dfrac{1}{n}\right)^n} = \ln e^{-1} = -1,$$

因为 $\lim_{n \to \infty} u_n \neq 0$,所以该级数发散.

注意 在判定级数是否收敛时,我们往往先观察一下当 $n \to \infty$ 时,通项 u_n 的极限是否为零.仅当 $\lim_{n \to \infty} u_n = 0$ 时,再用其他方法来确定级数收敛或发散.

二、正项级数收敛性的判别

若数项级数 $\sum_{n=0}^{\infty} u_n$ 的一般项 $u_n \geqslant 0$($n = 1, 2, 3\cdots$),则这种级数称为**正项级数**.显然正项级数的部分和数列 $\{S_n\}$ 是单调增加的,即 $S_1 \leqslant S_2 \leqslant \cdots \leqslant S_{n-1} \leqslant S_n \leqslant \cdots$.

根据数列极限的单调有界性,可得下面性质.

性质 9.5 正项级数收敛的充要条件是它的部分和数列有界.

从这个性质出发可以得到正项级数敛散性的两种判别法.

1. 比较判别法

定理 9.1 设 $\sum_{n=1}^{\infty} u_n$ 和 $\sum_{n=1}^{\infty} v_n$ 是两个正项级数,且有 $u_n \leqslant v_n$($n = 1, 2, \cdots$),那么

(1) 若 $\sum\limits_{n=1}^{\infty} v_n$ 收敛,则 $\sum\limits_{n=1}^{\infty} u_n$ 也收敛;

(2) 若 $\sum\limits_{n=1}^{\infty} u_n$ 发散,则 $\sum\limits_{n=1}^{\infty} v_n$ 也发散.

注意   本定理的一般的记忆方法是"大的收敛,小的也收敛;小的发散,大的更发散".

例 4   讨论 p 级数 $\sum\limits_{n=0}^{\infty} \dfrac{1}{n^p} = 1 + \dfrac{1}{2^p} + \dfrac{1}{3^p} + \cdots + \dfrac{1}{n^p} + \cdots$ (常数 $p > 0$)的敛散性.

解   分三种情况讨论:

(1) 当 $0 < p < 1$ 时,因为 $\dfrac{1}{n^p} > \dfrac{1}{n}$,而 $\sum\limits_{n=1}^{\infty} \dfrac{1}{n}$ 是调和级数,是发散的,故由定理 9.1 知, $\sum\limits_{n=1}^{\infty} \dfrac{1}{n^p}$ 发散;

(2) 当 $p = 1$ 时,p 级数是调和级数,是发散的;

(3) 当 $p > 1$ 时,可以找到一个级数 $\sum\limits_{n=1}^{\infty} u_n = \sum\limits_{n=1}^{\infty} \left(\dfrac{1}{2^{p-1}}\right)^{n-1}$,使得

$$1 + \left(\dfrac{1}{2^p} + \dfrac{1}{3^p}\right) + \left(\dfrac{1}{4^p} + \dfrac{1}{5^p} + \dfrac{1}{6^p} + \dfrac{1}{7^p}\right) + \cdots < 1 + \dfrac{1}{2^{p-1}} + \left(\dfrac{1}{2^{p-1}}\right)^2 + \cdots,$$

而 $\sum\limits_{n=1}^{\infty} u_n = \sum\limits_{n=1}^{\infty} \left(\dfrac{1}{2^{p-1}}\right)^{n-1}$ 是公比 $q = \dfrac{1}{2^{p-1}} < 1$ 的几何级数,是收敛的,故原级数收敛.

综上所述,p **级数** $\sum\limits_{n=1}^{\infty} \dfrac{1}{n^p}$,**当 $p > 1$ 时收敛,当 $p \leqslant 1$ 时发散**.

例 5   判别下列级数的敛散性.

(1) $\sum\limits_{n=1}^{\infty} \dfrac{1}{3^n + 2}$;   (2) $\sum\limits_{n=1}^{\infty} \dfrac{1}{\sqrt{n(n+1)}}$.

解   (1) 因为 $\dfrac{1}{3^n + 2} < \dfrac{1}{3^n}$,且 $\sum\limits_{n=1}^{\infty} \dfrac{1}{3^n}$ 是公比 $q = \dfrac{1}{3} < 1$ 的几何级数,是收敛的,由定理 9.1 知,$\sum\limits_{n=1}^{\infty} \dfrac{1}{3^n + 2}$ 收敛.

(2) 因为 $\dfrac{1}{\sqrt{n(n+1)}} > \dfrac{1}{\sqrt{(n+1)^2}} = \dfrac{1}{n+1}$,且 $\sum\limits_{n=1}^{\infty} \dfrac{1}{n+1} = \dfrac{1}{2} + \dfrac{1}{3} + \dfrac{1}{4} + \cdots$ 是去掉首项 1 的调和级数,是发散的,因而 $\sum\limits_{n=1}^{\infty} \dfrac{1}{\sqrt{n(n+1)}}$ 也发散.

定理 9.2(极限形式的比较判别法)   设 $\sum\limits_{n=1}^{\infty} u_n$ 与 $\sum\limits_{n=1}^{\infty} v_n$ 是两个正项级数,如果

$$\lim_{n \to \infty} \dfrac{u_n}{v_n} = l \quad (0 < l < +\infty),$$

则级数 $\displaystyle\sum_{n=1}^{\infty} u_n$ 与 $\displaystyle\sum_{n=1}^{\infty} v_n$ 同时收敛或同时发散.

例 6　判别级数 $\displaystyle\sum_{n=1}^{\infty} \sin\frac{\pi}{2^n}$ 的敛散性.

解　因为 $\displaystyle\lim_{n\to\infty}\frac{\sin\dfrac{\pi}{2^n}}{\dfrac{\pi}{2^n}}=1$, 且级数 $\displaystyle\sum_{n=1}^{\infty}\frac{\pi}{2^n}$ 是公比 $q=\dfrac{1}{2}<1$ 的几何级数, 是收敛的, 故

由定理 9.2 知, $\displaystyle\sum_{n=1}^{\infty}\sin\frac{\pi}{2^n}$ 也收敛.

2. 比值判别法

定理 9.3　设正项级数 $\displaystyle\sum_{n=1}^{\infty} u_n$ 的后项与前项之比的极限为 l, 即

$$\lim_{n\to\infty}\frac{u_{n+1}}{u_n}=l,$$

则

(1) 当 $l<1$ 时, 该级数收敛;

(2) 当 $l>1$(或 $l=+\infty$) 时, 该级数发散;

(3) 当 $l=1$ 时, 该级数可能收敛也可能发散.

例 7　判别下列级数的敛散性.

(1) $\displaystyle\sum_{n=1}^{\infty}\frac{n}{3^n}$;　　　　　　(2) $\displaystyle\sum_{n=1}^{\infty}\frac{n^n}{n!}$;　　　　　　(3) $\displaystyle\sum_{n=1}^{\infty}\frac{1}{(2n-1)2n}$.

解　(1) 因为

$$l=\lim_{n\to\infty}\frac{u_{n+1}}{u_n}=\lim_{n\to\infty}\left(\frac{n+1}{3^{n+1}}\bigg/\frac{n}{3^n}\right)=\lim_{n\to\infty}\left(\frac{n+1}{n}\cdot\frac{3^n}{3^n\times 3}\right)=\frac{1}{3}<1,$$

所以原级数收敛.

(2) 因为

$$l=\lim_{n\to\infty}\left[\frac{(n+1)^{n+1}}{(n+1)!}\bigg/\frac{n^n}{n!}\right]=\left[\lim_{n\to\infty}\frac{(n+1)^n\cdot(n+1)}{n^n}\cdot\frac{n!}{(n+1)\cdot n!}\right]$$

$$=\lim_{n\to\infty}\left(1+\frac{1}{n}\right)^n=\mathrm{e}>1,$$

所以原级数发散.

(3) 因为

$$l=\lim_{n\to\infty}\frac{(2n-1)\cdot 2n}{[2(n+1)-1]\cdot 2(n+1)}=\lim_{n\to\infty}\frac{n(2n-1)}{(2n+1)(n+1)}$$

$$=\lim_{n\to\infty}\frac{2n^2-n}{2n^2+3n+1}=1,$$

所以比值判别法失效,改用其他方法.

由于 $\lim\limits_{n\to\infty}\left(\dfrac{1}{(2n-1)\cdot 2n}\Big/\dfrac{1}{n^2}\right)=\lim\limits_{n\to\infty}\dfrac{n^2}{(2n-1)\cdot 2n}=\lim\limits_{n\to\infty}\dfrac{n^2}{4n^2-2n}=\dfrac{1}{4}$,由例 4 知,$p$

级数 $\sum\limits_{n=0}^{\infty}\dfrac{1}{n^p}$ 当 $p>1$ 时是收敛的,故级数 $\sum\limits_{n=0}^{\infty}\dfrac{1}{n^2}$ 是收敛的,所以,由定理 9.2 知

$\sum\limits_{n=1}^{\infty}\dfrac{1}{(2n-1)\cdot 2n}$ 也收敛.

三、任意项级数

定义 9.3   如果数项级数 $\sum\limits_{n=1}^{\infty}u_n$ 的一般项可以是正数、负数或零,则称该级数是**任意**

项级数.特别地,当级数的各项正负相间时,称为**交错级数**,交错级数可写成

$$\sum_{n=1}^{\infty}(-1)^{n-1}u_n \quad (u_n\geqslant 0).\tag{9-2}$$

1. 交错级数敛散性的判别

利用数列的单调有界性质可以得到以下判别方法.

定理 9.4(莱布尼茨判别法)   设级数(9-2)满足条件:

(1) $u_n\geqslant u_{n+1}$ $(n=1,2,3,\cdots)$;

(2) $\lim\limits_{n\to\infty}u_n=0$,

则级数(9-2)收敛,且其和 $S\leqslant u_1$.

例 8   判别级数

$$1-\frac{1}{2}+\frac{1}{3}-\frac{1}{4}+\cdots+(-1)^{n-1}\frac{1}{n}+\cdots$$

的敛散性.

解   该级数是交错级数,可以验证,它满足

(1) $u_n=\dfrac{1}{n}>\dfrac{1}{n+1}=u_{n+1}$ $(n=1,2,3,\cdots)$;

(2) $\lim\limits_{n\to\infty}u_n=\lim\limits_{n\to\infty}\dfrac{1}{n}=0$.

根据定理 9.4,该级数收敛.

例 9   判定级数 $\sum\limits_{n=2}^{\infty}\dfrac{(-1)^n}{n-\ln n}$ 的敛散性.

解   因为 $n>\ln n$,所以上述级数为交错级数.又因为 $\lim\limits_{n\to\infty}\dfrac{1}{n-\ln n}=0$.

为了判断它的单调性,设 $y = \dfrac{1}{x - \ln x}$,因为 $y' = \dfrac{1 - x}{x(x - \ln x)^2} < 0 (x \geqslant 2 \text{ 时})$,所以

数列 $\left\{ \dfrac{1}{n - \ln n} \right\}$ 是单调减少的.根据定理 9.4,该级数收敛.

2. 绝对收敛与条件收敛

定义 9.4　级数 $\displaystyle\sum_{n=1}^{\infty} u_n$ 的各项的绝对值组成的正项级数 $\displaystyle\sum_{n=1}^{\infty} |u_n|$ 称为原级数的**绝对值级数**.如果一个级数的绝对值级数收敛,那么,就称该级数是**绝对收敛**的;如果一个级数收敛,而它的绝对值级数发散,那么,就称该级数是**条件收敛**的.

关于级数和它的绝对值级数的敛散性,有下面的判别定理.

定理 9.5　如果一个级数绝对收敛,那么,这个级数必收敛.

事实上,若 $\displaystyle\sum_{n=1}^{\infty} |u_n|$ 收敛,令

$$v_n = \frac{1}{2}(u_n + |u_n|) \ (n = 1, 2, 3, \cdots),$$

显然 $v_n \geqslant 0$,且 $v_n \leqslant |u_n|$,

由定理 9.1 可知,正项级数 $\displaystyle\sum_{n=1}^{\infty} v_n$ 收敛,从而 $\displaystyle\sum_{n=1}^{\infty} 2v_n$ 也收敛,但 $u_n = 2v_n - |u_n|$,所以

$\displaystyle\sum_{n=1}^{\infty} u_n$ 也收敛.

定理 9.5 说明,绝对收敛的级数必收敛,但是收敛的级数不一定是绝对收敛的,例如,

级数 $\displaystyle\sum_{n=1}^{\infty} (-1)^{n-1} \frac{1}{n}$ 是收敛的(见例 8),但其绝对值级数 $\displaystyle\sum_{n=1}^{\infty} \frac{1}{n}$ 是发散的.

例 10　判别下列级数的敛散性,如果收敛,是绝对收敛还是条件收敛?

(1) $\displaystyle\sum_{n=1}^{\infty} (-1)^{n-1} \frac{n}{3^{n-1}}$;　　　　　　(2) $\displaystyle\sum_{n=1}^{\infty} \frac{(-1)^{n-1}}{n^p}$.

分析　对于任意项级数,首先判断是否为绝对收敛,这可利用正项级数的判别方法处理.

解　(1) 把它的通项取绝对值,变成正项级数,再采用比值判别法,得到

$$\lim_{n \to \infty} \frac{u_{n+1}}{u_n} = \lim_{n \to \infty} \left(\frac{n+1}{3^n} \cdot \frac{3^{n-1}}{n} \right) = \frac{1}{3} < 1,$$

故原级数绝对收敛.

(2) 由于本题中的 p 没有给出它的范围,因此需要进行讨论:

1) 当 $p \leqslant 0$ 时,$\lim\limits_{n \to \infty} u_n \neq 0$,该级数发散;

2) 当 $p > 0$ 时,其绝对值级数为 p 级数:

a. 当 $p > 1$ 时,p 级数收敛,原级数绝对收敛.

b. 当 $0 < p \leqslant 1$ 时，p 级数发散，但原级数是交错级数，且满足定理 9.4 的条件，是收敛的，故原级数条件收敛.

我们把正项级数的比值判别法应用于任意项级数的绝对收敛的判断，可以得到一个较实用的判别法则.

定理 9.6 如果任意项级数 $\sum\limits_{n=1}^{\infty} u_n$ 满足

$$\lim_{n \to \infty} \left| \frac{u_{n+1}}{u_n} \right| = l,$$

那么，当 $l < 1$ 时，级数绝对收敛；当 $l > 1$（或 $l = +\infty$）时，级数发散；当 $l = 1$ 时，级数可能绝对收敛，可能条件收敛，也可能发散.

例 11 判别级数 $\sum\limits_{n=1}^{\infty} (-1)^{n-1} \dfrac{n}{4^{n-1}}$ 是否收敛，是否绝对收敛.

解 因为 $l = \lim\limits_{n \to \infty} \left| \dfrac{u_{n+1}}{u_n} \right| = \lim\limits_{n \to 0} \left(\dfrac{n+1}{4^n} \middle/ \dfrac{n}{4^{n-1}} \right) = \lim\limits_{n \to \infty} \left(\dfrac{n+1}{n} \cdot \dfrac{1}{4} \right) = \dfrac{1}{4} < 1,$

所以，原级数收敛，且是绝对收敛的.

习 题 9.1

1. 填空题.

(1) 级数 $\sum\limits_{n=1}^{\infty} (-1)^{n+1} \dfrac{1}{5^n}$ 的前三项是 _____ ；

(2) 级数 $\sum\limits_{n=1}^{\infty} \dfrac{1+n}{1+n^2}$ 的前四项是 _____ ；

(3) 级数 $\dfrac{1}{\ln 3} + \dfrac{1}{\ln 5} + \dfrac{1}{\ln 7} + \dfrac{1}{\ln 9} + \cdots$ 的一般项 $u_n =$ _____ ；

(4) 级数 $\dfrac{2}{1} - \dfrac{3}{2} + \dfrac{4}{3} - \dfrac{5}{4} + \cdots$ 的一般项 $u_n =$ _____ .

2. 根据级数收敛与发散的定义，判别下列级数的敛散性.

(1) $\sum\limits_{n=1}^{\infty} (\sqrt{n+1} - \sqrt{n})$; (2) $\sum\limits_{n=1}^{\infty} \dfrac{1}{(2n-1)(2n+1)}$.

3. 判别下列级数的敛散性.

(1) $\dfrac{3}{2} + \dfrac{3^2}{2^2} + \dfrac{3^3}{2^3} + \dfrac{3^4}{2^4} + \cdots$; (2) $\sum\limits_{n=1}^{\infty} (-1)^n \left(\dfrac{8}{9} \right)^n$;

(3) $\left(\dfrac{1}{2} + \dfrac{1}{3} \right) + \left(\dfrac{1}{4} + \dfrac{1}{9} \right) + \left(\dfrac{1}{8} + \dfrac{1}{27} \right) + \cdots$;

(4) $0.01 + \sqrt{0.01} + \sqrt[3]{0.01} + \cdots + \sqrt[n]{0.01} + \cdots$；

(5) $\displaystyle\sum_{n=1}^{\infty} \frac{5}{a^n}$　$(a > 0)$.

4. 利用比较判别法或其极限形式,判别下列级数的敛散性.

(1) $\displaystyle\sum_{n=1}^{\infty} \frac{1}{n^2 + 1}$；

(2) $1 + \dfrac{1}{3} + \dfrac{1}{5} + \dfrac{1}{7} + \cdots$；

(3) $\displaystyle\sum_{n=1}^{\infty} \frac{1}{n(n+1)}$；

(4) $1 + \dfrac{1}{2^2} + \dfrac{1}{3^3} + \cdots + \dfrac{1}{n^n} + \cdots$；

(5) $\displaystyle\sum_{n=1}^{\infty} \sin \frac{1}{n}$.

5. 利用比值判别法判别下列级数的敛散性.

(1) $1 + \dfrac{1}{2!} + \dfrac{1}{3!} + \cdots + \dfrac{1}{n!} + \cdots$；

(2) $\displaystyle\sum_{n=1}^{\infty} \frac{n!}{10^n}$；

(3) $\displaystyle\sum_{n=1}^{\infty} \frac{n^2}{2^n}$；

(4) $\displaystyle\sum_{n=1}^{\infty} \frac{(2n-1)}{3^n}$；

(5) $\displaystyle\sum_{n=1}^{\infty} \frac{3^n}{n \cdot 2^n}$；

(6) $\displaystyle\sum_{n=1}^{\infty} \frac{2^n \cdot n!}{n^n}$.

6. 判别下列交错级数的敛散性.

(1) $\displaystyle\sum_{n=1}^{\infty} (-1)^{n+1} \frac{1}{n^2}$；

(2) $\displaystyle\sum_{n=1}^{\infty} (-1)^n \frac{1}{n!}$；

(3) $1 - \dfrac{2}{3} + \dfrac{3}{5} - \dfrac{4}{7} + \cdots$.

7. 判别下列级数是否收敛,如果收敛,是绝对收敛还是条件收敛?

(1) $\dfrac{1}{3} \cdot \dfrac{1}{2} - \dfrac{1}{3} \cdot \dfrac{1}{2^2} + \dfrac{1}{3} \cdot \dfrac{1}{2^3} - \dfrac{1}{3} \cdot \dfrac{1}{2^4} + \cdots$；

(2) $1 - \dfrac{1}{\sqrt{2}} + \dfrac{1}{\sqrt{3}} - \dfrac{1}{\sqrt{4}} + \cdots$；

(3) $\displaystyle\sum_{n=1}^{\infty} (-1)^{n-1} \frac{n}{5^n}$；

(4) $\displaystyle\sum_{n=1}^{\infty} (-1)^{n-1} \frac{1}{n \cdot 2^n}$；

(5) $\displaystyle\sum_{n=1}^{\infty} (-1)^{n+1} \frac{2^n}{n!}$.

9.2　幂　级　数

一、幂级数的概念与性质

1. 幂级数的概念

定义 9.5　当级数的一般项为函数时,称 $\displaystyle\sum_{n=1}^{\infty} u_n(x)$ 为函数项级数,其中,常见级数

$$a_0 + a_1 x + a_2 x^2 + \cdots + a_n x^n + \cdots \tag{9-3}$$

称为**幂级数**,简记为 $\sum_{n=0}^{\infty} a_n x^n$,常数 a_0, a_1, a_2, $\cdots$叫作幂级数的**系数**.

幂级数的更一般的形式是

$$a_0 + a_1(x - x_0) + a_2(x - x_0)^2 + \cdots + a_n(x - x_0)^n + \cdots. \tag{9-4}$$

如果作变换 $t = x - x_0$,那么级数(9-4)就可以转化为级数(9-3)的形式,因此,下面主要讨论形如级数(9-3)的幂级数.

2. 幂级数的收敛半径与收敛区间

对于每一个固定的 $x = x_0$,幂级数(9-3)就变成一个数项级数

$$a_0 + a_1 x_0 + a_2 x_0^2 + \cdots + a_n x_0^n + \cdots. \tag{①}$$

如果级数①收敛,则称 x_0 是幂级数(9-3)的**收敛点**,如果级数①发散,则称 x_0 是幂级数(9-3)的**发散点**.收敛点的全体称为**收敛域**,发散点的全体称为**发散域**.例如,幂级数

$$1 + x + x^2 + \cdots + x^n + \cdots,$$

它是一个公比为 x 的几何级数,从 9.1 节例 1 知,当 $|x| < 1$ 时该级数收敛,且其和为 $\dfrac{1}{1-x}$;当 $|x| \geqslant 1$ 时该级数发散.故该级数的收敛域是 $(-1, 1)$,发散域为 $(-\infty, -1] \cup [1, +\infty)$.因此, $x \in (-1, 1)$ 时,有

$$\frac{1}{1-x} = 1 + x + x^2 + \cdots + x^n + \cdots. \tag{②}$$

一般地,对于幂级数(9-3)的收敛域可以由正项级数的比值判别法求得.

由于幂级数(9-3)的绝对值级数

$$|a_0| + |a_1 x| + |a_2 x^2| + \cdots + |a_n x^n| + \cdots \tag{③}$$

是正项级数,故由比值判别法,得

$$\lim_{n \to \infty} \frac{u_{n+1}}{u_n} = \lim_{n \to \infty} \left| \frac{a_{n+1}}{a_n} \right| \cdot |x| = l \cdot |x|,$$

其中 $\lim_{n \to \infty} \left| \dfrac{a_{n+1}}{a_n} \right| = l.$

根据这个结果可知:

(1) 当 $l \cdot |x| < 1$,即 $|x| < \dfrac{1}{l} = R$ $(l \neq 0)$ 时,级数③收敛,即幂级数(9-3)绝对收敛,其收敛域为 $(-R, R)$;

(2) 当 $l \cdot |x| = 0$,即 $l = 0$ 时,级数(9-3)对任意 x 都收敛,因而,收敛域为 $(-\infty, +\infty)$;

(3) 当 $l \cdot |x| > 1$，即 $|x| > \dfrac{1}{l} = R \ (l \neq 0)$ 时，级数(9-3)发散；

(4) 当 $l \cdot |x| = 1$，即 $|x| = \dfrac{1}{l} = R \ (l \neq 0)$ 时，此判别法失效.

　　根据上面的分析可知，幂级数的收敛域总是在一个以原点为中心、$R = \dfrac{1}{l}$ 为半径的区间内，这个区间称为幂级数的**收敛区间**，R 称为幂级数的**收敛半径** $(0 \leqslant R < +\infty)$.

　　因此，关于幂级数的收敛半径 R 的求法有下面的定理.

　　定理 9.7　如果幂级数(9-3)的系数满足

$$\lim_{n \to \infty} \left| \frac{a_{n+1}}{a_n} \right| = l,$$

那么

(1) 当 $0 < l < +\infty$ 时，$R = \dfrac{1}{l}$；

(2) 当 $l = 0$ 时，$R = +\infty$；

(3) 当 $l = +\infty$ 时，$R = 0$.

　　例 1　求下列幂级数的收敛半径与收敛区间(不讨论区间端点)：

(1) $\displaystyle\sum_{n=1}^{\infty} \frac{x^n}{(2n)!}$；　　　　(2) $\displaystyle\sum_{n=1}^{\infty} n^n x^n$；　　　　(3) $\displaystyle\sum_{n=1}^{\infty} \frac{(-1)^n}{2^{n-1}\sqrt{n}} (x-1)^n$.

　　解　(1) 因为

$$l = \lim_{n \to \infty} \left| \frac{a_{n+1}}{a_n} \right| = \lim_{n \to \infty} \frac{(2n)!}{[2(n+1)]!} = \lim_{n \to \infty} \frac{1}{(2n+2)(2n+1)} = 0,$$

所以其收敛半径 $R = +\infty$，因而原级数的收敛区间为 $(-\infty, +\infty)$.

　　(2) 因为

$$l = \lim_{n \to \infty} \frac{(n+1)^{n+1}}{n^n} = \lim_{n \to \infty} \left[\left(\frac{n+1}{n} \right)^n (n+1) \right] = \lim_{n \to \infty} \left[\left(1 + \frac{1}{n} \right)^n (n+1) \right] = +\infty,$$

所以收敛半径 $R = 0$，即原级数仅在 $x = 0$ 处收敛.

　　(3) 设 $t = x - 1$，则原级数变换为 $\displaystyle\sum_{n=1}^{\infty} \frac{(-1)^n}{2^{n-1}\sqrt{n}} t^n$. 因为

$$l = \lim_{n \to \infty} \frac{2^{n-1}\sqrt{n}}{2^n \sqrt{n+1}} = \frac{1}{2} \lim_{n \to \infty} \sqrt{\frac{n}{n+1}} = \frac{1}{2} \lim_{n \to \infty} \sqrt{\frac{1}{1 + \dfrac{1}{n}}} = \frac{1}{2},$$

所以收敛半径 $R = \dfrac{1}{l} = 2$，因而 $t \in (-2, 2)$，即 $-2 < x - 1 < 2$.

故原级数的收敛区间为$(-1, 3)$.

3. 幂级数的运算性质

幂级数有下列重要的运算性质.

性质 9.6 设幂级数$\sum\limits_{n=1}^{\infty} a_n x^n$与$\sum\limits_{n=1}^{\infty} b_n x^n$分别收敛于和函数$S_1(x)$与$S_2(x)$,它们的收敛半径分别为$R_1$与$R_2(R_1 > 0, R_2 > 0)$,则级数

$$\sum_{n=1}^{\infty} a_n x^n \pm \sum_{n=1}^{\infty} b_n x^n$$

也收敛,且收敛于$S_1(x) \pm S_2(x)$,这时,收敛半径

$$R = \min(R_1, R_2).$$

性质 9.7 幂级数的和函数在其收敛区间是连续的.

性质 9.8 幂级数(9-3)的和函数$S(x)$在其收敛区间内可导,且有逐项求导公式

$$S'(x) = \left(\sum_{n=1}^{\infty} a_n x^n\right)' = \sum_{n=1}^{\infty} n a_n x^{n-1} \quad (-R < x < R),$$

逐项求导后的级数与原级数有相同的收敛半径.

性质 9.9 幂级数(9-3)的和函数$S(x)$在其收敛区间内可积,且有逐项积分公式

$$\int_0^x S(x) \mathrm{d}x = \int_0^x \left(\sum_{n=1}^{\infty} a_n x^n\right) \mathrm{d}x = \sum_{n=1}^{\infty} \int_0^x a_n x^n \mathrm{d}x$$

$$= \sum_{n=1}^{\infty} \frac{a_n}{n+1} x^{n+1} \quad (-R < x < R),$$

逐项积分后的级数与原级数有相同的收敛半径.

例如,在②式中,用$-x$代替x,得

$$\frac{1}{1+x} = 1 - x + x^2 - x^3 + \cdots + (-1)^{n-1} x^{n-1} + \cdots \quad (-1 < x < 1). \qquad ④$$

④式两端逐项求导后,得

$$\frac{1}{(1+x)^2} = 1 - 2x + 3x^2 - \cdots + (-1)^{n-1} \cdot n x^{n-1} + \cdots \quad (-1 < x < 1).$$

④式两端逐项从0到x积分后,得

$$\ln(1+x) = x - \frac{1}{2} x^2 + \frac{1}{3} x^3 - \cdots + (-1)^{n-1} \frac{x^n}{n} + \cdots \quad (-1 < x < 1).$$

二、函数展开成幂级数

前面已经知道,一个幂级数在其收敛区间内表示一个函数(和函数),反过来,一个已

知函数能否表示成幂级数呢? 下面的泰勒公式回答了这个问题.

泰勒公式 设函数 $f(x)$ 在 x_0 及其附近具有 1 阶至 $n+1$ 阶连续导数,则在此小区间内有

$$f(x) = f(x_0) + f'(x_0)(x - x_0) + \frac{f''(x_0)}{2!}(x - x_0)^2 + \cdots +$$

$$\frac{f^{(n)}(x_0)}{n!}(x - x_0)^n + R_n(x), \tag{9-5}$$

其中
$$R_n(x) = \frac{f^{(n+1)}(\xi)}{(n+1)!}(x - x_0)^{n+1} \quad [\xi \in (x_0, x)]. \tag{⑤}$$

在公式(9-5)中,当 $x_0 = 0$ 时,

$$f(x) = f(0) + f'(0)x + \frac{f''(0)}{2!}x^2 + \cdots + \frac{f^{(n)}(0)}{n!}x^n + R_n(x), \tag{9-6}$$

其中 $R_n(x) = \frac{f^{(n+1)}(\xi)}{(n+1)!}x^{n+1} \ [\xi \in (0, x)]$. 公式(9-6)称为**麦克劳林公式**.

如果 $f(x)$ 在点 x_0 处任意阶可导,则幂级数

$$f(x_0) + f'(x_0)(x - x_0) + \frac{f''(x_0)}{2!}(x - x_0)^2 + \cdots + \frac{f^{(n)}(x_0)}{n!}(x - x_0)^n + \cdots \tag{9-7}$$

称为 $f(x)$ 在点 x_0 处的**泰勒级数**.

特别地,当 $x_0 = 0$ 时,幂级数

$$f(0) + f'(0)x + \frac{f''(0)}{2!}x^2 + \cdots + \frac{f^{(n)}(0)}{n!}x^n + \cdots \tag{9-8}$$

称为**麦克劳林级数**.

要使 $f(x)$ 的泰勒级数(9-7)收敛于 $f(x)$ 需具备两个条件,即

(1) 函数 $f(x)$ 在 x_0 及其附近具有任意阶导数;

(2) 当 $n \to \infty$ 时,余项 $R_n(x) \to 0$.

例 2 将函数 $f(x) = e^x$ 展开成 x 的幂级数.

解 因为 $f^{(n)}(x) = e^x \ (n = 0, 1, 2, \cdots)$,故

$$f(0) = f'(0) = f''(0) = \cdots = f^{(n)}(0) = 1,$$

代入式(9-8),得麦克劳林级数

$$1 + x + \frac{x^2}{2!} + \cdots + \frac{x^n}{n!} + \cdots. \tag{⑥}$$

因为
$$l = \lim_{n \to \infty} \left| \frac{a_{n+1}}{a_n} \right| = \lim_{n \to \infty} \frac{n!}{(n+1)!} = \lim_{n \to \infty} \frac{1}{n+1} = 0,$$

所以级数⑥的收敛半径为 $R=+\infty$，即收敛区间为$(-\infty,+\infty)$. 又

$$\lim_{n\to\infty}R_n(x)=\lim_{n\to\infty}\left|\frac{e^{\xi}}{(n+1)!}x^{n+1}\right|<\lim_{n\to\infty}e^{|x|}\frac{|x|^{n+1}}{(n+1)!}\quad[\xi\in(0,x)],$$

对于任意有限的 x，$e^{|x|}$ 是有限数，且 $\dfrac{|x|^{n+1}}{(n+1)!}$ 是级数 $\displaystyle\sum_{n=0}^{\infty}\dfrac{x^n}{n!}$ 的一般项，可以求得，该级数在$(-\infty,+\infty)$内是收敛的，故根据级数收敛的必要条件，有

$$\lim_{n\to\infty}u_n=\lim_{n\to\infty}\frac{|x|^{n+1}}{(n+1)!}=0,$$

因而

$$\lim_{n\to\infty}R_n(x)=0.$$

则

$$e^x=\sum_{n=0}^{\infty}\frac{x^n}{n!}\quad(-\infty<x<+\infty).$$

从例 2 可知，把一个函数展开成幂级数的一般步骤是：

（1）求出函数 $f(x)$ 及其各阶导数在点 $x=0$ 处的值

$$f^{(k)}(0)\quad(k=0,1,2,\cdots),$$

其中，如果有一个值不存在，函数 $f(x)$ 就不能在点 $x=0$ 处展开成幂级数；

（2）写出其麦克劳林级数，并求出其收敛区间；

（3）考察当 $n\to\infty$ 时，该级数的余项 $R_n(x)$ 在收敛区间内是否趋于零，如果趋于零，则第（2）步所求出的级数就是函数 $f(x)$ 的幂级数展开式.

例 3　求函数 $f(x)=\sin x$ 的幂级数展开式.

解　因为

$$f^{(n)}(x)=\sin\left(x+\frac{n\pi}{2}\right)\quad(n=0,1,2,\cdots),$$

故 $f^{(n)}(0)$ 依次取值为 $0,1,0,-1,\cdots(n=0,1,2,3,\cdots)$，于是，得麦克劳林级数

$$x-\frac{x^3}{3!}+\frac{x^5}{5!}-\cdots+(-1)^n\cdot\frac{x^{2n+1}}{(2n+1)!}+\cdots,$$

因为

$$l=\lim_{n\to\infty}\left|\frac{a_{n+1}}{a_n}\right|=\lim_{n\to\infty}\frac{(2n+1)!}{(2n+3)!}=\lim_{n\to\infty}\frac{1}{(2n+3)(2n+2)}=0,$$

所以该级数的收敛半径为 $R=+\infty$，故其收敛区间为$(-\infty,+\infty)$.

对于有限的 x，其余项的绝对值

$$|R_n(x)| = \left| \frac{\sin\left(\xi + \frac{2n+3}{2}\pi\right)}{(2n+3)!} x^{2n+3} \right|$$

$$\leqslant \frac{|x|^{2n+3}}{(2n+3)!} \rightarrow 0 \left[n \rightarrow \infty, \xi \in (0, x) \right].$$

因此　　　　　　$$\sin x = \sum_{n=0}^{\infty} (-1)^n \frac{x^{2n+1}}{(2n+1)!} \quad (-\infty < x < +\infty).$$

　　上面两个例子都是经过三个步骤求出函数的幂级数展开式的,这种方法通常叫作**直接法**.利用这种方法需要讨论余项,有时比较困难.另外,还可以利用幂级数的运算性质及已知的幂级数展开式求得函数的幂级数展开式,这种方法叫作**间接法**.使用这种方法往往比较简便.

　　例 4　将 $\cos x$ 展开成 x 的幂级数.

　　解　因为 $(\sin x)' = \cos x$,又由例 3 知

$$\sin x = x - \frac{x^3}{3!} + \frac{x^5}{5!} - \cdots + (-1)^n \frac{x^{2n+1}}{(2n+1)!} + \cdots \quad (-\infty < x < +\infty).$$

由性质 9.8(逐项求导公式),得

$$\cos x = 1 - \frac{x^2}{2!} + \frac{x^4}{4!} - \cdots + (-1)^n \frac{x^{2n}}{(2n)!} + \cdots \quad (-\infty < x < +\infty).$$

　　为便于应用,我们将前面得到的几个常用的初等函数的幂级数展开式整理如下.

$$e^x = \sum_{n=0}^{\infty} \frac{x^n}{n!} \quad (-\infty < x < +\infty). \tag{9-9}$$

$$\sin x = \sum_{n=0}^{\infty} (-1)^n \frac{x^{2n+1}}{(2n+1)!} \quad (-\infty < x < +\infty). \tag{9-10}$$

$$\cos x = \sum_{n=0}^{\infty} (-1)^n \frac{x^{2n}}{(2n)!} \quad (-\infty < x < +\infty). \tag{9-11}$$

$$\frac{1}{1-x} = \sum_{n=0}^{\infty} x^n \quad (-1 < x < 1). \tag{9-12}$$

$$\ln(1+x) = \sum_{n=0}^{\infty} (-1)^n \frac{x^{n+1}}{n+1} \quad (-1 < x < 1). \tag{9-13}$$

　　例 5　将 $f(x) = \ln x$ 展开成 $(x-2)$ 的幂级数,并求其收敛区间.

　　解　$\ln x = \ln[2 + (x-2)] = \ln 2\left(1 + \frac{x-2}{2}\right) = \ln 2 + \ln\left(1 + \frac{x-2}{2}\right)$

$$= \ln 2 + \sum_{n=0}^{\infty} \frac{(-1)^n}{n+1} \left(\frac{x-2}{2} \right)^{n+1}.$$

由 $-1 < \dfrac{x-2}{2} < 1$ 得该级数的收敛区间为 $(0, 4)$.

还可以利用幂级数的展开式求近似值.

例 6 计算 e 的近似值(计算前 7 项).

解 在公式(9-9)中,令 $x = 1$,得

$$e \approx 1 + 1 + \frac{1}{2!} + \frac{1}{3!} + \frac{1}{4!} + \frac{1}{5!} + \frac{1}{6!} \approx 2.718.$$

练 习 9.2

1. 求下列幂级数的收敛半径与收敛区间(不讨论区间端点).

(1) $x + 2x^2 + 3x^3 + 4x^4 + \cdots$;

(2) $1 - x + \dfrac{x^2}{2!} - \dfrac{x^3}{3!} + \cdots$;

(3) $\dfrac{x}{1 \cdot 3} + \dfrac{x^2}{2 \cdot 3^2} + \dfrac{x^3}{3 \cdot 3^3} + \dfrac{x^4}{4 \cdot 3^4} + \cdots$;

(4) $\displaystyle\sum_{n=1}^{\infty} \dfrac{(-1)^{n+1}}{n^2} (x-2)^n$;

(5) $\displaystyle\sum_{n=1}^{\infty} n! \; x^n$;

(6) $\displaystyle\sum_{n=1}^{\infty} \dfrac{x^n}{n!}$.

2. 将下列函数展开成 x 的幂级数.

(1) e^{-3x};

(2) $\sin \dfrac{x}{2}$;

(3) $\sin^2 x$;

(4) $\dfrac{1}{x-4}$;

(5) $\ln(a + x) \; (a > 0)$;

(6) $x \, e^{3x}$.

3. 将 $f(x) = \dfrac{1}{2-x}$ 展开成 $x - 1$ 的幂级数,并求其收敛区间.

4. 利用级数求下列各近似值(计算前 3 项).

(1) $\sqrt{e}$;

(2) $\sin 18°$.

9.3 傅里叶级数

一、周期为 2π 的函数展开为傅里叶级数

定义 9.6 设 $f(x)$ 是一个以 2π 为周期的函数,且能展开成级数,即

$$f(x) = \frac{a_0}{2} + \sum_{n=1}^{\infty} (a_n \cos nx + b_n \sin nx). \tag{9-14}$$

式(9-14)叫作函数 $f(x)$ 的**傅里叶级数**,其中

$$a_0 = \frac{1}{\pi} \int_{-\pi}^{\pi} f(x)\,\mathrm{d}x,$$

$$a_n = \frac{1}{\pi} \int_{-\pi}^{\pi} f(x)\cos nx\,\mathrm{d}x \quad (n=1,2,3,\cdots),$$

$$b_n = \frac{1}{\pi} \int_{-\pi}^{\pi} f(x)\sin nx\,\mathrm{d}x \quad (n=1,2,3,\cdots).$$

系数 a_0、a_n、b_n 叫作函数 $f(x)$ 的**傅里叶系数**.

设 $f(x)$ 是以 2π 为周期的函数,如果函数 $f(x)$ 在一个周期内连续或只有有限个第一类间断点,并且只有有限个极值点,可以证明函数 $f(x)$ 的傅里叶级数收敛,并且

(1) 当 x 是 $f(x)$ 的连续点时,级数收敛于 $f(x)$;

(2) 当 x 是 $f(x)$ 的间断点时,级数收敛于 $\frac{1}{2}\big[f(x+0)+f(x-0)\big]$.

实际问题中我们所遇到的周期函数,一般都能满足上述条件,因而都能展开为傅里叶级数.

例1 设 $f(x)$ 是以 2π 为周期的函数,它在 $[-\pi,\pi]$ 上的表达式为

$$f(x) = \begin{cases} 0, & -\pi \leqslant x < 0, \\ x, & 0 \leqslant x < \pi. \end{cases}$$

将 $f(x)$ 展开为傅里叶级数.

解 计算傅里叶系数:

$$a_0 = \frac{1}{\pi} \int_{-\pi}^{\pi} f(x)\,\mathrm{d}x = \frac{1}{\pi} \int_0^{\pi} x\,\mathrm{d}x = \frac{1}{\pi}\left[\frac{x^2}{2}\right]_0^{\pi} = \frac{\pi}{2},$$

$$a_n = \frac{1}{\pi} \int_{-\pi}^{\pi} f(x)\cos nx\,\mathrm{d}x = \frac{1}{\pi} \int_0^{\pi} x\cos nx\,\mathrm{d}x = \frac{1}{\pi}\left[\frac{x}{n}\sin nx + \frac{1}{n^2}\cos nx\right]_0^{\pi}$$

$$= \frac{1}{n^2\pi}(\cos n\pi - 1) = \begin{cases} 0, & \text{当 } n \text{ 为偶数}, \\ -\dfrac{2}{n^2\pi}, & \text{当 } n \text{ 为奇数}, \end{cases}$$

$$b_n = \frac{1}{\pi} \int_{-\pi}^{\pi} f(x)\sin nx\,\mathrm{d}x = \frac{1}{\pi} \int_0^{\pi} x\sin nx\,\mathrm{d}x = \frac{1}{\pi}\left[-\frac{x}{n}\cos nx + \frac{1}{n^2}\sin nx\right]_0^{\pi}$$

$$= \frac{1}{\pi}\left(-\frac{\pi}{n}\cos n\pi\right) = \frac{(-1)^{n+1}}{n} \quad (n=1,2,3,\cdots).$$

因此得到 $f(x)$ 的傅里叶级数为

$$\frac{\pi}{4} - \frac{2}{\pi}\left(\cos x + \frac{1}{3^2}\cos 3x + \frac{1}{5^2}\cos 5x + \cdots + \frac{1}{(2n-1)^2}\cos(2n-1)x + \cdots\right) +$$

$$\left(\sin x - \frac{1}{2}\sin 2x + \frac{1}{3}\sin 3x - \cdots + (-1)^{n+1}\frac{1}{n}\sin nx + \cdots\right).$$

在函数的间断点处，它收敛于

$$\frac{1}{2}\{f[(2k-1)\pi - 0] + f[(2k-1)\pi + 0]\} = \frac{\pi}{2}.$$

所以 $f(x)$ 展开为傅里叶级数

$$f(x) = \frac{\pi}{4} - \frac{2}{\pi}\left(\cos x + \frac{1}{3^2}\cos 3x + \frac{1}{5^2}\cos 5x + \cdots + \frac{1}{(2n-1)^2}\cos(2n-1)x + \cdots\right) +$$

$$\left(\sin x - \frac{1}{2}\sin 2x + \frac{1}{3}\sin 3x - \cdots + (-1)^{n+1}\frac{1}{n}\sin nx + \cdots\right)$$

$$(-\infty < x < +\infty,\ x \neq (2k-1)\pi,\ k \in \mathbf{Z}).$$

和函数的图像如图 9-1 所示.

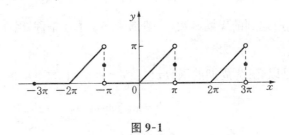

图 9-1

说明 为简单起见，本章后面讨论周期函数 $f(x)$ 展开为傅里叶级数，不再讨论间断点处的收敛情况.

图片:例 2 的和
函数图像

例 2 设 $f(x)$ 是以 2π 为周期的函数，它在 $[-\pi, \pi)$ 上的表达式为

$$f(x) = x \ (-\pi \leqslant x < \pi),$$

将 $f(x)$ 展开为傅里叶级数.

解 因为

$$a_0 = \frac{1}{\pi}\int_{-\pi}^{\pi} f(x)\,\mathrm{d}x = \frac{1}{\pi}\int_{-\pi}^{\pi} x\,\mathrm{d}x = 0,$$

$$a_n = \frac{1}{\pi}\int_{-\pi}^{\pi} f(x)\cos nx\,\mathrm{d}x = \frac{1}{\pi}\int_{-\pi}^{\pi} x\cos nx\,\mathrm{d}x = 0 \ (n = 1, 2, 3, \cdots),$$

$$b_n = \frac{1}{\pi}\int_{-\pi}^{\pi} f(x)\sin nx\,\mathrm{d}x = \frac{1}{\pi}\int_{-\pi}^{\pi} x\sin nx\,\mathrm{d}x = \frac{2}{\pi}\left[-\frac{x}{n}\cos nx + \frac{1}{n^2}\sin nx\right]_0^{\pi}$$

$$= -\frac{2}{n}\cos n\pi = (-1)^{n+1}\frac{2}{n} \ (n = 1, 2, 3, \cdots).$$

所以 $f(x)$ 的傅里叶级数为

$$f(x)=2\Big(\sin x-\frac{1}{2}\sin 2x+\frac{1}{3}\sin 3x-\cdots+\frac{(-1)^{n+1}}{n}\sin nx+\cdots\Big)$$

$$(-\infty<x<+\infty,\ x\neq(2k-1)\pi,\ k\in\mathbf{Z}).$$

定义 9.7　如果 $f(x)$ 是周期为 2π 的奇函数,那么它的傅里叶系数中

$$a_0=0,\ a_n=0\ (n=1,\ 2,\ 3,\ \cdots),$$

$$b_n=\frac{2}{\pi}\int_0^\pi f(x)\sin nx\,\mathrm{d}x\ (n=1,\ 2,\ 3,\ \cdots).$$

于是 $f(x)$ 可展开为傅里叶级数

$$f(x)=\sum_{n=1}^\infty b_n\sin nx.$$

傅里叶展开式中只有正弦项,这样的级数叫作**正弦级数**.

定义 9.8　如果 $f(x)$ 是周期为 2π 的偶函数,那么它的傅里叶系数中

$$b_n=0\ (n=1,\ 2,\ 3,\ \cdots),$$

$$a_0=\frac{2}{\pi}\int_0^\pi f(x)\,\mathrm{d}x,\ a_n=\frac{2}{\pi}\int_0^\pi f(x)\cos nx\,\mathrm{d}x\ (n=1,\ 2,\ 3,\ \cdots),$$

于是 $f(x)$ 可展开为傅里叶级数

$$f(x)=\frac{a_0}{2}+\sum_{n=1}^\infty a_n\cos nx.$$

傅里叶展开式中只有余弦项,这样的级数叫作**余弦级数**.

首先判断函数的奇偶性,有时候会给函数的傅里叶级数展开带来便利.

例 3　设 $f(x)$ 是以 2π 为周期的函数,它在 $[-\pi,\ \pi]$ 上的表示式为

$$f(x)=\begin{cases}-x,\ -\pi\leqslant x<0,\\ x,\ 0\leqslant x<\pi,\end{cases}$$

将 $f(x)$ 展开为傅里叶级数.

解　因为周期函数 $f(x)$ 为偶函数,所以它的傅里叶级数是余弦级数

$$a_0=\frac{2}{\pi}\int_0^\pi f(x)\,\mathrm{d}x=\frac{2}{\pi}\int_0^\pi x\,\mathrm{d}x=\pi,$$

$$a_n=\frac{2}{\pi}\int_0^\pi x\cos nx\,\mathrm{d}x=\frac{2}{\pi}\left[\frac{x}{n}\sin nx+\frac{1}{n^2}\cos nx\right]_0^\pi$$

$$=\frac{2}{n^2\pi}(\cos n\pi-1)=\begin{cases}0,\ n\ 为偶数,\\ -\dfrac{4}{n^2\pi},\ n\ 为奇数,\end{cases}$$

图片:例 3 的和
函数图像

$$b_n = 0 \ (n=1,\ 2,\ 3,\ \cdots).$$

所以 $f(x)$ 的傅里叶级数为

$$f(x) = \frac{\pi}{2} - \frac{4}{\pi}\left[\cos x + \frac{1}{3^2}\cos 3x + \cdots + \frac{1}{(2n-1)^2}\cos(2n-1)x + \cdots\right]$$

$$(-\infty < x < +\infty).$$

二、周期为 $2l$ 的函数展开为傅里叶级数

前面讨论的都是周期为 2π 的周期函数.实际问题中的周期函数,其周期不一定是 2π.下面讨论周期为 $2l$ 的函数展开为傅里叶级数.

设函数 $f(x)$ 的周期为 $2l$,令 $t = \frac{\pi}{l}x$,则当 x 在区间 $[-l,\ l]$ 上取值时,t 就在 $[-\pi,\ \pi]$ 上取值.设

$$f(x) = f\left(\frac{l}{\pi}t\right) = \phi(t),$$

则 $\phi(t)$ 是以 2π 为周期的函数.将 $\phi(t)$ 展开为傅里叶级数

$$\phi(t) = \frac{a_0}{2} + \sum_{n=1}^{\infty}(a_n\cos nt + b_n\sin nt),$$

其中

$$a_0 = \frac{1}{\pi}\int_{-\pi}^{\pi}\phi(t)\mathrm{d}t;$$

$$a_n = \frac{1}{\pi}\int_{-\pi}^{\pi}\phi(t)\cos nt\,\mathrm{d}t \ (n=1,\ 2,\ 3,\ \cdots);$$

$$b_n = \frac{1}{\pi}\int_{-\pi}^{\pi}\phi(t)\sin nt\,\mathrm{d}t \ (n=1,\ 2,\ 3,\ \cdots).$$

在以上各式中,把变量 t 换回 x 并注意到 $f(x) = \phi(t)$,可以得到周期为 $2l$ 的函数 $f(x)$ 的傅里叶级数展开式.

周期为 $2l$ 的函数 $f(x)$ 的傅里叶级数展开式

$$f(x) = \frac{a_0}{2} + \sum_{n=1}^{\infty}\left(a_n\cos\frac{n\pi x}{l} + b_n\sin\frac{n\pi x}{l}\right), \tag{9-15}$$

其中

$$a_0 = \frac{1}{l}\int_{-l}^{l}f(x)\mathrm{d}x,$$

$$a_n = \frac{1}{l}\int_{-l}^{l}f(x)\cos\frac{n\pi x}{l}\mathrm{d}x \ (n=1,\ 2,\ 3,\ \cdots),$$

$$b_n = \frac{1}{l}\int_{-l}^{l}f(x)\sin\frac{n\pi x}{l}\mathrm{d}x \ (n=1,\ 2,\ 3,\ \cdots).$$

类似地,如果 $f(x)$ 是奇函数,则它的傅里叶级数是正弦级数,即

$$f(x) = \sum_{n=1}^{\infty} b_n \sin \frac{n\pi x}{l},$$

其中, $b_n = \dfrac{2}{l} \displaystyle\int_0^l f(x) \sin \dfrac{n\pi x}{l} \mathrm{d}x \ (n=1,\ 2,\ 3,\ \cdots)$.

如果 $f(x)$ 是偶函数,则它的傅里叶级数是余弦级数,即

$$f(x) = \frac{a_0}{2} + \sum_{n=1}^{\infty} a_n \cos \frac{n\pi x}{l},$$

其中, $a_0 = \dfrac{2}{l} \displaystyle\int_0^l f(x) \mathrm{d}x$, $a_n = \dfrac{2}{l} \displaystyle\int_0^l f(x) \cos \dfrac{n\pi x}{l} \mathrm{d}x \ (n=1,\ 2,\ 3,\ \cdots)$.

例 4　设 $f(x)$ 是周期为 4 的函数,它在 $[-2,\ 2)$ 上的表达式为

$$f(x) = \begin{cases} 0, & -2 \leqslant x < 0, \\ A, & 0 \leqslant x < 2, \end{cases}$$

其中 A 为不等于零的常数,将 $f(x)$ 展开为傅里叶级数.

解　计算傅里叶系数:

$$a_0 = \frac{1}{2} \int_{-2}^{2} f(x) \mathrm{d}x = \frac{1}{2} \int_0^2 A \mathrm{d}x = A,$$

$$a_n = \frac{1}{2} \int_{-2}^{2} f(x) \cos \frac{n\pi x}{2} \mathrm{d}x = \frac{1}{2} \int_0^2 A \cos \frac{n\pi x}{2} \mathrm{d}x$$

$$= \left[\frac{A}{n\pi} \sin \frac{n\pi x}{2} \right]_0^2 = 0 \ (n=1,\ 2,\ 3,\ \cdots),$$

$$b_n = \frac{1}{2} \int_{-2}^{2} f(x) \sin \frac{n\pi x}{2} \mathrm{d}x = \frac{1}{2} \int_0^2 A \sin \frac{n\pi x}{2} \mathrm{d}x$$

$$= \left[-\frac{A}{n\pi} \cos \frac{n\pi x}{2} \right]_0^2 = \frac{A}{n\pi} (1 - \cos n\pi)$$

$$= \frac{A}{n\pi} [1 - (-1)^n] = \begin{cases} \dfrac{2A}{n\pi}, & n \text{ 为奇数}, \\ 0, & n \text{ 为偶数}. \end{cases}$$

所以 $f(x)$ 的傅里叶级数为

$$f(x) = \frac{A}{2} + \frac{2A}{\pi} \left(\sin \frac{\pi}{2} x + \frac{1}{3} \sin \frac{3\pi}{2} x + \frac{1}{5} \sin \frac{5\pi}{2} x + \cdots \right)$$

$$(-\infty < x < +\infty,\ x \neq 2k,\ k \in \mathbf{Z}).$$

三、周期延拓

我们已经讨论了将周期函数展开为傅里叶级数的问题.而实际问题中会遇到大量的

非周期函数,有时需要把它们展开成傅里叶级数.下面讨论如何把定义在$(-l, l)$或$(0, l)$上的函数展开为傅里叶级数.

一般地,若将$(0, l)$上的函数$f(x)$展开为正弦级数,则把$f(x)$延拓为$(-l, l)$上的奇函数$F(x)$,叫作奇延拓,即

$$F(x) = \begin{cases} f(x), & 0 < x < l, \\ -f(-x), & -l < x < 0. \end{cases}$$

然后将$F(x)$展开为傅里叶级数,这样得到定义在$(0, l)$上的函数$f(x)$的正弦级数.

一般地,若将$(0, l)$上的函数$f(x)$展开为余弦级数,则把$f(x)$延拓为$(-l, l)$上的偶函数$F(x)$,叫作偶延拓,即

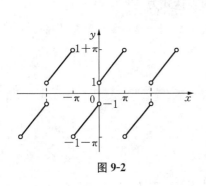

图 9-2

$$F(x) = \begin{cases} f(x), & 0 < x < l, \\ f(-x), & -l < x < 0. \end{cases}$$

然后将$F(x)$展开为傅里叶级数,这样得到定义在$(0, l)$上的函数$f(x)$的余弦级数.

例 5 将函数$f(x) = x + 1 (0 < x < \pi)$分别展开为正弦级数和余弦级数.

解 先将$f(x)$展开为正弦级数,为此,先对$f(x)$进行奇延拓,再延拓为周期是2π的函数.延拓后的函数如图 9-2 所示.

由于延拓后的函数是奇函数,傅里叶系数为

$$a_0 = 0, \quad a_n = 0 \ (n = 1, 2, 3, \cdots),$$

$$b_n = \frac{2}{\pi} \int_0^{\pi} f(x) \sin nx \, dx = \frac{2}{\pi} \int_0^{\pi} (x + 1) \sin nx \, dx$$

$$= \frac{2}{\pi} \left\{ \left[-\frac{x \cos nx}{n} \right]_0^{\pi} + \left[\frac{\sin nx}{n^2} \right]_0^{\pi} - \left[\frac{\cos nx}{n} \right]_0^{\pi} \right\}$$

$$= \frac{2}{n\pi} (1 - \pi \cos n\pi - \cos n\pi)$$

$$= \begin{cases} \dfrac{2}{\pi} \cdot \dfrac{\pi + 2}{n}, & n = 1, 3, 5, \cdots, \\ -\dfrac{2}{n}, & n = 2, 4, 6, \cdots. \end{cases}$$

于是

$$x + 1 = \frac{2}{\pi} \left[(\pi + 2) \sin x - \frac{\pi}{2} \sin 2x + \frac{1}{3} (\pi + 2) \sin 3x - \frac{\pi}{4} \sin 4x + \cdots \right]$$

$$(0 < x < \pi).$$

再将 $f(x)$ 展开为余弦级数,对 $f(x)$ 进行偶延拓后是偶函数,如图 9-3 所示.

$b_n = 0 \ (n = 1, 2, 3, \cdots)$,

$a_0 = \dfrac{2}{\pi} \displaystyle\int_0^\pi f(x)\mathrm{d}x = \dfrac{2}{\pi} \int_0^\pi (x+1)\mathrm{d}x$

$\qquad = \dfrac{2}{\pi} \left\{ \left[\dfrac{x^2}{2} \right]_0^\pi + \left[x \right]_0^\pi \right\} = \pi + 2$,

$a_n = \dfrac{2}{\pi} \displaystyle\int_0^\pi f(x)\cos nx\, \mathrm{d}x = \dfrac{2}{\pi} \int_0^\pi (x+1)\cos nx\, \mathrm{d}x$

$\qquad = \dfrac{2}{\pi} \left\{ \left[\dfrac{(x+1)\sin nx}{n} \right]_0^\pi + \left[\dfrac{\cos nx}{n^2} \right]_0^\pi \right\}$

$\qquad = \dfrac{2}{n^2\pi}(\cos n\pi - 1) = \begin{cases} -\dfrac{4}{n^2\pi}, & n = 1, 3, 5, \cdots, \\ 0, & n = 2, 4, 6, \cdots. \end{cases}$

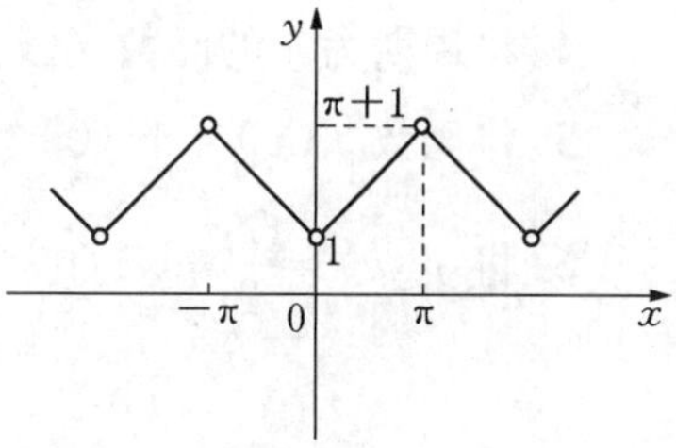

图 9-3

所以 $f(x)$ 展开为余弦级数是

$$x + 1 = \left(\dfrac{\pi}{2} + 1 \right) - \dfrac{4}{\pi} \left(\cos x + \dfrac{1}{3^2}\cos 3x + \dfrac{1}{5^2}\cos 5x + \cdots \right) (0 < x < \pi).$$

将定义在 $(0, \pi)$ 上的函数展开为正弦级数或余弦级数时,一般不必写出延拓后的函数,只要按公式计算出系数代入正弦级数或余弦级数即可.

用同样的方法,还可以将定义在 $(-l, l)$ 或 $(0, l)$ 上的函数展开为正弦级数或余弦级数.

练 习 9.3

1. 设 $f(x)$ 是周期为 2π 的函数,它在 $[-\pi, \pi)$ 上的表达式为

$$f(x) = \begin{cases} 0, & -\pi \leqslant x < 0, \\ A, & 0 \leqslant x < \pi, \end{cases}$$

其中 A 为不等于零的常数,将 $f(x)$ 展开为傅里叶级数.

2. 设 $f(x)$ 是周期为 2π 的函数,它在 $[-\pi, \pi)$ 上的表达式为

$$f(x) = \begin{cases} \pi + x, & -\pi \leqslant x < 0, \\ \pi - x, & 0 \leqslant x < \pi, \end{cases}$$

将 $f(x)$ 展开为傅里叶级数.

3. 设 $f(x)$ 是周期为 2 的函数,它在 $[-1, 1)$ 上的表达式为

$$f(x) = \begin{cases} 1, & -1 \leqslant x < 0, \\ 0, & 0 \leqslant x < 1, \end{cases}$$

将 $f(x)$ 展开为傅里叶级数.

4. 将周期为 4 的函数 $f(x) = x$，$x \in [-2, 2)$ 展开为傅里叶级数.

5. 将函数 $f(x) = x$ $(0 < x < \pi)$ 分别展开为正弦级数和余弦级数.

6. 将 $f(x) = \dfrac{\pi}{2} - x$ $(0 < x < \pi)$ 展开为余弦级数.

9.4 拉普拉斯变换

前面介绍了微分方程,并介绍了求解微分方程的一般方法.但是,这些都只能解一些比较特殊的简单类型的微分方程.在自动控制中,经常采用一种积分变换来降低求解微分方程的难度,这种变换就是拉普拉斯变换.

一、拉普拉斯变换的基本概念

定义 9.9 设函数 $f(t)$ 的定义域为 $[0, +\infty)$,若广义积分 $\displaystyle\int_0^{+\infty} f(t) \mathrm{e}^{-st} \, \mathrm{d}t$ 在 s 的某一范围内收敛,则此积分就确定了一个参数为 s 的函数,记作 $F(s)$,即

$$F(s) = \int_0^{+\infty} f(t) \mathrm{e}^{-st} \, \mathrm{d}t.$$

函数 $F(s)$ 叫作 $f(t)$ 的**拉普拉斯(Laplace)变换**,简称**拉氏变换**[或叫作 $f(t)$ 的**像函数**],用记号 $L[f(t)]$ 表示,即

$$F(s) = L[f(t)] = \int_0^{+\infty} f(t) \mathrm{e}^{-st} \, \mathrm{d}t. \tag{9-16}$$

关于拉氏变换定义的几点说明:

(1) 定义中只要求 $f(t)$ 在 $t \geqslant 0$ 时有定义,假定在 $t < 0$ 时,$f(t) \equiv 0$;

(2) 在自然科学和工程技术中经常遇到的函数,总能满足拉氏变换的存在条件,故本章略去拉氏变换的存在性的讨论.

例 1 求指数函数 $f(t) = \mathrm{e}^{3t}$ $(t \geqslant 0)$ 的拉氏变换.

解 由公式(9-16),得

$$L[\mathrm{e}^{3t}] = \int_0^{+\infty} \mathrm{e}^{3t} \mathrm{e}^{-st} \, \mathrm{d}t = \int_0^{+\infty} \mathrm{e}^{-(s-3)t} \, \mathrm{d}t.$$

当 $s > 3$ 时,此积分收敛,故

$$L[e^{3t}] = \int_0^{+\infty} e^{-(s-3)t} \, dt = -\frac{1}{s-3} e^{-(s-3)t} \Big|_0^{+\infty} = \frac{1}{s-3}.$$

在实际应用中,直接用定义的方法求函数的拉氏变换比较繁琐.为了应用方便,我们将常用的函数的拉氏变换分别列表(表 9-1)供读者使用.

表 9-1

序号	$f(t)$	$F(s)$
1	$\delta(t)$	1
2	$u(t)$	$\dfrac{1}{s}$
3	$t^n \, (n = 1, 2, \cdots)$	$\dfrac{n!}{s^{n+1}}$
4	e^{at}	$\dfrac{1}{s-a}$
5	$t^n e^{at} \, (n = 1, 2, \cdots)$	$\dfrac{n!}{(s-a)^{n+1}}$
6	$\sin \omega t$	$\dfrac{\omega}{s^2 + \omega^2}$
7	$\cos \omega t$	$\dfrac{s}{s^2 + \omega^2}$
8	$\sin(\omega t + \varphi)$	$\dfrac{s \sin \varphi + \omega \cos \varphi}{s^2 + \omega^2}$
9	$\cos(\omega t + \varphi)$	$\dfrac{s \cos \varphi - \omega \sin \varphi}{s^2 + \omega^2}$
10	$t \sin \omega t$	$\dfrac{2 \omega s}{(s^2 + \omega^2)^2}$
11	$t \cos \omega t$	$\dfrac{s^2 - \omega^2}{(s^2 + \omega^2)^2}$
12	$e^{-at} \sin \omega t$	$\dfrac{\omega}{(s+a)^2 + \omega^2}$
13	$e^{-at} \cos \omega t$	$\dfrac{s+a}{(s+a)^2 + \omega^2}$
14	$\sin at \cdot \cos bt$	$\dfrac{2abs}{[s^2 + (a+b)^2][s^2 + (a-b)^2]}$
15	$e^{at} - e^{bt}$	$\dfrac{a-b}{(s-a)(s-b)}$

例 2 求下列函数的拉氏变换.

(1) $f(t) = e^{-4t}$;   (2) $f(t) = t^4$;   (3) $f(t) = e^{2t} \sin 4t$.

解 (1) 由拉氏变换表中 $L[e^{at}] = \dfrac{1}{s-a}$,得

$$L[f(t)] = L[e^{-4t}] = \frac{1}{s+4}.$$

(2) 由拉氏变换表中 $L[t^n] = \frac{n!}{s^{n+1}}$，得

$$L[t^4] = \frac{4!}{s^{4+1}} = \frac{4 \times 3 \times 2 \times 1}{s^5}，即 \ L[t^4] = \frac{24}{s^5}.$$

(3) 由 $L[e^{-at}\sin\omega t] = \frac{\omega}{(s+a)^2 + \omega^2}$，得

$$L[e^{2t}\sin 4t] = \frac{4}{(s-2)^2 + 16}.$$

下面介绍两个自动控制系统中常用的函数.

1. 单位阶梯函数

单位阶梯函数的表示形式为

$$u(t) = \begin{cases} 0, \ t < 0, \\ 1, \ t \geqslant 0. \end{cases} \tag{9-17}$$

如图 9-4a 所示.

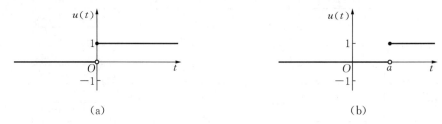

(a)	(b)

图 9-4

将 $u(t)$ 平移 $|a|$ 个单位，如图 9-4b 所示，则

$$u(t-a) = \begin{cases} 0, \ t < a, \\ 1, \ t \geqslant a. \end{cases} \tag{9-18}$$

2. 狄拉克函数

设

$$\delta_\tau(t) = \begin{cases} 0, \ t < 0, \\ \dfrac{1}{\tau}, \ 0 \leqslant t \leqslant \tau, \\ 0, \ t > \tau. \end{cases}$$

当 $\tau \to 0$ 时，$\delta_\tau(t)$ 的极限 $\delta(t) = \lim\limits_{\tau \to 0} \delta_\tau(t)$ 叫作**狄拉克(Dirac)函数**，简称为 **δ 函数**.

当 $t \neq 0$ 时，$\delta(t) = 0$；当 $t = 0$ 时，$\delta(t) \to \infty$，即

$$\delta(t) = \begin{cases} 0, & t \neq 0, \\ \infty, & t = 0. \end{cases}$$

如图 9-5 所示.

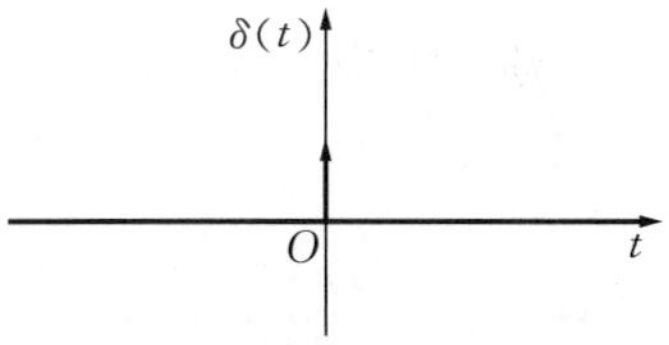

图 9-5

二、拉普拉斯变换的性质

利用拉氏变换的性质，可以更方便地求一些较为复杂的函数的拉氏变换.

性质 9.10（线性性质）　设 a_1、a_2 是任意常数，且 $L[f_1(t)] = F_1(s)$，$L[f_2(t)] = F_2(s)$，则

$$L[a_1 f_1(t) + a_2 f_2(t)] = a_1 F_1(s) + a_2 F_2(s). \tag{9-19}$$

这个性质可以推广到有限个函数的情形，即

$$L\left[\sum_{k=1}^{n} a_k f_k(t)\right] = \sum_{k=1}^{n} a_k L[f_k(t)],$$

其中 $a_k (k = 1, 2, \cdots, n)$ 为常数.

证明略.

性质 9.10 表明，函数线性组合的拉氏变换等于各个函数拉氏变换的线性组合.

例 3　求函数 $f(t) = \dfrac{1}{a}(1 - \cos \omega t)$ 的拉氏变换.

解

$$L\left[\frac{1}{a}(1 - \cos \omega t)\right] = \frac{1}{a} L[1] - \frac{1}{a} L[\cos \omega t] = \frac{1}{a} \cdot \frac{1}{s} - \frac{1}{a} \cdot \frac{s}{s^2 + \omega^2}$$

$$= \frac{1}{as} - \frac{s}{a(s^2 + \omega^2)} = \frac{s^2 + \omega^2 - s^2}{as(s^2 + \omega^2)} = \frac{\omega^2}{as(s^2 + \omega^2)}.$$

即

$$L\left[\frac{1}{a}(1 - \cos \omega t)\right] = \frac{\omega^2}{as(s^2 + \omega^2)}.$$

性质 9.11（平移性质）　设 $L[f(t)] = F(s)$，则

$$L[e^{at} f(t)] = F(s - a) \quad (s > a). \tag{9-20}$$

证明略.

性质 9.11 表明，$f(t)$ 乘以 e^{at} 的拉氏变换等于其像函数 $F(s)$ 作位移 a 个单位.

例 4　求 $L[e^{-at} \sin \omega t]$.

解　因为 $L[\sin \omega t]=\dfrac{\omega}{s^2+\omega^2}$，根据平移性质，得

$$L[e^{-at}\sin \omega t]=\frac{\omega}{(s+a)^2+\omega^2},$$

同理,得

$$L[e^{-at}\cos \omega t]=\frac{s+a}{(s+a)^2+\omega^2}.$$

性质 9.12(延滞性质)　设 $L[f(t)]=F(s)$，则

$$L[f(t-a)]=e^{-as}F(s)\ (a>0). \tag{9-21}$$

证明略.

性质 9.12 表明,函数 $f(t-a)$ 的拉氏变换等于 $f(t)$ 的拉氏变换乘以 e^{-as}.

例 5　求函数 $u(t-a)=\begin{cases}0, & t<a, \\ 1, & t\geqslant a\end{cases}(a>0)$ 的拉氏变换.

解　因为 $L[u(t)]=\dfrac{1}{s}$，由延滞性质,得

$$L[u(t-a)]=\frac{1}{s}e^{-as}.$$

例 6　计算: $L\left[\sin\left(t-\dfrac{\pi}{2}\right)\right]$.

解　$$L\left[\sin\left(t-\frac{\pi}{2}\right)\right]=L\left[\sin t\cos \frac{\pi}{2}-\cos t\sin \frac{\pi}{2}\right]$$

$$=-\sin \frac{\pi}{2}L[\cos t]=-\frac{s}{s^2+1}.$$

注意　$L\left[\sin\left(t-\dfrac{\pi}{2}\right)\right]$ 不能直接使用延滞性质,因为 $f(t)=\sin t$，当 $t<0$ 时,$\sin t$ 不恒为零.

性质 9.13(微分性质)　设 $L[f(t)]=F(s)$，$f(t)$ 在 $[0,+\infty)$ 上连续,且 $f'(t)$ 连续,

则　　　　　　　　$$L[f'(t)]=sF(s)-f(0). \tag{9-22}$$

证明略.

性质 9.13 表明,一个函数求导后取拉氏变换等于这个函数的拉氏变换乘以参数 s，再减去函数的初始值 $f(0)$.

同理,得

$$L[f''(t)]=sL[f'(t)]-f'(0)$$

$$=s^2F(s)-[sf(0)+f'(0)].$$

一般地，

$$L[f^{(n)}(t)]=s^nF(s)-[s^{(n-1)}f(0)+s^{(n-2)}f'(0)+\cdots+f^{(n-1)}(0)].$$

例 7 利用微分性质求 $L[\sin t]$.

解 设 $f(t)=\sin t$，那么 $f(0)=0$，$f'(t)=\cos t$，$f'(0)=1$，$f''(t)=-\sin t$.
利用线性性质，得

$$L[f''(t)]=L[-\sin t]=-L[\sin t].$$

由微分性质，得

$$L[f''(t)]=s^2L[f(t)]-[sf(0)+f'(0)]=s^2L[\sin t]-1,$$

有
$$-L[\sin t]=s^2L[\sin t]-1,$$

得
$$L[\sin t]=\frac{1}{s^2+1}.$$

同理可得
$$L[\cos t]=\frac{s}{s^2+1}.$$

三、拉普拉斯变换的逆变换

前面我们讨论了由已知函数 $f(t)$ 去求它的像函数 $F(s)$ 的问题.但在实际问题中会遇到许多与此相反的问题.

定义 9.10 如果 $F(s)$ 是 $f(t)$ 的拉氏变换，那么把 $f(t)$ 叫作 $F(s)$ 的**拉氏逆变换**[或 $F(s)$ 的像原函数]，记作 $L^{-1}[F(s)]$，即

$$f(t)=L^{-1}[F(s)].$$

例如，由 $L[e^{-5t}]=\dfrac{1}{s+5}$ 知 $L^{-1}\left[\dfrac{1}{s+5}\right]=e^{-5t}$.

一些简单的像函数 $F(s)$，常常要从拉氏变换表中查找得到它的像原函数 $f(t)$.

例如，$F(s)=\dfrac{4}{s^2+16}$，查表 9-1，这里 $\omega=4$，故

$$L^{-1}\left[\frac{4}{s^2+16}\right]=\sin 4t.$$

用拉氏变换表求逆变换时，经常需要结合使用拉氏变换的下面三个性质（证明略）.

性质 9.14（线性性质）

$$L^{-1}[a_1F_1(s)+a_2F_2(s)]=a_1L^{-1}[F_1(s)]+a_2L^{-1}[F_2(s)]=a_1f_1(t)+a_2f_2(t).$$

$$(9-23)$$

性质 9.15(平移性质)

$$L^{-1}[F(s-a)]=e^{at}L^{-1}[F(s)]=e^{at}f(t). \tag{9-24}$$

性质 9.16(延滞性质)

$$L^{-1}[e^{-as}F(s)]=f(t-a). \tag{9-25}$$

例 8 求下列函数的拉氏逆变换.

(1) $F(s)=\dfrac{3s-7}{s^2}$;   (2) $F(s)=\dfrac{1}{(s-3)^3}$;   (3) $F(s)=\dfrac{3s+1}{s^2+2s+2}$.

解 (1) 由性质 9.14 及拉氏变换表,得

$$L^{-1}[F(s)]=L^{-1}\left[\frac{3s-7}{s^2}\right]=3L^{-1}\left[\frac{1}{s}\right]-7L^{-1}\left[\frac{1}{s^2}\right]=3-7t.$$

(2) 由性质 9.15 及拉氏变换表,得

$$L^{-1}[F(s)]=L^{-1}\left[\frac{1}{(s-3)^3}\right]=e^{3t}L^{-1}\left[\frac{1}{s^3}\right]=\frac{e^{3t}}{2}L^{-1}\left[\frac{2!}{s^3}\right]=\frac{e^{3t}}{2}\cdot t^2=\frac{1}{2}t^2e^{3t}.$$

(3)

$$
\begin{aligned}
L^{-1}[F(s)]&=L^{-1}\left[\frac{3s+1}{s^2+2s+2}\right]=L^{-1}\left[\frac{3(s+1)-2}{(s+1)^2+1}\right]\\
&=L^{-1}\left[\frac{3(s+1)}{(s+1)^2+1}-\frac{2}{(s+1)^2+1}\right]\\
&=3L^{-1}\left[\frac{s+1}{(s+1)^2+1}\right]-2L^{-1}\left[\frac{1}{(s+1)^2+1}\right]\\
&=3e^{-t}L^{-1}\left[\frac{s}{s^2+1}\right]-2e^{-t}L^{-1}\left[\frac{1}{s^2+1}\right]=3e^{-t}\cos t-2e^{-t}\sin t.
\end{aligned}
$$

四、拉普拉斯变换的简单应用

在研究电路理论和自动控制理论时,所用的数学模型多为常系数线性微分方程.下面我们通过例题来探究使用拉氏变换解线性微分方程及常系数微分方程组的问题.

例 9 求微分方程 $y'(t)+3y(t)=0$,满足初始条件 $y\big|_{t=0}=3$ 的解.

解 设 $L[y(t)]=Y(s)$,对微分方程两端取拉氏变换,有

$$L[y'(t)+3y(t)]=L[0],$$

由线性性质,得 $L[y'(t)]+3L[y(t)]=0,$

由微分性质,得 $sY(s)-y(0)+3Y(s)=0,$

化简整理,得 $(s+3)Y(s)=3,$

于是, $Y(s)=\dfrac{3}{s+3}.$

对上述方程两边取拉氏逆变换,得

$$y(t) = L^{-1}[Y(s)] = L^{-1}\left[\frac{3}{s+3}\right] = 3L^{-1}\left[\frac{1}{s+3}\right].$$

于是,得到方程的解为 $y(t) = 3\mathrm{e}^{-3t}$.

由上例看到,用拉氏变换解常系数线性微分方程的方法及步骤如下:

(1) 对微分方程两边取拉氏变换,得像函数的代数方程;

(2) 解像函数的代数方程,求出像函数;

(3) 对像函数取拉氏逆变换,求出像原函数,即为微分方程的解.

例 10　求方程 $y'' + 9y = 0(t > 0)$,满足初始条件 $y(0) = 2$, $y'(0) = 4$ 的解.

解　设 $L[y(t)] = Y(s)$,对方程两边取拉氏变换,得

$$[s^2 Y(s) - sy(0) - y'(0)] + 9Y(s) = 0,$$

代入初始条件,得

$$s^2 Y(s) - 2s - 4 + 9Y(s) = 0,$$

$$Y(s) = \frac{2s+4}{s^2+9} = \frac{2s}{s^2+9} + \frac{4}{s^2+9}.$$

取拉氏逆变换,得

$$y = L^{-1}[Y(s)] = 2L^{-1}\left[\frac{s}{s^2+9}\right] + \frac{4}{3}L^{-1}\left[\frac{3}{s^2+9}\right],$$

于是,得到方程的解 $y = 2\cos 3t + \dfrac{4}{3}\sin 3t\ (t > 0)$.

例 11　求方程 $y'' + y = 1$, $y(0) = y'(0) = 0$ 的解.

解　设 $L[y(t)] = Y(s)$,对方程两边取拉氏变换,得

$$[s^2 Y(s) - sy(0) - y'(0)] + Y(s) = \frac{1}{s},$$

$$(s^2 + 1)Y(s) = \frac{1}{s},$$

$$Y(s) = \frac{1}{s(s^2+1)},$$

$$= \frac{1}{s} - \frac{s}{s^2+1},$$

取拉氏逆变换,得

$$y(t) = L^{-1}\left[\frac{1}{s} - \frac{s}{s^2+1}\right]$$

$$= 1 - \cos t.$$

例 12 求微分方程组 $\begin{cases} x'' - 2y' - x = 0, \\ x' - y = 0 \end{cases}$ 满足初始条件 $x(0) = 0$, $x'(0) = 1$, $y(0) = 1$ 的特解.

解 设 $L[x(t)] = X(s)$, $L[y(t)] = Y(s)$.

对方程组两边取拉氏变换, 得

$$\begin{cases} s^2 X(s) - sx(0) - x'(0) - 2[sY(s) - y(0)] - X(s) = 0, \\ sX(s) - x(0) - Y(s) = 0. \end{cases}$$

代入初始条件, 得

$$\begin{cases} (s^2 - 1) X(s) - 2sY(s) + 1 = 0, \\ sX(s) - Y(s) = 0. \end{cases}$$

解方程组, 得

$$\begin{cases} X(s) = \dfrac{1}{s^2 + 1}, \\ Y(s) = \dfrac{s}{s^2 + 1}. \end{cases}$$

取拉氏逆变换, 得特解为

$$\begin{cases} x(t) = \sin t, \\ y(t) = \cos t. \end{cases}$$

练 习 9.4

1. 利用拉氏变换表求下列函数的拉氏变换.

(1) $f(t) = t^2$;

(2) $f(t) = \cos 2t$;

(3) $f(t) = e^{-t}$;

(4) $f(t) = e^{3t} \sin 3t$;

(5) $f(t) = t^2 e^{2t}$;

(6) $f(t) = e^t - e^{-2t}$.

2. 求下列各函数的拉氏变换.

(1) $f(t) = t^2 + 5t - 3$;

(2) $f(t) = 3\sin 2t - 5\cos 2t$;

(3) $f(t) = 1 + t e^t$;

(4) $f(t) = u(t - 1)$;

(5) $f(t) = 2\sin^2 3t$.

3. 求下列函数的拉氏逆变换.

(1) $F(s) = \dfrac{3}{s + 3}$;

(2) $F(s) = \dfrac{6s}{s^2 + 36}$;

(3) $F(s) = \dfrac{2s - 8}{s^2 + 36}$;

(4) $F(s) = \dfrac{s + 3}{s^2 + 2s + 5}$;

(5) $F(s) = \dfrac{s+9}{s^2+5s+6}$.

4. 用拉氏变换解下列微分方程.

(1) $2\dfrac{\mathrm{d}i}{\mathrm{d}t} + 40i = 10$, $i(0) = 0$;　　　　(2) $\dfrac{\mathrm{d}^2 y}{\mathrm{d}t^2} + \omega^2 y = 0$, $y(0) = 0$, $y'(0) = \omega$.

5. 解微分方程组 $\begin{cases} x' + x - y = \mathrm{e}^t, \\ y' + 3x - 2y = 2\mathrm{e}^t, \end{cases}$ $x(0) = y(0) = 1$.

复习与思考 9

1. 求下列级数的收敛域.

(1) $\displaystyle\sum_{n=0}^{\infty} (2n+1)x^n$;　　　(2) $\displaystyle\sum_{n=0}^{\infty} \dfrac{x^n}{\sqrt{n+1}}$;　　　(3) $\displaystyle\sum_{n=1}^{\infty} \dfrac{(x-2)^{2n}}{n4^n}$.

2. 求下列函数的拉氏变换.

(1) $f(t) = 2\delta(t)$;　　　　　　　(2) $f(t) = u(t-1)$;

(3) $f(t) = \mathrm{e}^{2t} + 5\delta(t)$;　　　　　(4) $f(t) = \mathrm{e}^{2t} u(t-2)$;

(5) $f(t) = \mathrm{e}^{-2t} \sin 3t$;　　　　　(6) $f(t) = \sin t \cdot \cos t$;

(7) $f(t) = u(t) \sin t$;　　　　　　(8) $f(t) = \sin(t-2)$;

(9) $f(t) = \delta(t) \mathrm{e}^t$;　　　　　　(10) $f(t) = t \sin t$.

3. 求下列函数的拉氏逆变换.

(1) $F(s) = \dfrac{2s+3}{s^2+9}$;　　　　　　(2) $F(s) = \dfrac{\mathrm{e}^{-2s}}{s}$;

(3) $F(s) = \dfrac{1}{s^3}$;　　　　　　　　(4) $F(s) = \dfrac{s-2}{(s+1)(s-3)}$.

4. 求幂级数 $\displaystyle\sum_{n=1}^{\infty} (-1)^{n-1}\left(1+\dfrac{1}{n(2n-1)}\right)x^{2n}$ 的收敛区间与和函数 $f(x)$.

5. 求级数 $\displaystyle\sum_{n=0}^{\infty} (-1)^n \dfrac{1}{2^n}(n^2-n+1)$ 的和.

6. 将函数 $f(x) = \arctan\dfrac{1+x}{1-x}$ 展为 x 的幂级数.

7. 将函数 $f(x) = 2 + |x|\ (-1 \leqslant x \leqslant 1)$ 展成以 2 为周期的傅里叶级数,并由此求级数 $\displaystyle\sum_{n=1}^{\infty} \dfrac{1}{2^n}$ 的和.

8. 将函数 $f(x) = x - 1\ (0 \leqslant x \leqslant 2)$ 展开成周期为 4 的余弦级数.

9. 求 $\cos t$ 的拉氏变换 $F[\cos t]$.

10. 设 $F(p) = F[y(t)]$,其中函数 $y(t)$ 可导,而且 $y(0) = 0$.求 $F[y'(t)]$.

第 10 章
线 性 代 数

线性代数是数学的重要分支,它的研究对象是行列式、矩阵、线性变换和有限维的线性方程组.线性代数在自然学科、工程技术、社会科学中都有着广泛的应用.本章将主要介绍行列式及矩阵的基本概念,并讨论线性方程组的解.

10.1 行列式的定义及性质

一、行列式的定义

1. 二阶行列式

引例　用消元法解二元线性方程组

$$\begin{cases} a_{11}x_1 + a_{12}x_2 = b_1, & ① \\ a_{21}x_1 + a_{22}x_2 = b_2. & ② \end{cases} \tag{10-1}$$

$$① \times a_{22}: a_{11}a_{22}x_1 + a_{12}a_{22}x_2 = b_1a_{22},$$

$$② \times a_{12}: a_{12}a_{21}x_1 + a_{12}a_{22}x_2 = b_2a_{12}.$$

两式相减消去 x_2,得

$$(a_{11}a_{22} - a_{12}a_{21})x_1 = b_1a_{22} - a_{12}b_2.$$

类似地,消去 x_1,得

$$(a_{11}a_{22} - a_{12}a_{21})x_2 = a_{11}b_2 - b_1a_{21}.$$

当 $a_{11}a_{22} - a_{12}a_{21} \neq 0$ 时,方程组(10-1)的解为

$$x_1 = \frac{b_1a_{22} - a_{12}b_2}{a_{11}a_{22} - a_{12}a_{21}}, \quad x_2 = \frac{a_{11}b_2 - b_1a_{21}}{a_{11}a_{22} - a_{12}a_{21}}. \tag{10-2}$$

其中 $a_{11}a_{22} - a_{12}a_{21}$ 由方程组的四个系数确定.

定义 10.1　由 4 个数排成正方形,在两边各加一条竖线所得的数学符号 $\begin{vmatrix} a_{11} & a_{12} \\ a_{21} & a_{22} \end{vmatrix}$

称为一个**二阶行列式**,它表示数 $a_{11}a_{22} - a_{12}a_{21}$,即

$$\begin{vmatrix} a_{11} & a_{12} \\ a_{21} & a_{22} \end{vmatrix} = a_{11}a_{22} - a_{12}a_{21}. \tag{10-3}$$

数 $a_{ij}(i=1,2;j=1,2)$ 称为行列式 $\begin{vmatrix} a_{11} & a_{12} \\ a_{21} & a_{22} \end{vmatrix}$ 的**元素**或**元**,元素 a_{ij} 的第一个下标 i 称为

行标,表明该元素位于第 i 行,第二个下标 j 称为列标,表明该元素位于第 j 列.

式(10-2)可写成

$$x_1 = \frac{D_1}{D} = \frac{\begin{vmatrix} b_1 & a_{12} \\ b_2 & a_{22} \end{vmatrix}}{\begin{vmatrix} a_{11} & a_{12} \\ a_{21} & a_{22} \end{vmatrix}}, \quad x_2 = \frac{D_2}{D} = \frac{\begin{vmatrix} a_{11} & b_1 \\ a_{21} & b_2 \end{vmatrix}}{\begin{vmatrix} a_{11} & a_{12} \\ a_{21} & a_{22} \end{vmatrix}}.$$

例 1　求解二元方程组 $\begin{cases} 3x_1 - 2x_2 = 12, \\ 2x_1 + x_2 = 1. \end{cases}$

解　因为 $D = \begin{vmatrix} 3 & -2 \\ 2 & 1 \end{vmatrix} = 7 \neq 0$, $D_1 = \begin{vmatrix} 12 & -2 \\ 1 & 1 \end{vmatrix} = 14$, $D_2 = \begin{vmatrix} 3 & 12 \\ 2 & 1 \end{vmatrix} = -21$.

所以 $x_1 = \dfrac{D_1}{D} = \dfrac{14}{7} = 2$, $x_2 = \dfrac{D_2}{D} = \dfrac{-21}{7} = -3$.

2. 三阶行列式

定义 10.2　由 9 个数排成正方形,在两边各加一条竖线所得的数学式

$\begin{vmatrix} a_{11} & a_{12} & a_{13} \\ a_{21} & a_{22} & a_{23} \\ a_{31} & a_{32} & a_{33} \end{vmatrix}$ 称为一个**三阶行列式**, $\begin{vmatrix} a_{11} & a_{12} & a_{13} \\ a_{21} & a_{22} & a_{23} \\ a_{31} & a_{32} & a_{33} \end{vmatrix} = a_{11}a_{22}a_{33} + a_{12}a_{23}a_{31} +$

$a_{13}a_{21}a_{32} - a_{13}a_{22}a_{31} - a_{12}a_{21}a_{33} - a_{11}a_{23}a_{32}.$

三阶行列式的计算方法——对角线法则:

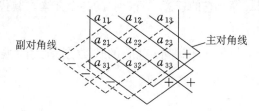

$$= a_{11}a_{22}a_{33} + a_{12}a_{23}a_{31} + a_{13}a_{21}a_{32} - a_{13}a_{22}a_{31} - a_{21}a_{12}a_{33} - a_{11}a_{32}a_{23}.$$

例 2　计算三阶行列式 $\begin{vmatrix} -1 & 3 & 2 \\ 3 & 0 & -2 \\ -2 & 1 & 3 \end{vmatrix}$.

解 $\begin{vmatrix} -1 & 3 & 2 \\ 3 & 0 & -2 \\ -2 & 1 & 3 \end{vmatrix}$

$= -1 \times 0 \times 3 + 3 \times (-2) \times (-2) + 2 \times 3 \times 1 - 2 \times 0 \times (-2) - (-1) \times 1 \times (-2) - 3 \times 3 \times 3$

$= -11.$

3. n 阶行列式

定义 10.3 由 n^2 个数排成 n 行 n 列的式

$$\begin{vmatrix} a_{11} & a_{12} & \cdots & a_{1n} \\ a_{21} & a_{22} & \cdots & a_{2n} \\ \vdots & \vdots & & \vdots \\ a_{n1} & a_{n2} & \cdots & a_{nn} \end{vmatrix} = \sum_{k=1}^{n} a_{1k} A_{1k}, \tag{10-4}$$

式(10-4)左端称为 **n 阶行列式**,它等于其右端展开式运算所得到的数.

n 阶行列式一般可用 D 或 D_n 表示.当 $n=1$ 时称为一阶行列式,规定一阶行列式 $|a|$ 的值等于 a.

定义 10.4 将 $A_{ij} = (-1)^{i+j} M_{ij}$ 称为元素 a_{ij} 的**代数余子式**,M_{ij} 称为元素 a_{ij} 的**余子式**$(i, j = 1, 2, \cdots, n)$,它是 n 阶行列式(10-4)中划去元素 a_{ij} 所在第 i 行第 j 列后余下的 $n-1$ 阶行列式,即

$$M_{ij} = \begin{vmatrix} a_{11} & \cdots & a_{1,j-1} & a_{1,j+1} & \cdots & a_{1n} \\ \vdots & & \vdots & \vdots & & \vdots \\ a_{i-1,1} & \cdots & a_{i-1,j-1} & a_{i-1,j+1} & \cdots & a_{i-1,n} \\ a_{i+1,1} & \cdots & a_{i+1,j-1} & a_{i+1,j+1} & \cdots & a_{i+1,n} \\ \vdots & & \vdots & \vdots & & \vdots \\ a_{n1} & \cdots & a_{n,j-1} & a_{n,j+1} & \cdots & a_{nn} \end{vmatrix}. \tag{10-5}$$

定理 10.1(拉普拉斯定理) 行列式等于它的任意一行(列)的各个元素与其代数余子式的乘积之和.

行列式的某一行(列)的各个元素与另一行(列)对应的代数余子式的乘积之和等于零.

例 3 计算四阶行列式 $D = \begin{vmatrix} 3 & 0 & 0 & -5 \\ -4 & 1 & 0 & 2 \\ 6 & 5 & 7 & 0 \\ -3 & 4 & -2 & -1 \end{vmatrix}.$

解 由定义有

$$D=\begin{vmatrix} 3 & 0 & 0 & -5 \\ -4 & 1 & 0 & 2 \\ 6 & 5 & 7 & 0 \\ -3 & 4 & -2 & -1 \end{vmatrix}$$

$$=3\times(-1)^{1+1}\begin{vmatrix} 1 & 0 & 2 \\ 5 & 7 & 0 \\ 4 & -2 & -1 \end{vmatrix}+(-5)\times(-1)^{1+4}\begin{vmatrix} -4 & 1 & 0 \\ 6 & 5 & 7 \\ -3 & 4 & -2 \end{vmatrix}$$

$$=3\times\left[1\times(-1)^{1+1}\begin{vmatrix} 7 & 0 \\ -2 & -1 \end{vmatrix}+2\times(-1)^{1+3}\begin{vmatrix} 5 & 7 \\ 4 & -2 \end{vmatrix}\right]+$$

$$5\times\left[(-4)\times(-1)^{1+1}\begin{vmatrix} 5 & 7 \\ 4 & -2 \end{vmatrix}+1\times(-1)^{1+2}\begin{vmatrix} 6 & 7 \\ -3 & -2 \end{vmatrix}\right]$$

$$=3\times(-7-76)+5\times(152-9)$$

$$=466.$$

4. 特殊行列式

① 上三角形行列式：如 $\begin{vmatrix} a_{11} & a_{12} & a_{13} & a_{14} \\ 0 & a_{22} & a_{23} & a_{24} \\ 0 & 0 & a_{33} & a_{34} \\ 0 & 0 & 0 & a_{44} \end{vmatrix}.$

② 下三角形行列式：如 $\begin{vmatrix} a_{11} & 0 & 0 & 0 \\ a_{21} & a_{22} & 0 & 0 \\ a_{31} & a_{32} & a_{33} & 0 \\ a_{41} & a_{42} & a_{43} & a_{44} \end{vmatrix}.$

③ 对角形行列式：如 $\begin{vmatrix} a_{11} & 0 & 0 & 0 \\ 0 & a_{22} & 0 & 0 \\ 0 & 0 & a_{33} & 0 \\ 0 & 0 & 0 & a_{44} \end{vmatrix}.$

二、行列式的性质

性质 10.1 行列式与其转置行列式相等.

将行列式 D 的各行变为相应的列(就是第 i 行变为第 i 列,$i=1,2,3\cdots$),记为 D^{T},称为行列式 D 的**转置行列式**.即

$$D=\begin{vmatrix} a_{11} & \cdots & a_{1n} \\ \vdots & & \vdots \\ a_{n1} & \cdots & a_{nn} \end{vmatrix}, \quad D^{\mathrm{T}}=\begin{vmatrix} a_{11} & \cdots & a_{n1} \\ \vdots & & \vdots \\ a_{1n} & \cdots & a_{nn} \end{vmatrix}.$$

性质 10.2   互换行列的某两行(列)得到新行列式,则新行列式应反号.

性质 10.3   行列式中某一行(列)的所有元素的公因数可以提到行列式的外面.即以数 k 乘以行列式等于用数 k 乘以行列式的某一行或某一列.

特别地,若行列式中有两行(列)对应元素相等,则行列式等于零;若行列式中有一行(列)的元素全为零,则行列式等于零.

性质 10.4   行列式中如果有某两行(列)对应元素成比例,则行列式的值为零.

性质 10.5   若行列式的某一行(列)的元素都是两数之和,如:

$$
D = \begin{vmatrix}
a_{11} & a_{12} & \cdots & (a_{1i} + a'_{1i}) & \cdots & a_{1n} \\
a_{21} & a_{22} & \cdots & (a_{2i} + a'_{2i}) & \cdots & a_{2n} \\
\vdots & \vdots & & \vdots & & \vdots \\
a_{n1} & a_{n2} & \cdots & (a_{ni} + a'_{ni}) & \cdots & a_{nn}
\end{vmatrix},
$$

则 D 等于下列两个行列式之和:

$$
D = \begin{vmatrix}
a_{11} & \cdots & a_{1i} & \cdots & a_{1n} \\
a_{21} & \cdots & a_{2i} & \cdots & a_{2n} \\
\vdots & & \vdots & & \vdots \\
a_{n1} & \cdots & a_{ni} & \cdots & a_{nn}
\end{vmatrix}
+
\begin{vmatrix}
a_{11} & \cdots & a'_{1i} & \cdots & a_{1n} \\
a_{21} & \cdots & a'_{2i} & \cdots & a_{2n} \\
\vdots & & \vdots & & \vdots \\
a_{n1} & \cdots & a'_{ni} & \cdots & a_{nn}
\end{vmatrix}.
$$

性质 10.6   将行列式的某一行(列)的各元素的 k 倍加到另一行(列)的对应元素上,行列式的值不变.

$$
\begin{vmatrix}
\vdots & & \vdots \\
a_{i1} & \cdots & a_{in} \\
\vdots & & \vdots \\
a_{j1} & \cdots & a_{jn} \\
\vdots & & \vdots
\end{vmatrix}
\xrightarrow{r_i + kr_j}
\begin{vmatrix}
\vdots & & \vdots \\
a_{i1} + ka_{j1} & \cdots & a_{in} + ka_{jn} \\
\vdots & & \vdots \\
a_{j1} & \cdots & a_{jn} \\
\vdots & & \vdots
\end{vmatrix}
\quad (i \neq j).
$$

例 4   计算行列式 $D = \begin{vmatrix} 1 & 2 & 3 & 4 & 5 \\ 2 & 1 & 2 & 3 & 4 \\ 3 & 2 & 1 & 2 & 3 \\ 4 & 3 & 2 & 1 & 2 \\ 5 & 4 & 3 & 2 & 1 \end{vmatrix}$.

解 $D = \begin{vmatrix} 1 & 2 & 3 & 4 & 5 \\ 2 & 1 & 2 & 3 & 4 \\ 3 & 2 & 1 & 2 & 3 \\ 4 & 3 & 2 & 1 & 2 \\ 5 & 4 & 3 & 2 & 1 \end{vmatrix} \xrightarrow[i=4,3,2,1]{r_{i+1} - r_i} \begin{vmatrix} 1 & 2 & 3 & 4 & 5 \\ 1 & -1 & -1 & -1 & -1 \\ 1 & 1 & -1 & -1 & -1 \\ 1 & 1 & 1 & -1 & -1 \\ 1 & 1 & 1 & 1 & -1 \end{vmatrix}$

$$\xrightarrow[i=1,2,3,4]{r_i-r_5}\begin{vmatrix} 0 & 1 & 2 & 3 & 6 \\ 0 & -2 & -2 & -2 & 0 \\ 0 & 0 & -2 & -2 & 0 \\ 0 & 0 & 0 & -2 & 0 \\ 1 & 1 & 1 & 1 & -1 \end{vmatrix}=\begin{vmatrix} 1 & 2 & 3 & 6 \\ -2 & -2 & -2 & 0 \\ 0 & -2 & -2 & 0 \\ 0 & 0 & -2 & 0 \end{vmatrix}$$

$$=6\times(-1)^{1+4}\begin{vmatrix} -2 & -2 & -2 \\ 0 & -2 & -2 \\ 0 & 0 & -2 \end{vmatrix}=48.$$

习　题　10.1

1. 利用行列式解方程组 $\begin{cases} 13x-7y-10=0, \\ 19x+15y-2=0. \end{cases}$

2. 设 $D=\begin{vmatrix} a_{11} & a_{12} & a_{13} \\ a_{21} & a_{22} & a_{23} \\ a_{31} & a_{32} & a_{33} \end{vmatrix}=a\neq 0$，求 $D_1=\begin{vmatrix} a_{31} & a_{32} & a_{33} \\ a_{11} & a_{12} & a_{13} \\ a_{21} & a_{22} & a_{23} \end{vmatrix}$ 的值；

3. 计算行列式 $D=\begin{vmatrix} 5 & 3 & -1 & 2 & 0 \\ 1 & 7 & 2 & 5 & 2 \\ 0 & -2 & 3 & 1 & 0 \\ 0 & -4 & -1 & 4 & 0 \\ 0 & 2 & 3 & 5 & 0 \end{vmatrix}$.

10.2　克 拉 默 法 则

1. 非齐次与齐次线性方程组的概念

设线性方程组

$$\begin{cases} a_{11}x_1+a_{12}x_2+\cdots+a_{1n}x_n=b_1, \\ a_{21}x_1+a_{22}x_2+\cdots+a_{2n}x_n=b_2, \\ \qquad\cdots\cdots\cdots\cdots \\ a_{n1}x_1+a_{n2}x_2+\cdots+a_{nn}x_n=b_n, \end{cases}$$

若常数项 b_1、b_2、$\cdots$、b_n 不全为零，则称此方程组为**非齐次线性方程组**；若常数项 b_1、b_2、$\cdots$、b_n 全为零，此时称方程组为**齐次线性方程组**.

2. n 元线性方程组的系数行列式

设有 n 个未知数的线性方程组

$$\begin{cases} a_{11}x_1 + a_{12}x_2 + \cdots + a_{1n}x_n = b_1, \\ a_{21}x_1 + a_{22}x_2 + \cdots + a_{2n}x_n = b_2, \\ \qquad\qquad \cdots\cdots\cdots\cdots \\ a_{n1}x_1 + a_{n2}x_2 + \cdots + a_{nn}x_n = b_n, \end{cases}$$

将它的未知数系数依次取出，形成一个行列式

$$D = \begin{vmatrix} a_{11} & a_{12} & \cdots & a_{1n} \\ a_{21} & a_{22} & \cdots & a_{2n} \\ \vdots & \vdots & & \vdots \\ a_{n1} & a_{n2} & \cdots & a_{nn} \end{vmatrix},$$

此行列式称为 n 元线性方程组的**系数行列式**.

3. 克拉默(Cramer)法则

如果线性方程组

$$\begin{cases} a_{11}x_1 + a_{12}x_2 + \cdots + a_{1n}x_n = b_1, \\ a_{21}x_1 + a_{22}x_2 + \cdots + a_{2n}x_n = b_2, \\ \qquad\qquad \cdots\cdots\cdots\cdots \\ a_{n1}x_1 + a_{n2}x_2 + \cdots + a_{nn}x_n = b_n \end{cases} \tag{10-6}$$

的系数行列式不等于 0，即

$$D = \begin{vmatrix} a_{11} & a_{12} & \cdots & a_{1n} \\ a_{21} & a_{22} & \cdots & a_{2n} \\ \vdots & \vdots & & \vdots \\ a_{n1} & a_{n2} & \cdots & a_{nn} \end{vmatrix} \neq 0,$$

那么称线性方程组(10-6)有唯一一组解，且解为

$$x_1 = \frac{D_1}{D},\ x_2 = \frac{D_2}{D},\ \cdots,\ x_n = \frac{D_n}{D}. \tag{10-7}$$

其中 $D_j\,(j=1,2,\cdots,n)$ 是将 D 中第 $j\,(j=1,2,\cdots,n)$ 列元素换成常数项 b_1、b_2、$\cdots$、b_n 所得到的行列式，即

$$D_j = \begin{vmatrix} a_{11} & \cdots & a_{1,j-1} & b_1 & a_{1,j+1} & \cdots & a_{1n} \\ \vdots & & \vdots & \vdots & \vdots & & \vdots \\ a_{n1} & \cdots & a_{n,j-1} & b_n & a_{n,j+1} & \cdots & a_{nn} \end{vmatrix}. \tag{10-8}$$

例 1 解线性方程组
$$\begin{cases} x_1 - x_2 + x_3 + 2x_4 = 0, \\ 2x_1 + x_2 - x_3 + x_4 = 0, \\ 3x_1 + 2x_2 + x_3 + 5x_4 = 5, \\ -x_1 - x_2 + x_3 + x_4 = -1. \end{cases}$$

解
$$D = \begin{vmatrix} 1 & -1 & 1 & 2 \\ 2 & 1 & -1 & 1 \\ 3 & 2 & 1 & 5 \\ -1 & -1 & 1 & 1 \end{vmatrix} = 9,$$

$$D_1 = \begin{vmatrix} 0 & -1 & 1 & 2 \\ 0 & 1 & -1 & 1 \\ 5 & 2 & 1 & 5 \\ -1 & -1 & 1 & 1 \end{vmatrix} = 9, \quad D_2 = \begin{vmatrix} 1 & 0 & 1 & 2 \\ 2 & 0 & -1 & 1 \\ 3 & 5 & 1 & 5 \\ -1 & -1 & 1 & 1 \end{vmatrix} = 18,$$

$$D_3 = \begin{vmatrix} 1 & -1 & 0 & 2 \\ 2 & 1 & 0 & 1 \\ 3 & 2 & 5 & 5 \\ -1 & -1 & -1 & 1 \end{vmatrix} = 27, \quad D_4 = \begin{vmatrix} 1 & -1 & 1 & 0 \\ 2 & 1 & -1 & 0 \\ 3 & 2 & 1 & 5 \\ -1 & -1 & 1 & -1 \end{vmatrix} = -9.$$

所以 $x_1 = 1$, $x_2 = 2$, $x_3 = 3$, $x_4 = -1$.

定理 10.2 如果线性方程组无解或有两个不同的解,那么它的系数行列式 $D = 0$.

定理 10.3 如果齐次线性方程组的系数行列式 $D \neq 0$,那么它只有零解;如果齐次线性方程组有非零解,那么它的系数行列式必定等于零.

习 题 10.2

1. 利用克拉默法则求解以下方程组.

(1) $\begin{cases} 2x_1 + x_2 - 5x_3 + x_4 = 8, \\ x_1 - 3x_2 - 6x_4 = 9, \\ 2x_2 - x_3 + 2x_4 = -5, \\ x_1 + 4x_2 - 7x_3 + 6x_4 = 0; \end{cases}$ (2) $\begin{cases} x_1 + x_2 + x_3 + x_4 = 5, \\ x_1 + 2x_2 - x_3 + 4x_4 = -2, \\ 2x_1 - 3x_2 - x_3 - 5x_4 = -2, \\ 3x_1 + x_2 + 2x_3 + 11x_4 = 0. \end{cases}$

2. 已知齐次线性方程组 $\begin{cases} x + y + z = 0, \\ 2x - y + 3z = 0, \\ Ax + By + Cz = 0 \end{cases}$ 有非零解,问 A, B, C 应满足什么条件?

10.3　矩阵及其运算

一、矩阵

1. 矩阵的定义

定义 10.5　设 mn 个数 $a_{ij}(i=1,2,\cdots,m;j=1,2,\cdots,n)$ 排成 m 行 n 列的数表

$$
\begin{array}{cccc}
a_{11} & a_{12} & \cdots & a_{1n} \\
a_{21} & a_{22} & \cdots & a_{2n} \\
\vdots & \vdots & & \vdots \\
a_{m1} & a_{m2} & \cdots & a_{mn}
\end{array}
$$

用括号将其括起来,称为 $m\times n$ 矩阵,并用大写字母 $\boldsymbol{A}$ 表示,即

$$
\boldsymbol{A}=\begin{bmatrix}
a_{11} & a_{12} & \cdots & a_{1n} \\
a_{21} & a_{22} & \cdots & a_{2n} \\
\vdots & \vdots & & \vdots \\
a_{m1} & a_{m2} & \cdots & a_{mn}
\end{bmatrix}, \tag{10-9}
$$

简记为 $\boldsymbol{A}=(a_{ij})_{m\times n}$.

例如,$\begin{bmatrix} 2 & 3 & 4 & 1 \\ 1 & 2 & 3 & 4 \end{bmatrix}$ 是一个 2×4 的矩阵,$\begin{bmatrix} 13 & 6 & 2 \\ 2 & 2 & 2 \\ 2 & 2 & 2 \end{bmatrix}$ 是一个 3×3 的矩阵,$\begin{bmatrix} 1 \\ 2 \\ 4 \end{bmatrix}$ 是一个 3×1 的矩阵,$(2\quad3\quad5\quad9)$ 是一个 1×4 的矩阵,(7) 是一个 1×1 的矩阵.

2. 几种特殊的矩阵

(1) $m=n$:称 $\boldsymbol{A}$ 为方阵.方阵可求行列式,记为 $\det\boldsymbol{A}=|\boldsymbol{A}|$.

(2) $a_{ij}\in\mathbf{R}$:称 $\boldsymbol{A}$ 为实矩阵.

(3) $m=1,n>1$:称 $\boldsymbol{A}$ 为行矩阵.

(4) $m>1,n=1$:称 $\boldsymbol{A}$ 为列矩阵.

(5) 零矩阵:所有元素都是 0 的矩阵,记为 $\boldsymbol{O}$.

(6) 单位矩阵:$\boldsymbol{E}_n=\begin{bmatrix} 1 & & & \\ & 1 & & \\ & & \ddots & \\ & & & 1 \end{bmatrix}$.

(7) 对角矩阵:$\boldsymbol{A}=\begin{bmatrix} \lambda_1 & & & \\ & \lambda_2 & & \\ & & \ddots & \\ & & & \lambda_n \end{bmatrix}$　(λ_1、$\cdots$、λ_n 不全为 0).

(8) 三角矩阵：
$$\begin{bmatrix} a_{11} & a_{12} & \cdots & a_{1n} \\ 0 & a_{22} & \cdots & a_{2n} \\ \vdots & \vdots & & \vdots \\ 0 & 0 & \cdots & a_{mn} \end{bmatrix} \text{或} \begin{bmatrix} a_{11} & 0 & \cdots & 0 \\ a_{21} & a_{22} & \cdots & 0 \\ \vdots & \vdots & & \vdots \\ a_{n1} & a_{n2} & \cdots & a_{mn} \end{bmatrix}.$$

二、矩阵的运算

1. 矩阵的加法

定义 10.6 设有两个 $m \times n$ 矩阵 $\boldsymbol{A} = (a_{ij})$ 和 $\boldsymbol{B} = (b_{ij})$，那么矩阵 $\boldsymbol{A}$ 与 $\boldsymbol{B}$ 的和记为 $\boldsymbol{A} + \boldsymbol{B}$，规定为

$$\begin{bmatrix} a_{11}+b_{11} & a_{12}+b_{12} & \cdots & a_{1n}+b_{1n} \\ a_{21}+b_{21} & a_{22}+b_{22} & \cdots & a_{2n}+b_{2n} \\ \vdots & \vdots & & \vdots \\ a_{m1}+b_{m1} & a_{m2}+b_{m2} & \cdots & a_{mn}+b_{mn} \end{bmatrix}. \tag{10-10}$$

注意 两个矩阵的行数、列数都相等时，称为同型矩阵.两个矩阵是同型矩阵时才能进行加法运算.

例 1
$$\begin{bmatrix} 3 & 3 & -3 \\ 1 & -2 & 0 \\ 1 & 6 & 2 \end{bmatrix} + \begin{bmatrix} 1 & 8 & 9 \\ 6 & 5 & 4 \\ 3 & 2 & 1 \end{bmatrix} = \begin{bmatrix} 3+1 & 3+8 & -3+9 \\ 1+6 & -2+5 & 0+4 \\ 1+3 & 6+2 & 2+1 \end{bmatrix} = \begin{bmatrix} 4 & 11 & 6 \\ 7 & 3 & 4 \\ 4 & 8 & 3 \end{bmatrix}.$$

矩阵加法满足下列运算规律（设 $\boldsymbol{A}$、$\boldsymbol{B}$、$\boldsymbol{C}$ 都是 $m \times n$ 矩阵）：

(1) $\boldsymbol{A} + \boldsymbol{B} = \boldsymbol{B} + \boldsymbol{A}$；

(2) $(\boldsymbol{A} + \boldsymbol{B}) + \boldsymbol{C} = \boldsymbol{A} + (\boldsymbol{B} + \boldsymbol{C})$.

$\boldsymbol{A} = (a_{ij})$ 的负矩阵记为 $-\boldsymbol{A} = (-a_{ij})$，则 $\boldsymbol{A} + (-\boldsymbol{A}) = \boldsymbol{O}$.

规定矩阵的减法为 $\boldsymbol{A} - \boldsymbol{B} = \boldsymbol{A} + (-\boldsymbol{B})$.

2. 矩阵的数乘

定义 10.7 常数 λ 与矩阵 $\boldsymbol{A}$ 的乘积记为 $\lambda\boldsymbol{A}$ 或 $\boldsymbol{A}\lambda$，规定为

$$\lambda\boldsymbol{A} = \begin{bmatrix} \lambda a_{11} & \lambda a_{12} & \cdots & \lambda a_{1n} \\ \lambda a_{21} & \lambda a_{22} & \cdots & \lambda a_{2n} \\ \vdots & \vdots & & \vdots \\ \lambda a_{m1} & \lambda a_{m2} & \cdots & \lambda a_{mn} \end{bmatrix}.$$

矩阵的数乘满足下列运算规律（设 $\boldsymbol{A}$、$\boldsymbol{B}$ 为 $m \times n$ 矩阵，λ、μ 为常数）：

(1) $(\lambda\mu)\boldsymbol{A} = \lambda(\mu\boldsymbol{A})$；

(2) $(\lambda + \mu)\boldsymbol{A} = \lambda\boldsymbol{A} + \mu\boldsymbol{A}$；

(3) $\lambda(\boldsymbol{A} + \boldsymbol{B}) = \lambda\boldsymbol{A} + \lambda\boldsymbol{B}$.

3. 矩阵乘矩阵

定义 10.8 设 $A=(a_{ij})$ 是一个 $m \times s$ 矩阵，$B=(b_{ij})$ 是一个 $s \times n$ 矩阵，矩阵 A 与矩阵 B 的乘积是一个 $m \times n$ 矩阵，那么 $C=(c_{ij})$，其中

$$c_{ij}=a_{i1}b_{1j}+a_{i2}b_{2j}+\cdots+a_{is}b_{sj}=\sum_{k=1}^{s}a_{ik}b_{kj}(i=1,\ 2,\ \cdots,\ m;\ j=1,\ 2,\ \cdots,\ n)$$

$$(10\text{-}11)$$

称为矩阵 A 与 B 的**乘积**，记为

$$C=AB.$$

例 2 $A=\begin{bmatrix} 3 & 1 \\ 0 & 3 \\ 1 & 0 \end{bmatrix}$，$B=\begin{bmatrix} 1 & 0 & 1 & -1 \\ 0 & 2 & 1 & 0 \end{bmatrix}$，求两矩阵的乘积.

解 $AB=\begin{bmatrix} 3 & 2 & 4 & -3 \\ 0 & 6 & 3 & 0 \\ 1 & 0 & 1 & -1 \end{bmatrix}$，

BA 无意义.

4. 矩阵的转置

定义 10.9 将矩阵 A 的行换成同序数的列，得到一个新矩阵，称为 A 的转置矩阵，记为 A^T.

$$A=\begin{bmatrix} a_{11} & a_{12} & \cdots & a_{1n} \\ a_{21} & a_{22} & \cdots & a_{2n} \\ \vdots & \vdots & & \vdots \\ a_{m1} & a_{m2} & \cdots & a_{mn} \end{bmatrix}, 则 A^T=\begin{bmatrix} a_{11} & a_{21} & \cdots & a_{m1} \\ a_{12} & a_{22} & \cdots & a_{m2} \\ \vdots & \vdots & & \vdots \\ a_{1n} & a_{2n} & \cdots & a_{mn} \end{bmatrix}. \quad (10\text{-}12)$$

5. 伴随矩阵

定义 10.10 行列式 $|A|$ 的各个元素的代数余子式 A_{ij} 所构成的如下矩阵

$$A^*=\begin{bmatrix} A_{11} & A_{21} & \cdots & A_{n1} \\ A_{12} & A_{22} & \cdots & A_{n2} \\ \vdots & \vdots & & \vdots \\ A_{1n} & A_{2n} & \cdots & A_{nn} \end{bmatrix} \quad (10\text{-}13)$$

称为矩阵 A 的**伴随矩阵**.

性质：$AA^*=A^*A=|A|E.$

6. 逆矩阵

已经知道一个数 a 的倒数 a^{-1}（或称 a 的逆），具有性质 $aa^{-1}=a^{-1}a=1$，在矩阵的运

算中,单位矩阵 E 相当于数的乘法运算中的 1,类似地,可以引入矩阵的逆的概念.

定义 10.11 设 A 为 n 阶方阵,若存在 n 阶方阵 B,使得 $AB = BA = E$,则称矩阵 A 是可逆的,方阵 B 称为 A 的 **逆矩阵**,记为 $A^{-1} = B$.

显然,零方阵是不可逆的,而非零方阵也不一定都可逆.如 $A = \begin{bmatrix} 1 & 0 \\ 0 & 0 \end{bmatrix}$ 就不可逆.

单位矩阵 E 都可逆.

7. 逆矩阵的求法

(1) 待定系数法

例 3 设 $A = \begin{bmatrix} 1 & 0 \\ -1 & 1 \end{bmatrix}$,求 A 的逆矩阵.

解 设 $B = \begin{bmatrix} a & b \\ c & d \end{bmatrix}$ 是 A 的逆矩阵,则

$$AB = \begin{bmatrix} 1 & 0 \\ -1 & 1 \end{bmatrix} \begin{bmatrix} a & b \\ c & d \end{bmatrix} = \begin{bmatrix} 1 & 0 \\ 0 & 1 \end{bmatrix}$$

$$\Rightarrow \begin{bmatrix} a & b \\ -a+c & -b+d \end{bmatrix} = \begin{bmatrix} 1 & 0 \\ 0 & 1 \end{bmatrix}$$

$$\Rightarrow \begin{cases} a = 1, \\ b = 0, \\ -a+c = 0, \\ -b+d = 1, \end{cases} \Rightarrow \begin{cases} a = 1, \\ b = 0, \\ c = 1, \\ d = 1. \end{cases}$$

又因为 $\begin{bmatrix} 1 & 0 \\ -1 & 1 \end{bmatrix} \begin{bmatrix} 1 & 0 \\ 1 & 1 \end{bmatrix} = \begin{bmatrix} 1 & 0 \\ 1 & 1 \end{bmatrix} \begin{bmatrix} 1 & 0 \\ -1 & 1 \end{bmatrix} = \begin{bmatrix} 1 & 0 \\ 0 & 1 \end{bmatrix}$,

所以 $$A^{-1} = \begin{bmatrix} 1 & 0 \\ 1 & 1 \end{bmatrix}.$$

(2) 矩阵可逆的判别定理

定理 10.4 若矩阵 A 可逆,则 $|A| \neq 0$.

定理 10.5 若 $|A| \neq 0$,则矩阵 A 可逆,且

$$A^{-1} = \frac{1}{|A|} A^* \text{(其中 } A^* \text{ 为 } A \text{ 的伴随矩阵).}$$

习 题 10.3

1. 设 $A = \begin{bmatrix} 2 & 0 \\ 1 & 3 \end{bmatrix}$,$B = \begin{bmatrix} 1 & 7 & -1 \\ 4 & 2 & 3 \\ 2 & 0 & 1 \end{bmatrix}$,求 AB.

2. 设 $A = \begin{bmatrix} 1 & -2 & 0 \\ 4 & 3 & 5 \end{bmatrix}$，$B = \begin{bmatrix} 8 & 2 & 6 \\ 5 & 3 & 4 \end{bmatrix}$，满足 $2A + X = B - 2X$，求 X.

3. 求下列矩阵的伴随矩阵.

(1) $\begin{bmatrix} 3 & 2 \\ 1 & 0 \end{bmatrix}$；　　　　　(2) $\begin{bmatrix} 6 & 0 \\ 0 & -2 \end{bmatrix}$.

4. 判断下列方阵是否可逆.若可逆,求其逆矩阵.

(1) $\begin{bmatrix} 1 & 0 & 8 \\ 0 & 1 & 0 \\ 0 & 0 & 1 \end{bmatrix}$；　　　　(2) $\begin{bmatrix} 3 & -4 & 5 \\ 2 & -3 & 1 \\ 3 & -5 & -1 \end{bmatrix}$.

10.4　矩阵的秩与矩阵的初等变换

一、矩阵的秩

1. k 阶子式

定义 10.12　在 $m \times n$ 矩阵 A 中,任取 k 行 k 列($1 \leqslant k \leqslant \min\{m, n\}$),位于这些行列交叉处的 k^2 个元素按照它们在矩阵中的相对位置,不变构成一个 k 阶行列式,称为矩阵 A 的一个 k 阶子式,记为 D_k.

例如,$A = \begin{bmatrix} 1 & 2 & 1 & -4 \\ 0 & 0 & 1 & 9 \\ 0 & 0 & -2 & -18 \end{bmatrix}$ 的所有 3 阶子式共有 4 个.

2. 矩阵的秩

定义 10.13　矩阵 A 的非零子式的最高阶数称为矩阵 A 的秩.记为 $R(A)$.

特别地,规定**零矩阵的秩等于零**.

矩阵的秩有以下性质:

① $R(A_{m \times n}) \leqslant \min\{m, n\}$；

② $k \neq 0$ 时 $R(kA) = R(A)$；

③ $R(A^{\mathrm{T}}) = R(A)$；

④ A 中的一个 $D_r \neq 0 \Rightarrow R(A) \geqslant r$；

⑤ A 中所有的 $D_{r+1} = 0 \Rightarrow R(A) \leqslant r$.

例 1　求矩阵 $A = \begin{bmatrix} 1 & 2 & 1 & -4 \\ 0 & 0 & 1 & 9 \\ 0 & 0 & -2 & -18 \end{bmatrix}$ 的秩.

解 易知矩阵 A 的所有 3 阶子式共 4 个,全都是零子式.再考察 2 阶子式.

显然,$\begin{vmatrix} 2 & 1 \\ 0 & 1 \end{vmatrix} = 2 \neq 0$,所以 $R(A) = 2$.

二、矩阵的初等行变换及其应用

1. 矩阵初等行变换

矩阵的初等行变换是指对矩阵施行如下三种变换:

(1) 对换变换:交换矩阵两行,如交换 i、j 两行,可记为$(r_i \leftrightarrow r_j)$;

(2) 倍乘变换:用一个非零数乘以矩阵的某一行,如第 i 行乘以 k,可记为 $r_i \times k$;

(3) 倍加变换:把矩阵的某一行乘以数 k 后加到另一行上去,如第 j 行乘以 k 后加到第 i 行上,可记为 $r_i + r_j \times k$.

2. 阶梯形矩阵

满足以下条件的矩阵称为**阶梯形矩阵**:

(1) 矩阵的零行若存在,则均在矩阵的最下方;

(2) 各个非零行的第一个非零元素的列标随着行标的递增而严格增大,例如,矩阵

$$\begin{bmatrix} 1 & 0 & 1 \\ 0 & 2 & 3 \\ 0 & 0 & -7 \end{bmatrix}, \begin{bmatrix} 5 & 8 & 0 & 9 & 12 \\ 0 & -1 & 4 & 3 & 1 \\ 0 & 0 & 0 & 7 & 13 \end{bmatrix}, \begin{bmatrix} 5 & 11 & 0 & 7 \\ 0 & -1 & 0 & 6 \\ 0 & 0 & 3 & 2 \\ 0 & 0 & 0 & 0 \end{bmatrix}$$

都是阶梯形矩阵.

阶梯形矩阵的特点是可在矩阵中画出一条阶梯线,每阶只有一行,阶梯线下方的元素全为 0,阶梯线的竖线右边第一个元素不为 0.

如果阶梯形矩阵还满足以下条件,称为**最简行阶梯形矩阵**:

(1) 各非零行的第一个非零元素都是 1;

(2) 所有第一个非零元素所在列的其余元素都是 0.

例如,矩阵 $\begin{bmatrix} 1 & 0 & 0 & 3 \\ 0 & 1 & 0 & -6 \\ 0 & 0 & 1 & 9 \\ 0 & 0 & 0 & 0 \end{bmatrix}$, $\begin{bmatrix} 1 & 0 & 0 & 0 & 5 \\ 0 & 1 & 2 & 0 & 1 \\ 0 & 0 & 0 & 1 & 1 \\ 0 & 0 & 0 & 0 & 0 \end{bmatrix}$ 是最简行阶梯形矩阵,而矩阵

$\begin{bmatrix} 1 & 0 & 2 & 0 \\ 0 & 1 & 0 & 0 \\ 0 & 0 & 1 & 1 \\ 0 & 0 & 0 & 0 \end{bmatrix}$, $\begin{bmatrix} 1 & 0 & 0 & 0 & 0 \\ 0 & 1 & 4 & 1 & -1 \\ 0 & 0 & 0 & 1 & 1 \\ 0 & 0 & 0 & 0 & 1 \end{bmatrix}$ 都不是最简行阶梯形矩阵.

微视频:阶梯形矩阵

最简行阶梯形矩阵是一种特殊的阶梯形矩阵,其特点是矩阵中非零行的第一个非零元素都是 1,而这些非零元"1"所在列的其余元素均为 0.

利用初等行变换可以把矩阵化为阶梯形矩阵,进而化为最简行阶梯形矩阵.

3. 阶梯形矩阵的秩

矩阵 A 的阶梯矩阵非 0 行的行数称为矩阵 A 的秩,记作秩(A)或 $r(A)$.如矩阵

$$
\begin{bmatrix} 1 & -2 & 3 & 1 \\ 0 & 2 & 9 & -4 \\ 0 & 0 & 0 & 0 \end{bmatrix}, \quad
\begin{bmatrix} -1 & 0 & 2 \\ 0 & 8 & -9 \\ 0 & 0 & 1 \end{bmatrix}, \quad
\begin{bmatrix} -2 & 0 & 0 & 3 & 1 \\ 0 & 3 & 8 & -7 & 0 \\ 0 & 0 & 1 & 0 & -3 \\ 0 & 0 & 0 & 0 & 5 \end{bmatrix}
$$
的秩分别为 $2,3,4$.

例 2　设矩阵 $A = \begin{bmatrix} 1 & 2 & 1 & 2 & 1 \\ 2 & 1 & 0 & -1 & -2 \\ -1 & 1 & 2 & 1 & 2 \\ 3 & 4 & 2 & -2 & -3 \end{bmatrix}$,求 $R(A)$.

解

$$
\begin{bmatrix} 1 & 2 & 1 & 2 & 1 \\ 2 & 1 & 0 & -1 & -2 \\ -1 & 1 & 2 & 1 & 2 \\ 3 & 4 & 2 & -2 & -3 \end{bmatrix} \rightarrow
\begin{bmatrix} 1 & 2 & 1 & 2 & 1 \\ 0 & -3 & -2 & -5 & -4 \\ 0 & 3 & 3 & 3 & 3 \\ 0 & -2 & -1 & -8 & -6 \end{bmatrix} \rightarrow
\begin{bmatrix} 1 & 2 & 1 & 2 & 1 \\ 0 & 3 & 3 & 3 & 3 \\ 0 & -3 & -2 & -5 & -4 \\ 0 & -2 & -1 & -8 & -6 \end{bmatrix}
$$

$$
\rightarrow
\begin{bmatrix} 1 & 2 & 1 & 2 & 1 \\ 0 & 3 & 3 & 3 & 3 \\ 0 & 0 & 1 & -2 & -1 \\ 0 & 0 & 1 & -6 & -4 \end{bmatrix} \rightarrow
\begin{bmatrix} 1 & 2 & 1 & 2 & 1 \\ 0 & 3 & 3 & 3 & 3 \\ 0 & 0 & 1 & -2 & -1 \\ 0 & 0 & 0 & -4 & -3 \end{bmatrix}.
$$

故 $R(A) = 4$.

4. 用初等行变换求矩阵的逆

为了方便研究,我们把 n 阶方阵 A 和与 A 同阶的单位矩阵 I 写成一个 $n \times 2n$ 矩阵,中间用竖线隔开,即 $[A \vdots I]$,然后利用初等行变换,若 A 能化成单位矩阵 I,则说明 A 可逆,在相同的变换下,原来的 I 就化成了 A^{-1},简写为 $[A \vdots I] \rightarrow [I \vdots A^{-1}]$.

例 3　求矩阵 $A = \begin{bmatrix} 1 & 0 & 2 \\ 3 & 1 & 4 \\ 2 & -1 & 0 \end{bmatrix}$ 的逆矩阵.

解

$$
[A \vdots I] = \begin{bmatrix} 1 & 0 & 2 & \vdots & 1 & 0 & 0 \\ 3 & 1 & 4 & \vdots & 0 & 1 & 0 \\ 2 & -1 & 0 & \vdots & 0 & 0 & 1 \end{bmatrix} \xrightarrow[r_3 + r_1 \times (-2)]{r_2 + r_1 \times (-3)}
\begin{bmatrix} 1 & 0 & 2 & \vdots & 1 & 0 & 0 \\ 0 & 1 & -2 & \vdots & -3 & 1 & 0 \\ 0 & -1 & -4 & \vdots & -2 & 0 & 1 \end{bmatrix}
$$

$$
\xrightarrow{r_3+r_2}
\begin{bmatrix}
1 & 0 & 2 & \vdots & 1 & 0 & 0 \\
0 & 1 & -2 & \vdots & -3 & 1 & 0 \\
0 & 0 & -6 & \vdots & -5 & 1 & 1
\end{bmatrix}
$$

$$
\xrightarrow{r_3\times\left(-\frac{1}{6}\right)}
\begin{bmatrix}
1 & 0 & 2 & \vdots & 1 & 0 & 0 \\
0 & 1 & -2 & \vdots & -3 & 1 & 0 \\
0 & 0 & 1 & \vdots & \dfrac{5}{6} & -\dfrac{1}{6} & -\dfrac{1}{6}
\end{bmatrix}
$$

$$
\xrightarrow[r_2+r_3\times2]{r_1+r_3\times(-2)}
\begin{bmatrix}
1 & 0 & 0 & \vdots & -\dfrac{2}{3} & \dfrac{1}{3} & \dfrac{1}{3} \\[2mm]
0 & 1 & 0 & \vdots & -\dfrac{4}{3} & \dfrac{2}{3} & -\dfrac{1}{3} \\[2mm]
0 & 0 & 1 & \vdots & \dfrac{5}{6} & -\dfrac{1}{6} & -\dfrac{1}{6}
\end{bmatrix}
$$

所以 $\boldsymbol{A}$ 可逆,且 $\boldsymbol{A}^{-1}=
\begin{bmatrix}
-\dfrac{2}{3} & \dfrac{1}{3} & \dfrac{1}{3} \\[2mm]
-\dfrac{4}{3} & \dfrac{2}{3} & -\dfrac{1}{3} \\[2mm]
\dfrac{5}{6} & -\dfrac{1}{6} & -\dfrac{1}{6}
\end{bmatrix}.$

习　题　10.4

1. 将下列矩阵化成阶梯形矩阵.

(1) $\begin{bmatrix} 1 & 1 & 1 & -1 \\ -1 & -1 & 2 & 3 \\ 2 & 2 & 5 & 0 \end{bmatrix};$
　　　　
(2) $\begin{bmatrix} 7 & -4 & 0 & -1 \\ -1 & 4 & 5 & -3 \\ 2 & 0 & 3 & 8 \\ 0 & 8 & 12 & -5 \end{bmatrix}.$

2. 求下列矩阵的秩.

(1) $\begin{bmatrix} 1 & 1 & 0 & 1 & 0 & 0 & 1 \\ 1 & 1 & 1 & 0 & 1 & 1 & 0 \\ 2 & 2 & 1 & 1 & 0 & 1 & 1 \end{bmatrix};$
　　　
(2) $\begin{bmatrix} 1 & 0 & 0 \\ 0 & 1 & 0 \\ 1 & 0 & 1 \\ 0 & 1 & 1 \\ 1 & 1 & 0 \end{bmatrix}.$

3. 利用矩阵的初等行变换判定下列矩阵是否可逆,若可逆,求逆矩阵.

$(1)\begin{bmatrix} 1 & 0 & 8 \\ 0 & 1 & 0 \\ 0 & 0 & 1 \end{bmatrix};$ $\qquad (2)\begin{bmatrix} 3 & -4 & 5 \\ 2 & -3 & 1 \\ 3 & -5 & -1 \end{bmatrix};$

$(3)\begin{bmatrix} 1 & 1 & 1 & 1 \\ 1 & 1 & -1 & -1 \\ 1 & -1 & 1 & -1 \\ 1 & -1 & -1 & 1 \end{bmatrix};$ $\qquad (4)\begin{bmatrix} 3 & 2 & 0 & 0 \\ 4 & 5 & 0 & 0 \\ 0 & 0 & 4 & 1 \\ 0 & 0 & 6 & 2 \end{bmatrix}.$

10.5 利用矩阵求解线性方程组

一、线性方程组与矩阵

对于一般的线性方程组

$$\begin{cases} a_{11}x_1 + a_{12}x_2 + \cdots + a_{1n}x_n = b_1, \\ a_{21}x_1 + a_{22}x_2 + \cdots + a_{2n}x_n = b_2, \\ \qquad \cdots\cdots\cdots\cdots \\ a_{m1}x_1 + a_{m2}x_2 + \cdots + a_{mn}x_n = b_m, \end{cases} \qquad (10\text{-}14)$$

记 $\boldsymbol{A} = \begin{bmatrix} a_{11} & a_{12} & \cdots & a_{1n} \\ a_{21} & a_{22} & \cdots & a_{2n} \\ \vdots & \vdots & & \vdots \\ a_{m1} & a_{m2} & \cdots & a_{mn} \end{bmatrix}, \boldsymbol{X} = \begin{bmatrix} x_1 \\ x_2 \\ \vdots \\ x_n \end{bmatrix}, \boldsymbol{B} = \begin{bmatrix} b_1 \\ b_2 \\ \vdots \\ b_m \end{bmatrix}.$

根据矩阵的乘法,线性方程组(10-14)可表示成矩阵形式:

$$\boldsymbol{AX} = \boldsymbol{B}, \qquad (10\text{-}15)$$

式(10-15)称为线性方程组(10-14)的矩阵表示,矩阵 $\boldsymbol{A}$ 称为**系数矩阵**,矩阵

$$(\boldsymbol{A} \vdots \boldsymbol{B}) = \begin{bmatrix} a_{11} & a_{12} & \cdots & a_{1n} & b_1 \\ a_{21} & a_{22} & \cdots & a_{2n} & b_2 \\ \vdots & \vdots & & \vdots & \vdots \\ a_{m1} & a_{m2} & \cdots & a_{mn} & b_m \end{bmatrix}$$

称为增广矩阵.

当线性方程组(10-14)的常数项均为 0 时,即

$$\begin{cases} a_{11}x_1 + a_{12}x_2 + \cdots + a_{1n}x_n = 0, \\ a_{21}x_1 + a_{22}x_2 + \cdots + a_{2n}x_n = 0, \\ \qquad \cdots\cdots\cdots\cdots \\ a_{m1}x_1 + a_{m2}x_2 + \cdots + a_{mn}x_n = 0, \end{cases} \qquad (10\text{-}16)$$

称它为**齐次线性方程组**,它的矩阵形式为 $\boldsymbol{AX} = \boldsymbol{0}$.

显然,任何一个线性方程组都有唯一的增广矩阵与之对应.

二、线性方程组解的判定

对于非齐次线性方程组的解,有如下定理.

定理 10.6 设 $\boldsymbol{A}$、$\overline{\boldsymbol{A}}$ 分别是线性方程组(10-14)的系数矩阵与增广矩阵,那么

(1) 线性方程组(10-14)无解 $\Leftrightarrow r(\boldsymbol{A}) \neq r(\overline{\boldsymbol{A}})\left[\text{或 } r(\boldsymbol{A}) < r(\overline{\boldsymbol{A}})\right]$;

(2) 线性方程组(10-14)有唯一解 $\Leftrightarrow r(\boldsymbol{A}) = r(\overline{\boldsymbol{A}}) = n$;

(3) 线性方程组(10-14)有无穷多解 $\Leftrightarrow r(\boldsymbol{A}) = r(\overline{\boldsymbol{A}}) < n$.

由于齐次线性方程组(10-16)的增广矩阵 $\overline{\boldsymbol{A}}$ 只比系数矩阵增加一列零元素,因此 $r(\boldsymbol{A}) = r(\overline{\boldsymbol{A}})$,而未知量全部取零代入方程,方程全部成立.故齐次线性方程组一定有解.

定理 10.7 设 $\boldsymbol{A}$ 是齐次线性方程组(10-16)的系数矩阵,那么

(1) 齐次线性方程组(10-16)只有零解 $\Leftrightarrow r(\boldsymbol{A}) = n$;

(2) 齐次线性方程组(10-16)有非零解 $\Leftrightarrow r(\boldsymbol{A}) < n$.

注意 上述的 n 是指未知量的个数,而不是方程组中的方程个数.

三、求线性方程组的解

1. 线性方程组的消元解法——高斯消元法

例 1 $\begin{cases} 2x_1 - \ x_2 + 3x_3 = 1, & ① \\ 4x_1 + 2x_2 + 5x_3 = 4, & ② \\ 2x_1 \qquad\quad + 2x_3 = 6. & ③ \end{cases}$

解 $\begin{array}{c} ②-2① \\ ③-① \end{array}$ 得 $\begin{cases} 2x_1 - \ x_2 + 3x_3 = 1, & ④ \\ \qquad 4x_2 - \ x_3 = 2, & ⑤ \\ \qquad x_2 - \ x_3 = 5. & ⑥ \end{cases}$

$\begin{array}{c} ⑤-4⑥ \\ ⑤\leftrightarrow⑥ \end{array}$ 得 $\begin{cases} 2x_1 - x_2 + 3x_3 = 1, & ⑦ \\ \qquad x_2 - \ x_3 = 5, & ⑧ \\ \qquad 3x_3 = -18. & ⑨ \end{cases}$ 解得 $\begin{cases} x_1 = 9, \\ x_2 = -1, \\ x_3 = -6. \end{cases}$

解线性方程组所需的初等变换如下:

(1) 互换两个方程的位置;

（2）用非零数乘某个方程；

（3）将某个方程的若干倍加到另一个方程.

用矩阵的初等变换表示方程组的求解过程如下：

$$(A \vdots B) = \begin{bmatrix} 2 & -1 & 3 & \vdots & 1 \\ 4 & 2 & 5 & \vdots & 4 \\ 2 & 0 & 2 & \vdots & 6 \end{bmatrix} \rightarrow \begin{bmatrix} 2 & -1 & 3 & \vdots & 1 \\ 0 & 4 & -1 & \vdots & 2 \\ 0 & 1 & -1 & \vdots & 5 \end{bmatrix}$$

$$\rightarrow \begin{bmatrix} 2 & -1 & 3 & \vdots & 1 \\ 0 & 1 & -1 & \vdots & 5 \\ 0 & 0 & 3 & \vdots & -18 \end{bmatrix} \rightarrow \begin{bmatrix} 1 & 0 & 0 & \vdots & 9 \\ 0 & 1 & 0 & \vdots & -1 \\ 0 & 0 & 1 & \vdots & -6 \end{bmatrix}.$$

以上用消元法解方程的过程，可以看作是对增广矩阵施以初等行变换，得到一系列的等价矩阵，虽然这些矩阵形式不同，但它们所对应的方程组为同解方程组，利用这个原理来解方程组的方法就是**高斯消元法**，其步骤如下：

（1）对增广矩阵 $(A \vdots B)$ 施以初等行变换，直到将增广矩阵化为最简行阶梯形矩阵；

（2）根据最终的最简行阶梯形矩阵得到与原方程组的同解方程组，从而解出 x_i.

例 2　求解 $\begin{cases} x_1 + 5x_2 - x_3 - x_4 = -1, \\ x_1 - 2x_2 + x_3 + 3x_4 = 3, \\ 3x_1 + 8x_2 - x_3 + x_4 = 1, \\ x_1 - 9x_2 + 3x_3 + 7x_4 = 7. \end{cases}$

解　$\begin{bmatrix} 1 & 5 & -1 & -1 & \vdots & -1 \\ 1 & -2 & 1 & 3 & \vdots & 3 \\ 3 & 8 & -1 & 1 & \vdots & 1 \\ 1 & -9 & 3 & 7 & \vdots & 7 \end{bmatrix} \rightarrow \begin{bmatrix} 1 & 0 & \dfrac{3}{7} & \dfrac{13}{7} & \vdots & \dfrac{13}{7} \\ 0 & 1 & -\dfrac{2}{7} & -\dfrac{4}{7} & \vdots & -\dfrac{4}{7} \\ 0 & 0 & 0 & 0 & \vdots & 0 \\ 0 & 0 & 0 & 0 & \vdots & 0 \end{bmatrix}.$

$\begin{cases} x_1 = \dfrac{13}{7} - \dfrac{3}{7}x_3 - \dfrac{13}{7}x_4, \\ x_2 = -\dfrac{4}{7} + \dfrac{2}{7}x_3 + \dfrac{4}{7}x_4. \end{cases}$ （最简方程组）

$\begin{cases} x_1 = \dfrac{13}{7} - \dfrac{3}{7}c_1 - \dfrac{13}{7}c_2, \\ x_2 = -\dfrac{4}{7} + \dfrac{2}{7}c_1 + \dfrac{4}{7}c_2, \\ x_3 = c_1, \\ x_4 = c_2. \end{cases}$ （c_1, c_2 为任意常数）

在该方程组中 x_3 和 x_4 可以自由变化,称为**自由未知量**.

习 题 10.5

1. 求解下列线性方程组.

$(1)\begin{cases}x_1-\ x_2+x_3-x_4=1,\\ 3x_1-3x_2-x_3+x_4=1,\\ 2x_1-2x_2-x_3\qquad=-1;\end{cases}$　$(2)\begin{cases}2x_1+\ x_2-3x_3\qquad=2,\\ \qquad x_2-2x_3+6x_4=1,\\ x_1+\ x_2-\ x_3+\ x_4=5,\\ 3x_1-4x_2-\ x_3+2x_4=3.\end{cases}$

2. 已知 $\begin{cases}x_1-\qquad 3x_3=-3,\\ x_1+2x_2+\lambda x_3=1,\\ 2x_1+\lambda x_2-\ x_3=-2,\end{cases}$　试讨论 λ 取何值时,方程组无解,有唯一解,有无

穷多组解.

3. 当 a 取何值时,线性方程组 $\begin{cases}x_1+2x_2-x_3=1,\\ 2x_1-3x_2+x_3=0,\\ 4x_1+\ x_2-x_3=a\end{cases}$有解? 求出它的解.

复习与思考 10

1. 计算行列式 $\begin{vmatrix}1&2&3\\4&5&9\\6&7&13\end{vmatrix}$ 的值.

2. 已知行列式 $\begin{vmatrix}a+b&a-b\\c+d&c-d\end{vmatrix}=-4$,求行列式 $\begin{vmatrix}a&b\\c&d\end{vmatrix}$ 的值.

3. 设线性方程组 $\begin{bmatrix}a&1&1\\1&a&1\\1&1&a\end{bmatrix}\begin{bmatrix}x_1\\x_2\\x_3\end{bmatrix}=\begin{bmatrix}1\\1\\-2\end{bmatrix}$ 有无穷多个解,求 a 的值.

4. 设矩阵 $\boldsymbol{A}=\begin{bmatrix}0&0&1\\0&1&1\\1&1&1\end{bmatrix}$,求 $\boldsymbol{A}^{-1}$.

5. 设矩阵 $\boldsymbol{A}=\begin{bmatrix}1&2&2\\2&t&3\\3&4&5\end{bmatrix}$,若齐次线性方程组 $\boldsymbol{AX}=\boldsymbol{0}$ 有非零解,求 t 的值.

6. 已知向量组 $\boldsymbol{a}_1 = \begin{bmatrix} 1 \\ 1 \\ -2 \end{bmatrix}$, $\boldsymbol{a}_2 = \begin{bmatrix} 1 \\ -2 \\ 1 \end{bmatrix}$, $\boldsymbol{a}_3 = \begin{bmatrix} t \\ 1 \\ 1 \end{bmatrix}$ 的秩为 2,求 t 的值.

7. 设方阵 A 满足 $A^3 - 2A + E = O$,试求 $(A^2 - 2E)^{-1}$.

8. 求矩阵 $A = \begin{bmatrix} 0 & 0 & 0 & 1 \\ 1 & 1 & 0 & 1 \\ 2 & 2 & 0 & 1 \\ 1 & 1 & 0 & 0 \end{bmatrix}$ 的秩.

9. 求方程组 $\begin{cases} 3x_1 + x_2 - 6x_3 - 4x_1 + 2x_5 = 0, \\ 2x_1 + 2x_2 - 3x_3 - 5x_4 + 3x_5 = 0, \\ x_1 - 5x_2 - 6x_3 + 8x_4 - 6x_5 = 0 \end{cases}$ 的解.

10. 设矩阵 $A = \begin{bmatrix} 1 & -1 & 1 \\ 1 & 3 & -1 \\ 1 & 1 & 1 \end{bmatrix}$ 的三个特征值分别为 $\lambda_1, \lambda_2, \lambda_3$,试求 $\lambda_1 + \lambda_2 + \lambda_3$ 的值.

第 11 章
概 率 论 初 步

概率论是研究随机现象及其统计规律性的一个数学分支,它在经济管理和科学技术等方面有较广泛的应用.本章主要介绍概率论的基础知识,学习随机事件与概率的概念和运算,讨论随机变量的分布及数字特征.

11.1 随机事件及其概率

一、随机现象与随机事件

1. 基本概念

在自然界和人类社会活动中常常会出现各种各样的现象.这些现象就其结果能否准确预测来划分,可以分为两大类:一类是在一定条件下,必然会出现某一种结果的现象,称为**必然现象**.例如,一枚硬币向上抛起后必然会落地;三角形中,任意两边之和一定大于第三边;在标准大气压下,冷水加热到 100 ℃ 必然会沸腾等都是必然现象.另一类是在一定条件下可能出现多种结果,而事先也不能预测出现哪种结果的现象,称为**随机现象**.比如,在相同条件下,掷一枚骰子的结果可能有 6 种,但事先不能断定会出现几点;某路口半个小时内汽车流量、电灯泡的使用寿命、每期中奖彩票的号码等都是随机现象.

随机现象是大量存在的.人们经过长期的研究发现,虽然随机现象的结果事先根本无法预测,但是在大量的重复试验中其结果又必然呈现某种规律.例如,反复扔一枚硬币,当扔的次数越多时,出现正面和出现反面的次数之比越接近 1∶1.随机现象所呈现的这种规律性称为**统计规律性**.概率论就是研究随机现象的统计规律性的一个数学分支.

研究随机现象的统计规律性,需要在相同的条件下重复地进行多次试验(或观察),称为**随机试验**,简称**试验**.它具有如下三个特点:

(1) 试验可以在相同的条件下重复进行;

(2) 每次试验的可能结果不止一个,并且事先可以明确试验的所有可能结果;

(3) 进行一次试验之前不能确定哪一个结果会出现.

同时,我们将一个随机试验所有可能的结果称为**随机事件**,简称**事件**.随机事件通常用大写字母 A、B、C 等表示.一次随机试验的每个可能结果称为**基本事件**,由两个或两个以上的基本事件组成的集合称为**复合事件**.在每次试验中一定会发生的事件称为**必然事件**,通常用 Ω 来表示;而在任何一次试验中都不会发生的事件称为**不可能事**

件,往往用$\varnothing$来表示.

在一个随机试验中,每一个可能出现的结果称为一个**样本点**,记为ω.一个随机试验的所有可能的结果构成的集合称为该试验的**样本空间**,记为Ω.也就是说,样本点的全体构成的集合就是样本空间,而样本空间的每一个元素就是一个样本点,也就是一个基本事件.

例1 掷一枚骰子,观察向上一面出现的点数.

解 $A=$"出现2点"为一个基本事件,$B=$"出现偶数点"为一个复合事件,$C=$"出现的点数为10"为一个不可能事件,$D=$"出现的点数小于7"为一个必然事件.

如果令$\omega_n=\{$出现的点数为n点$\}(n=1,2,\cdots,6)$,则该试验的样本空间

$$\Omega=\{\omega_1,\omega_2,\cdots,\omega_6\}.$$

例2 袋中有3个红球和2个白球,从中任意取出2个,观察其颜色.

解 $A=$"取出的球一个为红色,一个为白色"为一个基本事件,$B=$"取出的球颜色相同"为一个复合事件,$C=$"取出2个黄球"为一个不可能事件.

2. 事件的关系与运算

在一次随机试验中,有许多的随机事件,这些事件之间存在着联系,分析事件之间的关系,可以帮助我们更加深刻地认识随机事件;给出事件的关系和运算,更有助于我们讨论复杂的事件.由于事件是一个集合,事件的关系与运算就对应了集合的关系与运算.

(1)事件的包含与相等

设A、B为两个事件,若A发生必然导致B发生,称事件B包含A,或者A包含于B,记为$B\supset A$或$A\subset B$(图11-1).若$A\subset B$且$B\subset A$,则称A与B相等,记为$A=B$,表示A与B为同一事件.显然有:$\varnothing\subset A\subset\Omega$.

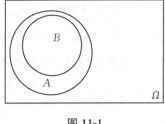

图11-1

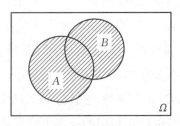

图11-2

例如,在例1中,令A表示"出现1点",B表示"出现奇数点",C表示"出现1点、3点、5点",则$A\subset B$,$B=C$.

(2)事件的和

"事件A与事件B中至少有一个发生"的事件称为事件A与事件B的和,也称为A与B的并,记为$A\cup B$或$A+B$,表示:或事件A发生,或事件B发生,或事件A与B都

发生(图 11-2).显然有:$A \bigcup \Omega = \Omega$,$A \bigcup \varnothing = A$.

例如,在例 2 中,令 A 表示"取出的全是红球",B 表示"取出的全是白球",C 表示"取出的球颜色相同",则有 $A + B = C$.

(3) 事件的积

"事件 A 与事件 B 同时发生"的事件称为事件 A 与事件 B 的积,也称为 A 与 B 的交,记为 AB 或 $A \bigcap B$,表示事件 A 与事件 B 都发生(图 11-3).显然有:$A\Omega = A$,$A\varnothing = \varnothing$.

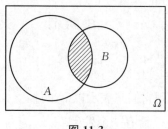 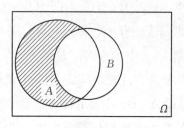

图 11-3   图 11-4

例如,在例 1 中,令 A 表示"出现的点数大于 3",B 表示"出现奇数点",则 AB 表示"出现 5 点".

(4) 事件的差

"事件 A 发生而事件 B 不发生"的事件称为事件 A 与事件 B 的差,记为 $A - B$(图 11-4).

例如,在例 1 中,令 A 表示"出现的点数大于 4",B 表示"出现奇数点",则 $A - B$ 表示"出现 6 点",$B - A$ 表示"出现 1 点和 3 点".

(5) 互不相容事件(或互斥事件)

若事件 A 与事件 B 不能同时发生,即 $AB = \varnothing$,则称事件 A 与事件 B 互不相容,或者互斥(图 11-5).

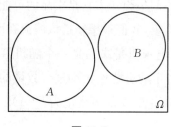 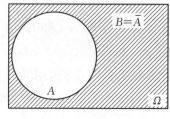

图 11-5   图 11-6

例如,在例 1 中,令 A 表示"出现偶数点",B 表示"出现奇数点",则事件 A 与事件 B 互不相容.

(6) 对立事件(或互逆事件)

若事件 A 与事件 B 满足 $A + B = \Omega$,$AB = \varnothing$,则称事件 B 为事件 A 的对立事件,记为 $\overline{A}$,同时也称事件 A 与事件 B 互逆(图 11-6).

通过对立的定义,也不难得出:对任意两事件 A 和 B,恒有 $A+\bar{A}=\Omega$, $A\bar{A}=\varnothing$, $\bar{\bar{A}}=A$, $A-B=A\bar{B}$.

注意　互斥与互逆的区别与联系,一句话概括,互逆事件必定互斥,但互斥事件不一定互逆.

同集合的运算关系一样,事件的运算满足以下规律.

交换律: $A+B=B+A$, $AB=BA$;

结合律: $(A+B)+C=A+(B+C)$, $(AB)C=A(BC)$;

分配律: $(A+B)C=AC+BC$, $(AB)+C=(A+C)(B+C)$;

对偶律: $\overline{A+B}=\bar{A}\bar{B}$, $\overline{AB}=\bar{A}+\bar{B}$.

在处理复杂事件时,可以运用以上规律进行运算化简.

例 3　设 A、B、C 表示 Ω 中的 3 个事件,试用它们来表示以下事件:

(1) A 发生而 B 与 C 都不发生;(2) A、B、C 恰有一个发生.

解　(1) B 不发生就是 B 的对立事件 $\bar{B}$ 发生,C 不发生就是 $\bar{C}$ 发生,如果 B 与 C 都不发生即为 $\bar{B}\bar{C}$.所以,"A 发生而 B 与 C 都不发生"可以表示为 $A\bar{B}\bar{C}$.

(2) "A、B、C 恰有一个发生"可以理解为:或者 A 发生而 B 与 C 都不发生,或者 B 发生而 A 与 C 都不发生,或者 C 发生而 A 与 B 都不发生.所以,A、B、C 恰有一个发生可以表示为 $A\bar{B}\bar{C}+\bar{A}B\bar{C}+\bar{A}\bar{B}C$.

注意　事件的表示不是唯一的.例如例 3 的(1)中的事件,通过关系运算还可以表示为 $A-B-C$、$A-(B+C)$、$A\overline{(B+C)}$ 等.

二、随机事件的概率

为了研究随机现象的统计规律性,我们常常希望知道一个随机试验的某些结果出现的可能性有多大.例如,购买某品牌的电视机,我们很想知道它是次品的可能性有多大;在某河流上建筑一座防洪水坝,为了确定水坝的高度,我们很想知道该河流在水坝地段每年最大洪水达到某一高度的可能性的大小.显然,电视机是次品是一个随机事件,最大洪水达到某一高度也是随机事件.我们必须对事件发生的可能性大小进行数量的描述,这个刻画随机事件发生的可能性大小的数值称为概率,事件 A 的概率记为 $P(A)$.

1. 概率的统计定义

在给出事件概率的定义之前,先了解一下与概率概念密切相关的事件频率的概念.

设事件 A 在 n 次重复进行的试验中发生了 m 次,则称 $\dfrac{m}{n}$ 为事件 A 发生的**频率**,m 称为事件 A 发生的**频数**.

显然,任何随机事件的频率都是介于 0 与 1 之间的一个数.

大量的随机试验的结果表明,多次重复地进行同一试验时,随机事件的变化会呈现出一定的规律性：当试验次数 n 很大时,某一随机事件 A 发生的频率具有一定的稳定性,其数值会在某个确定的数值附近摆动,并且试验次数越多,事件 A 发生的频率越接近这个数值.我们称这个数值为事件 A 发生的概率.

定义 11.1 在一个随机试验中,如果随着试验次数的增大,事件 A 出现的频率 $\dfrac{m}{n}$ 在某个常数 p 附近摆动,则称 p 为事件 A 的**概率**,记作

$$P(A) = p.$$

概率的这种定义称为**概率的统计定义**.

表 11-1 给出了"投掷硬币"试验的几个著名的记录.从表中看出,不论是什么人投掷,当试验次数逐渐增多时,"正面向上"的频率越来越明显地稳定并接近于 0.5.这个数值反映了"出现正面"的可能性大小.因此,我们用 0.5 作为投掷硬币"出现正面"的概率.

表 11-1

试验者	投掷次数 n	出现"正面向上"的频数 m	频率 $\dfrac{m}{n}$
摩 根	2 048	1 061	0.518
蒲 丰	4 040	2 048	0.506 9
K.皮尔逊	12 000	6 019	0.501 6
K.皮尔逊	24 000	12 012	0.500 5

2. 概率的古典定义

分析"投硬币"和"掷骰子"等例子可知,它们有两个共同的特点：

(1) 每次试验只有有限个可能的试验结果,或者说组成试验的基本事件(样本点)总数为有限个;

(2) 每次试验中,各基本事件(样本点)出现的可能性是相同的.

例如,投硬币的两种结果"正面向上"和"反面向上"出现的可能性都是 $\dfrac{1}{2}$;而投骰子的六种结果"1 点""2 点"、…、"6 点"出现的可能性都是 $\dfrac{1}{6}$.

在概率论中,把具有上述两种特点的试验称为**古典试验**,它的数学模型称为**古典概型**.关于古典概型的问题,事件 A 发生的概率如下定义.

定义 11.2 在古典概型中,如果所有基本事件的个数为 n,事件 A 包含的基本事件的个数为 m,则事件 A 的概率为 $P(A) = \dfrac{m}{n}$.

此定义称为概率的古典定义.

概率具有以下性质：

性质 11.1 对于任何事件 A，有 $0 \leqslant P(A) \leqslant 1$.

性质 11.2 $P(\Omega)=1$，$P(\varnothing)=0$.

性质 11.3(加法公式) 对于任意两个事件 A 与 B，恒有

$$P(A+B)=P(A)+P(B)-P(AB).$$

特别地，若事件 A 与事件 B 互斥，则有

$$P(A+B)=P(A)+P(B).$$

若 A_1，A_2，$\cdots$，A_n 两两互斥，则有

$$P(A_1+A_2+\cdots+A_n)=P(A_1)+P(A_2)+\cdots+P(A_n).$$

性质 11.4 $P(\bar{A})=1-P(A)$.

性质 11.5 若事件 A 与事件 B 满足 $A \subset B$，则

$$P(A) \leqslant P(B)，\text{且} P(B-A)=P(B)-P(A).$$

例 4 从 0，1，2，$\cdots$，9 等 10 个数字中任意选出 4 个不同的数字，试求这 4 个数字中不含 2 和 6 的概率.

解 设 $A=$"4 个数中不含 2 和 6".从 10 个数字中任意取 4 个数字的方式共有 $n=C_{10}^4$ 种，而 4 个数字中不含 2 和 6，就应该从余下 8 个数字中选出这 4 个数字，所以事件 A 包含的基本事件数为 $m=C_8^4$.由概率的古典定义可得

$$P(A)=\frac{m}{n}=\frac{C_8^4}{C_{10}^4}=\frac{1}{3}.$$

例 5 在一批投资者中，有 60% 的人进行了股票投资，有 60% 的人进行了基金投资，40% 的人既投资了股票也投资了基金，若从这些人中任意选出一个，问此人既没有投资股票也没有投资基金的概率.

解 设 $A=$"此人投资了股票"，$B=$"此人投资了基金"，则 $AB=$"此人既投资股票也投资了基金".易得 $P(A)=0.6$，$P(B)=0.6$，$P(AB)=0.4$.

同时 $A+B=$"此人至少投资了股票和基金其中一项"，则 $\overline{A+B}=$"此人既没有投资股票和也没有投资基金".利用概率的加法公式，有

$$P(A+B)=P(A)+P(B)-P(AB)=0.6+0.6-0.4=0.8.$$

所以 $P(\overline{A+B})=1-P(A+B)=1-0.8=0.2$.

例 6 袋子中有 10 个球，其中 6 个白球，4 个红球，甲乙两人从中依次抽取 2 个，求至少有一个人抽到白球的概率.

解 （方法一）设 $A=$"至少有一个人抽到白球"，则 $\bar{A}=$"没有一个人抽到白球".

利用概率的古典定义，易得 $P(\bar{A})=\dfrac{C_4^1 C_3^1}{C_{10}^1 C_9^1}=\dfrac{2}{15}$，所以 $P(A)=1-P(\bar{A})=\dfrac{13}{15}$.

(方法二)将事件 $A=$"至少有一个人抽到白球"分为两两互斥的三个事件,即 $A_1=$"甲抽到白球,乙抽到红球",$A_2=$"甲抽到红球,乙抽到白球",$A_3=$"甲乙都抽到白球",

则 $P(A_1)=\dfrac{C_6^1 C_4^1}{C_{10}^1 C_9^1}=\dfrac{4}{15}$,$P(A_2)=\dfrac{C_6^1 C_4^1}{C_{10}^1 C_9^1}=\dfrac{4}{15}$,$P(A_3)=\dfrac{C_6^1 C_5^1}{C_{10}^1 C_9^1}=\dfrac{1}{3}$.

所以 $P(A)=P(A_1)+P(A_2)+P(A_3)=\dfrac{4}{15}+\dfrac{4}{15}+\dfrac{1}{3}=\dfrac{13}{15}$.

(方法三)将事件 $A=$"至少有一个人抽到白球"分为两个事件,即 $A_1=$"甲抽到白球",$A_2=$"乙抽到白球",则事件 A_1 与 A_2 不互斥.

又因为 $P(A_1)=\dfrac{C_6^1 C_9^1}{C_{10}^1 C_9^1}=\dfrac{3}{5}$,$P(A_2)=\dfrac{C_6^1 C_9^1}{C_{10}^1 C_9^1}=\dfrac{3}{5}$,$P(A_1 A_2)=\dfrac{C_6^1 C_5^1}{C_{10}^1 C_9^1}=\dfrac{1}{3}$.

利用概率的加法公式可以得

$$P(A)=P(A_1+A_2)=P(A_1)+P(A_2)-P(A_1 A_2)=\frac{3}{5}+\frac{3}{5}-\frac{1}{3}=\frac{13}{15}.$$

三、条件概率与乘法公式

1. 条件概率

在实际问题中,我们往往会需要求在事件 B 已发生的条件下,事件 A 发生的概率.由于增加了新的条件:"事件 B 已发生",因此称之为**条件概率**,记作 $P(A\mid B)$. 相应地,把 $P(A)$ 称为**无条件概率**或**原概率**.

设甲、乙两个工厂生产同类产品,取样结果见表 11-2.

表 11-2

	合格品数	废品数	合　计
甲厂产品数	67	3	70
乙厂产品数	28	2	30
合　　计	95	5	100

从这 100 件产品中随机抽取一件,用 A 表示"取到的是甲厂产品",B 表示"取到的是合格品",则 $\overline{A}$ 表示"取到的是乙厂产品",$\overline{B}$ 表示"取到的是废品",由概率的古典定义,得

$$P(A)=\frac{70}{100},\ P(B)=\frac{95}{100},\ P(AB)=\frac{67}{100}.$$

现在要问:如果已知取到的产品是合格品,那么这件产品是甲厂产品的概率是多少呢? 这实质上是求在事件 B 已经发生的前提下,事件 A 的条件概率.由于一共有 95 件合格品,而其中甲厂产品有 67 件,故 $P(A\mid B)=\dfrac{67}{95}$.

类似地,可以求出 $P(\overline{A} \mid B) = \dfrac{28}{95}$, $P(B \mid A) = \dfrac{67}{70}$, $P(\overline{B} \mid A) = \dfrac{3}{70}$ 等.

由此可见,$P(A)$ 与 $P(A \mid B)$、$P(B \mid A)$ 的含义都是不相同的.

定义 11.3 设 A、B 是随机试验的两个事件,且 $P(B) \neq 0$,则称 $\dfrac{P(AB)}{P(B)}$ 为事件 A 在事件 B 已发生条件下的**条件概率**,记作 $P(A \mid B)$. 同理可定义事件 A 已发生的条件下,事件 B 发生的条件概率 $P(B \mid A) = \dfrac{P(AB)}{P(A)}$, $P(A) \neq 0$.

2. 乘法公式

对任意两个事件 A、B,若 $P(B) > 0$,由条件概率公式 $P(A \mid B) = \dfrac{P(AB)}{P(B)}$,立即可得

$$P(AB) = P(B)P(A \mid B).$$

同样,若 $P(A) > 0$,则

$$P(AB) = P(A)P(B \mid A). \tag{11-1}$$

这两个公式都称为**乘法公式**.相应地,关于 n 个事件 A_1, A_2, $\cdots$, A_n 的乘法公式为

$$P(A_1 A_2 \bigcap \cdots \bigcap A_n) = P(A_1) \cdot P(A_2 \mid A_1) \cdot P(A_3 \mid A_1 A_2) \cdots P(A_n \mid A_1 A_2 \cdots A_{n-1}).$$

例 7 某种商品,在甲厂生产的概率为 0.6,而该厂的次品率为 15%,如果在市场上购买一件这样的商品,那么买到的是甲厂生产的正品的概率为多少?

解 设 $A =$ "甲厂生产",$B =$ "商品为正品",则 $AB =$ "甲厂生产的正品".

根据 $P(A) = 0.6$, $P(B \mid A) = 0.85$.

由乘法公式得

$$P(AB) = P(A)P(B \mid A) = 0.6 \times 0.85 = 0.51.$$

所以买到的是甲厂生产的正品的可能性为 51%.

例 8 设 $P(A) = 0.8$, $P(B) = 0.4$, $P(B \mid A) = 0.25$,求 $P(A \mid B)$.

解 $P(AB) = P(A)P(B \mid A) = 0.8 \times 0.25 = 0.2$.

则 $$P(A \mid B) = \dfrac{P(AB)}{P(B)} = \dfrac{0.2}{0.4} = 0.5.$$

通过两个事件的乘法公式,可以推广到多个事件的乘积,比如

$$P(ABC) = P(A)P(B \mid A)P(C \mid AB), \quad P(AB) \neq 0.$$

例 9 袋中有 10 个同样的球,其中 6 个红球、4 个白球,每次取出 1 个,取后放回,再放入与取出的球颜色相同的球 1 个,求连续三次取得白球的概率.

解 设 $A_i =$ "第 i 次取到白球"$(i = 1, 2, 3)$,则 $A_1 A_2 A_3 =$ "连续三次取到白球".

易得 $P(A_1) = \dfrac{4}{10}$, $P(A_2 \mid A_1) = \dfrac{5}{11}$, $P(A_3 \mid A_1 A_2) = \dfrac{6}{12}$.

所以,利用乘法公式可得

$$P(A_1 A_2 A_3) = P(A_1)P(A_2 \mid A_1)P(A_3 \mid A_1 A_2) = \frac{4}{10} \times \frac{5}{11} \times \frac{6}{12} = \frac{1}{11}.$$

四、事件的独立性

定义 11.4　若两个事件 A、B 中,任一事件的发生与否不影响另一事件发生的概率,则称事件 A 与 B 是相互独立的.即满足 $P(A) = P(A \mid B)$ 或者 $P(B) = P(B \mid A)$ 时,事件 A 与 B 相互独立.

根据独立性的定义和乘法公式不难得出,两个相互独立的事件具有以下性质:

性质 11.6　若事件 A 与 B 相互独立,则一定有 $P(AB) = P(A)P(B)$.

性质 11.7　若事件 A 与 B 相互独立,则 A 与 $\bar{B}$, $\bar{A}$ 与 B, $\bar{A}$ 与 $\bar{B}$ 也都相互独立.

例 10　假设甲、乙两人独立地向同一目标射击,其中甲击中目标的概率为 0.9,乙击中目标的概率为 0.8,如今两人各射击一次,求:

(1) 目标被击中的概率;(2) 恰有一人击中目标的概率.

解　设 $A =$ "甲击中目标", $B =$ "乙击中目标".

易得 $P(A) = 0.9$, $P(B) = 0.8$,由题设可知事件 A 与 B 相互独立.

所以有 $P(AB) = P(A)P(B)$.

(1) $A + B =$ "目标被击中",利用加法公式可得

$$\begin{aligned} P(A + B) &= P(A) + P(B) - P(AB) \\ &= P(A) + P(B) - P(A)P(B) = 0.9 + 0.8 - 0.9 \times 0.8 = 0.98. \end{aligned}$$

(2) $A\bar{B} + \bar{A}B =$ "恰有一人击中目标",则

$$\begin{aligned} P(A\bar{B} + \bar{A}B) &= P(A\bar{B}) + P(\bar{A}B) = P(A)P(\bar{B}) + P(\bar{A})P(B) \\ &= 0.9 \times (1 - 0.8) + (1 - 0.9) \times 0.8 = 0.26. \end{aligned}$$

五、伯努利概型

定义 11.5　若某些试验的样本空间只有两个样本点,即只有两个可能结果 A 与 $\bar{A}$,并且知道其中 $P(A) = p$ $(0 < p < 1)$,将试验独立重复进行 n 次,则称这 n 次试验为 n 重伯努利试验.该类试验的概率模型称为**伯努利概型**.

对于 n 重伯努利试验,我们关心的是在 n 次独立重复试验中,事件 A 恰好发生 k 次的概率 $P_n(k)$.

在 n 重伯努利试验中,若每次试验中事件 A 发生的概率为 p $(0 < p < 1)$,则事件 A 恰好发生 k 次的概率为

$$P_n(k) = C_n^k p^k (1-p)^{n-k}, \quad k = 0, 1, \cdots, n.$$

例 11 某人对一目标独立射击 4 次,每次射击的命中率为 0.8,试求:

(1) 恰好命中两次的概率;

(2) 至少命中一次的概率.

解 因为每次射击都是相互独立的,所以该问题可视为 4 重伯努利试验,且 $p = 0.8$.

(1) 若事件 A 表示"4 次射击恰好命中两次",则根据伯努利概型概率公式可得

$$P(A) = P_4(2) = C_4^2 (0.8)^2 (1-0.8)^2 = 0.153\,6.$$

(2) 若事件 B 表示"4 次射击至少命中 1 次",则 $\bar{B}$ 为"4 次射击命中 0 次".

故 $P(B) = 1 - P(\bar{B}) = 1 - P_4(0) = 1 - C_4^0 (0.8)^0 (1-0.8)^4 = 0.998\,4.$

习 题 11.1

1. 某射手向目标连续射击 2 次,每次一发子弹,设 A_i 表示"第 i 次命中"($i=1, 2$).试用 A_i 表示下列事件.

(1) 两发都命中;

(2) 两发都没有命中;

(3) 恰有一发命中;

(4) 至少有一发命中.

2. 设 A、B、C 为三个事件,用事件的运算关系表示下列事件.

(1) 三个事件都发生;

(2) A、B 至少有一个发生,而 C 不发生;

(3) 三个事件中恰好发生两个.

3. 同时掷两颗骰子,求下列事件的概率.

(1) 点数之和为 1;

(2) 点数之和大于 10;

(3) 点数之和不超过 11.

4. 袋子中有红、黄、白色球各一个,每一次从袋中任取一球,看过颜色后再放回袋中,共取球三次,求下列事件的概率.

(1) A = "全红";(2) B = "颜色全部相同";(3) C = "无白色的球".

5. 已知某射手射击一次中靶 6 环、7 环、8 环、9 环、10 环的概率分别为 0.19、0.18、0.17、0.16、0.15,该射手射击一次,求:

(1) 至少中 8 环的概率;

(2) 至多中 8 环的概率.

6. 班里有 10 位同学,出生于同一年,求:

(1) 至少有 2 人的生日在同一个月的概率;

(2) 至少有 2 人的生日在同一天的概率(一年按照 365 天计算).

7. 任取一个三位数的正整数,求这个数能被 2 和 3 整除的概率.

8. 设 $P(A)=0.7$, $P(B)=0.6$, $P(B\mid\bar{A})=0.4$,求 $P(AB)$.

9. 已知随机事件 A、B,且 $P(A)=p$,$P(B)=q$,$P(A+B)=r$,求 $P(AB)$、$P(\bar{A}B)$、$P(A\bar{B})$.

10. 设 10 件同样的产品中有 8 件合格品,用下面两种方法抽取 2 次,每次取 1 件,求 2 件都是合格品的概率.

(1) 不放回地抽取;(2) 有放回地抽取.

11. 已知运动员甲在比赛中对运动员乙的胜率为 0.4.求运动员甲在与运动员乙的 5 次比赛中:

(1) 胜利 3 场的概率;(2) 至少胜利 2 场的概率.

11.2 随机变量及其概率分布

一、随机变量及其分布

在 11.1 节中,我们只是对随机试验的事件的概率给出了定义,但这不能使我们完全了解这个随机试验的整体概率规律.为了较深入、全面地研究随机现象的统计规律性,需要将这些现象数量化.

1. 随机变量的概念

有些随机事件本身与数量有直接关系,如掷一颗骰子可能出现 1 点,2 点,$\cdots$,6 点,但也有些随机事件就其本身而言与数量并无关系,如掷一枚硬币只可能出现正面向上或反面向上,与数量无关,但我们可以取这样一个变量,规定

$$X=\begin{cases}0,\ \text{当出现正面时};\\1,\ \text{当出现反面时}.\end{cases}$$

可见,我们总可以将一个随机事件数量化.

考虑"投掷骰子,直到出现 6 点为止"的试验,用 Y 表示投掷的次数,则由于各次试验是相互独立的,因此

$$P(Y=i)=\left(\frac{1}{6}\right)\left(\frac{5}{6}\right)^{i-1}\quad(i=1,\ 2,\ 3,\ \cdots).$$

上面两个例子中的 X、Y,具有下列特征:

（1）取值是随机的，事前并不知道取到哪个值；

（2）所取的每一个值，都对应于某个随机事件；

（3）所取的每个值的概率大小是确定的.

一般地，有如下定义.

定义 11.6 如果一个变量，它的取值随着实验结果的不同而变化，当试验结果确定后，它所取的值也就相应地确定，这种变量称为**随机变量**.随机变量可用英文大写字母 X，Y，Z，…（或希腊字母 ξ，η，ζ，…）等表示.

例如，某长途汽车站每隔 10 min 有一辆汽车经过.假设乘客在任一时刻到达汽车站是等可能的，则"乘客等候汽车的时间" X 是一个随机变量，它在 0～10 min 之间取值：$0 \leqslant X \leqslant 10$.

对于随机变量 X，通常分两类，一类是 X 所有可能取的值能一一列举出来，这类就称为离散型随机变量，例如前面所说的"掷一颗骰子"就是一个离散型随机变量；另一类是 X 所能取的值不能一一列举出来，而是充满某一实数区间，这类就称为连续型随机变量，例如，上述汽车站的乘客候车的时间就是一个连续的随机变量.下面主要讨论离散型随机变量.

定义 11.7 如果随机变量 X 只取有限个或可列无穷多个数值 x_1，x_2，…，x_k，…，记 $P\{X = x_i\} = p_i$，它满足

（1）$p_i \geqslant 0$；   （2）$\displaystyle\sum_{i=1}^{\infty} p_i = 1$.

则称 X 为**离散型随机变量**，并称 $P\{X = x_i\} = p_i (i = 1, 2, \cdots)$ 为 X 的**分布律**（分布列或概率分布）.

离散型随机变量的分布律也可以用如下表格表示：

X	x_1	x_2	…	x_k	…
P	p_1	p_2	…	p_k	…

由概率的定义和性质易知，任何离散型随机变量的分布律有以下性质：

性质 11.8（非负性） $p_k \geqslant 0 (k = 1, 2, \cdots)$.

性质 11.9（规范性） $\displaystyle\sum_k p_k = 1 (k = 1, 2, \cdots)$.

例 1 在 10 件产品中有 2 件为次品，其余为正品，现从中任取一个，如果每次取出后不放回，求取得正品之前取得的次品数的分布律.

解 设 X 表示取得正品之前取得的次品数，则 $X = 0, 1, 2$.

$$P\{X = 0\} = \frac{8}{10} = \frac{4}{5}, \quad P\{X = 1\} = \frac{C_2^1 C_8^1}{C_{10}^1 C_9^1} = \frac{8}{45}, \quad P\{X = 2\} = \frac{C_2^1 C_1^1 C_8^1}{C_{10}^1 C_9^1 C_8^1} = \frac{1}{45}.$$

所以，X 的分布律为

X	0	1	2
P	$\dfrac{4}{5}$	$\dfrac{8}{45}$	$\dfrac{1}{45}$

例 2　若离散型随机变量 X 的分布律为 $P\{X=k\}=ka(k=1,2,\cdots,10)$，试求常数 a.

解　由分布律的规范性可得

$$\sum_k p_k=\sum_{k=1}^{10} ka=a(1+2+\cdots+10)=55a=1.$$

所以 $a=\dfrac{1}{55}$.

2. 二项分布与泊松分布

定义 11.8　如果离散型随机变量 X 所有可能的取值为 $0,1,2,\cdots$，且它的分布律为

$$P\{X=k\}=C_n^k p^k (1-p)^{n-k}(k=0,1,2,\cdots),$$

其中 $0<p<1$，则称 X 服从参数为 n、p 的**二项分布**，记为 $X\sim B(n,p)$.

二项分布的分布律也可以表示为

X	0	1	$\cdots$	k	$\cdots$
P	$(1-p)^n$	$C_n^1 p(1-p)^{n-1}$	$\cdots$	$C_n^k p^k(1-p)^{n-k}$	$\cdots$

一般地，在 n 重独立试验概型中，如果随机变量 X 为事件 A 发生的次数，则 X 是服从二项分布的，且如果事件 A 发生的概率为 p，则 $X\sim B(n,p)$.

（1）如果 $n=1$，则随机变量 X 的分布律就为

X	0	1
P	$1-p$	p

则称 X 服从**两点分布**，记为 $X\sim B(1,p)$，两点分布主要适用于在一次试验中只有两个结果的随机现象，比如观察扔硬币的试验结果等.

（2）在二项分布中，如果 n 很大，而 p 较小时，二项分布 $B(n,p)$ 可以近似用参数为 $\lambda=np$ 的泊松分布来表示.

定义 11.9　如果离散型随机变量 X 所有可能的取值为 $0,1,2,\cdots$，且它的分布律为

$$P\{X=k\}=\frac{\lambda^k \mathrm{e}^{-\lambda}}{k!}\quad(k=0,1,2,\cdots),$$

其中 $\lambda > 0$ 为常数,则称 X 服从参数为 λ 的**泊松分布**,记为 $X \sim P(\lambda)$.

在实际问题中,有很多的随机变量都服从泊松分布,比如某十字路口在一段时间内通过的车辆数、一批布匹上的瑕疵点数等.

例 3　某人进行射击试验,击中目标的概率为 0.6,求:

(1) 射击一次的分布律;

(2) 连续射击 5 次,击中目标的次数的分布律.

解　(1) 设 X 表示射击一次的结果,则 X 只能取 0、1(分别表示未击中和击中目标),且 $P\{X=0\}=1-0.6=0.4$, $P\{X=1\}=0.6$. 所以 X 的分布律为

X	0	1
P	0.4	0.6

(2) 设 Y 表示连续射击 5 次击中目标的次数,则 $Y=0$、1、2、3、4、5.

又因为击中目标的概率 $p=0.6$,则 $Y \sim B(5,0.6)$,所以 Y 的分布律为

$$P\{X=k\}=C_5^k(0.6)^k(1-0.6)^{5-k}=C_5^k(0.6)^k(0.4)^{5-k} \quad (k=0, 1, 2, 3, 4, 5).$$

例 4　某工厂的机器每天正常工作的概率为 0.8,求最近 10 天内机器正常工作的天数的分布律.

解　设 X 表示最近 10 天内机器正常工作的天数,则 $X \sim B(10,0.8)$,所以 X 的分布律为

$$P\{X=k\}=C_{10}^k(0.8)^k(1-0.8)^{10-k}=C_{10}^k(0.8)^k(0.2)^{10-k}(k=0, 1, 2, \cdots, 10).$$

例 5　某电话交换台每分钟的呼叫次数服从参数为 4 的泊松分布,求

(1) 每分钟恰好有 8 次呼叫的概率;

(2) 每分钟的呼叫次数不超过 10 次的概率.

解　设 X 为每分钟的呼叫次数,则 $X \sim P(4)$,查"泊松分布表"可得

(1) $P\{X=8\}=P\{X \geqslant 8\}-P\{X \geqslant 9\}=0.029\ 8.$

(2) $P\{X \leqslant 10\}=1-P\{X \geqslant 11\}=0.998\ 1.$

二、随机变量的分布函数

对于离散型随机变量 X,它的分布律能够完全刻画其统计特性,也可用分布律得到我们关心的事件,如 $\{X>a\}$、$\{X \leqslant b\}$、$\{a \leqslant X \leqslant b\}$ 等事件的概率,而对于非离散型的随机变量,就无法用分布律来描述它.首先,不能将其可能的取值一一地列举出来,如后面讨论的连续型随机变量的取值可充满数轴上的一个区间 (a,b),甚至是几个区间,也可以是无穷区间.其次,对于连续型随机变量 X,取任一指定的实数值 x 的概率都等于 0,即 $P\{X=x\}=0$,于是,如何刻画一般的随机变量的统计规律就是首要问题.

在实际应用中,如测量物理量的误差 ε,测量灯泡的寿命 T 等这样的随机变量,并不会对误差或寿命取某一特定值的概率感兴趣,而是考虑误差落在某个区间的概率或寿命大于某个数的概率,也就是考虑随机变量取值落在一个区间内的概率,对于随机变量 X,需要关注事件$\{X \leqslant x\}$、$\{X > x\}$、$\{x_1 < X \leqslant x_2\}$等的概率.但因为$\{x_1 < X \leqslant x_2\} = \{X \leqslant x_2\} - \{X \leqslant x_1\}$, $x_1 \leqslant x_2$ 且 $\{X \leqslant x_1\} \subset \{X \leqslant x_2\}$,所以

$$P\{x_1 < X \leqslant x_2\} = P\{X \leqslant x_2\} - P\{X \leqslant x_1\}.$$

又因为$\{X > x\}$的对立事件是$\{X \leqslant x\}$,所以

$$P\{X > x\} = 1 - P\{X \leqslant x\}.$$

通过上述的讨论,可知事件$\{X \leqslant x\}$的概率 $P\{X \leqslant x\}$在计算概率时起到了重要作用,记 $F(x) = P\{X \leqslant x\}$. 对任意给定 $x \in (-\infty, +\infty)$,对应的 $F(x)$ 是一个概率 $P\{X \leqslant x\} \in [0, 1]$,说明 $F(x)$ 是定义在$(-\infty, +\infty)$上的普通实值函数,从而引出了随机变量分布函数的定义.

1. 分布函数的概念

定义 11.10　设 X 为随机变量,称函数

$$F(x) = P\{X \leqslant x\}, \ x \in (-\infty, +\infty)$$

为 X 的分布函数.

注意　随机变量的分布函数的定义适用于任意的随机变量,其中也包含了离散型随机变量,即离散型随机变量既有分布律也有分布函数,二者都能完全描述它的统计规律性.

当 X 为离散型随机变量时,设 X 的分布律为

$$p_k = P\{X = k\}, \ k = 0, 1, 2, \cdots.$$

由于 $\{X \leqslant x\} = \bigcup\limits_{x_k \leqslant x} \{X = x_k\}$,由概率性质知,

$$F(x) = P\{X \leqslant x\} = \sum_{x_k \leqslant x} P\{X = x_k\} = \sum_{x_k \leqslant x} p_k,$$

即

$$F(x) = \sum_{x_k \leqslant x} p_k,$$

其中,求和是对所有满足 $x_k \leqslant x$ 时 x_k 相应的概率 p_k 求和.

例 6　设离散型随机变量 X 的分布律为

X	-1	0	1	2
P	0.2	0.1	0.3	0.4

求 X 的分布函数.

解 当 $x < -1$ 时, $F(x) = P\{X \leqslant x\} = 0$;

当 $-1 \leqslant x < 0$ 时, $F(x) = P\{X \leqslant x\} = P\{X = -1\} = 0.2$;

当 $0 \leqslant x < 1$ 时, $F(x) = P\{X \leqslant x\} = P\{X = -1\} + P\{X = 0\} = 0.3$;

当 $1 \leqslant x < 2$ 时, $F(x) = P\{X \leqslant x\} = P\{X = -1\} + P\{X = 0\} + P\{X = 1\} = 0.6$;

当 $x \geqslant 2$ 时, $F(x) = P\{X \leqslant x\} = P\{X = -1\} + P\{X = 0\} + P\{X = 1\} + P\{X = 2\} = 1$.

则 X 的分布函数 $F(x)$ 为

$$F(x) = \begin{cases} 0, & x < -1, \\ 0.2, & -1 \leqslant x < 0, \\ 0.3, & 0 \leqslant x < 1, \\ 0.6, & 1 \leqslant x < 2, \\ 1, & x \geqslant 2. \end{cases}$$

2. 分布函数的性质

分布函数有以下基本性质:

(1) $0 \leqslant F(x) \leqslant 1$.

这是因为 $F(x) = P\{X \leqslant x\}$, 所以 $0 \leqslant F(x) \leqslant 1$.

(2) $F(x)$ 是单调增加的, 即对于任意的 $x_1 < x_2$, 有 $F(x_1) \leqslant F(x_2)$.

这是因为当 $x_1 < x_2$ 时, $P\{x_1 < X \leqslant x_2\} = P\{X \leqslant x_2\} - P\{X \leqslant x_1\} \geqslant 0$. 即

$$P\{x_1 < X \leqslant x_2\} = F(x_2) - F(x_1) \geqslant 0.$$

从而 $$F(x_1) \leqslant F(x_2).$$

(3) $F(-\infty) = 0$, $F(+\infty) = 1$, 即 $\lim\limits_{x \to -\infty} F(x) = 0$, $\lim\limits_{x \to +\infty} F(x) = 1$.

在此, 我们不作严格证明, 读者可从分布函数的定义 $F(x) = P\{X \leqslant x\}$ 去理解分布函数的基本性质(3).

(4) $F(x)$ 右连续, 即 $F(x + 0) = \lim\limits_{\Delta x \to 0^+} F(x + \Delta x) = F(x)$.

例 7 设随机变量 X 的分布函数为

$$F(x) = \begin{cases} a + b e^{-\lambda x}, & x > 0, \\ 0, & x \leqslant 0, \end{cases}$$

其中 $\lambda > 0$ 为常数, 求常数 a 与 b 的值.

解 $F(+\infty) = \lim\limits_{x \to +\infty} F(x) = \lim\limits_{x \to +\infty} (a + b e^{-\lambda x}) = a$.

由分布函数的性质 $F(+\infty) = 1$, 知 $a = 1$.

又由 $F(x)$ 的右连续性,得到

$$F(0+0) = \lim_{x \to 0^+} F(x) = \lim_{x \to 0^+} (a + b e^{-\lambda x}) = a + b = F(x) = 0.$$

由此得 $b = -1$.

已知 X 的分布函数 $F(x)$,可以求出下列重要事件的概率:

(1) $P\{X \leqslant b\} = F(b)$;

(2) $P\{a < X \leqslant b\} = F(b) - F(a)$,其中 $a < b$;

(3) $P\{X > b\} = 1 - F(b)$.

三、连续型随机变量及其概率密度函数

1. 连续型随机变量及其概率密度函数的概念

定义 11.11　若对于随机变量 X 的分布函数 $F(x)$,存在非负函数 $f(x)$,使得对任意实数 x,有

$$F(x) = \int_{-\infty}^{x} f(t) \mathrm{d}t,$$

则称 X 为**连续型随机变量**,并称 $f(x)$ 为 X 的**概率密度函数**,简称概率密度或密度函数.

任何连续型随机变量的概率密度函数有以下性质:

性质 11.10　$f(x) \geqslant 0$.

性质 11.11　$\int_{-\infty}^{+\infty} f(x) \mathrm{d}x = 1$.

注意　对于连续型随机变量 X 而言,它取任一实数值 a 的概率为 0,即

$$P\{X = a\} = 0 [因为 P\{X = a\} = \int_{a}^{a} f(x) \mathrm{d}x = 0].$$

故有 $P\{a \leqslant X \leqslant b\} = P\{a < X \leqslant b\} = P\{a \leqslant X < b\} = P\{a < X < b\} = \int_{a}^{b} f(x) \mathrm{d}x$.

例 8　若连续型随机变量 X 的概率密度为 $f(x) = \begin{cases} Ax, & 0 < x < 1, \\ 0, & 其他, \end{cases}$ 求:

(1) A;　(2) $P\left\{-1 < X < \dfrac{1}{2}\right\}$.

解　(1) 由概率密度的性质 $\int_{-\infty}^{+\infty} f(x) \mathrm{d}x = 1$,可得

$$\int_{-\infty}^{+\infty} f(x) \mathrm{d}x = \int_{0}^{1} f(x) \mathrm{d}x = \int_{0}^{1} Ax \, \mathrm{d}x = \frac{A}{2} = 1, 故 A = 2.$$

(2) $P\left\{-1 < X < \dfrac{1}{2}\right\} = \int_{-1}^{\frac{1}{2}} f(x) \mathrm{d}x = \int_{0}^{\frac{1}{2}} 2x \, \mathrm{d}x = \dfrac{1}{4}$.

因为 $F(+\infty) = \lim\limits_{x \to +\infty} F(x) = \lim\limits_{x \to +\infty} \int_{-\infty}^{x} f(t) \mathrm{d}t = \int_{-\infty}^{+\infty} f(t) \mathrm{d}t$，所以由 $F(+\infty) = 1$ 得

$$\int_{-\infty}^{+\infty} f(x) \mathrm{d}x = \int_{-\infty}^{+\infty} f(t) \mathrm{d}t = 1.$$

反之，满足性质 11.10 和 11.11 的函数一定是某个连续型随机变量的概率密度.

$$P\{a < X \leqslant b\} = F(b) - F(a) = \int_{a}^{b} f(x) \mathrm{d}x \, (a \leqslant b).$$

由于 $P\{X = x\} = 0$，因此

$$P\{a \leqslant X \leqslant b\} = P\{X = a\} + P\{a < X \leqslant b\} = P\{a < X \leqslant b\}.$$

同理

$$P\{a \leqslant X < b\} = P\{a < X < b\} = P\{a < X \leqslant b\}.$$

则

$$P\{a \leqslant X \leqslant b\} = P\{a \leqslant X < b\} = P\{a < X \leqslant b\} = \int_{a}^{b} f(x) \mathrm{d}x.$$

注意，离散型随机变量没有这样的性质.

设 x 为 $f(x)$ 的连续点，则 $F'(x)$ 存在，且 $F'(x) = f(x)$.

2. 常见连续型随机变量的分布

（1）均匀分布

若随机变量 X 的概率密度为

$$f(x) = \begin{cases} \dfrac{1}{b-a}, & a \leqslant x \leqslant b, \\ 0, & \text{其他}, \end{cases}$$

则称 X 在区间 $[a, b]$ 上服从**均匀分布**，记为 $X \sim U(a, b)$.

注意 对于任一区间 $[c, d] \subset [a, b]$，恒有

$$P\{c \leqslant X \leqslant d\} = \int_{c}^{d} \frac{1}{b-a} \mathrm{d}x = \frac{d-c}{b-a}.$$

在区间 $[a, b]$ 上服从均匀分布的随机变量落在区间 $[a, b]$ 内某子区间的概率只跟区间的长度成正比，而与区间的位置无关.

（2）指数分布

若随机变量 X 的概率密度为

$$f(x) = \begin{cases} \lambda \mathrm{e}^{-\lambda x}, & x \geqslant 0, \\ 0, & x < 0 \end{cases} \quad (\text{其中} \lambda > 0),$$

则称 X 服从参数为 λ 的**指数分布**,记为 $X \sim E(\lambda)$.

(3) 正态分布

若随机变量 X 的概率密度为

$$f(x) = \frac{1}{\sqrt{2\pi}\,\sigma} e^{-\frac{(x-\mu)^2}{2\sigma^2}} \quad (-\infty < x < +\infty),$$

其中 μ、σ 为常数,且 $\sigma > 0$,则称 X 服从参数为 μ、σ 的**正态分布**,记为 $X \sim N(\mu, \sigma^2)$(图 11-7).

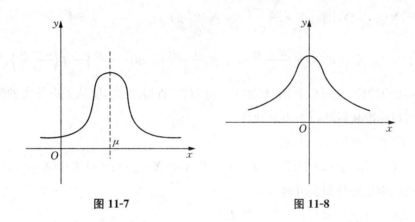

图 11-7　　　　　　　　　　　　图 11-8

特别地,如果 $\mu = 0$、$\sigma = 1$ 时,则称正态分布 $N(0, 1)$ 为**标准正态分布**,记为 $X \sim N(0, 1)$(图 11-8).通常用函数 $\varphi(x)$ 来表示标准正态分布的概率密度函数,即

$$\varphi(x) = \frac{1}{\sqrt{2\pi}} e^{-\frac{x^2}{2}} \quad (-\infty < x < +\infty).$$

正态分布的概率密度函数 $f(x)$ 具有以下性质:

性质 11.12　$f(x)$ 以直线 $x = \mu$ 为对称轴,并在 $x = \mu$ 时取得最大值,为 $\dfrac{1}{\sqrt{2\pi}\,\sigma}$.

性质 11.13　$f(x)$ 以直线 $y = 0$(x 轴)为渐近线.

性质 11.14　$f(x)$ 的两个拐点的横坐标为 $x = \mu \pm \sigma$.

通过正态分布的概率密度的曲线形态不难发现,正态分布的特点为"两头小、中间大、左右对称".在自然界中,大量的随机变量都服从正态分布,比如,人的身高、体重,某门课程的考试成绩,某零件的尺寸,测量中的误差等.而在实际问题中,许多非正态分布的随机变量和正态分布的随机变量有着密切的联系,所以,正态分布是概率论中最重要的一种分布.

由连续型随机变量在某区间内概率的计算方法可知,标准正态分布的概率计算方法如下:

若 $X \sim N(0, 1)$，记函数 $\Phi(x) = \int_{-\infty}^{x} \frac{1}{\sqrt{2\pi}} e^{-\frac{t^2}{2}} dt$，即 $\Phi(x) = P\{X \leqslant x\}$，则有

$$P\{a \leqslant X \leqslant b\} = \Phi(b) - \Phi(a),$$

其中，$\Phi(x)$ 的值可以从附录三"标准正态分布表"中查得.

注意　标准正态分布表中只给出了 $0 \leqslant x < 3.09$ 时 $\Phi(x)$ 的值.
当 $x \geqslant 3.09$ 时，可取 $\Phi(x) \approx 1$；当 $x < 0$ 时，$\Phi(-x) = 1 - \Phi(x)$.

对于一般的正态分布，若 $X \sim N(\mu, \sigma^2)$，可以转化为标准正态分布进行计算：

设 $X \sim N(\mu, \sigma^2)$，则有 $Y = \dfrac{X - \mu}{\sigma} \sim N(0, 1)$.

于是 $P\{a \leqslant X \leqslant b\} = P\left\{\dfrac{a - \mu}{\sigma} \leqslant Y \leqslant \dfrac{b - \mu}{\sigma}\right\} = \Phi\left(\dfrac{b - \mu}{\sigma}\right) - \Phi\left(\dfrac{a - \mu}{\sigma}\right)$.

对于 $\Phi(x)$ 的值，又可以利用"标准正态分布表"查得.因此，服从正态分布的随机变量的概率都可以标准化后通过查表来计算.

例 9　已知 $X \sim N(0, 1)$，求：

(1) $P\{X < 1.5\}$；(2) $P\{X \geqslant 2\}$；(3) $P\{1 < X < 2\}$；(4) $P\{|X| < 1\}$.

解　查标准正态分布表可得

(1) $P\{X < 1.5\} = \Phi(1.5) = 0.933\ 2$.

(2) $P\{X \geqslant 2\} = 1 - P\{X < 2\} = 1 - \Phi(2) = 1 - 0.977\ 2 = 0.022\ 8$.

(3) $P\{1 < X < 2\} = \Phi(2) - \Phi(1) = 0.977\ 2 - 0.841\ 3 = 0.135\ 9$.

(4) $P\{|X| < 1\} = P\{-1 < X < 1\} = \Phi(1) - \Phi(-1) = \Phi(1) - [1 - \Phi(1)] = 2\Phi(1) - 1 = 0.682\ 6$.

四、随机变量函数的概率分布

1. 离散型随机变量函数的概率分布

设 $g(x)$ 是一给定的连续函数，则称 $Y = g(X)$ 为随机变量 X 的一个函数，显然 Y 也是一个随机变量.当随机变量 X 取某值 x 时，随机变量 Y 则相应地取 $g(x)$.下面将讨论如何由已知的随机变量 X 的概率分布去求函数 $Y = g(X)$ 的概率分布.

设离散型随机变量 X 的分布律为

X	x_1	x_2	$\cdots$	x_k	$\cdots$
P	p_1	p_2	$\cdots$	p_k	$\cdots$

如果 X 所有可能的取值为 $x_1, x_2, \cdots, x_k, \cdots$，则随机变量 Y 也一定为一个离散型随机变量，且其可能的取值为 $g(x_1), g(x_2), \cdots, g(x_k), \cdots$，而相应的概率也由随机变

量 X 的概率值来确定.下面主要通过一些实际例子来说明有关离散型随机变量函数的概率分布情况.

例 10 设随机变量 X 的分布律为

X	-1	0	1	2
P	0.1	0.2	0.4	0.3

求:(1) $Y=X^3$ 的分布律,(2) $Z=X^2$ 的分布律.

解 (1) 因为 $Y=X^3$,所以 Y 的可能取值为 -1,0,1,8.

又因为 $P\{Y=-1\}=P\{X=-1\}=0.1$,$P\{Y=0\}=P\{X=0\}=0.2$,$P\{Y=1\}=P\{X=1\}=0.4$,$P\{Y=8\}=P\{X=2\}=0.3$.

所以 Y 的分布律为

Y	-1	0	1	8
P	0.1	0.2	0.4	0.3

(2) 因为 $Z=X^2$,所以 Z 的可能取值为 0,1,4.

且 $P\{Z=0\}=P\{X=0\}=0.2$,$P\{Z=1\}=P\{X=-1\}+P\{X=-1\}=0.5$,$P\{Z=4\}=p(X=2)=0.3$.

故 Z 的分布律为

Z	0	1	4
P	0.2	0.5	0.3

注意 当函数值 $g(x_1)$,$g(x_2)$,$\cdots$,$g(x_k)$,$\cdots$ 中有相等的情况时,应该将使得 $g(x_k)$ 相等的那些 x_k 所对应的概率相加,作为 Y 取值 $g(x_k)$ 的概率,从而得随机变量函数 Y 的分布律.

2. 连续型随机变量函数的概率分布

设 X 为连续型随机变量,其概率密度为 $f_X(x)$,要求 $Y=g(X)$ 的概率密度 $f_Y(y)$,则可以结合以下定理来计算.

定理 11.1 设 X 为连续型随机变量,其概率密度为 $f_X(x)$.如果 $g(x)$ 为一严格单调的可导函数,其值域为 $[\alpha,\beta]$,且 $g'(x)\neq 0$.记 $x=h(y)$ 为 $y=g(x)$ 的反函数,则 $Y=g(X)$ 的概率密度为

$$f_Y(y)=\begin{cases}f_X[h(y)]\,|\,h'(y)\,|, & \alpha<y<\beta,\\ 0, & \text{其他}.\end{cases}$$

注意 (1) 当 $\alpha=-\infty$,$\beta=+\infty$ 时,$f_Y(y)=f_X[h(y)]\,|\,h'(y)\,|$,$-\infty<y<+\infty$;

（2）该方法仅适用于"单调型"随机变量函数.

例11　设连续型随机变量 X 的概率密度为 $f_X(x)$，如果 $Y=aX+b$，其中 a、b 为常数，且 $a\neq 0$，求 Y 的概率密度.

解　因为 $y=g(x)=ax+b$，易得

$$\alpha=-\infty,\ \beta=+\infty,\ x=h(y)=\frac{y-b}{a},\ h'(y)=\frac{1}{a}.$$

所以 Y 的概率密度为 $f_Y(y)=f_X(h(y))\mid h'(y)\mid=f_X\left(\frac{y-b}{a}\right)\frac{1}{\mid a\mid}$.

习　题　11.2

1. 设随机变量 X 只可能取 -1、0、1、2 这 4 个值，且取这 4 个值相应的概率依次为 $\frac{1}{2c}$、$\frac{3}{4c}$、$\frac{5}{8c}$、$\frac{7}{16c}$，求常数 c.

2. 袋中有五个球，编号为 1、2、3、4、5，从中任取三只球，其中最大号码为 X，求 X 的分布律.

3. 若离散型随机变量 X 的分布律为 $P\{X=k\}=\frac{a}{4^k}$ $(k=1,\ 2,\ \cdots)$，试求常数 a.

4. 在相同条件下，某运动员连续投篮 4 次，每次的命中率为 0.7，求其投篮命中次数的分布律.

5. 某工厂每天用水量正常的概率为 0.75，求最近 6 天内用水量正常的天数的分布律.

6. 设随机变量 X 服从参数为 5 的泊松分布，求：

（1）$P\{X=10\}$；（2）$P\{X\leqslant 10\}$.

7. 设随机变量 X 服从泊松分布，且已知 $P\{X=1\}=P\{X=2\}$，求 $P\{X=4\}$.

8. 设随机变量 X 的分布律为

X	-1	0	1	2
P	0.2	0.3	0.1	0.4

求 $Y=(X-1)^2$ 的分布律.

9. 设 $X\sim B(3,\ 0.4)$，令 $Y=\frac{X(3-X)}{2}$，求 $P\{Y=1\}$.

10. 若连续型随机变量 X 的概率密度函数为 $f(x)=\begin{cases}A\cos x,\ \mid x\mid\leqslant 1,\\ 0,其他,\end{cases}$ 求：

（1）A；（2）$P\left\{0\leqslant X<\frac{\pi}{4}\right\}$.

11. 设连续型随机变量 X 的概率密度函数为 $f(x)=\begin{cases}x, 0\leqslant x<1,\\2-x, 1\leqslant x<2,\\0,\text{其他},\end{cases}$ 求：

(1) $P\left\{X\geqslant\dfrac{1}{2}\right\}$；(2) $P\left\{\dfrac{1}{2}<X<\dfrac{3}{2}\right\}$.

12. 设随机变量 X 在区间 $[0,10]$ 上服从均匀分布,求：

(1) X 的概率密度函数；(2) $P\{X>6\}$，$P\{3<X<8\}$.

13. 设 $X\sim N(2,4)$,求：

(1) $P\{X>1\}$，(2) $P\{X\leqslant2\}$，(3) $P\{-1<X<3\}$.

14. 某机器生产的螺栓长度 X（单位：cm）服从正态分布 $N(10.05,0.06^2)$,规定长度在范围 10.05 ± 0.12 内为合格,求一螺栓不合格的概率.

15. 在某一银行等待时间 $X(\min)$ 近似服从正态分布 $X\sim N(3.7,1.4^2)$,求：

(1) 等待时间小于 2 min 的概率；(2) 等待时间大于 6 min 的概率.

11.3　随机变量的数字特征

随机变量的分布能够比较完整地描述随机变量的取值规律,但有时要确定出一个随机变量的分布却比较困难,同时也没有必要去了解随机变量的整体分布情况,在绝大多数的实际问题中,只需知道随机变量的部分特征即可.本节主要讨论随机变量的数字特征,要求理解随机变量的数学期望与方差的概念；掌握求离散型随机变量和连续型随机变量的期望与方差的方法；熟悉几种常见随机变量的期望与方差值；在此基础上了解随机变量间的协方差与相关系数.

一、数学期望

1. 离散型随机变量的期望

定义 11.12　设离散型随机变量 X 的分布律为

X	x_1	x_2	$\cdots$	x_k	$\cdots$
P	p_1	p_2	$\cdots$	p_k	$\cdots$

则称 $\sum\limits_{k}x_kp_k$ 为随机变量 X 的**数学期望**,简称为期望或均值,记为 $E(X)$,即

$$E(X)=\sum_{k}x_kp_k.$$

特别地,(1) 若 $X\sim B(1,p)$,则 $E(X)=p$；

(2) 若 $X\sim B(n,p)$,则 $E(X)=np$；

(3) 若 $X \sim P(\lambda)$，则 $E(X) = \lambda$.

推广：若 $Y = f(X)$ 是关于离散型随机变量 X 的函数，则 Y 的期望为

$$E(Y) = E(f(X)) = \sum_k f(x_k) p_k.$$

例 1　设随机变量 X 的分布律为

X	-2	0	1	2
P	0.1	0.2	0.6	0.1

求：$E(X)$，$E(2X-1)$，$E(X^2)$.

解　$E(X) = (-2) \times 0.1 + 0 \times 0.2 + 1 \times 0.6 + 2 \times 0.1 = 0.6.$

$E(2X-1) = (-5) \times 0.1 + (-1) \times 0.2 + 1 \times 0.6 + 3 \times 0.1 = 0.2.$

$E(X^2) = 4 \times 0.1 + 0 \times 0.2 + 1 \times 0.6 + 4 \times 0.1 = 1.4.$

几种重要离散型随机变量的数学期望：

(1) 两点分布

随机变量 X 的分布律为

X	0	1
P	$1-p$	p

其中 $0 < p < 1$，有

$$E(X) = 0 \times (1-p) + 1 \times p = p.$$

(2) 二项分布

设 $X \sim B(n, p)$，即

$$P\{X = k\} = C_n^k p^k (1-p)^{n-k} = C_n^k p^k q^{n-k} \quad (k = 0, 1, 2, \cdots),$$

其中 $q = 1 - p$，从而有

$$E(X) = \sum_{k=1}^{n} C_n^k p^k q^{n-k} = \sum_{k=1}^{n} k \frac{n!}{k!(n-k)!} p^k q^{n-k}$$

$$= np \sum_{k=1}^{n} \frac{(n-1)!}{(k-1)![(n-1)-(i-1)]!} p^{k-1} q^{(n-1)-(k-1)}$$

$$\xlongequal{i=k-1} np \sum_{i=0}^{n-1} C_{n-1}^i p^i q^{(n-1)-i} = np.$$

二项分布的数学期望 np，有着明显的概率意义. 比如掷硬币试验，设出现正面概率 $p = \dfrac{1}{2}$，若进行 100 次试验，则可以"期望"出现 $100 \times \dfrac{1}{2} = 50$ 次正面，这正是"期望"这一

名称的由来.

（3）泊松分布

设 $X \sim P(\lambda)$ 其分布律为

$$P\{X=k\} = \frac{\lambda^k \mathrm{e}^{-\lambda}}{k!} \quad (k=0, 1, 2, \cdots),$$

则 X 的数学期望为 $E(X)=\lambda$.

2. 连续随机变量的期望

对于连续型随机变量的期望，形式上可类似于离散型随机变量的期望定义，只需将和式 $\sum\limits_{i} x_i p_i$ 中的 x_i 改变为 x，p_i 改变为 $f(x)\mathrm{d}x$ [其中 $f(x)$ 为连续型随机变量的概率密度函数] 以及和号 "$\sum$" 演变为积分号 "$\int$" 即可.

定义 11.13 设连续型随机变量 X 的概率密度函数为 $f(x)$，若广义积分 $\int_{-\infty}^{+\infty} x f(x)\mathrm{d}x$ 绝对收敛，则称该积分为随机变量 X 的数学期望（简称期望或均值），记为 $E(X)$，即

$$E(X) = \int_{-\infty}^{+\infty} x f(x)\mathrm{d}x.$$

例 2 设随机变量 X 的概率密度函数为

$$f(x) = \begin{cases} 2x, & 0 \leqslant x \leqslant 1, \\ 0, & \text{其他.} \end{cases}$$

求 $E(X)$.

解 $E(X) = \int_{-\infty}^{+\infty} x f(x)\mathrm{d}x = \int_{-\infty}^{0} x f(x)\mathrm{d}x + \int_{0}^{1} x f(x)\mathrm{d}x + \int_{1}^{+\infty} x f(x)\mathrm{d}x$

$$= \int_{0}^{1} x \cdot 2x \, \mathrm{d}x = \int_{0}^{1} 2x^2 \, \mathrm{d}x = \frac{2}{3} x^3 \Big|_{0}^{1} = \frac{2}{3}.$$

几种重要连续型随机变量的期望：

（1）均匀分布

设随机变量 X 在区间 $[a, b]$ 上服从均匀分布，其概率密度为

$$f(x) = \begin{cases} \dfrac{1}{b-a}, & a \leqslant x \leqslant b, \\ 0, & \text{其他.} \end{cases}$$

则 $E(X) = \int_{-\infty}^{+\infty} x f(x)\mathrm{d}x = \int_{a}^{b} x \frac{1}{b-a}\mathrm{d}x = \frac{1}{b-a} \cdot \frac{1}{2}(b^2-a^2) = \frac{a+b}{2}.$

在区间 $[a, b]$ 上服从均匀分布的随机变量的期望是该区间中点.

（2）指数分布

设随机变量 X 服从参数为 $\lambda > 0$ 的指数分布，其概率密度为

$$f(x) = \begin{cases} \lambda\,\mathrm{e}^{-\lambda x}, & x \geqslant 0, \\ 0, & x < 0. \end{cases}$$

则 $E(X) = \displaystyle\int_{-\infty}^{+\infty} x f(x)\,\mathrm{d}x = \int_{0}^{+\infty} x \lambda\,\mathrm{e}^{-\lambda x}\,\mathrm{d}x = -\int_{0}^{+\infty} x\,\mathrm{d}(\mathrm{e}^{-\lambda x})$

$\qquad\qquad = -x\,\mathrm{e}^{-\lambda x}\,\big|_{0}^{+\infty} + \int_{0}^{+\infty} \mathrm{e}^{-\lambda x}\,\mathrm{d}x = 0 - \dfrac{1}{\lambda}\mathrm{e}^{-\lambda x}\,\bigg|_{0}^{+\infty} = \dfrac{1}{\lambda}.$

即指数分布的数学期望为参数 λ 的倒数.

（3）正态分布

设 $X \sim N(\mu, \delta^2)$ 其概率密度为

$$f(x) = \frac{1}{\sqrt{2\pi}\,\sigma}\mathrm{e}^{-\frac{(x-\mu)^2}{2\delta^2}}, \quad -\infty < x < +\infty.$$

则 X 的期望 $E(X) = \mu$.

这是因为

$$E(X) = \int_{-\infty}^{+\infty} x\,\frac{1}{\sqrt{2\pi}\,\sigma}\mathrm{e}^{-\frac{(x-\mu)^2}{2\delta^2}}\,\mathrm{d}x = \int_{-\infty}^{+\infty} (x - \mu + \mu)\,\frac{1}{\sqrt{2\pi}\,\sigma}\mathrm{e}^{-\frac{(x-\mu)^2}{2\delta^2}}\,\mathrm{d}x$$

$$= \int_{-\infty}^{+\infty} \mu\,\frac{1}{\sqrt{2\pi}\,\sigma}\mathrm{e}^{-\frac{(x-\mu)^2}{2\delta^2}}\,\mathrm{d}x + \int_{-\infty}^{+\infty} (x - \mu)\,\frac{1}{\sqrt{2\pi}\,\sigma}\mathrm{e}^{-\frac{(x-\mu)^2}{2\delta^2}}\,\mathrm{d}x$$

$$= \mu + \int_{-\infty}^{+\infty} (x - \mu)\,\frac{1}{\sqrt{2\pi}\,\sigma}\mathrm{e}^{-\frac{(x-\mu)^2}{2\delta^2}}\,\mathrm{d}x = \mu + \int_{-\infty}^{+\infty} t\,\frac{1}{\sqrt{2\pi}\,\sigma}\mathrm{e}^{-\frac{t^2}{2\delta^2}}\,\mathrm{d}t.$$

上式中的第二项因为被积函数为奇函数，则有 $\displaystyle\int_{-\infty}^{+\infty} t\,\frac{1}{\sqrt{2\pi}\,\sigma}\mathrm{e}^{-\frac{t^2}{2\delta^2}}\,\mathrm{d}t = 0.$

故 $E(X) = \mu$.

这正是预料之中的结果，μ 是正态分布的中心，也是正态变量取值的集中位置；又因为正态分布是对称的，μ 应该是期望. 在测量问题中，随机误差在大量测量时正负相抵，因此 $\mu = 0$，在正常生产情况下，产品的平均尺寸应等于规格尺寸，μ 表示规格尺寸.

下面介绍连续型随机变量函数的数学期望.

定理 11.2　设 X 为连续型随机变量，其概率密度为 $f_X(x)$，又随机变量 $Y = g(X)$，则当 $\displaystyle\int_{-\infty}^{+\infty} |g(x)|\,f_X(x)\,\mathrm{d}x$ 收敛时，有

$$E(Y) = E[g(X)] = \int_{-\infty}^{+\infty} g(x) f_X(x)\,\mathrm{d}x.$$

这一公式的好处是不必求出随机变量 Y 的概率密度 $f_y(x)$，而可由随机变量 X 的概

率密度 $f_X(x)$ 直接计算 $E(Y)$，应用起来比较方便.

例 3 若随机变量 $X \sim U(1, 5)$，求 $E(X)$、$E(X^2)$.

解 因为 $X \sim U(1, 5)$，所以 X 的密度函数为 $f(x) = \begin{cases} \dfrac{1}{4}, & 1 \leqslant x \leqslant 5, \\ 0, & 其他. \end{cases}$

则

$$E(X) = \int_{-\infty}^{+\infty} x f(x) \mathrm{d}x = \int_1^5 \frac{1}{4} x \,\mathrm{d}x = 3,$$

$$E(X^2) = \int_{-\infty}^{+\infty} x^2 f(x) \mathrm{d}x = \int_1^5 \frac{1}{4} x^2 \,\mathrm{d}x = \frac{31}{3}.$$

例 4 设 X 的概率密度为

$$f(x) = \begin{cases} x, & 0 \leqslant x < 1, \\ 2 - x, & 1 \leqslant x < 2, \\ 0, & 其他. \end{cases}$$

求 $E[\,|X - E(X)|\,]$.

解 $E(X) = \int_{-\infty}^{+\infty} x f(x) \mathrm{d}x = \int_0^1 x^2 \mathrm{d}x + \int_1^2 x(2-x) \mathrm{d}x$

$$= \frac{1}{3} x^3 \Big|_0^1 + \left(x^2 - \frac{1}{3} x^3 \right) \Big|_1^2 = 1.$$

$E[\,|X - E(X)|\,] = E[\,|X - 1|\,]$

$$= \int_0^1 x \,|x - 1|\, \mathrm{d}x + \int_1^2 |x - 1|\,(2 - x) \mathrm{d}x$$

$$= \int_0^1 x(1 - x) \mathrm{d}x + \int_1^2 (x - 1)(2 - x) \mathrm{d}x$$

$$= \left(\frac{1}{2} x^2 - \frac{1}{3} x^3 \right) \Big|_0^1 + \left(-\frac{1}{3} x^3 + \frac{3}{2} x^2 - 2x \right) \Big|_1^2 = \frac{1}{3}.$$

例 5 设 $X \sim N(\mu, \delta^2)$，令 $Y = \mathrm{e}^X$，求 $E(Y)$.

解 因为 $X \sim N(\mu, \delta^2)$，从而 X 的概率密度为

$$f(x) = \frac{1}{\sqrt{2\pi}\,\sigma} \mathrm{e}^{-\frac{(x-\mu)^2}{2\delta^2}}, \quad -\infty < x < +\infty.$$

因此

$$E(Y) = \int_{-\infty}^{+\infty} \mathrm{e}^x \frac{1}{\sqrt{2\pi}\,\sigma} \mathrm{e}^{-\frac{(x-\mu)^2}{2\delta^2}} \,\mathrm{d}x.$$

令 $t = \dfrac{x - \mu}{\sigma}$，则

$$E(Y) = \int_{-\infty}^{+\infty} \frac{e^{\mu+\sigma t}}{\sqrt{2\pi}} e^{-\frac{t^2}{2}} dt = e^{\mu+\frac{\sigma^2}{2}} \int_{-\infty}^{+\infty} \frac{1}{\sqrt{2\pi}} e^{-\frac{(t-\sigma)^2}{2}} dt = e^{\mu+\frac{\sigma^2}{2}}.$$

二、方差

在实际问题中,除了要知道随机变量的数学期望外,一般还要知道随机变量取值与其数学期望的偏离程度,从而可以更好地描述随机变量的特征.比如两个班级在某门课程的平均分(即数学期望)相同的情况下,为了比较两个班成绩的好坏,可以比较哪个班的成绩更加集中于平均分附近.一般地,用方差来刻画随机变量的离散程度.

定义 11.14 设 X 为一个随机变量,则称 $E[X - E(X)]^2$ 为 X 的**方差**,记为 $D(X)$,即

$$D(X) = E[X - E(X)]^2.$$

同时,也称 $\sqrt{D(X)}$ 为随机变量 X 的**标准差**.

若离散型随机变量 X 的分布律为 $P\{X = x_k\} = p_k$,则 X 的方差为

$$D(X) = \sum_k [x_k - E(X)]^2 p_k.$$

若连续型随机变量 X 的密度函数为 $f(x)$,则 X 的方差为

$$D(X) = \int_{-\infty}^{+\infty} [x - E(X)]^2 f(x) dx.$$

注意 结合方差的定义与数学期望的性质可得计算方差的一个常用公式:

$$D(X) = E(X^2) - E^2(X).$$

特别地:

(1) 若 $X \sim B(1, p)$,则 $D(X) = p(1 - p)$;

(2) 若 $X \sim B(n, p)$,则 $D(X) = np(1 - p)$;

(3) 若 $X \sim P(\lambda)$,则 $D(X) = \lambda$;

(4) 若 $X \sim U(a, b)$,则 $D(X) = \dfrac{(b - a)^2}{12}$;

(5) 若 $X \sim N(\mu, \sigma^2)$,则 $D(X) = \sigma^2$;

(6) 若 $X \sim E(\lambda)$,则 $D(X) = \dfrac{1}{\lambda^2}$.

例 6 分别计算在例 1 和例 3 中的随机变量的方差.

解 在例 1 中,已经计算出:$E(X) = 0.6$,$E(X^2) = 1.4$.

所以 $D(X) = E(X^2) - E^2(X) = 1.4 - (0.6)^2 = 1.04$.

在例 3 中,已经计算出:$E(X) = 3$,$E(X^2) = \dfrac{31}{3}$.

所以 $D(X) = E(X^2) - E^2(X) = \dfrac{31}{3} - (3)^2 = \dfrac{4}{3}$.

方差具有以下性质:

性质 11.15　若 c 为常数,则 $D(c) = 0$.

性质 11.16　若 a、b 为常数,则 $D(aX + b) = a^2 D(X)$.

性质 11.17　若随机变量 X、Y 相互独立,则 $D(X + Y) = D(X) + D(Y)$.

例 7　设随机变量 X、Y 相互独立,X 与 Y 的方差分别为 4 和 2,求 $D(2X - Y)$.

解　由方差的性质得

$$D(2X - Y) = 4D(X) + D(Y) = 4 \times 4 + 1 \times 2 = 18.$$

几种重要的随机变量的分布及其数字特征汇总见表 11-3.

表 11-3

分　布		分布律或概率密度	期　望	方　差
离散型	X 服从参数 p 的 $0-1$ 分布	$P\{X = 0\} = q, P\{X = 1\} = p$; $0 < p < 1, q = 1 - p$	p	pq
	X 服从二项分布 $X \sim B(n, p)$	$P\{X = k\} = C_n^k p^k q^{n-k}$, $k = 0, 1, \cdots, n; 0 < p < 1$, $q = 1 - p$	np	npq
	X 服从泊松分布 $X \sim P(\lambda)$	$P\{X = k\} = \dfrac{\lambda^k e^{-\lambda}}{k!}$ $k = 0, 1, \cdots; \lambda > 0$	λ	λ
连续型	均匀分布 $X \sim U(a, b)$	$f(x) = \begin{cases} \dfrac{1}{b-a}, & a \leqslant x \leqslant b, \\ 0, & \text{其他} \end{cases}$	$\dfrac{a+b}{2}$	$\dfrac{(b-a)^2}{12}$
	指数分布 $X \sim E(\lambda)$	$f(x) = \begin{cases} \lambda e^{-\lambda x}, & x \geqslant 0, \\ 0, & x < 0 \end{cases}$ $(\lambda > 0)$	$\dfrac{1}{\lambda}$	$\dfrac{1}{\lambda^2}$
	正态分布 $X \sim N(\mu, \delta^2)$	$f(x) = \dfrac{1}{\sqrt{2\pi}\sigma} e^{-\frac{(x-\mu)^2}{2\sigma^2}}$ $(\sigma > 0)$	μ	σ^2

习　题　11.3

1. 设随机变量 X 的分布律为

X	-1	0	2
P	0.3	0.4	0.3

试求:(1) $E(X)$;(2) $E(X^2)$;(3) $E(2X^2 - 3)$.

2. 设随机变量 $X \sim B(5, p)$,已知 $E(X) = 1.6$,求参数 p.

3. 已知随机变量 X 所有可能的取值为 1 和 x,且 $P\{X=1\}=0.4$,$E(X)=0.2$,求 x.

4. 设随机变量 X 的概率密度函数为 $f(x)=\begin{cases} e^{-x}, & x \geqslant 0, \\ 0, & x < 0, \end{cases}$ 当 (1) $Y=3X$, (2) $Y=e^{-2x}$ 时,分别求 $E(Y)$.

5. 设随机变量 X 的概率密度函数为 $f(x)=\begin{cases} \dfrac{x+1}{4}, & 0 \leqslant x \leqslant 1, \\ 0, & \text{其他}, \end{cases}$ 求 $D(X)$.

6. 设 $X \sim U(a, b)$,$Y \sim N(4, 3)$,X 与 Y 有相同的期望和方差,求 a、b 的值.

复习与思考 11

一、填空题

1. 一口袋中有 3 个红球,2 个黑球,现从中任取 2 个球,则这 2 个球为一红一黑的概率是_____.

2. 事件 A、B 互不相容,且 $P(A)=0.4$,$P(B)=0.3$,则 $P(\overline{A}B)=$_____.

3. 事件 A、B 相互独立,$P(A)=0.2$,$P(B)=0.6$,则 $P(A \mid B)=$_____.

4. 设 X 的分布律为 $P\{X=k\}=\dfrac{a}{2+k}(k=0, 1, 2, 3)$,则 $a=$_____.

5. 设 $X \sim B(n, p)$,且 $E(X)=6$,$D(Y)=3.6$,则 $n=$_____,$p=$_____.

二、单项选择题

1. 设 A、B 为随机事件,则 $(A+B)A=$( ).

A. AB B. A C. B D. $A+B$

2. 设 A、B 为对立事件,且 $P(A)>0$,$P(B)>0$,则下列各式中错误的是( ).

A. $P(\overline{B} \mid A)=0$ B. $P(A \mid B)=0$

C. $P(AB)=0$ D. $P(A+B)=0$

3. 设 $X \sim N(0, 1)$,$f(x)$ 为 X 的概率密度函数,则 $f(0)=$( ).

A. 0 B. $\dfrac{1}{\sqrt{2\pi}}$ C. 1 D. $\dfrac{1}{2}$

4. 设 $D(X)=[E(X)]^2$,则 X 服从( ).

A. 正态分布   B. 指数分布

C. 二项分布   D. 泊松分布

5. 设 $X \sim U(2, 4)$,则 $P\{3 < X < 4\}=$( ).

A. $P\{3.5 < X < 4.5\}$ B. $P\{1.5 < X < 2.5\}$

C. $P\{2.5 < X < 3.5\}$ D. $P\{4.5 < X < 5.5\}$

三、计算题

1. 写出下列随机试验的样本空间及下列事件包含的样本点：

(1) 将一枚质地均匀的硬币抛两次，A 表示"第一次出现正面"，B 表示"两次出现同一面"，C 表示"至少有一次出现正面"；

(2) 从 0、1、2 三个数中有放回地抽两次，每次取一个，A 表示"第二次取出的数字是 2"，B 表示"至少有一个数字是 2".

2. 盒子中有红、黄、白球的数目分别为 3、2、1，任取三球，求：

(1) 恰好取得三种颜色的球各一个的概率；(2) 恰好取得两个红球的概率.

3. 设 $P(A) = 0.5$，$P(B) = 0.6$，$P(B \mid \bar{A}) = 0.4$，求 $P(AB)$.

4. 甲、乙、丙三人独立地对同一目标进行射击，甲命中的概率为 0.9，乙命中的概率为 0.8，丙命中的概率为 0.7，求下列事件的概率：

(1) 三人都命中的概率；

(2) 三人都未命中的概率；

(3) 三人中至少有一人命中的概率.

5. 某种产品共 40 件，其中有 3 件次品，现从中任取 2 件，求其中至少有一件为次品的概率.

6. 掷一枚均匀的骰子，试写出点数 X 的分布律，并求 $P\{X > 1\}$、$P\{2 < X < 5\}$.

7. 设随机变量 X 的分布律为

X	-2	0	2	3
P	0.2	0.2	0.3	0.3

求：(1) $Y_1 = -2X + 1$ 的分布律；(2) $Y_2 = |X|$ 的分布律.

8. 若连续型随机变量 X 的概率密度为 $f(x) = \begin{cases} cx, & 0 \leqslant x \leqslant 1, \\ 0, & \text{其他}, \end{cases}$ 求：

(1) c；(2) $P\{0.3 \leqslant X < 0.7\}$，$P\{0.5 \leqslant X \leqslant 1.2\}$.

9. 公共汽车每隔 5 min 有一班汽车通过. 假设乘客在车站上的等车时间为 X，若 X 在 $[0, 5]$ 上服从均匀分布，求：

(1) X 的概率密度；(2) 等车时间不超过 2 min 的概率.

10. 设 $X \sim N(1, 0.6^2)$，求：

(1) $P\{X > 0\}$；(2) $P\{0.2 < X < 1.8\}$.

11. 设随机变量 X 的分布律为

X	-2	0	1	3
P	0.3	0.2	0.4	0.1

求：$E(3X^2 - X - 5)$.

12. 若连续型随机变量 X 的概率密度为 $f(x) = \begin{cases} cx^{\alpha}, & 0 \leqslant x \leqslant 1, \\ 0, & \text{其他}, \end{cases}$ 且 $E(X) = 0.75$，

求 c 和 α.

13. 设随机变量 X 的概率密度为 $f(x) = \dfrac{1}{2}\mathrm{e}^{-|x|}$，$-\infty < x < +\infty$，求 $D(X)$.

附录一　初等数学常用公式与有关知识选编

一、乘法公式

1. $(a+b)(a-b)=a^2-b^2$.

2. $(a\pm b)^2=a^2\pm 2ab+b^2$.

3. $(a\pm b)^3=a^3\pm 3a^2b+3ab^2\pm b^3$.

4. $(a\pm b)(a^2\mp ab+b^2)=a^3\pm b^3$.

二、一元二次方程

1. 一般形式

$ax^2+bx+c=0\ (a\neq 0)$.

2. 根的判别式

$\Delta=b^2-4ac$.

（1）当 $\Delta>0$ 时，方程有两个不等的实根；

（2）当 $\Delta=0$ 时，方程有两个相等的实根；

（3）当 $\Delta<0$ 时，方程无实根（有两个共轭复根）.

3. 求根公式

$$x_1,x_2=\frac{-b\pm\sqrt{b^2-4ac}}{2a}.$$

4. 根与系数的关系

$$x_1+x_2=-\frac{b}{a},\ x_1\cdot x_2=\frac{c}{a}.$$

三、不等式与不等式组

1.一元一次不等式的解集

若 $ax+b>0$，且 $a>0$，则 $x>-\dfrac{b}{a}$；

若 $ax+b>0$，且 $a<0$，则 $x<-\dfrac{b}{a}$.

2. 一元一次不等式组的解集

设 $a < b$.

(1) $\begin{cases} x > a, \\ x > b \end{cases} \Rightarrow x > b;$

(2) $\begin{cases} x < a, \\ x < b \end{cases} \Rightarrow x < a;$

(3) $\begin{cases} x > a, \\ x < b \end{cases} \Rightarrow a < x < b;$

(4) $\begin{cases} x < a, \\ x > b \end{cases} \Rightarrow$ 空集.

3. 一元二次不等式的解集

设 x_1、x_2 是一元二次方程 $ax^2 + bx + c = 0 \ (a \neq 0)$ 的根,且 $x_1 < x_2$,其根的判别式 $\Delta = b^2 - 4ac$. 一元二次不等式的解集见附表 1.

附表 1

类　　型	$\Delta > 0$	$\Delta = 0$	$\Delta < 0$
$ax^2 + bx + c > 0$ $(a > 0)$	$x < x_1$ 或 $x > x_2$	$x \neq -\dfrac{b}{2a}$	$x \in \mathbf{R}$
$ax^2 + bx + c < 0$ $(a > 0)$	$x_1 < x < x_2$	空集	空集

4. 绝对值不等式的解集

绝对值不等式的解集见附表 2.

附表 2

类　　型	$a > 0$	$a \leqslant 0$
$\lvert x \rvert < a$	$-a < x < a$	空集
$\lvert x \rvert > a$	$x < -a$ 或 $x > a$	$x \in \mathbf{R}$

四、指数与对数

1. 指数

(1) 定义

正整数指数幂:$a^n = \overbrace{a \cdot a \cdot \cdots \cdot a}^{n\uparrow} \ (n \in \mathbf{N}^*);$

零指数幂:$a^0 = 1 \ (a \neq 0);$

负整数指数幂：$a^{-n}=\dfrac{1}{a^n}$ $(a>0,n\in\mathbf{N}^*)$；

有理指数幂：$a^{\frac{n}{m}}=\sqrt[m]{a^n}$ $(a>0,m、n\in\mathbf{N}^*,m>1)$.

(2) 幂的运算法则

① $a^m\cdot a^n=a^{m+n}$ $(a>0,m、n\in\mathbf{R})$；

② $(a^m)^n=a^{mn}$ $(a>0,m、n\in\mathbf{R})$；

③ $(ab)^n=a^n\cdot b^n$ $(a>0,b>0,n\in\mathbf{R})$.

2. 对数

(1) 定义

如果 $a^b=N$ $(a>0$ 且 $a\neq1)$，那么，b 称为以 a 为底 N 的**对数**，记作 $\log_a N=b$，其中，a 称为**底数**，N 称为**真数**.以 10 为底的对数，叫作**常用对数**，记作 $\lg N$.

(2) 性质

① 零与负数没有对数，即 $N>0$；

② 1 的对数等于零，即 $\log_a 1=0$；

③ 底的对数等于 1，即 $\log_a a=1$；

④ $a^{\log_a N}=N$.

(3) 运算法则

① $\log_a(M\cdot N)=\log_a M+\log_a N$ $(M>0,N>0)$；

② $\log_a\dfrac{M}{N}=\log_a M-\log_a N$ $(M>0,N>0)$；

③ $\log_a M^n=n\log_a M$ $(M>0)$；

④ $\log_a\sqrt[n]{M}=\dfrac{1}{n}\log_a M$ $(M>0)$；

⑤ $\log_a N=\dfrac{\log_b N}{\log_b a}$ $(N>0)$（换底公式）.

五、复数

1. 复数的概念

(1) 虚数单位

把数的范围从实数扩展到复数，引进虚数单位 i，它具有以下性质：

① $i^2=-1$；

② 可以与实数一起进行四则运算.

虚数单位 i 的幂运算有下面的公式：

$$i^{4n}=1,\ i^{4n+1}=i,\ i^{4n+2}=-1,\ i^{4n+3}=-i\ (n\in\mathbf{N}).$$

（2）复数的定义

形如 $a+b\mathrm{i}(a$、b 都是实数）的数称为**复数**，a 称为复数的**实部**，$b\mathrm{i}$ 称为复数的**虚部**，b 称为**虚部系数**.

（3）复数的相等

如果两个复数的实部相等，虚部系数也相等，则称这两个复数**相等**.

（4）共轭复数

如果两个复数的实部相等，虚部系数互为相反数，则称这两个复数为**共轭复数**.

2.复数的几种表示式

（1）复数的几何表示

在直角坐标平面内，把 x 轴叫作实轴，y 轴叫作虚轴，这样的平面称为**复平面**.复数 $z=a+b\mathrm{i}$ 和复平面上的点 Z 建立一一对应关系：点的横坐标为 a，纵坐标为 b，如附图 1 所示.图中点 Z 表示复数 $z=a+b\mathrm{i}$，这时，向量 $\overrightarrow{OZ}$ 和复数 $z=a+b\mathrm{i}$ 相对应.

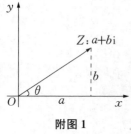

附图 1

（2）复数的三角函数式

向量 $\overrightarrow{OZ}$ 的长称为复数 $a+b\mathrm{i}$ 的**模**（或**绝对值**），记作 $|\overrightarrow{OZ}|$ 或 $|a+b\mathrm{i}|$，即

$$r=|a+b\mathrm{i}|=\sqrt{a^2+b^2}.$$

$\overrightarrow{OZ}$ 与 x 轴正方向的夹角 θ，称为复数 $a+b\mathrm{i}$ 的**幅角**，其中，满足 $0\leqslant\theta<2\pi$ 的幅角 θ 称为幅角的**主值**.

复数 $a+b\mathrm{i}$ 的三角函数式为

$$a+b\mathrm{i}=r(\cos\theta+\mathrm{i}\sin\theta),$$

其中，$r=\sqrt{a^2+b^2}$，$\cos\theta=\dfrac{a}{r}$，$\sin\theta=\dfrac{b}{r}$.

（3）复数的指数表示式

$$a+b\mathrm{i}=r\mathrm{e}^{i\theta},$$

其中，r 为复数的模，θ 为复数的幅角.

3.复数的四则运算

（1）代数式：

$$(a+b\mathrm{i})\pm(c+d\mathrm{i})=(a\pm c)+(b\pm d)\mathrm{i};$$
$$(a+b\mathrm{i})(c+d\mathrm{i})=(ac-bd)+(bc+ad)\mathrm{i};$$
$$\frac{a+b\mathrm{i}}{c+d\mathrm{i}}=\frac{ac+bd}{c^2+d^2}+\frac{bc-ad}{c^2+d^2}\mathrm{i}.$$

（2）三角式：

设 $$z_1 = r_1(\cos\theta_1 + i\sin\theta_1),\ z_2 = r_2(\cos\theta_2 + i\sin\theta_2),$$

则 $$z_1 \cdot z_2 = r_1 r_2[\cos(\theta_1 + \theta_2) + i\sin(\theta_1 + \theta_2)];$$

$$\frac{z_1}{z_2} = \frac{r_1}{r_2}[\cos(\theta_1 - \theta_2) + i\sin(\theta_1 - \theta_2)].$$

六、等差数列与等比数列

等差数列与等比数列的性质见附表 3.

附表 3

性质	等差数列	等比数列
定 义	从第 2 项起，每一项与它的前一项之差都等于同一个常数	从第 2 项起，每一项与它的前一项之比都等于同一个常数
一般形式	$a_1, a_1+d, a_1+2d, \cdots$	$a_1, a_1 q, a_1 q^2, \cdots (q \neq 0 \text{ 且 } q \neq 1)$
通项公式	$a_n = a_1 + (n-1)d$	$a_n = a_1 q^{n-1}$
前 n 项和公式	$S_n = \dfrac{n(a_1+a_n)}{2}$ 或 $S_n = na_1 + \dfrac{n(n-1)}{2}d$	$S_n = \dfrac{a_1(1-q^n)}{1-q}$ 或 $S_n = \dfrac{a_1 - a_n q}{1-q}$
中项公式	a 与 b 的等差中项 $A = \dfrac{a+b}{2}$	a 与 b 的等比中项 $G = \pm\sqrt{ab}$

注：表中 d 为公差，q 为公比.

七、排列、组合与二项式定理

1. 排列

从 n 个不同元素中，取出 $m\ (m \leqslant n)$ 个元素，按照一定的顺序排成一列，称为从 n 个不同元素中取出 m 个元素的一个**排列**；当 $m = n$ 时，称为**全排列**.

从 n 个元素中，取出 $m\ (m \leqslant n)$ 个元素的所有排列的个数，称为从 n 个不同元素中取出 m 个元素的**排列数**，记作 A_n^m，且有

$$A_n^m = n(n-1)(n-2) \cdot \cdots \cdot (n-m+1),$$

特别地

$$A_n^n = n(n-1)(n-2) \cdot \cdots \cdot 3 \cdot 2 \cdot 1 = n!\quad (n \text{ 阶乘})$$

或记作

$$A_n = n!,$$

因而

$$A_n^m = \frac{n!}{(n-m)!}.$$

2. 组合

从 n 个不同元素中,任取 $m(m \leqslant n)$ 个元素,并成一组,称为从 n 个不同元素中取出 m 个元素的一个**组合**.

从 n 个不同元素中,取出 $m(m \leqslant n)$ 个元素的所有组合的个数,称为从 n 个不同元素中取出 m 个元素的**组合数**,记作 C_n^m,且有

$$C_n^m = \frac{A_n^m}{A_m^m} = \frac{n(n-1)(n-2) \cdot \cdots \cdot (n-m+1)}{m!} = \frac{n!}{m!(n-m)!},$$

式中,n、$m \in \mathbf{N}$,且 $m \leqslant n$.

规定　$C_n^0 = 1$.

组合有如下性质:

(1) $C_n^m = C_n^{n-m}$;

(2) $C_{n+1}^m = C_n^m + C_n^{m+1}$.

3. 二项式定理

$$(a+b)^n = C_n^0 a^n + C_n^1 a^{n-1}b + \cdots + C_n^r a^{n-r}b^r + \cdots + C_n^n b^n,$$

其中,n、$r \in \mathbf{N}$,C_n^r 称为**二项式展开式的系数**,$r = 0, 1, 2, \cdots, n$. 其展开式的第 $r+1$ 项

$$T_{r+1} = C_n^r a^{n-r}b^r$$

称为二项式的**通项公式**.

八、三角函数

1. 角的度量

(1) 角度制

圆周角的 $\frac{1}{360}$ 称为 1 度的角,记作 $1°$,用度作为度量单位.

(2) 弧度制

等于半径的圆弧所对的圆心角称为 1 弧度角,用弧度作为度量单位.

(3) 角度与弧度的换算

$$360° = 2\pi \text{ 弧度}, 180° = \pi \text{ 弧度},$$

$$1° = \frac{\pi}{180} \approx 0.017\ 453 \text{ 弧度},$$

$$1 \text{ 弧度} = \left(\frac{180}{\pi}\right)° \approx 57°17'44.8''.$$

2. 特殊角的三角函数值

特殊角的三角函数值见附表 4.

附表 4

α	$\sin\alpha$	$\cos\alpha$	$\tan\alpha$	$\cot\alpha$
0	0	1	0	不存在
$\dfrac{\pi}{6}$	$\dfrac{1}{2}$	$\dfrac{\sqrt{3}}{2}$	$\dfrac{\sqrt{3}}{3}$	$\sqrt{3}$
$\dfrac{\pi}{4}$	$\dfrac{\sqrt{2}}{2}$	$\dfrac{\sqrt{2}}{2}$	1	1
$\dfrac{\pi}{3}$	$\dfrac{\sqrt{3}}{2}$	$\dfrac{1}{2}$	$\sqrt{3}$	$\dfrac{\sqrt{3}}{3}$
$\dfrac{\pi}{2}$	1	0	不存在	0

3. 同角三角函数间的关系

(1) 平方关系

$$\sin^2\alpha + \cos^2\alpha = 1;\ 1 + \tan^2\alpha = \sec^2\alpha;\ 1 + \cot^2\alpha = \csc^2\alpha.$$

(2) 商的关系

$$\tan\alpha = \frac{\sin\alpha}{\cos\alpha};\ \cot\alpha = \frac{\cos\alpha}{\sin\alpha}.$$

(3) 倒数关系

$$\cot\alpha = \frac{1}{\tan\alpha};\ \sec\alpha = \frac{1}{\cos\alpha};\ \csc\alpha = \frac{1}{\sin\alpha}.$$

4. 三角函数式的恒等变换

(1) 加法定理

$$\sin(\alpha \pm \beta) = \sin\alpha\cos\beta \pm \cos\alpha\sin\beta;$$

$$\cos(\alpha \pm \beta) = \cos\alpha\cos\beta \mp \sin\alpha\sin\beta;$$

$$\tan(\alpha \pm \beta) = \frac{\tan\alpha \pm \tan\beta}{1 \mp \tan\alpha\tan\beta}.$$

微视频：证明
两角和正弦公式

(2) 倍角公式

$$\sin 2\alpha = 2\sin\alpha\cos\alpha;$$

$$\cos 2\alpha = \cos^2\alpha - \sin^2\alpha$$

$$= 1 - 2\sin^2\alpha = 2\cos^2\alpha - 1;$$

$$\tan 2\alpha = \frac{2\tan\alpha}{1-\tan^2\alpha}.$$

（3）半角公式

$$\sin^2\frac{\alpha}{2} = \frac{1-\cos\alpha}{2};$$

$$\cos^2\frac{\alpha}{2} = \frac{1+\cos\alpha}{2};$$

$$\tan\frac{\alpha}{2} = \pm\sqrt{\frac{1-\cos\alpha}{1+\cos\alpha}} = \frac{\sin\alpha}{1+\cos\alpha} = \frac{1-\cos\alpha}{\sin\alpha}.$$

（4）积化和差公式

$$\sin\alpha\cos\beta = \frac{1}{2}[\sin(\alpha+\beta)+\sin(\alpha-\beta)];$$

$$\cos\alpha\sin\beta = \frac{1}{2}[\sin(\alpha+\beta)-\sin(\alpha-\beta)];$$

$$\cos\alpha\cos\beta = \frac{1}{2}[\cos(\alpha+\beta)+\cos(\alpha-\beta)];$$

$$\sin\alpha\sin\beta = -\frac{1}{2}[\cos(\alpha+\beta)-\cos(\alpha-\beta)].$$

（5）和差化积公式

$$\sin\alpha + \sin\beta = 2\sin\frac{\alpha+\beta}{2}\cos\frac{\alpha-\beta}{2};$$

$$\sin\alpha - \sin\beta = 2\cos\frac{\alpha+\beta}{2}\sin\frac{\alpha-\beta}{2};$$

$$\cos\alpha + \cos\beta = 2\cos\frac{\alpha+\beta}{2}\cos\frac{\alpha-\beta}{2};$$

$$\cos\alpha - \cos\beta = -2\sin\frac{\alpha+\beta}{2}\sin\frac{\alpha-\beta}{2}.$$

（6）万能公式

$$\sin\alpha = \frac{2\tan\frac{\alpha}{2}}{1+\tan^2\frac{\alpha}{2}}; \qquad \cos\alpha = \frac{1-\tan^2\frac{\alpha}{2}}{1+\tan^2\frac{\alpha}{2}};$$

$$\tan\alpha = \frac{2\tan\frac{\alpha}{2}}{1-\tan^2\frac{\alpha}{2}}.$$

九、三角形的边角关系

1. 直角三角形

设△ABC 中，$\angle C = 90°$，三边分别为 a、b、c，面积为 S，则有

(1) $\angle A + \angle B = 90°$；

(2) $a^2 + b^2 = c^2$（**勾股定理**）；

(3) $\sin A = \dfrac{a}{c}$，$\cos A = \dfrac{b}{c}$，$\tan A = \dfrac{a}{b}$；

(4) $S = \dfrac{1}{2}ab$.

2. 斜三角形

设△ABC 中，$\angle A$、$\angle B$、$\angle C$ 的对边分别为 a、b、c，面积为 S，外接圆半径为 R，则有

(1) $\angle A + \angle B + \angle C = 180°$；

(2) $\dfrac{a}{\sin A} = \dfrac{b}{\sin B} = \dfrac{c}{\sin C} = 2R$（**正弦定理**）；

(3) $a^2 = b^2 + c^2 - 2bc\cos A$，

　　$b^2 = a^2 + c^2 - 2ac\cos B$，　　　　（**余弦定理**）

　　$c^2 = a^2 + b^2 - 2ab\cos C$；

(4) $S = \dfrac{1}{2}ab\sin C$.

十、旋转体的面积与体积

1. 球

表面积：$S = 4\pi r^2$；

体积：$V = \dfrac{4}{3}\pi r^3$.

2. 圆柱

侧面积：$S_{侧} = 2\pi rh$（h 为圆柱体的高）；

全面积：$S_{全} = 2\pi r(r + h)$；

体积：$V = \pi r^2 h$.

3. 圆锥

侧面积：$S_{侧} = \pi rl$（l 为圆锥的母线的长）；

全面积：$S_{全} = \pi r(l + r)$；

体积：$V = \dfrac{1}{3}\pi r^2 h$.

十一、点与直线

1. 平面上两点间的距离

设平面内两点的坐标为 $P_1(x_1, y_1)$ 和 $P_2(x_2, y_2)$,则这两点间的距离为

$$|P_1P_2| = \sqrt{(x_1 - x_2)^2 + (y_1 - y_2)^2}.$$

2. 直线方程

(1) 直线的斜率

倾角:平面直角坐标系内一直线的向上方向与 x 轴正方向所成的最小正角,称为这条直线的**倾角**,倾角 α 的取值范围为 $0° \leqslant \alpha < 180°$. 当直线平行于 x 轴时,规定 $\alpha = 0°$.

斜率:一条直线的倾角的正切值,称为这条直线的**斜率**,通常用 k 表示,即

$$k = \tan\alpha.$$

如果 $P_1(x_1, y_1)$、$P_2(x_2, y_2)$ 是直线上的两点,那么,这条直线的斜率为

$$k = \frac{y_2 - y_1}{x_2 - x_1} \ (x_1 \neq x_2).$$

(2) 直线的几种表达形式

① **点斜式**:已知直线过点 $P_0(x_0, y_0)$,且斜率为 k,则该直线方程为

$$y - y_0 = k(x - x_0).$$

② **斜截式**:已知直线的斜率为 k,在 y 轴上的截距为 b,则该直线方程为

$$y = kx + b.$$

③ **一般式**:平面内任一直线的方程都是关于 x 和 y 的一次方程,其一般形式为

$$Ax + By + C = 0 \ (A、B \ 不全为零).$$

④ **截距式**:如果一直线在 x 轴、y 轴上的截距分别为 a、b,则该直线方程为

$$\frac{x}{a} + \frac{y}{b} = 1.$$

⑤ **两点式**:如果直线经过 $P_1(x_1, y_1)$、$P_2(x_2, y_2)$,则该直线方程为

$$\frac{y - y_1}{x - x_1} = \frac{y_2 - y_1}{x_2 - x_1}.$$

(3) 几种特殊的直线方程

x 轴:$y = 0$; y 轴:$x = 0$;

平行于 x 轴的直线:$y = b \ (b \neq 0)$;

平行于 y 轴的直线：$x = a\ (a \neq 0)$.

3. 点到直线的距离

平面内一点 $P_0(x_0, y_0)$ 到直线 $Ax + By + C = 0$ 的距离为

$$d = \frac{|Ax_0 + By_0 + C|}{\sqrt{A^2 + B^2}}.$$

4. 两条直线的位置关系

设两条直线 l_1 与 l_2 的方程为

$$l_1: y = k_1 x + b_1 \text{ 或 } A_1 x + B_1 y + C_1 = 0,$$

$$l_2: y = k_2 x + b_2 \text{ 或 } A_2 x + B_2 y + C_2 = 0,$$

(1) $l_1 /\!/ l_2$ 的充要条件是：

$$k_1 = k_2 \text{ 且 } b_1 \neq b_2 \text{ 或 } \frac{A_1}{A_2} = \frac{B_1}{B_2} \neq \frac{C_1}{C_2};$$

(2) $l_1 \perp l_2$ 的充要条件是：

$$k_1 \cdot k_2 = -1 \text{ 或 } A_1 A_2 + B_1 B_2 = 0.$$

十二、二次曲线

1. 圆

平面内到一定点的距离等于定长的点的轨迹是**圆**，定点是圆心，定长是半径.

(1) 圆的标准方程：

圆心在点 $P_0(x_0, y_0)$、半径为 R 的圆的方程是

$$(x - x_0)^2 + (y - y_0)^2 = R^2.$$

特别地，当圆心在原点、半径为 R 时，圆的方程是

$$x^2 + y^2 = R^2.$$

(2) 圆的一般方程是二元二次方程

$$x^2 + y^2 + Dx + Ey + F = 0.$$

2. 椭圆

平面内到两定点的距离之和等于定长的点的轨迹是**椭圆**，定点称为**焦点**，两焦点间的距离称为**焦距**.

椭圆的标准方程是

$$\frac{x^2}{a^2}+\frac{y^2}{b^2}=1 \quad (a>b>0,焦点在 x 轴上)$$

或

$$\frac{x^2}{b^2}+\frac{y^2}{a^2}=1 \quad (a>b>0,焦点在 y 轴上).$$

3. 双曲线

平面内到两定点的距离之差等于定长的点的轨迹是**双曲线**,定点称为**焦点**,两焦点间的距离称为**焦距**.

双曲线的标准方程为

$$\frac{x^2}{a^2}-\frac{y^2}{b^2}=1 \quad (a>0,\ b>0,焦点在 x 轴上)$$

或

$$\frac{y^2}{a^2}-\frac{x^2}{b^2}=1 \quad (a>0,\ b>0,焦点在 y 轴上).$$

4. 抛物线

平面内到一定点和一定直线的距离相等的点的轨迹是**抛物线**,定点称为**焦点**,定直线称为**准线**.

抛物线的标准方程是

$$y^2=2px \ (p>0,\ 开口向右),\ y^2=-2px \ (p>0,开口向左);$$

或 $\quad x^2=2py \ (p>0,\ 开口向上),\ x^2=-2py \ (p>0,开口向下).$

十三、参数方程

1. 参数方程的概念

在给定的坐标系中,如果曲线上的任意一点的坐标 x,y 都是一变量 t 的函数:

$$\begin{cases} x=\varphi(t), \\ y=\psi(t) \end{cases} \quad (\alpha<t<\beta)$$

并且对于每一个 t 的值 $(\alpha<t<\beta)$,由该方程所确定的点 (x,y) 都在曲线上,则称该方程为曲线的**参数方程**,而称变量 t 为**参数**.

消去参数方程中的参数 t,即可将参数方程化为普通方程.

2. 几种常见曲线的参数方程

(1) 经过点 $P_0(x_0,y_0)$、倾角为 α 的**直线**的参数方程为

$$\begin{cases} x=x_0+t\cos\alpha, \\ y=y_0+t\sin\alpha, \end{cases}$$

其中,t 是直线上的点 $P_0(x_0,y_0)$ 到点 $P(x,y)$ 的有向线段的数量.

（2）圆心在点(x_0, y_0)、半径为 R 的**圆**的参数方程为

$$\begin{cases} x = x_0 + R\cos t, \\ y = y_0 + R\sin t. \end{cases}$$

（3）中心在原点、长半轴为 a、短半轴为 b 的**椭圆**的参数方程为

$$\begin{cases} x = a\cos t, \\ y = b\sin t. \end{cases}$$

（4）中心在原点、实半轴为 a、虚半轴为 b 的**双曲线**的参数方程为

$$\begin{cases} x = a\sec t, \\ y = b\tan t. \end{cases}$$

（5）中心在原点、对称轴为 x 轴（开口向右）的**抛物线**的参数方程为

$$\begin{cases} x = 2pt^2, \\ y = 2pt. \end{cases}$$

十四、极坐标

1. 极坐标系

在平面内取一定点 O，引一条射线 Ox，再规定一个长度单位和角度的正方向（通常取逆时针方向），这样就构成**极坐标系**（如附图 2 所示）．定点 O 叫作**极点**，射线 Ox 叫作**极轴**．

在建立的极坐标系的平面内，任意一点 P 都可以用线段 OP 的长度 r（称为**极径**）和以极轴 Ox 为始边、OP 为终边的角度 θ（称为**极角**）来表示．有序实数组 (r, θ) 叫作 P 点的**极坐标**，记作 $P(r, \theta)$．因此，平面内一点 P 与有序实数组 (r, θ) 建立了一一对应关系．

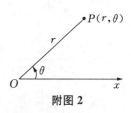

附图 2

2. 极坐标与直角坐标的关系

如果把平面直角坐标系的原点作为极点，x 轴的正方向作为极轴的正方向，并且在两种坐标系中取相同的长度单位，那么，平面内任意一点的直角坐标 (x, y) 与极坐标 (r, θ) 之间有如下关系：

$$\begin{cases} x = r\cos\theta, \\ y = r\sin\theta \end{cases} \quad \text{或} \quad \begin{cases} r^2 = x^2 + y^2, \\ \tan\theta = \dfrac{y}{x} \end{cases} \quad (x \neq 0).$$

3. 几种常见的圆的极坐标方程

几种常见的圆的极坐标方程见附表 5.

附表 5

方程和图形	$x^2+y^2=a^2$	$(x-a)^2+y^2=a^2$	$x^2+(y-a)^2=a^2$
极坐标方程	$r=a\ (a>0)$	$r=2a\cos\theta\ (a>0)$	$r=2a\sin\theta\ (a>0)$
图 形			

附录二 积 分 表

一、含有 $ax+b$ 的积分

1. $\displaystyle\int \frac{\mathrm{d}x}{ax+b}=\frac{1}{a}\ln|ax+b|+C$

2. $\displaystyle\int (ax+b)^\mu\mathrm{d}x=\frac{1}{a(\mu+1)}(ax+b)^{\mu+1}+C\ (\mu\neq-1)$

3. $\displaystyle\int \frac{x}{ax+b}\mathrm{d}x=\frac{1}{a^2}(ax+b-b\ln|ax+b|)+C$

4. $\displaystyle\int \frac{x^2\mathrm{d}x}{ax+b}=\frac{1}{a^3}\left[\frac{1}{2}(ax+b)^2-2b(ax+b)+b^2\ln|ax+b|\right]+C$

5. $\displaystyle\int \frac{\mathrm{d}x}{x(ax+b)}=-\frac{1}{b}\ln\left|\frac{ax+b}{x}\right|+C$

6. $\displaystyle\int \frac{\mathrm{d}x}{x^2(ax+b)}=-\frac{1}{bx}+\frac{a}{b^2}\ln\left|\frac{ax+b}{x}\right|+C$

7. $\displaystyle\int \frac{x\,\mathrm{d}x}{(ax+b)^2}=\frac{1}{a^2}\left(\ln|ax+b|+\frac{b}{ax+b}\right)+C$

8. $\displaystyle\int \frac{x^2\mathrm{d}x}{(ax+b)^2}=\frac{1}{a^3}\left(ax+b-2b\ln|ax+b|-\frac{b^2}{ax+b}\right)+C$

9. $\displaystyle\int \frac{\mathrm{d}x}{x^2(ax+b)^2}=\frac{1}{b(ax+b)}-\frac{1}{b^2}\ln\left|\frac{ax+b}{x}\right|+C$

二、含有 $\sqrt{ax+b}$ 的积分

10. $\displaystyle\int \sqrt{ax+b}\,\mathrm{d}x=\frac{2}{3a}\sqrt{(ax+b)^3}+C$

11. $\int x\sqrt{ax+b}\,\mathrm{d}x = \dfrac{2}{15a^2}(3ax-2b)\sqrt{(ax+b)^3}+C$

12. $\int x^2\sqrt{ax+b}\,\mathrm{d}x = \dfrac{2}{105a^3}(15a^2x^2-12abx+8b^2)\sqrt{(ax+b)^3}+C$

13. $\int \dfrac{x}{\sqrt{ax+b}}\,\mathrm{d}x = \dfrac{2}{3a^2}(ax-2b)\sqrt{ax+b}+C$

14. $\int \dfrac{x^2}{\sqrt{ax+b}}\,\mathrm{d}x = \dfrac{2}{15a^3}(3a^2x^2-4abx+8b^2)\sqrt{ax+b}+C$

15. $\int \dfrac{\mathrm{d}x}{x\sqrt{ax+b}} = \begin{cases} \dfrac{1}{\sqrt{b}}\ln\left|\dfrac{\sqrt{ax+b}-\sqrt{b}}{\sqrt{ax+b}+\sqrt{b}}\right|+C & (b>0) \\[3mm] \dfrac{1}{\sqrt{-b}}\arctan\sqrt{\dfrac{ax+b}{-b}}+C & (b<0) \end{cases}$

16. $\int \dfrac{\mathrm{d}x}{x^2\sqrt{ax+b}} = -\dfrac{\sqrt{ax+b}}{bx}-\dfrac{a}{2b}\int\dfrac{\mathrm{d}x}{x\sqrt{ax+b}}$

17. $\int \dfrac{\sqrt{ax+b}}{x}\,\mathrm{d}x = 2\sqrt{ax+b}+b\int\dfrac{\mathrm{d}x}{x\sqrt{ax+b}}$

18. $\int \dfrac{\sqrt{ax+b}}{x^2}\,\mathrm{d}x = -\dfrac{\sqrt{ax+b}}{x}+\dfrac{a}{2}\int\dfrac{\mathrm{d}x}{x\sqrt{ax+b}}$

三、含有 $x^2\pm a^2$ 的积分

19. $\int \dfrac{\mathrm{d}x}{x^2+a^2} = \dfrac{1}{a}\arctan\dfrac{x}{a}+C$

20. $\int \dfrac{\mathrm{d}x}{(x^2+a^2)^n} = \dfrac{x}{2(n-1)a^2(x^2+a^2)^{n-1}}+\dfrac{2n-3}{2(n-1)a^2}\int\dfrac{\mathrm{d}x}{(x^2+a^2)^{n-1}}$

21. $\int \dfrac{\mathrm{d}x}{x^2-a^2} = \dfrac{1}{2a}\ln\left|\dfrac{x-a}{x+a}\right|+C$

四、含有 $ax^2+b\ (a>0)$ 的积分

22. $\int \dfrac{\mathrm{d}x}{ax^2+b} = \begin{cases} \dfrac{1}{\sqrt{ab}}\arctan\sqrt{\dfrac{a}{b}}\,x+C & (b>0), \\[3mm] \dfrac{1}{2\sqrt{-ab}}\ln\left|\dfrac{\sqrt{a}\,x-\sqrt{-b}}{\sqrt{a}\,x+\sqrt{-b}}\right|+C & (b<0) \end{cases}$

23. $\int \dfrac{x}{ax^2+b}\,\mathrm{d}x = \dfrac{1}{2a}\ln|ax^2+b|+C$

24. $\int \dfrac{x^2}{ax^2+b}\,\mathrm{d}x = \dfrac{x}{a}-\dfrac{b}{a}\int\dfrac{\mathrm{d}x}{ax^2+b}$

25. $\displaystyle\int \frac{1}{x(ax^2+b)}\mathrm{d}x = \frac{1}{2b}\ln\frac{x^2}{|ax^2+b|}+C$

26. $\displaystyle\int \frac{\mathrm{d}x}{x^2(ax^2+b)} = -\frac{1}{bx}-\frac{a}{b}\int\frac{\mathrm{d}x}{ax^2+b}$

27. $\displaystyle\int \frac{\mathrm{d}x}{(ax^2+b)^2} = \frac{x}{2b(ax^2+b)}+\frac{1}{2b}\int\frac{\mathrm{d}x}{ax^2+b}$

五、含有 $ax^2+bx+c\ (a>0)$ 的积分

28. $\displaystyle\int \frac{\mathrm{d}x}{ax^2+bx+c} = \begin{cases} \dfrac{2}{\sqrt{4ac-b^2}}\arctan\dfrac{2ax+b}{\sqrt{4ac-b^2}}+C\ (b^2<4ac)\,, \\[3mm] \dfrac{1}{\sqrt{b^2-4ac}}\ln\left|\dfrac{2ax+b-\sqrt{b^2-4ac}}{2ax+b+\sqrt{b^2-4ac}}\right|+C\ (b^2>4ac) \end{cases}$

29. $\displaystyle\int \frac{x}{ax^2+bx+c}\mathrm{d}x = \frac{1}{2a}\ln|ax^2+bx+c|-\frac{b}{2a}\int\frac{\mathrm{d}x}{ax^2+bx+c}$

六、含有 $\sqrt{x^2+a^2}\ (a>0)$ 的积分

30. $\displaystyle\int \frac{\mathrm{d}x}{\sqrt{x^2+a^2}} = \ln(x+\sqrt{x^2+a^2})+C$

31. $\displaystyle\int \frac{\mathrm{d}x}{\sqrt{(x^2+a^2)^3}} = \frac{x}{a^2\sqrt{x^2+a^2}}+C$

32. $\displaystyle\int \frac{x}{\sqrt{x^2+a^2}}\mathrm{d}x = \sqrt{x^2+a^2}+C$

33. $\displaystyle\int \frac{x}{\sqrt{(x^2+a^2)^3}}\mathrm{d}x = -\frac{1}{\sqrt{x^2+a^2}}+C$

34. $\displaystyle\int \frac{x^2}{\sqrt{x^2+a^2}}\mathrm{d}x = \frac{x}{2}\sqrt{x^2+a^2}-\frac{a^2}{2}\ln(x+\sqrt{x^2+a^2})+C$

35. $\displaystyle\int \frac{x^2}{\sqrt{(x^2+a^2)^3}}\mathrm{d}x = -\frac{x}{\sqrt{x^2+a^2}}+\ln(x+\sqrt{x^2+a^2})+C$

36. $\displaystyle\int \frac{\mathrm{d}x}{x\sqrt{x^2+a^2}} = \frac{1}{a}\ln\frac{\sqrt{x^2+a^2}-a}{|x|}+C$

37. $\displaystyle\int \frac{\mathrm{d}x}{x^2\sqrt{x^2+a^2}} = -\frac{\sqrt{x^2+a^2}}{a^2x}+C$

38. $\displaystyle\int \sqrt{x^2+a^2}\,\mathrm{d}x = \frac{x}{2}\sqrt{x^2+a^2}+\frac{a^2}{2}\ln(x+\sqrt{x^2+a^2})+C$

39. $\displaystyle\int \sqrt{(x^2+a^2)^3}\,\mathrm{d}x = \frac{x}{8}(2x^2+5a^2)\sqrt{x^2+a^2}+\frac{3a^4}{8}\ln(x+\sqrt{x^2+a^2})+C$

40. $\int x\sqrt{x^2+a^2}\,\mathrm{d}x = \dfrac{1}{3}\sqrt{(x^2+a^2)^3}+C$

41. $\int x^2\sqrt{x^2+a^2}\,\mathrm{d}x = \dfrac{x}{8}(2x^2+a^2)\sqrt{x^2+a^2}-\dfrac{a^4}{8}\ln(x+\sqrt{x^2+a^2})+C$

42. $\int \dfrac{\sqrt{x^2+a^2}}{x}\,\mathrm{d}x = \sqrt{x^2+a^2}+a\ln\dfrac{\sqrt{x^2+a^2}-a}{|x|}+C$

43. $\int \dfrac{\sqrt{x^2+a^2}}{x^2}\,\mathrm{d}x = -\dfrac{\sqrt{x^2+a^2}}{x}+\ln(x+\sqrt{x^2+a^2})+C$

七、含有 $\sqrt{x^2-a^2}\ (a>0)$ 的积分

44. $\int \dfrac{\mathrm{d}x}{\sqrt{x^2-a^2}} = \ln|x+\sqrt{x^2-a^2}|+C$

45. $\int \dfrac{\mathrm{d}x}{\sqrt{(x^2-a^2)^3}} = -\dfrac{x}{a^2\sqrt{x^2-a^2}}+C$

46. $\int \dfrac{x}{\sqrt{x^2-a^2}}\,\mathrm{d}x = \sqrt{x^2-a^2}+C$

47. $\int \dfrac{x}{\sqrt{(x^2-a^2)^3}}\,\mathrm{d}x = -\dfrac{1}{\sqrt{x^2-a^2}}+C$

48. $\int \dfrac{x^2}{\sqrt{x^2-a^2}}\,\mathrm{d}x = \dfrac{x}{2}\sqrt{x^2-a^2}+\dfrac{a^2}{2}\ln|x+\sqrt{x^2-a^2}|+C$

49. $\int \dfrac{x^2}{\sqrt{(x^2-a^2)^3}}\,\mathrm{d}x = -\dfrac{x}{\sqrt{x^2-a^2}}+\ln|x+\sqrt{x^2-a^2}|+C$

50. $\int \dfrac{\mathrm{d}x}{x\sqrt{x^2-a^2}} = \dfrac{1}{a}\arccos\dfrac{a}{|x|}+C$

51. $\int \dfrac{\mathrm{d}x}{x^2\sqrt{x^2-a^2}} = \dfrac{\sqrt{x^2-a^2}}{a^2x}+C$

52. $\int \sqrt{x^2-a^2}\,\mathrm{d}x = \dfrac{x}{2}\sqrt{x^2-a^2}-\dfrac{a^2}{2}\ln|x+\sqrt{x^2-a^2}|+C$

53. $\int \sqrt{(x^2-a^2)^3}\,\mathrm{d}x = \dfrac{x}{8}(2x^2-5a^2)\sqrt{x^2-a^2}+\dfrac{3a^4}{8}\ln|x+\sqrt{x^2-a^2}|+C$

54. $\int x\sqrt{x^2-a^2}\,\mathrm{d}x = \dfrac{1}{3}\sqrt{(x^2-a^2)^3}+C$

55. $\int x^2\sqrt{x^2-a^2}\,\mathrm{d}x = \dfrac{x}{8}(2x^2-a^2)\sqrt{x^2-a^2}-\dfrac{a^4}{8}\ln|x+\sqrt{x^2-a^2}|+C$

56. $\int \dfrac{\sqrt{x^2-a^2}}{x}\,\mathrm{d}x = \sqrt{x^2-a^2}-a\arccos\dfrac{a}{|x|}+C$

57. $\displaystyle\int \frac{\sqrt{x^2-a^2}}{x^2}\mathrm{d}x = -\frac{\sqrt{x^2-a^2}}{x} + \ln \mid x + \sqrt{x^2-a^2} \mid + C$

八、含有 $\sqrt{a^2-x^2}$ $(a>0)$ 的积分

58. $\displaystyle\int \frac{\mathrm{d}x}{\sqrt{a^2-x^2}} = \arcsin\frac{x}{a} + C$

59. $\displaystyle\int \frac{\mathrm{d}x}{\sqrt{(a^2-x^2)^3}} = \frac{x}{a^2\sqrt{a^2-x^2}} + C$

60. $\displaystyle\int \frac{x}{\sqrt{a^2-x^2}}\mathrm{d}x = -\sqrt{a^2-x^2} + C$

61. $\displaystyle\int \frac{x}{\sqrt{(a^2-x^2)^3}}\mathrm{d}x = \frac{1}{\sqrt{a^2-x^2}} + C$

62. $\displaystyle\int \frac{x^2}{\sqrt{a^2-x^2}}\mathrm{d}x = -\frac{x}{2}\sqrt{a^2-x^2} + \frac{a^2}{2}\arcsin\frac{x}{a} + C$

63. $\displaystyle\int \frac{x^2}{\sqrt{(a^2-x^2)^3}}\mathrm{d}x = \frac{x}{\sqrt{a^2-x^2}} - \arcsin\frac{x}{a} + C$

64. $\displaystyle\int \frac{\mathrm{d}x}{x\sqrt{a^2-x^2}} = \frac{1}{a}\ln\frac{a-\sqrt{a^2-x^2}}{\mid x \mid} + C$

65. $\displaystyle\int \frac{\mathrm{d}x}{x^2\sqrt{a^2-x^2}} = -\frac{\sqrt{a^2-x^2}}{a^2x} + C$

66. $\displaystyle\int \sqrt{a^2-x^2}\,\mathrm{d}x = \frac{x}{2}\sqrt{a^2-x^2} + \frac{a^2}{2}\arcsin\frac{x}{a} + C$

67. $\displaystyle\int \sqrt{(a^2-x^2)^3}\,\mathrm{d}x = \frac{x}{8}(5a^2-2x^2)\sqrt{a^2-x^2} + \frac{3a^4}{8}\arcsin\frac{x}{a} + C$

68. $\displaystyle\int x\sqrt{a^2-x^2}\,\mathrm{d}x = -\frac{1}{3}\sqrt{(a^2-x^2)^3} + C$

69. $\displaystyle\int x^2\sqrt{a^2-x^2}\,\mathrm{d}x = \frac{x}{8}(2x^2-a^2)\sqrt{a^2-x^2} + \frac{a^4}{8}\arcsin\frac{x}{a} + C$

70. $\displaystyle\int \frac{\sqrt{a^2-x^2}}{x}\mathrm{d}x = \sqrt{a^2-x^2} + a\ln\frac{a-\sqrt{a^2-x^2}}{\mid x \mid} + C$

71. $\displaystyle\int \frac{\sqrt{a^2-x^2}}{x^2}\mathrm{d}x = -\frac{\sqrt{a^2-x^2}}{x} - \arcsin\frac{x}{a} + C$

九、含有 $\sqrt{\pm ax^2+bx+c}$ $(a>0)$ 的积分

72. $\displaystyle\int \frac{\mathrm{d}x}{\sqrt{ax^2+bx+c}} = \frac{1}{\sqrt{a}}\ln \mid 2ax+b+2\sqrt{a}\,\sqrt{ax^2+bx+c} \mid + C$

73. $\displaystyle\int \sqrt{ax^2+bx+c}\,\mathrm{d}x = \frac{2ax+b}{4a}\sqrt{ax^2+bx+c} + \frac{4ac-b^2}{8\sqrt{a^3}}\cdot$

$\qquad\qquad\qquad \ln|2ax+b+2\sqrt{a}\,\sqrt{ax^2+bx+c}\,|+C$

74. $\displaystyle\int \frac{x}{\sqrt{ax^2+bx+c}}\,\mathrm{d}x = \frac{1}{a}\sqrt{ax^2+bx+c}\,-$

$\qquad\qquad\qquad \frac{b}{2\sqrt{a^3}}\ln|2ax+b+2\sqrt{a}\,\sqrt{ax^2+bx+c}\,|+C$

75. $\displaystyle\int \frac{\mathrm{d}x}{\sqrt{c+bx-ax^2}} = \frac{1}{\sqrt{a}}\arcsin\frac{2ax-b}{\sqrt{b^2+4ac}}+C$

76. $\displaystyle\int \sqrt{c+bx-ax^2}\,\mathrm{d}x = \frac{2ax-b}{4a}\sqrt{c+bx-ax^2} + \frac{b^2+4ac}{8\sqrt{a^3}}\arcsin\frac{2ax-b}{\sqrt{b^2+4ac}}+C$

77. $\displaystyle\int \frac{x}{\sqrt{c+bx-ax^2}}\,\mathrm{d}x = -\frac{1}{a}\sqrt{c+bx-ax^2} + \frac{b}{2\sqrt{a^3}}\arcsin\frac{2ax-b}{\sqrt{b^2+4ac}}+C$

十、含有 $\sqrt{\dfrac{a\pm x}{b\pm x}}$ 或 $\sqrt{(x-a)(b-x)}$ 的积分

78. $\displaystyle\int \sqrt{\frac{a+x}{b+x}}\,\mathrm{d}x = \sqrt{(x+a)(x+b)} + (a-b)\ln(\sqrt{x+a}+\sqrt{x+b})+C$

79. $\displaystyle\int \sqrt{\frac{a-x}{b-x}}\,\mathrm{d}x = -\sqrt{(a-x)(b-x)} + (b-a)\ln(\sqrt{a-x}+\sqrt{b-x})+C$

80. $\displaystyle\int \sqrt{\frac{b-x}{x-a}}\,\mathrm{d}x = \sqrt{(x-a)(b-x)} + (b-a)\arcsin\sqrt{\frac{x-a}{b-a}}+C\ (a<b)$

81. $\displaystyle\int \sqrt{\frac{x-a}{b-x}}\,\mathrm{d}x = -\sqrt{(x-a)(b-x)} + (b-a)\arcsin\sqrt{\frac{x-a}{b-a}}+C\ (a<b)$

82. $\displaystyle\int \frac{\mathrm{d}x}{\sqrt{(x-a)(b-x)}} = 2\arcsin\sqrt{\frac{x-a}{b-a}}+C\ (a<b)$

十一、含有三角函数的积分

83. $\displaystyle\int \sin x\,\mathrm{d}x = -\cos x + C$

84. $\displaystyle\int \cos x\,\mathrm{d}x = \sin x + C$

85. $\displaystyle\int \tan x\,\mathrm{d}x = -\ln|\cos x|+C$

86. $\displaystyle\int \cot x\,\mathrm{d}x = \ln|\sin x|+C$

87. $\displaystyle\int \sec x\,\mathrm{d}x = \ln|\sec x+\tan x|+C = \ln\left|\tan\left(\frac{\pi}{4}+\frac{x}{2}\right)\right|+C$

88. $\displaystyle\int \csc x \, dx = \ln |\csc x - \cot x| + C = \ln \left| \tan \frac{x}{2} \right| + C$

89. $\displaystyle\int \sec^2 x \, dx = \tan x + C$

90. $\displaystyle\int \csc^2 x \, dx = -\cot x + C$

91. $\displaystyle\int \sec x \tan x \, dx = \sec x + C$

92. $\displaystyle\int \csc x \cot x \, dx = -\csc x + C$

93. $\displaystyle\int \sin^2 x \, dx = \frac{x}{2} - \frac{1}{4} \sin 2x + C$

94. $\displaystyle\int \cos^2 x \, dx = \frac{x}{2} + \frac{1}{4} \sin 2x + C$

95. $\displaystyle\int \sin^n x \, dx = -\frac{1}{n} \sin^{n-1} x \cos x + \frac{n-1}{n} \int \sin^{n-2} x \, dx$

96. $\displaystyle\int \cos^n x \, dx = \frac{1}{n} \cos^{n-1} x \sin x + \frac{n-1}{n} \int \cos^{n-2} x \, dx$

97. $\displaystyle\int \frac{dx}{\sin^n x} = -\frac{1}{n-1} \frac{\cos x}{\sin^{n-1} x} + \frac{n-2}{n-1} \int \frac{dx}{\sin^{n-2} x}$

98. $\displaystyle\int \frac{dx}{\cos^n x} = \frac{1}{n-1} \frac{\sin x}{\cos^{n-1} x} + \frac{n-2}{n-1} \int \frac{dx}{\cos^{n-2} x}$

99. $\displaystyle\int \cos^m x \sin^n x \, dx = \frac{1}{m+n} \cos^{m-1} x \sin^{n+1} x \cos x + \frac{m-1}{m+n} \int \cos^{m-2} x \sin^n x \, dx$

$\displaystyle\qquad = -\frac{1}{m+n} \cos^{m+1} x \sin^{n-1} x + \frac{n-1}{m+n} \int \cos^m x \sin^{n-2} x \, dx$

100. $\displaystyle\int \sin ax \cos bx \, dx = -\frac{1}{2(a+b)} \cos(a+b)x - \frac{1}{2(a-b)} \cos(a-b)x + C$

$\qquad (a^2 \neq b^2)$

101. $\displaystyle\int \sin ax \sin bx \, dx = -\frac{1}{2(a+b)} \sin(a+b)x + \frac{1}{2(a-b)} \sin(a-b)x + C \ (a^2 \neq b^2)$

102. $\displaystyle\int \cos ax \cos bx \, dx = \frac{1}{2(a+b)} \sin(a+b)x + \frac{1}{2(a-b)} \sin(a-b)x + C \ (a^2 \neq b^2)$

103. $\displaystyle\int \frac{dx}{a + b \sin x} = \frac{2}{\sqrt{a^2 - b^2}} \arctan \frac{a \tan \dfrac{x}{2} + b}{\sqrt{a^2 - b^2}} + C \ (a^2 > b^2)$

104. $\displaystyle\int \frac{dx}{a + b \sin x} = \frac{1}{\sqrt{b^2 - a^2}} \ln \left| \frac{a \tan \dfrac{x}{2} + b - \sqrt{b^2 - a^2}}{a \tan \dfrac{x}{2} + b + \sqrt{b^2 - a^2}} \right| + C \ (a^2 < b^2)$

105. $\displaystyle\int \frac{\mathrm{d}x}{a+b\cos x} = \frac{2}{a+b}\sqrt{\frac{a+b}{a-b}}\arctan\left(\sqrt{\frac{a-b}{a+b}}\tan\frac{x}{2}\right)+C \ (a^2 > b^2)$

106. $\displaystyle\int \frac{\mathrm{d}x}{a+b\cos x} = \frac{1}{a+b}\sqrt{\frac{a+b}{b-a}}\ln\left|\frac{\tan\dfrac{x}{2}+\sqrt{\dfrac{a+b}{b-a}}}{\tan\dfrac{x}{2}-\sqrt{\dfrac{a+b}{b-a}}}\right|+C \ (a^2 < b^2)$

107. $\displaystyle\int \frac{\mathrm{d}x}{a^2\cos^2 x+b^2\sin^2 x} = \frac{1}{ab}\arctan\left(\frac{b}{a}\tan x\right)+C$

108. $\displaystyle\int \frac{\mathrm{d}x}{a^2\cos^2 x-b^2\sin^2 x} = \frac{1}{2ab}\ln\left|\frac{b\tan x+a}{b\tan x-a}\right|+C$

109. $\displaystyle\int x\sin ax\,\mathrm{d}x = \frac{1}{a^2}\sin ax-\frac{1}{a}x\cos ax+C$

110. $\displaystyle\int x^2\sin ax\,\mathrm{d}x = -\frac{1}{a}x^2\cos ax+\frac{2}{a^2}x\sin ax+\frac{2}{a^3}\cos ax+C$

111. $\displaystyle\int x\cos ax\,\mathrm{d}x = \frac{1}{a^2}\cos ax+\frac{1}{a}x\sin ax+C$

112. $\displaystyle\int x^2\cos ax\,\mathrm{d}x = \frac{1}{a}x^2\sin ax+\frac{2}{a^2}x\cos ax-\frac{2}{a^3}\sin ax+C$

十二、含有反三角函数的积分(其中 $a > 0$)

113. $\displaystyle\int \arcsin\frac{x}{a}\,\mathrm{d}x = x\arcsin\frac{x}{a}+\sqrt{a^2-x^2}+C$

114. $\displaystyle\int x\arcsin\frac{x}{a}\,\mathrm{d}x = \left(\frac{x^2}{2}-\frac{a^2}{4}\right)\arcsin\frac{x}{a}+\frac{x}{4}\sqrt{a^2-x^2}+C$

115. $\displaystyle\int x^2\arcsin\frac{x}{a}\,\mathrm{d}x = \frac{x^3}{3}\arcsin\frac{x}{a}+\frac{1}{9}(x^2+2a^2)\sqrt{a^2-x^2}+C$

116. $\displaystyle\int \arccos\frac{x}{a}\,\mathrm{d}x = x\arccos\frac{x}{a}-\sqrt{a^2-x^2}+C$

117. $\displaystyle\int x\arccos\frac{x}{a}\,\mathrm{d}x = \left(\frac{x^2}{2}-\frac{a^2}{4}\right)\arccos\frac{x}{a}-\frac{x}{4}\sqrt{a^2-x^2}+C$

118. $\displaystyle\int x^2\arccos\frac{x}{a}\,\mathrm{d}x = \frac{x^3}{3}\arccos\frac{x}{a}-\frac{1}{9}(x^2+2a^2)\sqrt{a^2-x^2}+C$

119. $\displaystyle\int \arccos\frac{x}{a}\,\mathrm{d}x = x\arctan\frac{x}{a}-\frac{a}{2}\ln(a^2+x^2)+C$

120. $\displaystyle\int x\arctan\frac{x}{a}\,\mathrm{d}x = \frac{1}{2}(a^2+x^2)\arctan\frac{x}{a}-\frac{ax}{2}+C$

121. $\displaystyle\int x^2\arctan\frac{x}{a}\,\mathrm{d}x = \frac{x^3}{3}\arctan\frac{x}{a}-\frac{a}{6}x^2+\frac{a^3}{6}\ln(a^2+x^2)+C$

十三、含有指数函数的积分

122. $\int a^x \, \mathrm{d}x = \dfrac{1}{\ln a} a^x + C$

123. $\int \mathrm{e}^{ax} \, \mathrm{d}x = \dfrac{1}{a} \mathrm{e}^{ax} + C$

124. $\int x \mathrm{e}^{ax} \, \mathrm{d}x = \dfrac{1}{a^2}(ax - 1)\mathrm{e}^{ax} + C$

125. $\int x^n \mathrm{e}^{ax} \, \mathrm{d}x = \dfrac{1}{a} x^n \mathrm{e}^{ax} - \dfrac{n}{a} \int x^{n-1} \mathrm{e}^{ax} \, \mathrm{d}x$

126. $\int x a^x \, \mathrm{d}x = \dfrac{x}{\ln a} a^x - \dfrac{1}{(\ln a)^2} a^x + C$

127. $\int x^n a^x \, \mathrm{d}x = \dfrac{1}{\ln a} x^n a^x - \dfrac{n}{\ln a} a^x \int x^{n-1} a^x \, \mathrm{d}x$

128. $\int \mathrm{e}^{ax} \sin bx \, \mathrm{d}x = \dfrac{1}{a^2 + b^2} \mathrm{e}^{ax}(a \sin bx - b \cos bx) + C$

129. $\int \mathrm{e}^{ax} \cos bx \, \mathrm{d}x = \dfrac{1}{a^2 + b^2} \mathrm{e}^{ax}(b \sin bx + a \cos bx) + C$

130. $\int \mathrm{e}^{ax} \sin^n bx \, \mathrm{d}x = \dfrac{1}{a^2 + b^2 n^2} \mathrm{e}^{ax} \sin^{n-1} bx (a \sin bx - nb \cos bx) +$

$$\dfrac{n(n-1)b^2}{a^2 + b^2 n^2} \int \mathrm{e}^{ax} \sin^{n-2} bx \, \mathrm{d}x$$

131. $\int \mathrm{e}^{ax} \cos^n bx \, \mathrm{d}x = \dfrac{1}{a^2 + b^2 n^2} \mathrm{e}^{ax} \cos^{n-1} bx (a \cos bx + nb \sin bx) +$

$$\dfrac{n(n-1)b^2}{a^2 + b^2 n^2} \int \mathrm{e}^{ax} \cos^{n-2} bx \, \mathrm{d}x$$

十四、含有对数函数的积分

132. $\int \ln x \, \mathrm{d}x = x \ln x - x + C$

133. $\int \dfrac{\mathrm{d}x}{x \ln x} = \ln |\ln x| + C$

134. $\int x^n \ln x \, \mathrm{d}x = \dfrac{x^{n+1}}{n+1} \left(\ln x - \dfrac{1}{n+1} \right) + C$

135. $\int (\ln x)^n \, \mathrm{d}x = x (\ln x)^n - n \int (\ln x)^{n-1} \, \mathrm{d}x$

136. $\int x^m (\ln x)^n \, \mathrm{d}x = \dfrac{x^{m+1}}{m+1} (\ln x)^n - \dfrac{n}{m+1} \int x^m (\ln x)^{n-1} \, \mathrm{d}x$

附录三　泊松分布表和标准正态分布表

一、泊松分布表

$$P\{X=k\}=\frac{\lambda^{k}}{k!}e^{-\lambda}$$

k	λ								
	0.1	0.2	0.3	0.4	0.5	0.6	0.7	0.8	0.9
0	0.904 84	0.818 73	0.740 82	0.670 32	0.606 53	0.548 81	0.496 59	0.449 33	0.406 57
1	0.090 48	0.163 75	0.222 25	0.268 13	0.303 27	0.329 29	0.347 61	0.359 46	0.365 91
2	0.004 52	0.016 37	0.033 34	0.053 63	0.075 82	0.098 79	0.121 66	0.143 79	0.164 66
3	0.000 15	0.001 09	0.003 33	0.007 15	0.012 64	0.019 76	0.028 39	0.038 34	0.049 40
4	0.000 00	0.000 05	0.000 25	0.000 72	0.001 58	0.002 96	0.004 97	0.007 67	0.011 11
5		0.000 00	0.000 02	0.000 06	0.000 16	0.000 36	0.000 70	0.001 23	0.002 00
6			0.000 00	0.000 00	0.000 01	0.000 04	0.000 08	0.000 16	0.000 30
7					0.000 00	0.000 00	0.000 01	0.000 02	0.000 04

k	λ								
	1.0	1.5	2.0	2.5	3.0	3.5	4.0	4.5	5.0
0	0.367 88	0.223 13	0.135 34	0.082 08	0.049 79	0.030 20	0.018 32	0.011 11	0.006 74
1	0.367 88	0.334 70	0.270 67	0.205 21	0.149 36	0.105 69	0.073 26	0.049 99	0.033 69
2	0.183 94	0.251 02	0.270 67	0.256 52	0.224 04	0.184 96	0.146 53	0.112 48	0.084 22
3	0.061 31	0.125 51	0.180 45	0.213 76	0.224 04	0.215 79	0.195 37	0.168 72	0.140 37
4	0.015 33	0.047 07	0.090 22	0.133 60	0.168 03	0.188 81	0.195 37	0.189 81	0.175 47
5	0.003 07	0.014 12	0.036 09	0.066 80	0.100 82	0.132 17	0.156 29	0.170 83	0.175 47
6	0.000 51	0.003 53	0.012 03	0.027 83	0.050 41	0.077 10	0.104 20	0.128 12	0.146 22
7	0.000 07	0.000 76	0.003 44	0.009 94	0.021 60	0.038 55	0.059 54	0.082 36	0.104 44
8	0.000 01	0.000 14	0.000 86	0.003 11	0.008 10	0.016 87	0.029 77	0.046 33	0.065 28
9	0.000 00	0.000 02	0.000 19	0.000 86	0.002 70	0.006 56	0.013 23	0.023 16	0.036 27
10		0.000 00	0.000 04	0.000 22	0.000 81	0.002 30	0.005 29	0.010 42	0.018 13
11			0.000 01	0.000 05	0.000 22	0.000 73	0.001 92	0.004 26	0.008 24
12			0.000 00	0.000 01	0.000 06	0.000 21	0.000 64	0.001 60	0.003 43
13				0.000 00	0.000 01	0.000 06	0.000 20	0.000 55	0.001 32
14					0.000 00	0.000 01	0.000 06	0.000 18	0.000 47
15						0.000 00	0.000 02	0.000 05	0.000 16
16							0.000 00	0.000 02	0.000 05
17								0.000 00	0.000 01

二、标准正态分布表

$$\Phi(x) = \int_{-\infty}^{x} \frac{1}{\sqrt{2\pi}} e^{-\frac{t^2}{2}} dt = P\{X \leqslant x\}$$

x	0.00	0.01	0.02	0.03	0.04	0.05	0.06	0.07	0.08	0.09
0.0	0.500 0	0.504 0	0.508 0	0.512 0	0.516 0	0.519 9	0.523 9	0.527 9	0.531 9	0.535 9
0.1	0.539 8	0.543 8	0.547 8	0.551 7	0.555 7	0.559 6	0.563 6	0.567 5	0.571 4	0.575 3
0.2	0.579 3	0.583 2	0.587 1	0.591 0	0.594 8	0.598 7	0.602 6	0.606 4	0.610 3	0.614 1
0.3	0.617 9	0.621 7	0.625 5	0.629 3	0.633 1	0.636 8	0.640 4	0.644 3	0.648 0	0.651 7
0.4	0.655 4	0.659 1	0.662 8	0.666 4	0.670 0	0.673 6	0.677 2	0.680 8	0.684 4	0.687 9
0.5	0.691 5	0.695 0	0.698 5	0.701 9	0.705 4	0.708 8	0.712 3	0.715 7	0.719 0	0.722 4
0.6	0.725 7	0.729 1	0.732 4	0.735 7	0.738 9	0.742 2	0.745 4	0.748 6	0.751 7	0.754 9
0.7	0.758 0	0.761 1	0.764 2	0.767 3	0.770 3	0.773 4	0.776 4	0.779 4	0.782 3	0.785 2
0.8	0.788 1	0.791 0	0.793 9	0.796 7	0.799 5	0.802 3	0.805 1	0.807 8	0.810 6	0.813 3
0.9	0.815 9	0.818 6	0.821 2	0.823 8	0.826 4	0.828 9	0.835 5	0.834 0	0.836 5	0.838 9
1.0	0.841 3	0.843 8	0.846 1	0.848 5	0.850 8	0.853 1	0.855 4	0.857 7	0.859 9	0.862 1
1.1	0.864 3	0.866 5	0.868 6	0.870 8	0.872 9	0.874 9	0.877 0	0.879 0	0.881 0	0.883 0
1.2	0.884 9	0.886 9	0.888 8	0.890 7	0.892 5	0.894 4	0.896 2	0.898 0	0.899 7	0.901 5
1.3	0.903 2	0.904 9	0.906 6	0.908 2	0.909 9	0.911 5	0.913 1	0.914 7	0.916 2	0.917 7
1.4	0.919 2	0.920 7	0.922 2	0.923 6	0.925 1	0.926 5	0.927 9	0.929 2	0.930 6	0.931 9
1.5	0.933 2	0.934 5	0.935 7	0.937 0	0.938 2	0.939 4	0.940 6	0.941 8	0.943 0	0.944 1
1.6	0.945 2	0.946 3	0.947 4	0.948 4	0.949 5	0.950 5	0.951 5	0.952 5	0.953 5	0.953 5
1.7	0.955 4	0.956 4	0.957 3	0.958 2	0.959 1	0.959 9	0.960 8	0.961 6	0.962 5	0.963 3
1.8	0.964 1	0.964 8	0.965 6	0.966 4	0.967 2	0.967 8	0.968 6	0.969 3	0.970 0	0.970 6
1.9	0.971 3	0.971 9	0.972 6	0.973 2	0.973 8	0.974 4	0.975 0	0.975 6	0.976 2	0.976 7
2.0	0.977 2	0.977 8	0.978 3	0.978 8	0.979 3	0.979 8	0.980 3	0.980 8	0.981 2	0.981 7
2.1	0.982 1	0.982 6	0.983 0	0.983 4	0.983 8	0.984 2	0.984 6	0.985 0	0.985 4	0.985 7
2.2	0.986 1	0.986 4	0.986 8	0.987 1	0.987 4	0.987 8	0.988 1	0.988 4	0.988 7	0.989 0
2.3	0.989 3	0.989 6	0.989 8	0.990 1	0.990 4	0.990 6	0.990 9	0.991 1	0.991 3	0.991 6
2.4	0.991 8	0.992 0	0.992 2	0.992 5	0.992 7	0.992 9	0.993 1	0.993 2	0.993 4	0.993 6
2.5	0.993 8	0.994 0	0.994 1	0.994 3	0.994 5	0.994 6	0.994 8	0.994 9	0.995 1	0.995 2
2.6	0.995 3	0.995 5	0.995 6	0.995 7	0.995 9	0.996 0	0.996 1	0.996 2	0.996 3	0.996 4
2.7	0.996 5	0.996 6	0.996 7	0.996 8	0.996 9	0.997 0	0.997 1	0.997 2	0.997 3	0.997 4
2.8	0.997 4	0.997 5	0.997 6	0.997 7	0.997 7	0.997 8	0.997 9	0.997 9	0.998 0	0.998 1
2.9	0.998 1	0.998 2	0.998 2	0.998 3	0.998 4	0.998 4	0.998 5	0.998 5	0.998 6	0.998 6
3	0.998 7	0.999 0	0.999 3	0.999 5	0.999 7	0.999 8	0.999 8	0.999 9	0.999 9	1.000 0

参 考 文 献

［1］陈翠,朱怀朝,胡桂荣. 高等数学:经管类专业适用［M］.2 版.北京:高等教育出版
　　社,2018.

［2］李广全,林漪,胡桂荣. 高等数学:工科类专业适用［M］.2 版.北京:高等教育出版
　　社,2017.

［3］曾文斗,侯阔林. 高等数学［M］.3 版.北京:高等教育出版社,2015.

［4］王继,张波.经济数学［M］.北京:高等教育出版社,2017.